Inhalt

7 Rationale Zahlen

47 Dreiecke

73 Umfang und Flächeninhalt von ebenen Figuren

97 Zuordnungen

131 Prozentrechnung

159 Kreise

181 Terme und Gleichungen

207 Daten

225 Anhang

Liebe Schülerin, lieber Schüler!

Auf den nächsten zwei Seiten findest du Hinweise zu deinem Mathematikbuch **Zahlen und Größen**. Diese zwei Seiten helfen dir, dich im Buch zurechtzufinden.

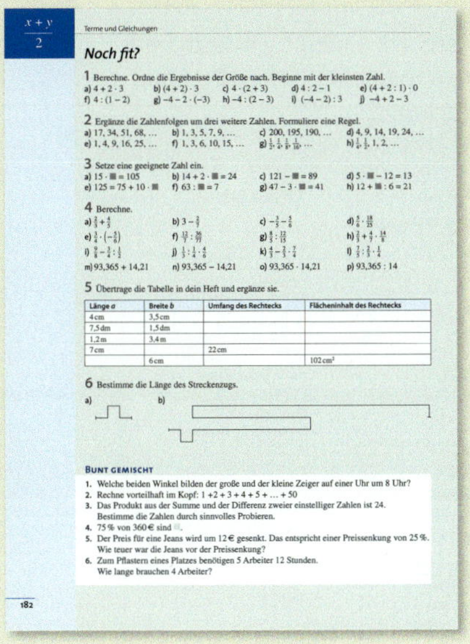

Noch fit?
Das Kapitel startet hier mit vorbereitenden Wiederholungsaufgaben.

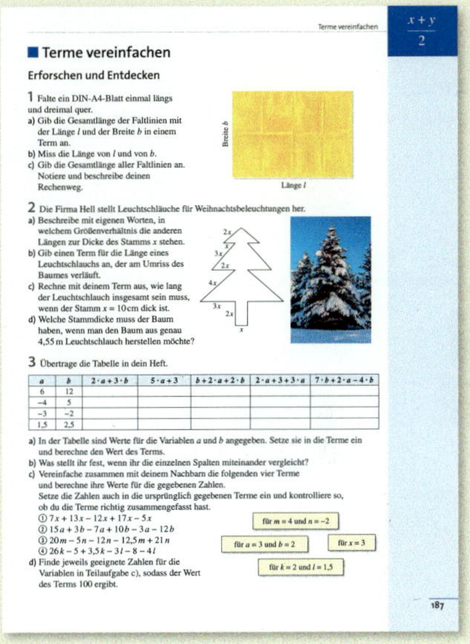

Erforschen und Entdecken
An verschiedenen einführenden Aufgaben kannst du in jedem Teilkapitel den neuen Stoff auf eigene Faust erforschen und entdecken.

Lesen und Verstehen
In den Kästen mit blauem Rahmen stehen die wichtigen Dinge, die du dir merken sollst.
Dazu gibt es immer ein Beispiel.
Die zusätzlichen Texte helfen dir, alles besser zu verstehen.

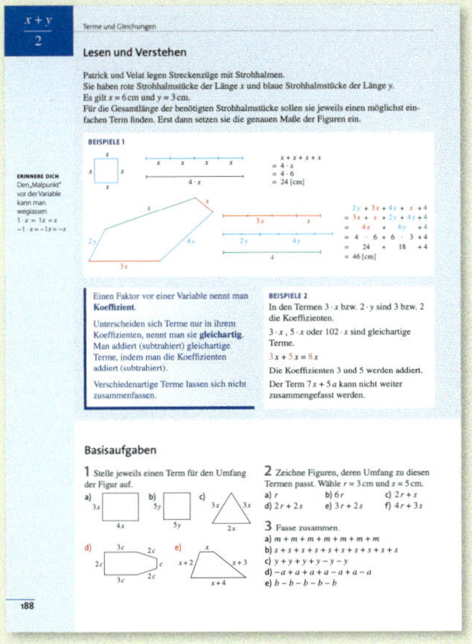

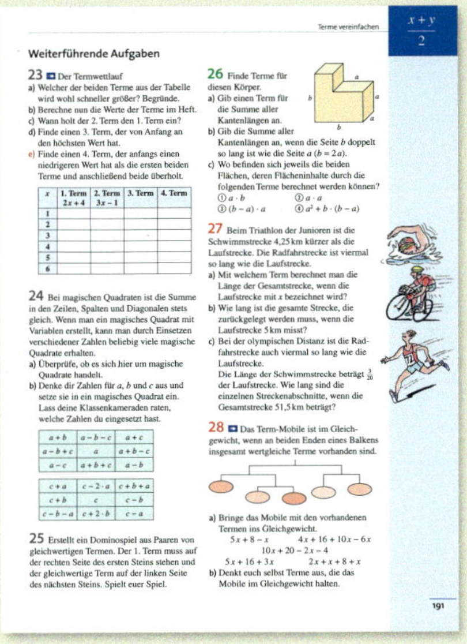

Basisaufgaben
Dies sind Aufgaben auf grundlegendem Niveau.
Die Aufgaben sind …
1 leicht bis mittelschwer.
4 anspruchsvoller.

Weiterführende Aufgaben
Diese Aufgaben sind auf einem gehobenen Niveau …
23 leicht bis mittelschwer.
27 schwierig.
26 sehr schwierig.

Das Symbol kennzeichnet Aufgaben, die prozessbezogene Kompetenzen fördern, zum Beispiel Arbeiten mit Hilfsmitteln.

Randspalte

Hier stehen beispielsweise interessante zusätzliche Informationen, Hinweise, Beispiele und Knobelaufgaben. Schaue auf jeder Seite in die Randspalte, da sie dir einige Hilfe geben wird.

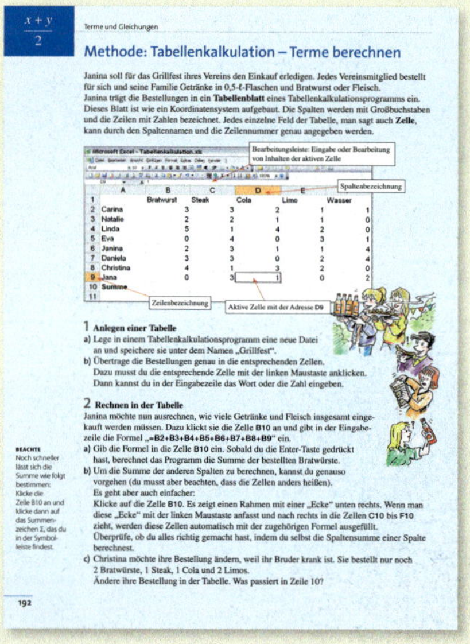

Methoden und Themenseiten

Auf diesen Seiten lernst du z. B. den Umgang mit Werkzeugen oder Formen der Gruppenarbeit. Vielfach musst du Probleme lösen, Rechenwege erkunden und erklären, im Internet recherchieren oder eigene Arbeiten präsentieren.
Dabei benötigst du Kenntnisse aus anderen Fächern und aus dem Alltag, die mit einem mathematischen Problem in Zusammenhang zu bringen sind.

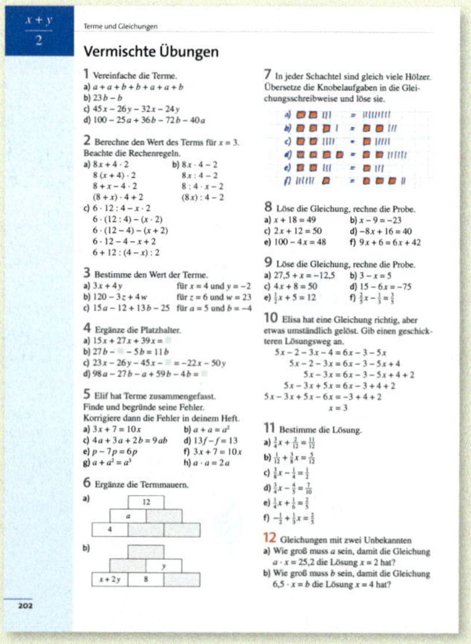

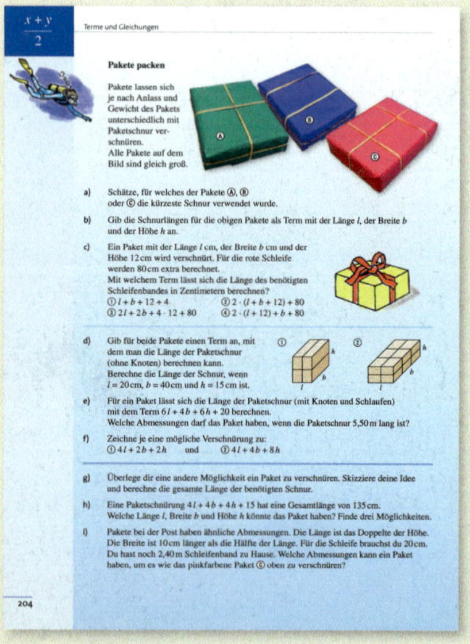

Vermischte Übungen

Dies sind weitere Aufgaben zu allen Teilkapiteln des Kapitels.

Taucheraufgabe

Auf der letzten dieser Seiten steht eine besonders spannende Aufgabe, bei der du selbst bestimmen kannst, wie tief du „eintauchen" möchtest; je tiefer, desto anspruchsvoller.

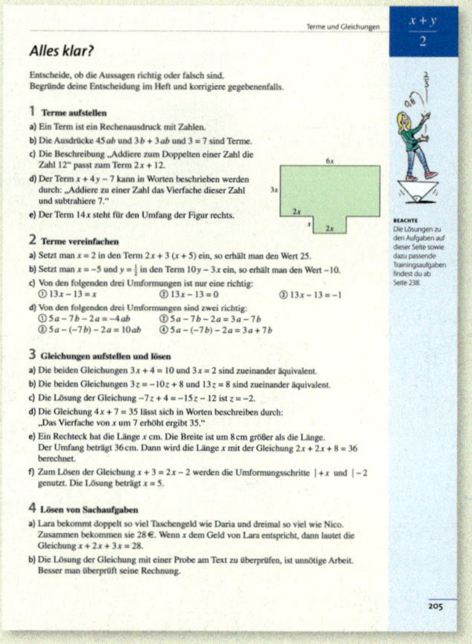

Alles klar?

Am Ende des Kapitels kannst du dein Wissen selbstständig überprüfen. Die Lösungen zu den Aufgaben findest du am Ende des Buches. Sollte nicht alles klar sein, sind zu jedem Teilkapitel weitere passende Übungen angegeben.

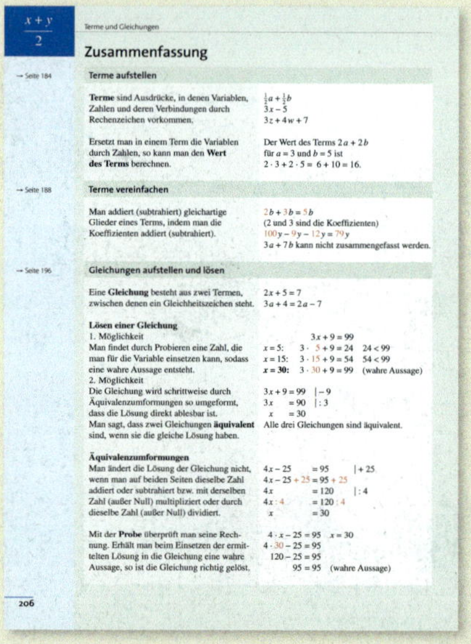

Zusammenfassung

Sie enthält kurz und knapp das Wichtigste aus dem Kapitel. Du kannst sie benutzen, um schnell den Stoff nachzuschlagen.

Rationale Zahlen

Im zweiten Kellergeschoss ist jemand in den Fahrstuhl eingestiegen. Er fährt bis in den vierten Stock. An wie vielen Stockwerken ist er vorbei gefahren?

In diesem Kapitel erfährst du, wie man positive und negative Zahlen addiert, subtrahiert, multipliziert und dividiert. Außerdem wirst du sehen, dass die Rechengesetze, die du schon kennst, auch beim Rechnen mit negativen Zahlen gültig bleiben.

Noch fit?

BEACHTE
Benutze zum Beispiel die Begriffe Kürzen, Erweitern, gemischte Zahl …

1 Was wird hier dargestellt? Benutze die mathematischen Fachbegriffe.

a) 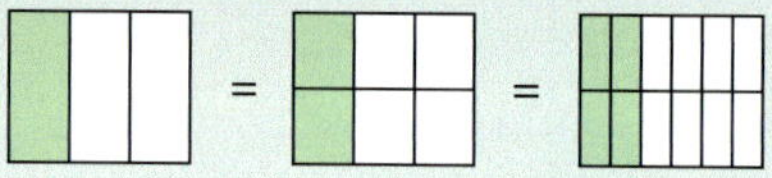

b) 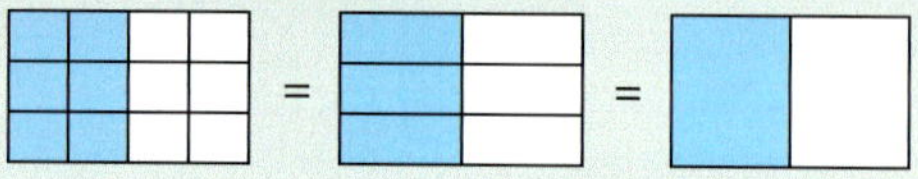

c) 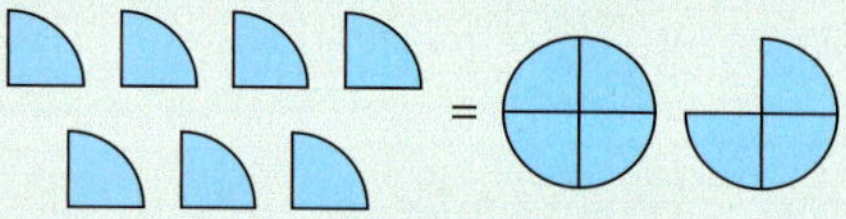

d) 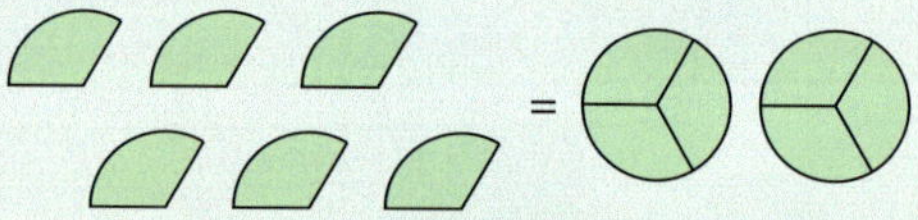

2 Kürze, wenn es möglich ist.

a) $\frac{4}{12}$ b) $\frac{3}{15}$ c) $\frac{4}{17}$ d) $\frac{15}{55}$ e) $\frac{9}{30}$ f) $\frac{7}{30}$ g) $\frac{12}{44}$
h) $\frac{14}{56}$ i) $\frac{24}{5}$ j) $\frac{13}{10}$ k) $\frac{20}{24}$ l) $\frac{19}{20}$ m) $\frac{33}{90}$ n) $\frac{16}{52}$

3 Zeichne ein Koordinatensystem wie im Beispiel und trage die Punkte ein.
a) $A(2|2)$, $B(4|4)$, $C(7|7)$, $D(9|9)$
b) $E(3|0)$, $F(0|5)$, $G(8|0)$, $H(0|9)$
c) $I(3|1)$, $J(1|3)$, $K(2|7)$, $L(7|2)$
d) $M(2|5)$, $N(5|2)$, $P(8|4)$, $Q(4|8)$
e) $R(3|9)$, $S(1|6)$, $T(3|7)$, $U(6|1)$
f) $V(2|8)$, $X(0|8)$, $Y(0|0)$, $Z(8|5)$

BEISPIEL

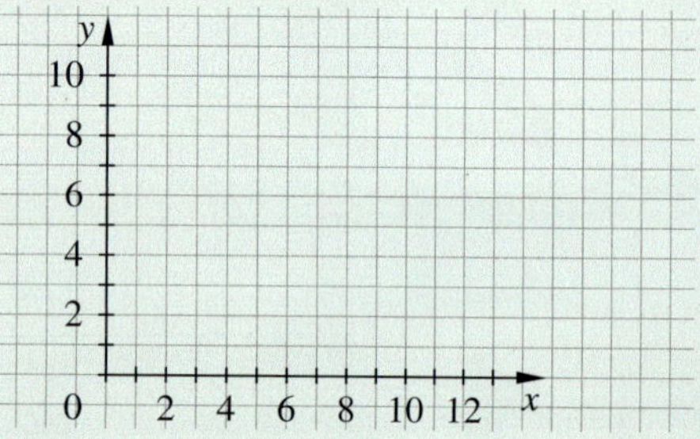

4 Beschreibe verschiedene Rechenwege für folgende Berechnungen:
a) $499 \cdot 40$ b) $126\,000 : 200$

5 Rechne vorteilhaft. Überschlage zuerst das Ergebnis.
a) $4 \cdot 16 \cdot 25$ b) $20 \cdot 13 \cdot 5$ c) $2 \cdot 49 \cdot 50$
d) $250 \cdot 97 \cdot 4$ e) $125 \cdot 23 \cdot 8 \cdot 2$ f) $80 \cdot 25 \cdot 125 \cdot 40$

6 Rechenbäume berechnen
a) Übertrage die Rechenbäume in dein Heft und berechne.
b) Schreibe die zugehörige Aufgabe auf.
c) Welche Rechenregeln müssen jeweils beachtet werden?

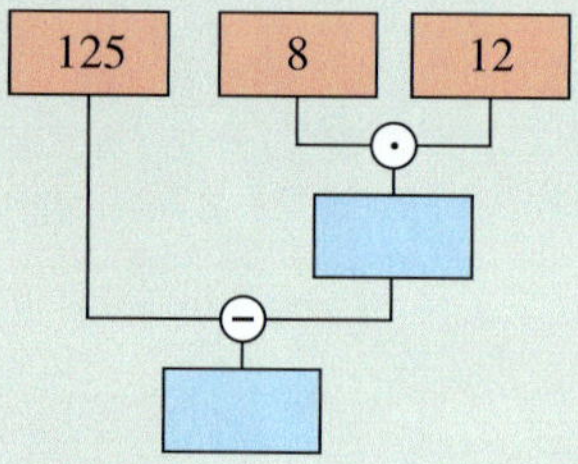

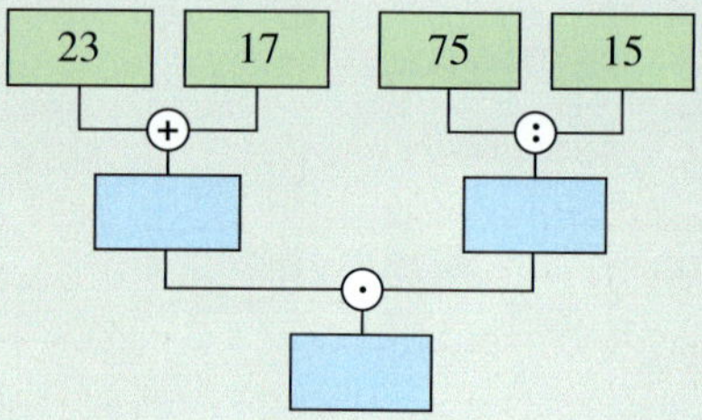

d) Stelle als Rechenbaum dar und berechne:
① $460 + (112 - 52) \cdot 8$ ② $(12 + 18) \cdot (26 + 34)$ ③ $200 - (45 + 3 \cdot 17)$

Bunt gemischt

1. Das Ergebnis einer Multiplikationsaufgabe heißt …
2. 5 kg und 600 g sind … g.
3. Ein rechtwinkliges Dreieck hat …
4. Martin Luther, der die Bibel ins Deutsche übersetzte und Urheber der Reformation war, wurde MCDLXXXIII geboren und starb MDXLVI.

Mit Dezimalbrüchen rechnen (Wiederholung)

Erforschen und Entdecken

1 Arbeitet zu zweit. Die folgenden Dezimalbrüche möchte man schriftlich addieren.

$1{,}35 + 2{,}4 + 185{,}3 + 24 + 1{,}496$

1,35	1,35
2,4	2,4
185,3	185,3
24	24
1,496	1,496

a) Wie schreibt man die Dezimalbrüche richtig untereinander? Begründet eure Aussage.
b) Löst die Summe: 3,54 + 13,5 + 7,683 + 0,2 + 15.
c) Kann man das Verfahren auf die Subtraktion übertragen? Wie würdet ihr vorgehen?
d) Löst die Aufgabe: 138 – 18,3 – 4,621.
Erläutert eure Vorgehensweise. Welche Probleme traten auf und wie habt ihr sie gelöst?

day trips

Orlando	100	miles
Miami	200	miles
New York	1000	miles
Key West	240	miles

2 Während ihres Aufenthalts in den USA nahm Dana an mehreren Ausflügen teil. Die Strecken, die zurückgelegt wurden, waren häufig sehr groß.
Entfernungen werden in den USA in Meilen angegeben.
Eine Meile entspricht 1,609 km.
a) Überschlage jeweils, wie groß die Entfernungen waren.
b) Berechne nun genau, wie groß die Entfernungen in km jeweils waren.

Ausflüge

Washington:	820 Meilen ≈ 131,938 km
New Orleans:	475 Meilen ≈ 7 642,75 km
Boston:	1180 Meilen ≈ 1800 km

c) Nina war ebenfalls in den USA und hat notiert, an welchen Ausflügen sie teilgenommen hat.
Leider hat sie mehrfach Fehler beim Umrechnen gemacht. Finde die Fehler.
Erkläre ihr, wie sie die Aufgabe richtig löst.

3 Büroartikel werden oft in großen Mengen verkauft.
a) Berechne, wie viel ein Heft kostet.
b) Wie viel kostet eine DVD?
Wie viel kosten zehn DVDs?
c) Gib den Preis von einer, zehn und 100 Büroklammern an.
d) Erläutere, wie du gerechnet hast. Formuliere eine Regel für die Division von Dezimalbrüchen durch Stufenzahlen. Zum Beispiel: Man dividiert einen Dezimalbruch durch 10, 100, 1000, indem man …
e) Löse die folgenden Divisionsaufgaben:

156,50 € : 10	98,20 € : 10
156,50 € : 100	98,20 € : 100
156,50 € : 1 000	98,20 € : 1000

Lesen und Verstehen

Serena und Mike lösen die Aufgabe 1,35 + 24 + 1,496 so:

Dezimalbrüche werden **stellenweise** addiert oder subtrahiert.

Bei der schriftlichen Addition oder Subtraktion müssen die Dezimalbrüche **stellengerecht** untereinander notiert werden.

BEISPIEL 1

$$\begin{array}{r} 1{,}350 \\ +\ 24{,}000 \\ +\ 1{,}496 \\ \hline 26{,}846 \end{array}$$

BEISPIEL 2

$$\begin{array}{r} 23{,}180 \\ -\ 1{,}426 \\ \hline 21{,}754 \end{array}$$

Der Swimmingpool von Danas amerikanischer Gastfamilie ist 6,75 m breit und 9,625 m lang. Dana möchte wissen, welchen Flächeninhalt in Quadratmetern er einnimmt.

Dezimalbrüche werden wie die entsprechenden natürlichen Zahlen multipliziert.
Im Ergebnis setzt man das Komma so, dass im Ergebnis gleich viele Stellen nach dem Komma stehen wie in beiden Faktoren zusammen.

2 Nachkommastellen + 3 Nachkommastellen

$$\begin{array}{r} 6{,}75 \cdot 9{,}625 \\ \hline 6075 \\ 4050 \\ 1350 \\ 3375 \\ \hline 64{,}96875 \end{array}$$

5 Nachkommastellen

Sabrina möchte wissen, wie viel 1 kg Äpfel und 1 kg Kartoffeln kosten.
Um dies auszurechnen, muss sie dividieren: 8,25 : 5 und 1,85 : 2,5.

BEACHTE
Überschlage zunächst das Ergebnis, um zu überprüfen, ob du das Komma richtig gesetzt hast.

Division eines Dezimalbruchs durch eine natürliche Zahl
Einen Dezimalbruch dividiert man durch eine natürliche Zahl, indem man wie mit natürlichen Zahlen rechnet.
Beim Überschreiten des Kommas wird auch im Ergebnis ein Komma gesetzt.

BEISPIEL 3 8,25 : 5 = 1,65

$$\begin{array}{l} \underline{5} \\ 32 \\ \underline{30} \\ \ 25 \\ \ \underline{25} \\ \ \ 0 \end{array}$$

1 kg Äpfel kostet 1,65 €.

ERINNERE DICH
Dividend : Divisor = Wert des Quotienten

Division eines Dezimalbruchs durch einen Dezimalbruch
Dezimalbrüche dividiert man in zwei Schritten:
1. Damit der Divisor eine natürliche Zahl wird, multipliziert man Dividend und Divisor mit derselben Stufenzahl (10, 100, 1 000 …).
2. Dann dividiert man durch die natürliche Zahl und beachtet dabei die Kommaüberschreitung.

BEISPIEL 4 1,85 : 2,5
$\cdot 10 \downarrow$ $\downarrow \cdot 10$
= 18,5 : 25 = 0,74

$$\begin{array}{l} \underline{0} \\ 185 \\ \underline{175} \\ \ 100 \\ \ \underline{100} \\ \ \ \ 0 \end{array}$$

1 kg Kartoffeln kostet 0,74 €.

Basisaufgaben

1 Rechne im Kopf.
a) 0,1 + 0,5 b) 0,6 + 0,2 c) 0,4 + 0,8
d) 0,8 + 0,7 e) 7,4 + 0,9 f) 6,9 + 0,3
g) 18,4 + 3,7 h) 12 + 9,6 i) 4,5 + 3,5

2 Rechne im Kopf.
a) 0,8 – 0,3 b) 0,4 – 0,1 c) 0,9 – 0,5
d) 2,2 – 1,1 e) 9,9 – 7,8 f) 3,8 – 3,7
g) 4,8 – 1,6 h) 7,6 – 6,2 i) 8,7 – 2,4

3 Subtrahiere. Achte auf den Überschlag.
a) 6,1 – 5,3 b) 3,3 – 1,6 c) 18,6 – 7,7
d) 15,2 – 8,4 e) 11,4 – 3,9 f) 71,5 – 1,8
g) 91,3 – 12,5 h) 45,7 – 27,9 i) 60 – 15,9

4 Übertrage die Tabelle ins Heft. Addiere.

+	3,4	6,5	8,3	9,1	12,8	11,6	0,74	0,52
3,7								
5,02								
8,4								
2,63								
6,38								

5 Übertrage die Tabelle ins Heft.
Subtrahiere (Spalte – Zeile).
BEISPIEL 6,9 – 0,2 = 6,7

–	0,2	1,1	1,55	2,3	3,6	4,9	5,4	6,8
6,9	6,7							
7,3								
7,7								
8,14								
9,2								
13,5								

6 Addiere.
a) 0,03 + 0,05 + 0,2 b) 0,4 + 0,07 + 2
c) 3,02 + 2,25 + 6,24 d) 2,64 + 0,56 + 5,9
e) 4,7 + 2,36 + 7,148 f) 3,47 + 0,69 + 1,93

7 Subtrahiere.
Ordne die Ergebnisse nach ihrer Größe.
a) 0,6 – 0,2 – 0,1 b) 8,3 – 0,6 – 0,8
c) 5,2 – 2,7 – 1,9 d) 4,6 – 3,1 – 1,3
e) 37,59 – 18,565 – 5 f) 16 – 7,732 – 0,24
g) 100 – 6,77 – 8,12 h) 33,3 – 22,215

8 Berechne.
a) 3,4 · 100 b) 3,4 · 10000
c) 100000 · 2,25 d) 1000 · 5,65
e) 100 · 6,2 f) 4,50 · 1000
g) 3,17 · 100 h) 9,75 · 10
i) 10 · 8,77 j) 10000 · 0,375
k) 1,07 · 100000 l) 1000 · 3,141

9 Ein britisches Pfund (1 £) entspricht 1,35 €.
Rechne die folgenden Beträge in Euro um.
a) 10 £ b) 100 £ c) 1000 £ d) 10000 £
e) 25 £ f) 47 £ g) 250 £ h) 4250 £

10 Ein Schweizer Franken (SFr) ist etwa 0,85 € wert.
Rechne die Beträge in Euro um.
a) 150 SFr b) 1360 SFr c) 45,75 SFr
d) 202,05 SFr e) 74,50 SFr f) 605,70 SFr

11 Multipliziere die Dezimalbrüche im Kopf.

·	0,2	0,3	0,5	0,6	0,8
0,1					
0,4					
0,7					
0,9					

12 Berechne im Kopf.
a) 32,50 : 10 b) 7,8 : 10 c) 0,4 : 10
32,50 : 100 7,8 : 100 0,4 : 100
32,50 : 1000 7,8 : 1000 0,4 : 1000
32,50 : 10000 7,8 : 10000 0,4 : 10000

13 Rechne im Kopf.
a) 2,5 : 5 b) 4,8 : 8 c) 4,9 : 7
d) 3,6 : 18 e) 4,5 : 15 f) 5,2 : 13
g) 9,6 : 6 h) 7,2 : 9 i) 15,6 : 6

14 Dividiere mit Überschlag.
a) 7,20 : 6 b) 18,027 : 9 c) 90,48: 4
d) 3,519 : 9 e) 0,294 : 7 f) 0,084 : 8

15 Aus den Zahlen kannst du 12 verschiedene Quotienten bilden. Stelle sie auf und berechne sie.

Dividend:	29,4	0,63	3,15	7,98
Divisor:	4	6	42	

NACHGEDACHT
Finde den Weg mit der geringsten und den mit der größten Summe.
Tipp: Um Brüche, Dezimalbrüche und gemischte Zahlen addieren oder subtrahieren zu können, musst du sie vorher in eine Darstellungsform umwandeln.
BEISPIEL $\frac{1}{2} + 0{,}4 = 0{,}5 + 0{,}4 = 0{,}9$

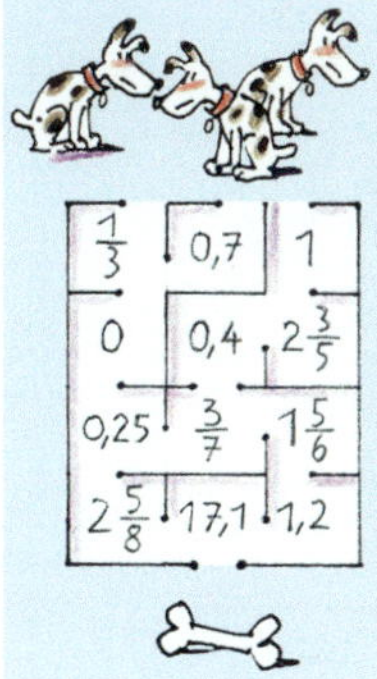

Weiterführende Aufgaben

16 Ergänze die Lücken im Heft.

a)
```
   0,53□
 + □,369
 + 4,□00
 + 6,0□1
    1 11
 -------
  15,286
```

b)
```
  39,□4
 + □,48
 + □6,03
 + 17,3□
   2 1 1
 -------
   86,25
```

c)
```
   31,579
 + 14,640
 +  1,300
 + 47,105
 +  □,□□□
  □□□ □□
 --------
  100,000
```

d)
```
   □,□□□
 − 0,375
 − 1,409
   □ □□
 -------
   2,000
```

e)
```
  62,6□4
 − □,370
 − 0,08□
   1  21
 -------
  53,159
```

17 Berechne.

a) 42,508 + 6,2 + 0,7796 + 3,11 + 58,2006
b) 160,5 – 4,596 – 6,103 – 82,434 – 0,052
c) 270,6 + 145,24 – 83,02 – 59,917

18 Berechne. Überschlage erst das Ergebnis.

BEISPIEL 2,386 + 9,874
Überschlag: 2 + 10 = 12
Rechnung: 2,386 + 9,874 = 12,26

a) 0,757 + 8,466 b) 0,921 + 0,892
c) 4,614 + 13,057 + 1,503 + 18,005
d) 0,381 + 5,025 + 8,322 + 267,34
e) 7,069 + 8,31 + 5,615 + 0,042

19 Wandle in die größte der vorgegebenen Einheiten um und addiere.

a) 3 t 400 kg + 105 t 32 kg + 75 t 49 kg
b) 460 kg 203 g + 12 kg 58 g + 122 kg 340 g
c) 5 km 600 m + 14 km 77 m + 2916 m
d) 19 cm 7 mm + 3 dm 24 mm + 55 m

20 Rechne die erste Aufgabe. Löse die anderen durch Verschieben des Kommas.

a) 0,175 · 40 b) 1,65 · 150
0,175 · 4 1,65 · 15
0,175 · 0,4 1,65 · 1,5
0,175 · 0,04 1,65 · 0,15

21 Die Jugendämter empfehlen folgende Taschengeldregelung:

Alter des Kindes	wöchentliches Taschengeld
8 bis 9 Jahre	2 € bis 3 €
10 bis 11 Jahre	3,25 € bis 4 €
12 bis 13 Jahre	5 € bis 5,50 €
14 bis 15 Jahre	6,25 € bis 7,50 €

a) Wie viel Taschengeld wird für einen Monat (1 Jahr) empfohlen? Wie gehst du vor?
b) Notiere eine Woche lang deine Ausgaben.

22 Runde das Ergebnis an der Zehntelstelle.

a) 26,2 : 0,8 b) 0,8 : 2,62 c) 27,4 : 3,75
d) 7,5 : 4,5 e) 4,5 : 7,5 f) 0,068 : 0,06

23 Prüfe, ohne zu rechnen, ob die Ergebnisse auf beiden Seiten gleich sind? Wie gehst du vor?

a) 52,92 : 7 = 529,2 : 70
b) 1,87 : 11 = 187 : 110
c) 333,9 : 90 = 33,39 : 9
d) 186,3 : 60 = 1,863 : 6

24 Multipliziere schriftlich. Überschlage vorher das Ergebnis.

BEISPIEL 3,9 · 4,15
Überschlag: 4 · 4 = 16
Rechnung: 3,9 · 4,15 = 16,185

a) 3,4 · 2,56 b) 4,3 · 7,16
c) 11,2 · 0,94 d) 52,6 · 0,855
e) 14,7 · 4,15 f) 96,4 · 1,357
g) 182,4 · 0,696 h) 75,2 · 16,8

25 Setze die Ziffern 2, 3, 4 und 6 je einmal für die Platzhalter ◆◆,◆ : ◆ ein, sodass der Wert des Quotienten

a) möglichst groß wird. b) 5,9 ist.
c) möglichst klein wird. d) größer als 30 ist.
e) zwischen 15 und 20 liegt.

26 Bernd hat während der Ferien sein Taschengeld so ausgegeben:

1. Woche: 28,14 € 2. Woche: 22,54 €
3. Woche: 17,85 € 4. Woche: 43,12 €

a) Wie viel hat Bernd in den einzelnen Wochen pro Tag ausgegeben?
b) Wie viel hat Bernd durchschnittlich pro Woche ausgegeben? Beachte den Hinweis in der Randspalte.

BEACHTE
Den Durchschnitt berechnet man, indem man alle Werte addiert und durch die Anzahl der Werte teilt.
Z. B. ist der Durchschnitt aus 2, 4 und 9 gleich $\frac{2+4+9}{3} = 5$

Mit Brüchen rechnen (Wiederholung)

Erforschen und Entdecken

1 Löse die Aufgaben mit Hilfe der Zeichnungen. Erkläre deinen Lösungsweg.

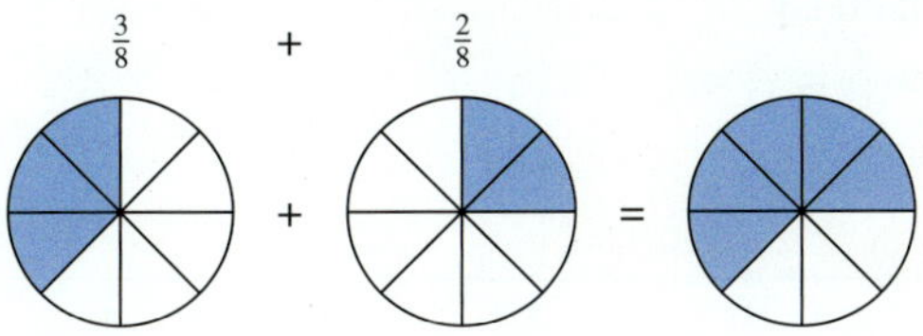

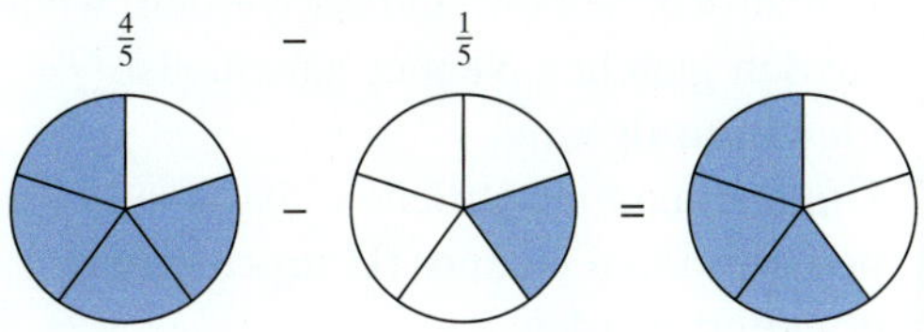

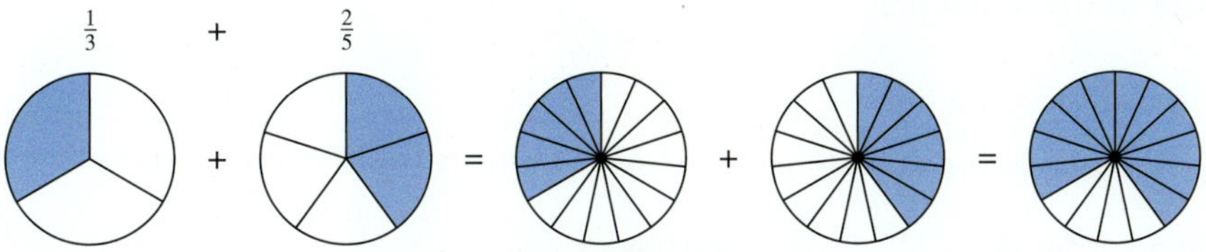

2 Wie viel ist ein Fünftel von einem Viertel?

a) Erkläre mit Hilfe der Zeichnungen, warum die Lösung $\frac{1}{20}$ sein muss.

b) Fertige zu den folgenden Aufgaben ähnliche Skizzen an und berechne:
$\frac{1}{3}$ von $\frac{1}{4}$; $\frac{3}{4}$ von $\frac{3}{5}$; $\frac{2}{3}$ von $\frac{5}{8}$.

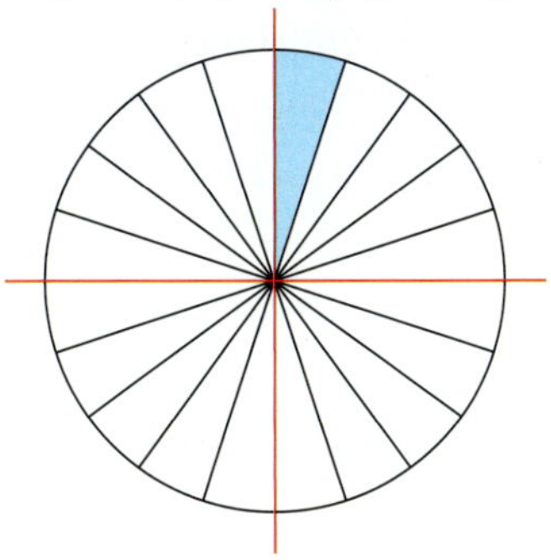

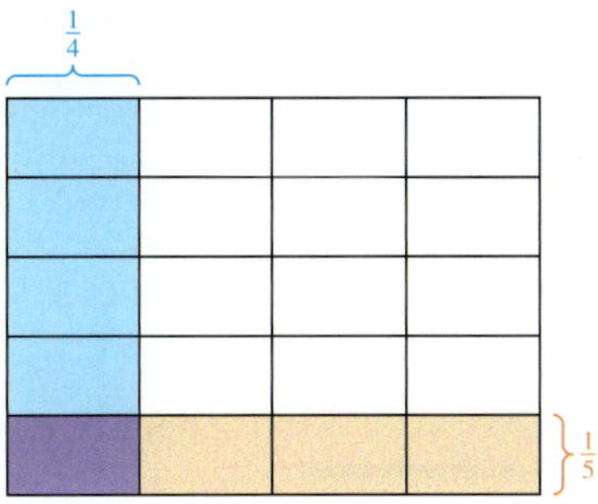

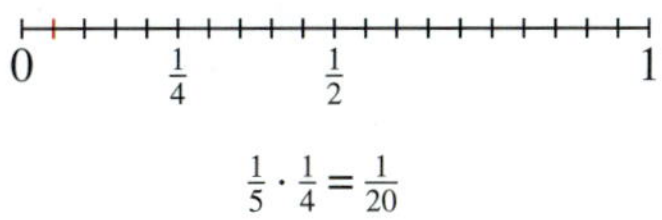

BEACHTE
Die Angabe „von" bedeutet bei Anteilen, dass multipliziert wird. Ein Fünftel von einem Viertel ist also $\frac{1}{5} \cdot \frac{1}{4}$.

3 Für diese Aufgabe benötigt ihr einen Messbecher mit einem Fassungsvermögen von $\frac{1}{2}$ ℓ.
Der Messbecher soll dann zu $\frac{3}{4}$ gefüllt werden.

a) Wie könnte man vorgehen?

b) Wie viel Wasser ist dann in dem Messbecher?

c) Schreibe dazu eine Rechenaufgabe.

4 Gegeben sind zwei Aufgaben an den Zahlenstrahlen.
Löse die beiden Aufgaben mit Hilfe der Zeichnung.

a)

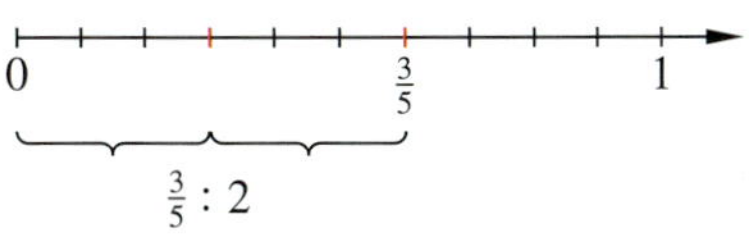

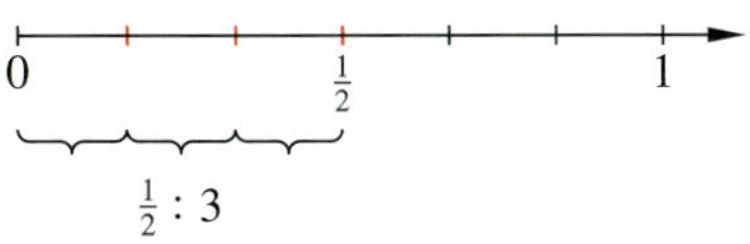

$\frac{x+y}{2}$

Lesen und Verstehen

Niels und Helen wollen $\frac{1}{12} + \frac{5}{12}$ und $\frac{1}{6} + \frac{1}{4}$ berechnen. Sie überlegen, welche Einteilung der Zahlenstrahl haben kann. Sie wählen eine 12er-Einteilung.

Brüche können nur addiert werden, wenn sie den gleichen Nenner haben, also **gleichnamig** sind.
Ungleichnamige Brüche müssen auf einen gemeinsamen Nenner **(Hauptnenner)** erweitert werden.
Gleichnamige Brüche werden addiert, indem man die **Zähler addiert** und den **Nenner beibehält**.
Das Ergebnis wird so weit wie möglich gekürzt.

Dieses Verfahren gilt auch für die **Subtraktion** von Brüchen.

BEISPIEL 1

$\frac{1}{12} + \frac{5}{12} = \frac{6}{12} = \frac{1}{2}$

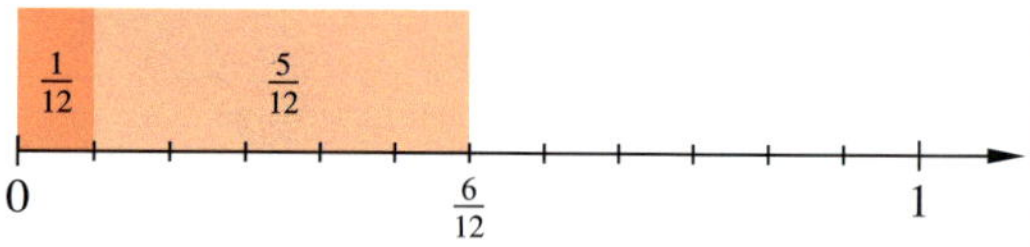

$\frac{1}{6} + \frac{1}{4} = \frac{1 \cdot 2}{6 \cdot 2} + \frac{1 \cdot 3}{4 \cdot 3} = \frac{2}{12} + \frac{3}{12} = \frac{5}{12}$

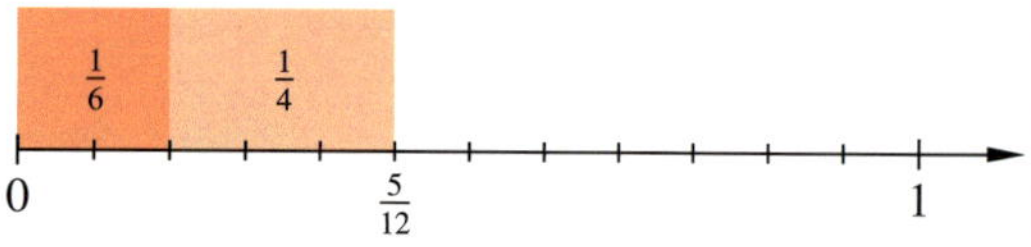

BEISPIEL 2

$\frac{2}{3} - \frac{3}{5} = \frac{2 \cdot 5}{3 \cdot 5} - \frac{3 \cdot 3}{5 \cdot 3} = \frac{10}{15} - \frac{9}{15} = \frac{1}{15}$

$\frac{3}{5}$ der Schülerinnen und Schüler der 7 a sind Mädchen.

$\frac{2}{3}$ von ihnen haben ein Handy.

Welcher Anteil der Schülerinnen und Schüler der 7 a ist das?

Brüche werden **multipliziert**, indem man Zähler mit Zähler und Nenner mit Nenner multipliziert.

BEISPIEL 3

$\frac{3}{5} \cdot \frac{2}{3} = \frac{3 \cdot 2}{5 \cdot 3} = \frac{6}{15} = \frac{2}{5}$

$\frac{2}{5}$ der Schülerinnen und Schüler der 7 a sind Mädchen und haben ein Handy.

Um die Rechnung zu vereinfachen, kann vor dem Multiplizieren gekürzt werden.

$\frac{4}{12} \cdot \frac{5}{8} = \frac{1}{3} \cdot \frac{5}{8} = \frac{1 \cdot 5}{3 \cdot 8} = \frac{5}{24}$

$\frac{5}{6} \cdot \frac{9}{10} = \frac{\cancel{5}^1}{\cancel{6}_2} \cdot \frac{\cancel{9}^3}{\cancel{10}_2} = \frac{3}{4}$

In einer Flasche befinden sich $1\frac{1}{2}$ Liter Wasser. Wie viele Gläser mit einem Volumen von $\frac{2}{5}\ell$ lassen sich damit füllen?

Brüche dividieren
Man dividiert durch einen Bruch, indem man mit seinem Kehrwert multipliziert.

BEISPIEL 4

$1\frac{1}{2} : \frac{2}{5} = \frac{3}{2} : \frac{2}{5} = \frac{3}{2} \cdot \frac{5}{2} = \frac{15}{4} = 3\frac{3}{4}$

$3\frac{3}{4}$ Gläser zu $\frac{2}{5}\ell$ lassen sich mit einer Flasche mit $1\frac{1}{2}\ell$ Wasser füllen.

BEACHTE
Den **Kehrwert** eines Bruchs bildet man, indem man Zähler und Nenner tauscht. Der Kehrwert von $\frac{2}{5}$ ist $\frac{5}{2}$, der Kehrwert von $\frac{3}{4}$ ist $\frac{4}{3}$.

Basisaufgaben

1 Addiere die Brüche.

a) $\frac{1}{8}+\frac{3}{8}$ b) $\frac{11}{19}+\frac{27}{19}$ c) $\frac{3}{28}+\frac{11}{28}$

d) $\frac{8}{55}+\frac{3}{55}$ e) $\frac{8}{15}+\frac{2}{15}$ f) $\frac{2}{3}+\frac{1}{3}$

2 Subtrahiere die Brüche.

a) $\frac{5}{7}-\frac{1}{7}$ b) $\frac{9}{23}-\frac{3}{23}$ c) $\frac{18}{13}-\frac{3}{13}$

d) $\frac{7}{5}-\frac{2}{5}$ e) $\frac{9}{16}-\frac{1}{16}$ f) $\frac{22}{27}-\frac{4}{27}$

3 Setze das richtige Zeichen (=, ≠) ein.

a) $\frac{1}{5}+\frac{4}{5}$ ▢ $\frac{1}{4}+\frac{3}{4}$ b) $\frac{7}{6}+\frac{5}{6}$ ▢ $\frac{4}{9}+\frac{13}{9}$

c) $\frac{7}{8}-\frac{3}{8}$ ▢ $\frac{7}{10}-\frac{3}{10}$ d) $\frac{23}{11}+\frac{9}{11}$ ▢ $\frac{19}{30}+\frac{71}{30}$

e) $\frac{9}{7}-\frac{2}{7}$ ▢ $\frac{11}{4}-\frac{7}{4}$ f) $\frac{11}{12}-\frac{5}{12}$ ▢ $\frac{4}{5}-\frac{2}{5}$

4 Addiere die gemischten Zahlen.

a) $14\frac{3}{5}+7\frac{2}{5}$ b) $18\frac{3}{7}+4\frac{5}{7}$ c) $46\frac{7}{9}+11\frac{5}{9}$

d) $9\frac{3}{8}+5\frac{5}{8}$ e) $6\frac{7}{12}+4\frac{11}{12}$ f) $30\frac{9}{17}+15\frac{9}{17}$

5 Subtrahiere die gemischten Zahlen.

a) $16\frac{3}{5}-4\frac{1}{5}$ b) $3\frac{11}{14}-1\frac{1}{14}$ c) $8\frac{7}{9}-4\frac{1}{9}$

d) $9\frac{1}{4}-7\frac{3}{4}$ e) $4\frac{1}{6}-2\frac{5}{6}$ f) $5\frac{7}{27}-1\frac{17}{27}$

g) $20\frac{13}{24}-9\frac{7}{24}$ h) $7\frac{11}{20}-4\frac{19}{20}$ i) $19\frac{1}{8}-9\frac{3}{8}$

6 Zwei Brüche sollen addiert oder subtrahiert werden.

a) Warum ist es geschickt, einen möglichst kleinen gemeinsamen Nenner zu suchen?

b) Wie kann dieser möglichst kleine Hauptnenner gefunden werden?

7 Berechne.

a) $\frac{1}{2}+\frac{1}{4}$ b) $\frac{2}{5}+\frac{7}{10}$ c) $\frac{2}{3}+\frac{5}{9}$

d) $\frac{3}{4}+\frac{5}{8}$ e) $\frac{3}{4}-\frac{1}{12}$ f) $\frac{23}{45}-\frac{2}{9}$

g) $\frac{11}{24}-\frac{1}{6}$ h) $\frac{5}{6}-\frac{5}{18}$ i) $\frac{2}{11}+\frac{3}{22}$

j) $\frac{1}{7}+\frac{13}{56}$ k) $\frac{13}{14}-\frac{17}{42}$ l) $\frac{15}{13}-\frac{9}{65}$

8 Wähle drei Brüche aus und addiere sie.

$\frac{4}{3}$ $\frac{5}{4}$ $\frac{1}{5}$ $\frac{7}{10}$ $\frac{1}{2}$ $\frac{14}{15}$ $\frac{3}{8}$

9 Übertrage die Rechtecke in dein Heft und löse zeichnerisch. Notiere die zugehörigen Rechenaufgaben mit Lösungen.

BEISPIEL

$\frac{1}{2}$ von $\frac{1}{3}=\frac{1}{2}\cdot\frac{1}{3}=\frac{1}{6}$

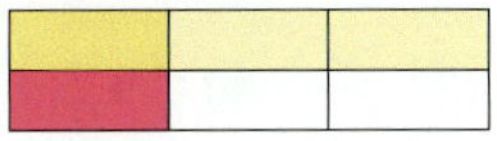

a) $\frac{1}{2}$ von $\frac{1}{4}$

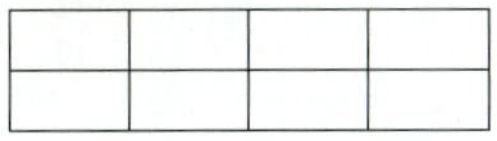

b) $\frac{1}{2}$ von $\frac{3}{5}$

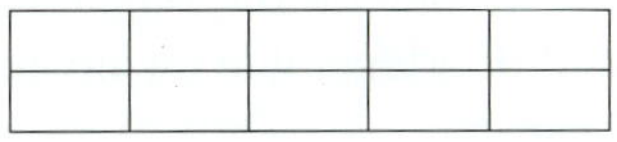

c) $\frac{1}{3}$ von $\frac{3}{5}$

10 Berechne jeweils das Produkt.

a) $\frac{1}{4}\cdot\frac{1}{2}$ b) $\frac{1}{5}\cdot\frac{2}{3}$ c) $\frac{3}{8}\cdot\frac{1}{6}$

d) $\frac{7}{8}\cdot\frac{2}{9}$ e) $\frac{8}{13}\cdot\frac{2}{5}$ f) $\frac{5}{12}\cdot\frac{3}{4}$

g) $\frac{3}{10}\cdot\frac{7}{10}$ h) $\frac{11}{15}\cdot\frac{5}{9}$ i) $\frac{5}{6}\cdot\frac{5}{6}$

j) $\frac{5}{14}\cdot\frac{8}{9}$ k) $\frac{8}{9}\cdot\frac{5}{14}$ l) $\frac{5}{9}\cdot\frac{8}{14}$

11 Übertrage die Tabelle ins Heft. Dividiere (Spalte : Zeile).

BEISPIEL $3:\frac{1}{2}=3\cdot\frac{2}{1}=6$

:	$\frac{1}{2}$	$\frac{1}{3}$	$\frac{1}{5}$	$\frac{1}{6}$	$\frac{2}{3}$	$\frac{3}{5}$	$\frac{5}{6}$
2							
3	6						
5							
8							
10							
12							

12 Berechne.

a) $600:\frac{3}{5}$ b) $240:\frac{3}{4}$ c) $104:\frac{2}{3}$

d) $300:\frac{5}{7}$ e) $160:\frac{8}{9}$ f) $701:\frac{6}{18}$

g) $125:\frac{5}{25}$ h) $508:\frac{6}{36}$ i) $140:\frac{7}{8}$

13 Dividiere.

a) $\frac{1}{2}:\frac{1}{4}$ b) $\frac{1}{4}:\frac{3}{8}$ c) $\frac{3}{10}:\frac{9}{20}$ d) $\frac{1}{3}:\frac{5}{9}$

e) $\frac{4}{7}:\frac{4}{21}$ f) $\frac{1}{6}:\frac{5}{12}$ g) $\frac{11}{27}:\frac{27}{11}$ h) $\frac{3}{4}:\frac{1}{4}$

i) $\frac{1}{3}:\frac{1}{24}$ j) $\frac{11}{16}:\frac{5}{8}$ k) $\frac{9}{28}:\frac{13}{14}$ l) $\frac{7}{18}:\frac{1}{2}$

ERINNERE DICH

Brüche, deren Zähler größer als der Nenner ist, lassen sich als **gemischte Zahlen** schreiben

$\frac{7}{3}=7:3=2\frac{1}{3}$

(vorher 2 Rest 1).

Und umgekehrt:.

$6\frac{3}{4}=\frac{6\cdot4+3}{4}=\frac{27}{4}$

BEACHTE

Gemischte Zahlen werden als gemischte Zahlen addiert oder subtrahiert.

oder:

Gemischte Zahlen werden vor der Addition bzw. Subtraktion in reine Brüche umgewandelt.

BEACHTE

Bereitet dir das Dividieren Qual, dreh den zweiten Bruch um und nimm ihn mal.

BEACHTE
Einen Bruch, bei dem der Zähler größer als der Nenner ist, nennt man **unechten Bruch**. Bei einem echten Bruch ist der Zähler kleiner als der Nenner.

Weiterführende Aufgaben

14 Finde den Hauptnenner und Berechne.

a) $\frac{12}{5}+\frac{7}{8}$ b) $\frac{2}{9}+\frac{3}{4}$ c) $\frac{13}{21}+\frac{9}{14}$
d) $\frac{23}{24}+\frac{3}{20}$ e) $\frac{16}{7}+\frac{5}{6}$ f) $\frac{4}{15}-\frac{1}{12}$
g) $\frac{15}{25}-\frac{4}{16}$ h) $\frac{23}{9}+\frac{17}{12}$ i) $\frac{14}{30}-\frac{7}{35}$
j) $\frac{41}{36}+\frac{13}{14}$ k) $\frac{59}{54}-\frac{11}{18}$ l) $\frac{8}{15}-\frac{1}{9}$

15 Schau dir die folgenden Aufgaben an und überlege, wie du sie geschickt rechnen kannst.

a) $\frac{14}{21}+\frac{36}{27}$ b) $\frac{25}{50}+\frac{15}{6}$ c) $\frac{21}{28}-\frac{3}{8}$
d) $\frac{6}{8}+\frac{24}{16}+\frac{56}{32}$ e) $\frac{9}{7}-\frac{12}{21}-\frac{18}{63}$ f) $\frac{200}{1000}+\frac{360}{450}$

16 Auf dem Bauernhof werden die Kühe gemolken. In einer Kanne befinden sich 5 ℓ Milch. Davon werden $2\frac{1}{2}$ ℓ verwendet, um Milchreis zu kochen und $2\frac{3}{8}$ ℓ, um Käse herzustellen. Reicht der Rest für ein Glas Milch?

17 Berechne.

a) $3\frac{1}{4}+2\frac{1}{8}$ b) $6\frac{4}{5}+3\frac{3}{10}$
c) $4\frac{1}{2}-2\frac{5}{16}$ d) $8\frac{7}{11}+\frac{3}{22}$
e) $7\frac{7}{9}+\frac{5}{18}$ f) $2\frac{5}{6}-\frac{1}{12}$
g) $1\frac{1}{3}+2\frac{4}{7}$ h) $11\frac{3}{4}-3\frac{3}{5}$
i) $8\frac{2}{13}-5\frac{1}{6}$ j) $20\frac{3}{4}+19\frac{5}{6}$
k) $31\frac{2}{9}-17\frac{4}{15}$ l) $55\frac{3}{14}-46\frac{5}{21}$

18 Subtrahiere die kleinere Zahl von der größeren.

a) $\frac{3}{8};\frac{7}{16}$ b) $\frac{9}{7};\frac{7}{9}$ c) $\frac{2}{15};\frac{1}{5}$
d) $\frac{11}{6};\frac{13}{12}$ e) $\frac{1}{3};\frac{2}{5}$ f) $\frac{3}{5};\frac{9}{14}$
g) $\frac{5}{9};\frac{5}{11}$ h) $\frac{11}{18};\frac{19}{30}$ i) $\frac{31}{100};\frac{8}{25}$
j) $\frac{19}{26};\frac{11}{15}$ k) $\frac{15}{28};\frac{23}{42}$ l) $\frac{37}{76};\frac{26}{57}$

19 Berechne die Produkte. Kürze vorher.

BEISPIEL $\frac{2}{9}\cdot\frac{3}{4}=\frac{\not{2}^{1}}{\not{9}_{3}}\cdot\frac{\not{3}^{1}}{\not{4}_{2}}=\frac{1}{6}$

a) $\frac{5}{3}\cdot\frac{2}{5}$ b) $\frac{7}{2}\cdot\frac{4}{3}$ c) $\frac{12}{13}\cdot\frac{7}{6}$ d) $\frac{12}{13}\cdot\frac{6}{7}$
e) $\frac{5}{4}\cdot\frac{5}{2}$ f) $\frac{8}{21}\cdot\frac{7}{4}$ g) $\frac{16}{17}\cdot\frac{5}{8}$ h) $\frac{16}{17}\cdot\frac{8}{5}$
i) $\frac{2}{6}\cdot\frac{18}{9}$ j) $\frac{2}{33}\cdot\frac{22}{3}$ k) $\frac{12}{50}\cdot\frac{15}{16}$ l) $\frac{12}{50}\cdot\frac{16}{15}$
m) $\frac{2}{3}\cdot\frac{3}{2}$ n) $\frac{4}{3}\cdot\frac{5}{6}$ o) $\frac{1}{8}\cdot\frac{8}{1}$ p) $\frac{5}{1}\cdot\frac{1}{5}$

20 Übertrage die Tabelle ins Heft. Berechne.

$\cdot$	$\frac{2}{3}$	$\frac{3}{4}$	$\frac{4}{5}$	$\frac{5}{6}$	$\frac{7}{8}$
$\frac{1}{2}$					
$\frac{1}{3}$					
$\frac{3}{4}$					
$\frac{5}{6}$					

21 Ein Drittel einer Lasagne ist noch übrig.

a) Kai und Nils bekommen jeweils $\frac{1}{2}$ davon. Welchen Anteil an der gesamten Lasagne bekommt jeder?
b) Jenny, Fiona und Sina bekommen jeweils $\frac{1}{3}$ davon. Welchen Anteil bekommt jede?

22 Dividiere. Beachte: Jede natürliche Zahl lässt sich als Bruch schreiben, zum Beispiel mit dem Nenner 1, wie $5=\frac{5}{1}$.

BEISPIEL $\frac{2}{3}:5=\frac{2}{3}:\frac{5}{1}=\frac{2}{3}\cdot\frac{1}{5}=\ldots$

a) $\frac{2}{3}:5$ b) $\frac{5}{8}:10$ c) $\frac{2}{5}:8$
d) $\frac{4}{9}:16$ e) $\frac{6}{13}:18$ f) $\frac{7}{9}:49$
g) $\frac{1}{4}:3$ h) $\frac{3}{4}:7$ i) $\frac{5}{7}:6$

23 Wandle die gemischten Zahlen in unechte Brüche um und berechne.

a) $\frac{1}{4}:1\frac{1}{8}$ b) $\frac{1}{3}:1\frac{2}{9}$ c) $\frac{6}{7}:2\frac{1}{4}$
d) $\frac{5}{6}:4\frac{1}{11}$ e) $2\frac{1}{5}:2\frac{3}{8}$ f) $4\frac{1}{6}:2\frac{11}{12}$

24 Löse die Aufgabenpaare.
Was fällt dir auf? Begründe.

a) $\frac{1}{7}:6=\square$ und $\frac{1}{7}:\frac{1}{42}=\square$
b) $\frac{5}{8}:\frac{3}{4}=\square$ und $\frac{5}{8}:\frac{5}{6}=\square$
c) $\frac{2}{9}:\frac{3}{5}=\square$ und $\frac{2}{9}:\square=\frac{3}{5}$

Negative Zahlen veranschaulichen und vergleichen

Erforschen und Entdecken

1 Die Karte zeigt die Temperaturen in Europa an einem Tag im Februar.

a) Markiere die Temperaturangaben mit Kreuzchen auf einer Zahlengeraden.

b) Bestimme den Unterschied zwischen der höchsten und der niedrigsten Temperatur.

c) Setze in die Lücken die Begriffe „kälter“ oder „wärmer“ ein.

▷ In Paris ist es ▢ als in Dublin.

▷ In Moskau ist es ▢ als in Wolgograd.

▷ In Minsk ist es ▢ als in Athen.

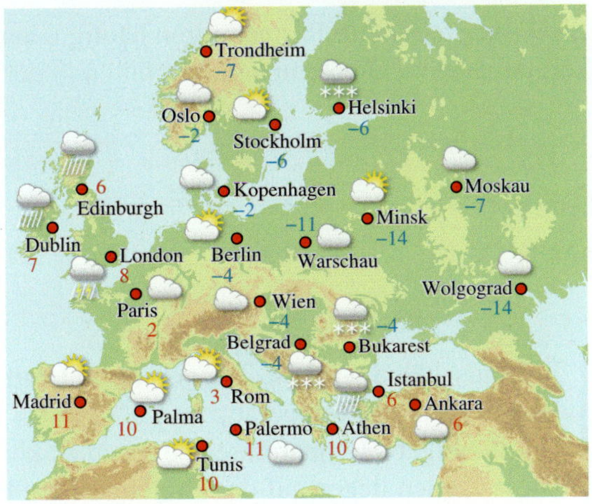

2 Mit „Normalhöhennull“ (kurz: NHN) wird ein Wert bezeichnet, auf den sich alle Höhenangaben beziehen. Umgangssprachlich sagt man dazu oft „über dem Meeresspiegel“. Für Deutschland ist „NHN“ festgelegt durch den mittleren Pegel von Amsterdam.

a) Übertrage die Skala aus der Randspalte ins Heft (1 cm entspricht 100 m). Trage die Höhenangaben aus der Tabelle ein. Wähle für jeden See eine andere Farbe.

See	Wasseroberfläche	Seegrund (tiefste Stelle)
Baikalsee	455 m über NHN	1182 m unter NHN
Bodensee	395 m über NHN	141 m über NHN
Kaspisches Meer	28 m unter NHN	1023 m unter NHN
Tanganjikasee	782 m über NHN	688 m unter NHN
Totes Meer	396 m unter NHN	794 m unter NHN

b) Setze im Heft die Begriffe „tiefer als“ oder „höher als“ ein.

▷ Die Wasseroberfläche des Baikalsees liegt ▢ die Wasseroberfläche des Bodensees.

▷ Der Seegrund des Kaspischen Meeres liegt ▢ der Seegrund des Toten Meeres.

▷ Der Seegrund des Bodensees liegt ▢ die Wasseroberfläche des Kaspischen Meeres.

c) Bestimme die maximalen Tiefen der Seen genau. Welcher See hat die größte Tiefe?

3 Zeitzonen sind Bereiche auf der Erde, in denen jeweils eine gemeinsame Uhrzeit gilt.

a) Was wird auf der Weltkarte einander zugeordnet?

b) „Je weiter Städte voneinander entfernt sind, desto größer ist der Zeitunterschied.“ Stimmt das?

c) In Deutschland ist es 11:30 Uhr. Wie spät ist es dann in London (San Francisco, Tokio, New York, Sydney, Moskau)?

d) Schreibe auf eine Karteikarte eigene Aufgaben und auf die Rückseite die Lösung. Tausche die Karteikarten mit deinen Mitschülern aus.

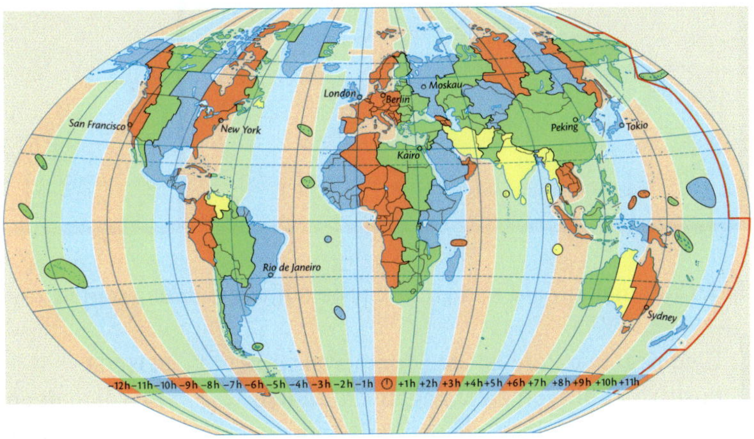

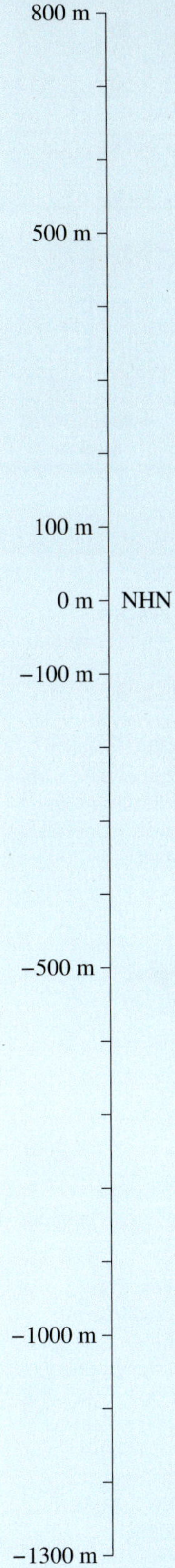

Lesen und Verstehen

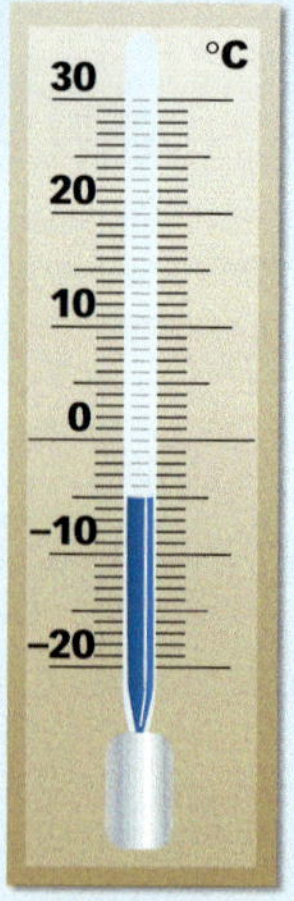

Moskau

Im Winter fallen die Temperaturen häufig unter null Grad. Die Angabe eines Wetterberichts könnte lauten: „Die Temperaturen fallen in der Nacht auf – 5 Grad."

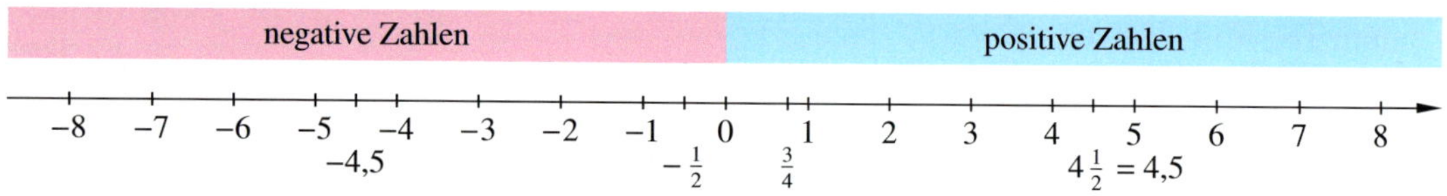

In Deutschland wird die Temperatur in Grad Celsius (°C) angegeben. Der Gefrierpunkt des Wassers legt die Temperatur von 0 °C fest.
Um niedrigere Temperaturen angeben zu können, benötigt man **negative Zahlen**.
Diese Zahlen liegen auf der Zahlengeraden links von der 0. Man schreibt sie mit dem Vorzeichen „–": **-3; $-\frac{1}{2}$; $-2{,}7$**.
Die Zahlen, die rechts von der 0 liegen, nennt man **positive Zahlen**. Positive Zahlen kann man mit dem Vorzeichen „+" oder ohne Vorzeichen schreiben: **+4** oder **4**.

BEACHTE
– und + werden als Rechenzeichen und als Vorzeichen verwendet. Als Vorzeichen geben sie an, ob die Zahl größer oder kleiner als null ist.

Die Zahlengerade ist symmetrisch zur null. Die Zahlen +3 und −3 nennt man entgegengesetzte Zahlen (Gegenzahlen). Sie haben den gleichen Abstand zu null. Diesen Abstand nennt man Betrag.

Der **Betrag** einer Zahl ist der Abstand dieser Zahl zu null. Gegenzahlen haben den gleichen Betrag.
$|-4| = 4$ *(lies: Betrag von −4 ist 4)*

Die ganzen Zahlen sind eine Erweiterung der natürlichen Zahlen. Sie enthalten alle natürlichen Zahlen und ihre (negativen) Gegenzahlen.
Die Menge der **ganzen Zahlen** wird mit $\mathbb{Z}$ abgekürzt.

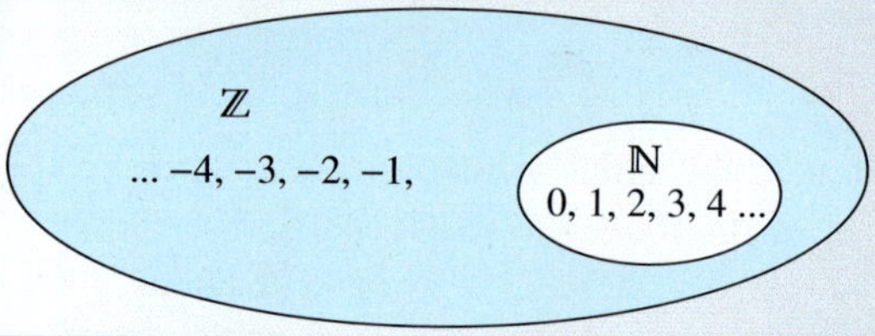

Neben den ganzen Zahlen gibt es auch Brüche und Dezimalbrüche. Jede Zahl, die sich als Bruch zweier ganzer Zahlen schreiben lässt, wird rationale Zahl genannt. Die Menge der **rationalen Zahlen** wird mit $\mathbb{Q}$ bezeichnet.

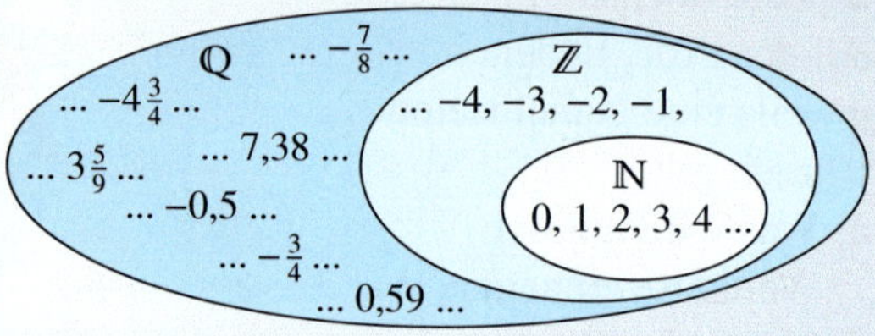

BEACHTE
Da die ganzen Zahlen sich auch als positive oder negative gebrochene Zahlen schreiben lassen, gehören sie zu den rationalen Zahlen.

Jeder rationalen Zahl kann eine Stelle auf der Zahlengeraden zugeordnet werden.

Eine negative Zahl ist stets kleiner als eine positive Zahl. Von zwei negativen Zahlen ist diejenige kleiner, die den größeren Abstand zu null hat.
Das heißt: Je weiter links eine Zahl auf der Zahlengeraden steht, desto kleiner ist sie.

BEISPIEL
$-4 < 9$, denn −4 liegt links von null und 9 liegt rechts von null.
$-8 < -3$, denn −8 hat einen größeren Abstand zu null als −3.

$\frac{x+y}{2}$

Basisaufgaben

1 Kennst du weitere Beispiele, bei denen negative Zahlen benötigt werden?

2 Welche Zahlen sind auf der Zahlengeraden rot markiert?

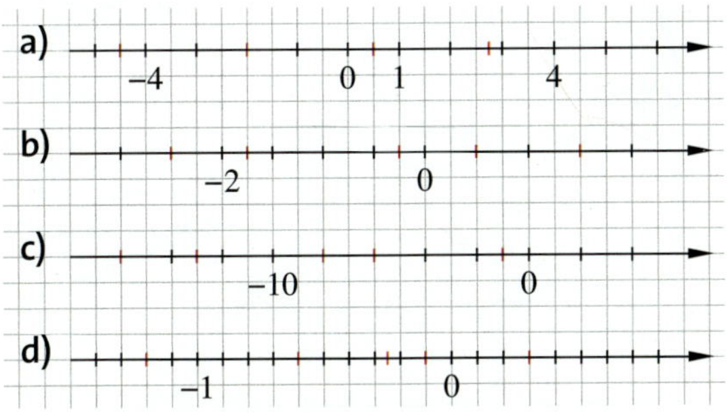

3 Markiere folgende Zahlen auf einer Zahlengeraden mit der Längeneinheit 1 cm (1 LE = 1 cm).
-6; $+3{,}5$; $-5{,}0$; $-3\frac{1}{2}$; $+\frac{14}{2}$; $-\frac{7}{7}$

4 Welche Werte kannst du hier ablesen?

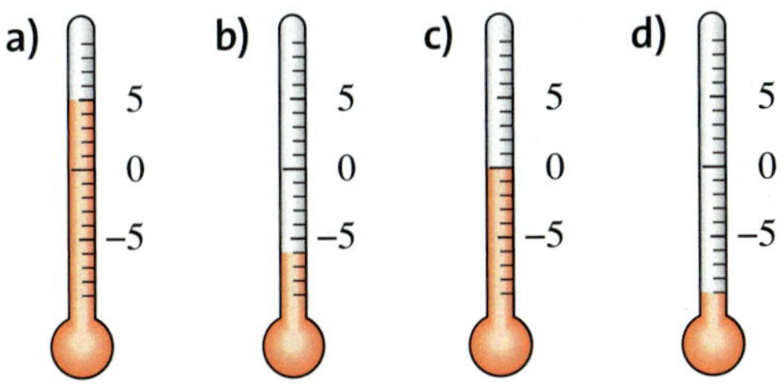

5 Gib Betrag und Gegenzahl an.

a) −4	b) +1,2	c) +5,7
d) −6	e) −3,5	f) −24,3
g) +3	h) −28,9	i) +3,7
j) −15	k) +20,12	l) −7,2

6 Welche von beiden Zahlen liegt auf der Zahlengeraden weiter links?

a) 5; 8	b) −5; 8	c) −5; −8
d) −7; 0	e) 6; −8	f) 1; −4,5
g) $\frac{1}{2}$; −3	h) −9; −6	i) −14; −15
j) 0; 12	k) $-3\frac{1}{2}$; $\frac{14}{2}$	l) 85; −36

7 Vergleiche die Zahlen. Übertrage ins Heft. Trage <, > oder = ein.

a) −2 ▢ 6	b) 3 ▢ −4	c) 0 ▢ −8
d) −7 ▢ 7	e) 0,5 ▢ 0,6	f) 9 ▢ −9
g) $-\frac{3}{5}$ ▢ −0,6	h) −0,75 ▢ $\frac{3}{4}$	i) 3,6 ▢ $3\frac{3}{5}$

8 Die Karte zeigt die Temperaturen in °C in Berlin und Brandenburg an einem Januartag.

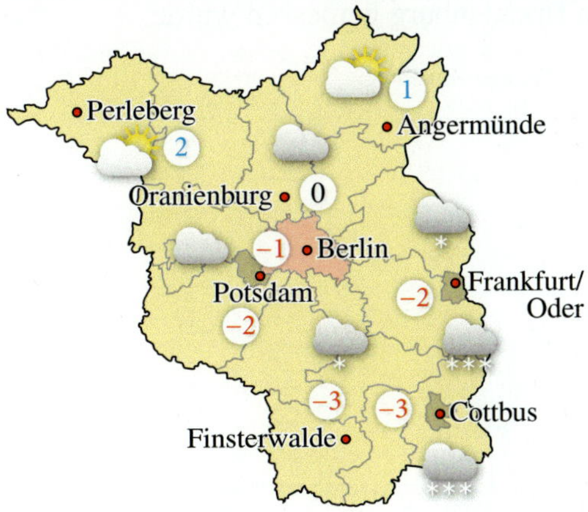

a) Markiere auf einer Zahlengeraden (1 °C = 1 Kästchen) die Temperaturen aus der Wetterkarte.
b) In welchen Städten musste an diesem Tag mit Straßenglätte gerechnet werden?
c) Suche im Internet oder in einer Zeitung nach einer Wetterkarte, die auch negative Temperaturen aufweist. Übertrage die gefundenen Temperaturen auf eine Zahlengerade.

9 Welche ganzen Zahlen liegen zwischen

a) −3 und 3	b) −13 und −18	c) −8 und 12
d) −1 und 8	e) −26 und −25	f) −96 und −98
g) 19 und 18	h) −7 und 7	i) −9 und −17?

10 Ordne. Beginne mit der kleinsten Zahl. Zahlenkärtchen können dir dabei helfen.
a) −1; 0; 13; −3; −6; −4; 9; −5; 17
b) 0,5; −7; 3; 5; −2; −8; 7; −12; 12
c) −0,5; 3; $\frac{7}{10}$; $-\frac{2}{5}$; 5,5; 13; −3,75; $-\frac{7}{9}$

11 Vergleiche die Zahlen. Übertrage ins Heft und setze <, =, > richtig ein.

	0	−5	−8
3	>		
−11	<		
−9			
−5			
−1			

NACHGEDACHT
Finde drei rationale Zahlen zwischen …
a) 1,3 und 1,32
b) −1,1 und −0,9

Weiterführende Aufgaben

BEACHTE
Negative Dezimalzahlen werden wie positive gerundet. Wenn man z. B. auf die 2. Nachkommastelle runden soll, entscheidet die 3. Nachkommastelle, ob auf- oder abgerundet wird.
$-1{,}234 \approx -1{,}23$
$-1{,}489 \approx -1{,}49$
$-4{,}1999 \approx -4{,}20$

12 In dem Diagramm steht die Temperatur, die an einem Februartag an einer Wetterstation in Brandenburg gemessen wurde.

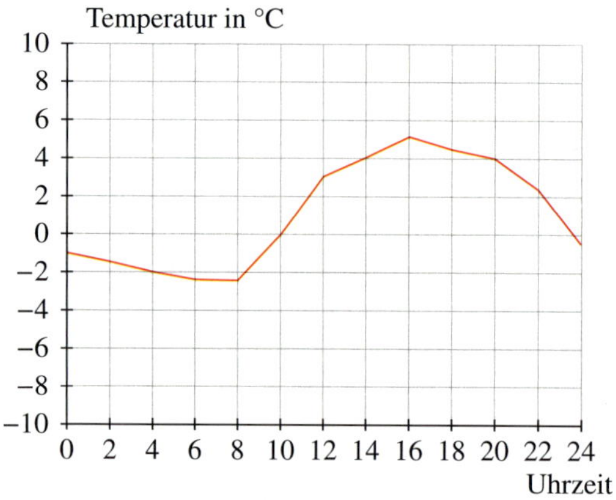

a) Beschreibe den Verlauf des Graphen.
b) Bestimme die höchste und die niedrigste gemessene Temperatur.
c) Bestimme den Temperaturunterschied zwischen der Tagestiefst- und Tageshöchsttemperatur.
d) Zeichne die Tabelle in dein Heft und fülle sie für 0 Uhr bis 24 Uhr aus.

Uhrzeit	0	2	4	…	24
Temp. (in °C)	−1				

e) Ergänze: Zwischen 11 Uhr und 16 Uhr stieg die Temperatur um …

13 Das Diagramm zeigt den Temperaturverlauf an zwei Dezembertagen am Flughafen in Schönefeld.

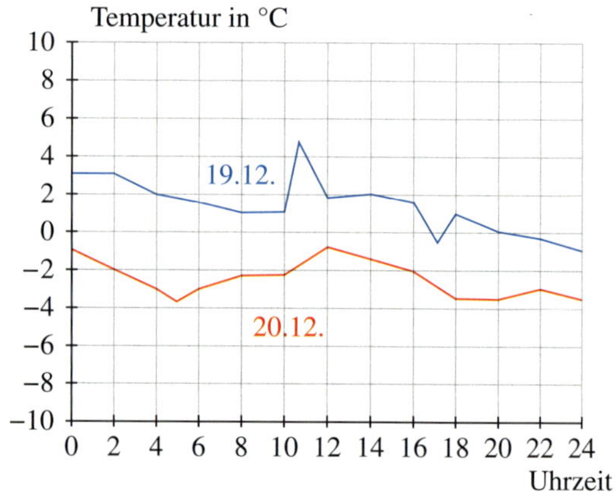

a) Beschreibe die Verläufe der Graphen.
b) Ergänze die Tabelle für beide Tage im Heft.

Uhrzeit	0	2	4	…	24
Temp. (in °C)	−1				

c) Bestimme die jeweilige Tageshöchst- und Tagestiefsttemperatur.
d) In welchem Zeitraum schien am 19. 12. kurzzeitig die Sonne?
e) Marc meint: „Die Datumsangaben sind nicht nötig. Es ist doch klar, dass der obere Graph der des ersten dargestellten Tages sein muss.“ Hat Marc Recht?

14 Wenn du schon einmal Urlaub an der Nordsee gemacht hast, kennst du sicherlich den Wechsel von Ebbe und Flut. Die beiden extremen Wasserstände nennt man Hoch- bzw. Niedrigwasser.

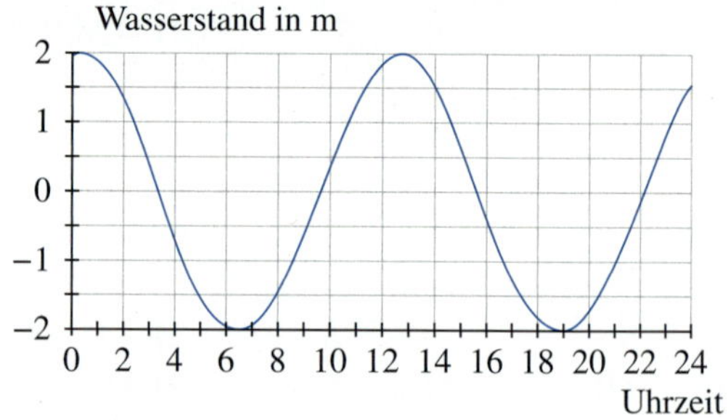

a) Welche Größen werden in dem Diagramm einander zugeordnet?
b) Übertrage die folgende Tabelle in dein Heft und ergänze sie:

Uhrzeit	0	2	4	6	8	10	12	14	16	18	20	22	24
Wasserstand (in m)													

c) Zu welchen Zeitpunkten gab es an diesem Tag Hoch- bzw. Niedrigwasser? Wann lag der Meeresspiegel auf einem mittleren Niveau?
d) Bestimme den zeitlichen Abstand zwischen zwei Hochwassern (zwei Niedrigwassern; Hoch- und Niedrigwasser).
e) Wann ist am Folgetag mit Hoch- bzw. Niedrigwasser zu rechnen?

Das Koordinatensystem

Erforschen und Entdecken

1 Übertrage das Koordinatensystem und das Dreieck *ABC* in dein Heft.

a) Welche Koordinaten haben die Eckpunkte des Dreiecks?

b) Spiegle das Dreieck *ABC* an der *y*-Achse. Bezeichne das Bild mit $A_1B_1C_1$. Gib die Koordinaten an.

c) Zeichne in ein neues Koordinatensystem den Drachen $E(2|0)$, $F(3|2)$, $G(2|3)$, $H(1|2)$ und spiegle ihn an der *y*-Achse. Bezeichne das gespiegelte Bild mit $E_1F_1G_1H_1$. Gib die Koordinaten an.

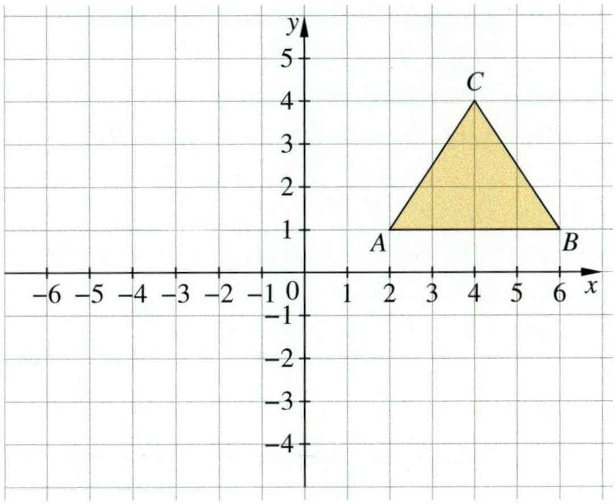

2 Gib die Koordinaten der Eckpunkte aller eingezeichneten Figuren an.

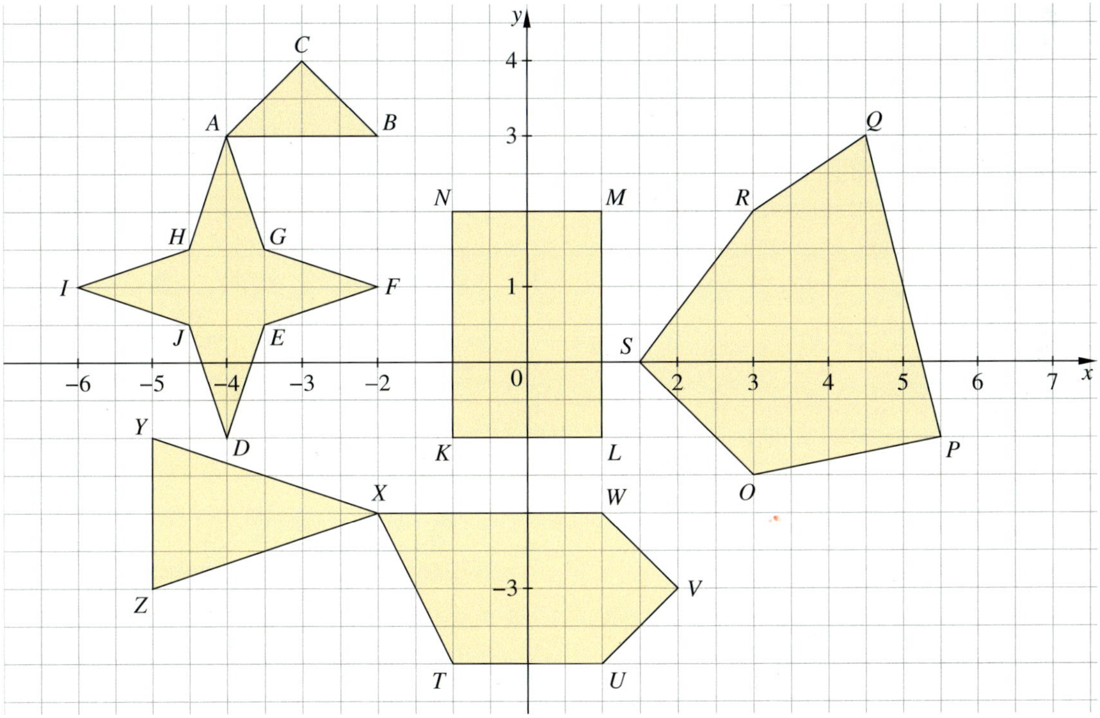

ERINNERE DICH
Die Koordinaten eines Punktes werden so angegeben: Zuerst der Wert auf der *x*-Achse, dann der Wert auf der *y*-Achse.
Beispiel: $A(-4|3)$

3 Zeichne ein Koordinatensystem wie in Aufgabe 2. Zeichne mit dem Zirkel einen Kreis mit einem Radius von 3 cm. Der Mittelpunkt hat die Koordinaten $M(0|0)$.

a) Gib die Koordinaten der Punkte an, in denen der Kreis die *x*-Achse und die *y*-Achse schneidet.

b) In welchen Punkten würde ein Kreis mit Radius 5 cm die *x*-Achse und die *y*-Achse schneiden?

c) Wie wäre es bei einem Kreis mit Radius 1,5 cm?

Lesen und Verstehen

Das Dreieck $A_1B_1C_1$ mit den Koordinaten $A_1(2|1)$; $B_1(4|2)$; $C_1(1|3)$ wurde an der y-Achse gespiegelt. Die neuen Koordinaten sind $A_2(-2|1)$; $B_2(-4|2)$; $C_2(-1|3)$.
Wird das Dreieck $A_2B_2C_2$ an der x-Achse gespiegelt, ergibt sich das Dreieck $A_3B_3C_3$ mit den Koordinaten $A_3(-2|-1)$; $B_3(-4|-2)$; $C_3(-1|-3)$.
Spiegelt man dieses Dreieck an der y-Achse, ergibt sich das Dreieck $A_4B_4C_4$.
$A_4(2|-1)$; $B_4(4|-2)$; $C_4(1|-3)$.

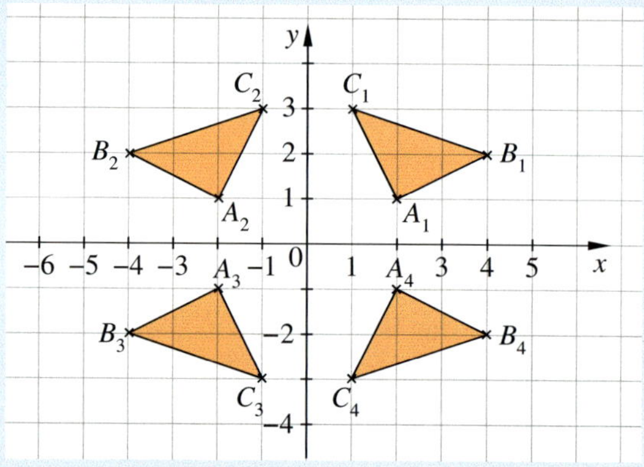

Das Koordinatensystem mit positiven Zahlen ist bereits bekannt.
Um auch Koordinaten mit negativen Zahlen eintragen zu können, wird die x-Achse nach links und die y-Achse nach unten verlängert.

BEACHTE
P (0|0) heißt Koordinatenursprung oder Nullpunkt.

Wie bisher ist die erste Koordinate jedes Punktes der x-Wert, die zweite Koordinate der y-Wert.

BEISPIEL 1
$A(3|1)$; $B(-3|1)$; $C(-3|-1)$; $D(3|-1)$; $E(0|-1)$; $F(6|0)$

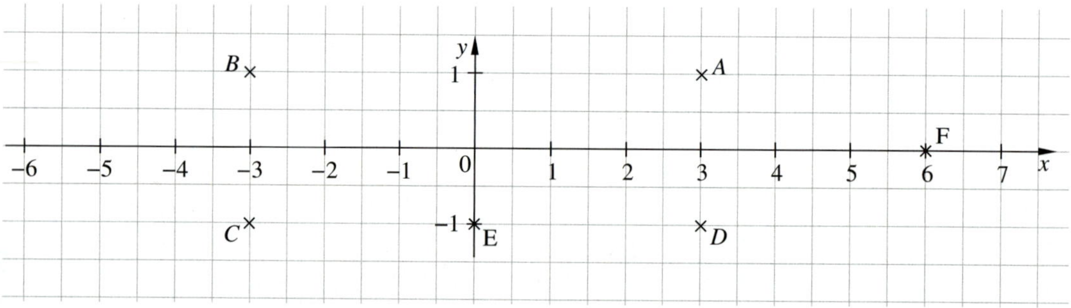

BEACHTE
Die Nummerierung der Quadranten erfolgt gegen den Uhrzeigersinn.

Erweitert man das Koordinatensystem, so ergeben sich vier Quadranten.

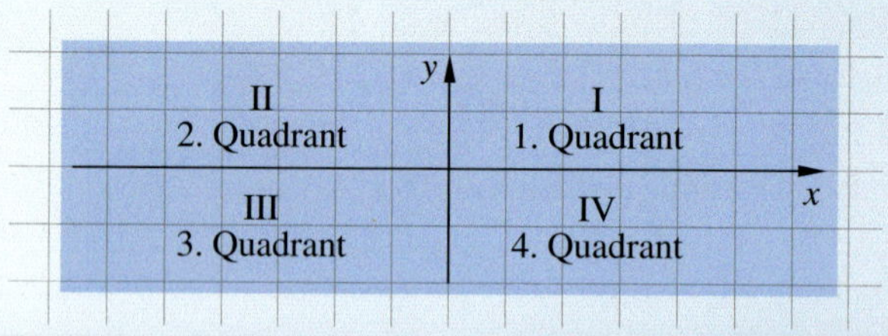

Für x-Achse und y-Achse gibt es Fachbegriffe.

Die x-Achse nennt man auch Abszissenachse.

Die y-Achse wird auch als Ordinatenachse bezeichnet.

$P(x|y)$

Abszisse (x-Koordinate) — Ordinate (y-Koordinate)

$\frac{x+y}{2}$

Basisaufgaben

1 Gib die Koordinaten der Eckpunkte des Fünfecks an.

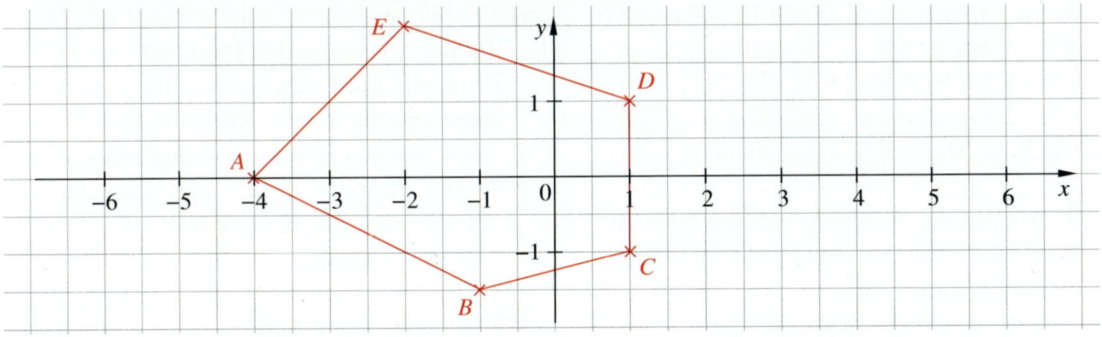

2 Schreibe die Koordinaten der Punkte auf.

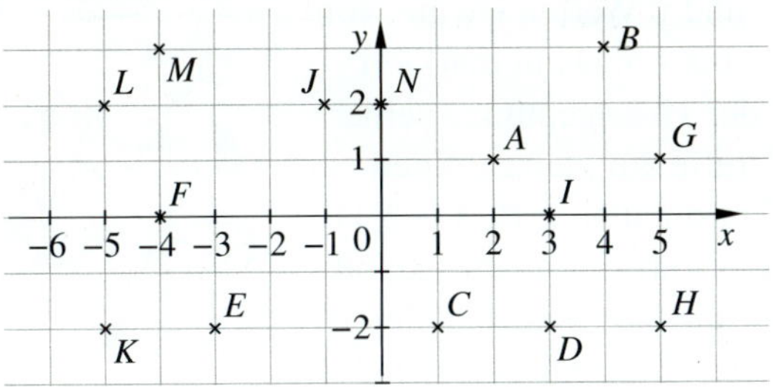

3 Zeichne ein Koordinatensystem mit x- und y-Werten von −4 bis +4. Trage ein.

a) $A(2|3)$; $B(1|-2)$; $C(2|-3)$; $D(-2|3)$

b) $E(-1|1)$; $F(-2|-2)$; $G(1|1)$; $H(-1|1)$

c) $I(1|-1)$; $J(-1|-1)$; $K(-3|-2)$; $L(0|-2)$

d) $M(3|-2)$; $N(0|-1)$; $O(2{,}5|-2)$; $P(-2|0)$

4 In welchem Quadranten liegen die Punkte?

a) $A(-2|1)$; $B(-5|-6)$; $C(-1|-4)$; $D(3|8)$

b) $E(-2|-5)$; $F(6|-5)$; $G(3|-5)$; $H(6|4)$

c) Nenne Beispiele für Punkte, die im II. bzw. im III. Quadranten liegen.

5 Trage die folgenden Punkte in ein Koordinatensystem ein:
$P_1(3{,}5|0)$; $P_2(-1|0)$; $P_3(0|4)$; $P_4(0|-5{,}5)$
Wie gehst du vor? Beschreibe.

6 Zeichne ein Koordinatensystem mit x- und y-Werten von −6 bis +6.

a) Zeichne das Viereck mit den Eckpunkten $A(3|1)$; $B(6|4)$; $C(4|3)$; $D(2|5)$.

b) Spiegle das Viereck an der y-Achse. Bestimme die Koordinaten der Bildpunkte.

7 Trage die Punkte in ein Koordinatensystem ein. Spiegle die Punkte an der y-Achse. Was für eine Figur entsteht?

a) $A(0|2{,}5)$; $B(-2{,}5|0)$; $C(0|-2{,}5)$

b) $A(0|2)$; $B(-1|3)$; $C(-2|2)$; $D(0|0)$

c) $A(0|-1)$; $B(-2|-1)$; $C(-3|-3)$; $D(0|-3)$

8 Verbinde die Punkte $A(2|1)$; $B(-1|1)$; $C(-1|-2)$; $D(0|-1)$; $E(4|-4)$; $F(5|-3)$; $G(1|0)$ und A.
Welche Figur ist entstanden?

9 In dieses Koordinatensystem sind verschiedene Punkte eingetragen.
Lies die Buchstaben zu den Koordinaten $(-3|-2)$; $(5|-2)$; $(-2|1)$; $(4|0)$; $(1|-2)$; $(-5|-2)$ hintereinander.
Es ergibt sich ein Lösungswort.

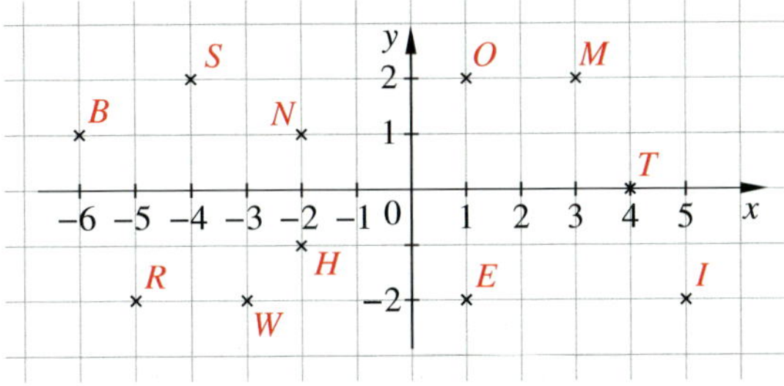

NACHGEDACHT
Welcher Quadrant ist das? Man findet dort alle Punkte mit negativen Zahlen als Koordinaten.

BEACHTE
Zeichne Koordinatensysteme immer mit einem Abstand von 1 cm zwischen den ganzen Zahlen. So hast du genügend Platz, um Zeichnungen einzutragen.

Weiterführende Aufgaben

10 Zeichne die Punkte in ein Koordinatensystem. Ergänze einen Punkt D, sodass sich ein Rechteck ergibt.

a) $A(-4{,}5|1{,}5)$; $B(2{,}5|1{,}5)$; $C(2{,}5|3)$
b) $A(-2{,}5|0)$; $B(1|-1{,}5)$; $C(2|1)$
c) $A(3{,}5|0{,}5)$; $B(2|2)$; $C(-0{,}5|-0{,}5)$

NACHGEDACHT
Zeichne auf Millimeterpapier ein Koordinatensystem und trage folgende Punkte ein:
$A(1{,}3|4{,}7)$
$B(-0{,}8|4{,}2)$
$C(-2|-1{,}7)$
$D(-1{,}8|-2{,}3)$
$E(2{,}2|-3{,}3)$

11 Zeichne die Punkte in ein Koordinatensystem und ergänze einen Punkt D, sodass sich ein Quadrat ergibt.

a) $A(-4|-4)$; $B(1|-4)$; $C(1|1)$
b) $A(-4{,}5|-1{,}5)$; $B(-3|-3)$; $C(-1{,}5|-1{,}5)$
c) $A(0|-1)$; $B(1|1)$; $C(-1|2)$

12 Das Viereck $A(1|3)$; $B(3|2)$; $C(4|4)$; $D(2|4)$ soll gespiegelt werden.
Gib ohne zu zeichnen an, welche Koordinaten der Bildpunkte sich bei …

a) Spiegelung an der x-Achse ergeben.
b) Spiegelung an der y-Achse ergeben.

13 Nimm die Koordinaten der Punkte auf.

a) Übertrage die Figuren in ein Koordinatensystem in deinem Heft. Verschiebe das Viereck $ABCD$. Verschiebungspfeil: $\overrightarrow{AA'}$. $A(2|1)$; $A'(2|-3)$. Gib die Koordinaten der Bildpunkte an.
b) Verschiebe das Dreieck EFG. Verschiebungspfeil $\overrightarrow{GG'}$. $G(6|-2)$; $G'(4|-2)$. Gib die Koordinaten der Bildpunkte an.

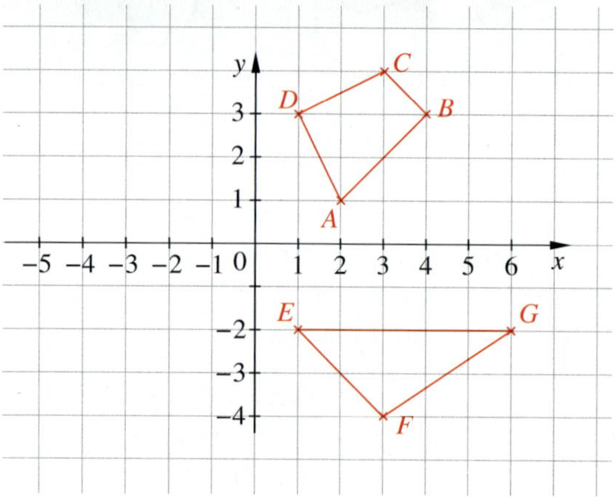

NACHGEDACHT
Wie viele Punkte mit ganzzahligen Koordinaten gibt es in einem Koordinatensystem mit x- und y-Werten jeweils von −3 bis +3?

14 Spiegle das Dreieck und das Viereck aus Aufgabe 13 an der y-Achse und gib die Koordinaten der Bildpunkte an.

15 Zeichne ein Koordinatensystem.

a) Zeichne mit einem Zirkel einen Kreis mit Radius 2,5 cm um den Punkt $A(-2|-1)$. Zähle alle Punkte mit ganzzahligen Koordinaten auf, die in dem Kreis liegen.
b) Zeichne einen Kreis mit dem Radius 3 cm um den Punkt $B(2|-2{,}5)$. Zähle alle Punkte mit ganzzahligen Koordinaten auf, die in dem Kreis liegen.

16 Spielt zu zweit Schiffe versenken. Jeder zeichnet ein Koordinatensystem mit x- und y-Werten jeweils von −3 bis +3. Dann markiert jeder 10 Lagepunkte seiner Schiffe auf ganzzahligen Koordinaten, z. B. $A(-2|1)$. Jetzt dürft ihr abwechselnd auf die Schiffe des anderen zielen. Wer zuerst alle Schiffe des anderen getroffen hat, gewinnt.

17 Welche Koordinaten haben die Eckpunkte der Sechsecke? Welche besondere Eigenschaft besitzen diese Figuren? Begründe.

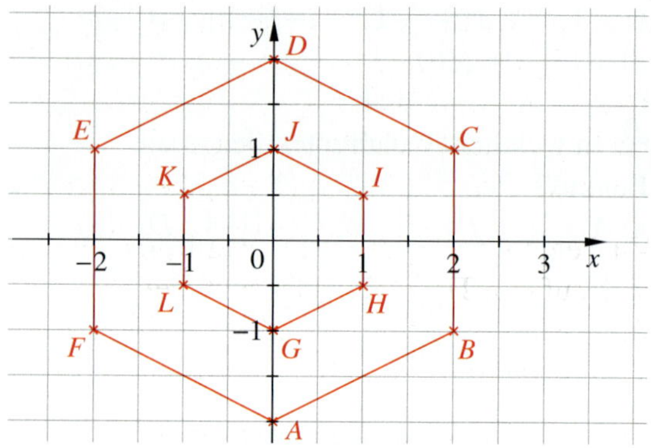

18 Zeichne ein Koordinatensystem mit x- und y-Werten jeweils von −5 bis +2.

a) Trage folgende Punkte ein und verbinde sie. $A(-3|-3)$; $B(-3|-2)$; $C(-2|-2)$; $D(-2|-1)$; $E(-1|-1)$; $F(-1|0)$.
b) Die Verbindung der Punkte ergibt ein Muster. Führe es nach oben und nach unten weiter und gib die Koordinaten der nächsten 3 Punkte an.

Rationale Zahlen addieren und subtrahieren

Erforschen und Entdecken

1 „Im Fahrstuhl“
Beklebe einen Würfel, sodass die Seiten mit gerader Augenzahl ein „+“ zeigen und die Seiten mit ungerader Augenzahl ein „–“.
Ein weiterer Würfel wird so beklebt, dass die Seiten 1 und 6 eine „1“ zeigen, die Seiten 2 und 5 eine „2“ und die Seiten 3 und 4 eine „3“.

Zu Beginn des Spiels stehen alle Spielfiguren im Erdgeschoss auf der 0 (siehe Randspalte).
Es wird mit beiden Würfeln gewürfelt. Wirft man „+“ und „2“, fährt der Fahrstuhl zwei Stockwerke nach oben. Würfelt man „–“, fährt der Fahrstuhl nach unten.

Gewonnen hat, wer nach drei Spielrunden dem Erdgeschoss am nächsten steht.
Schreibe jeden Zug als Rechnung in dein Heft.

BEISPIEL

altes Stockwerk	Aktion	neues Stockwerk	Rechnung
0	–2	–2	0 – 2 = –2
–2	+3	1	–2 + 3 = 1
1	–2	…	

9
8
7
6
5
4
3
2
1
Erdgeschoss 0
–1
–2
–3
–4
–5
–6
–7
–8
–9

2 „Schulden und Guthaben“
Fertige je fünf Karteikarten mit den Begriffen „Gib (–)“ und „Nimm (+)“ an. Fertige je eine Karteikarte mit den rot geschriebenen Zahlen –10, –9, –8, …, –1 und je eine Karteikarte mit den schwarz geschriebenen Zahlen +1, +2, …, +10 an. Insgesamt entstehen zehn Begriffs- und zwanzig Zahlenkarten.
Die negativen Zahlen zeigen Schulden an, die der Mitspieler hat, die positiven Zahlen Guthaben.
Lege die zwei Kartenstapel gut gemischt auf den Tisch.

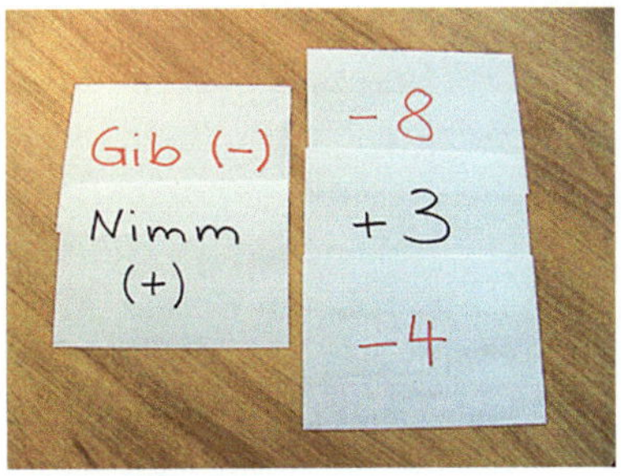

Zu Beginn des Spiels zieht jeder Mitspieler drei Karten mit Zahlen und legt diese offen vor sich auf den Tisch. Der jüngste Spieler zieht nun eine Begriffskarte. Zieht er eine „Gib“-Karte, muss er eine Karte seiner Wahl einem Mitspieler geben. Zieht er eine „Nimm“-Karte, muss er vom Stapel mit den Zahlenkarten eine Karte ziehen.

Jeder Mitspieler dokumentiert bei jeder Veränderung seinen neuen Kontostand.
Die Mitspieler kontrollieren die Rechnungen.

BEISPIEL

Aktion	Rechnung	(neuer) Kontostand	Karten auf der Hand
Startkarten (–3), (–4), (+5)	(–3) + (–4) + (+5) = –2	–2	(–3), (–4), (+5)
Gib (–4)	(–2) – (–4) = 2	+2	(–3); (+5)
Nimm (+3)	(+2) + (+3) = 5	+5	(–3); (+5); (+3)
Nimm (–8)	(+5) + (–8) = –3	–3	(–3); (+5); (+3); (–8)

Wer nach drei Spielrunden den höchsten Kontostand aufweist, gewinnt das Spiel.

NACHGEDACHT
In welchem Fall ist es vorteilhaft, eine „Gib“-Karte zu ziehen? Wann nicht?

Lesen und Verstehen

Maike und Selim spielen ein Spiel mit zwei verschiedenen Würfeln.

Der Vorzeichenwürfel zeigt nur „+“ oder „–“ an. Bei „+“ muss man sich so drehen, dass man in die positive Richtung schaut, bei „–“ in die negative Richtung.

Der andere Würfel zeigt die Zahlen +1, –2, –3, +4, –5 und +6.
Bei einer positiven Zahl muss man vorwärts (also in Blickrichtung) gehen, bei einer negativen Zahl rückwärts.

ZIEL	–13	–12	–11	–10	–9	–8	–7	–6	–5	–4	–3	–2	–1	0	+1	+2	+3	+4	+5	+6	+7	+8	+9	+10	+11	+12	+13	ZIEL
														START														

Maike steht auf der –3. Sie würfelt [+] [–2]. Auf welches Feld muss sie gehen?
Selim steht bei –4 und würfelt [+] [+6].

BEACHTE
Das „+“ als Vorzeichen einer positiven Zahl wird meistens weggelassen. Dann entfallen auch die Klammern.
(+5) = 5
Die Klammern um Zahlen, die an erster Stelle einer Aufgabe stehen, werden ebenfalls meistens weggelassen.
(–7) + (+5) = (–2)
–7 + 5 = –2

Bei der **Addition rationaler Zahlen** unterscheidet man zwei Fälle:

1. Die Vorzeichen der Summanden sind gleich.
   Die Beträge der Zahlen werden addiert.
   Das Ergebnis bekommt das gemeinsame Vorzeichen.

2. Die Vorzeichen der Summanden sind verschieden.
   Vom größeren Betrag wird der kleinere Betrag abgezogen.
   Das Ergebnis bekommt das Vorzeichen des Summanden mit dem größeren Betrag.

BEISPIEL 1

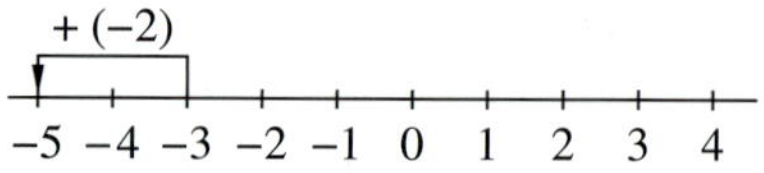

(–3) + (–2) = –5,
denn 3 + 2 = 5, das gemeinsame Vorzeichen ist –.

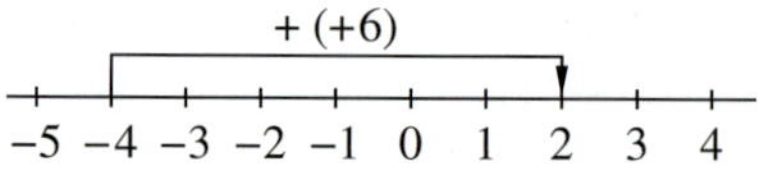

(–4) + (+6) = 2,
denn 6 – 4 = 2, +6 ist der Summand mit dem größeren Betrag.

Maike steht also nach ihrem Spielzug auf dem Feld mit der –5, Selim steht auf dem Feld mit der +2.

Auch die Subtraktion lässt sich mit Hilfe des Spiels von Maike und Selim nachvollziehen.
Wo stände Maike jetzt, wenn sie [–] [+2] gewürfelt hätte?
Auf welchem Feld wäre Selim mit [–] [–5] gelandet?

Bei der **Subtraktion rationaler Zahlen** ist zu beachten:
Jede Subtraktionsaufgabe lässt sich als Additionsaufgabe umschreiben. Dazu addiert man die Gegenzahl des Subtrahenden.

BEISPIEL 2
(–3) – (+2) = (–3) + (–2)
= –3 – 2 = –5
(–4) – (–5) = (–4) + (+5)
= –4 + 5 = 1

Basisaufgaben

1 Ein positives Vorzeichen wird nicht immer mitgenannt. Entscheide, wo es weggelassen werden kann. Begründe.
a) Angabe der Körpergröße
b) Kontostand
c) Masse einer Ware
d) Kursveränderung an der Börse
e) Temperaturänderung

2 Übertrage in dein Heft und ergänze.

Zahl	3	−7			0
Gegenzahl			−2,5	$\frac{1}{2}$	
Betrag					

3 Reise auf der Zahlengerade.
a) Du stehst auf der Zahlengerade bei +2 und schaust in die positive Richtung. Wo landest du, wenn du fünf Schritte rückwärts gehst?
b) Starte bei (−3), schaue in die positive Richtung und gehe sieben Schritte vorwärts.
c) Stellt euch gegenseitig ähnliche Aufgaben.

4 Cem und Lisa spielen „Schulden und Guthaben" (siehe Seite 25).
Startkarten:
Cem (−2), (−4), (+3); Lisa (−8), (+1), (+5)
a) Wer von beiden hat zu Beginn den höheren Kontostand?
b) Lisa beginnt. Sie zieht eine „Nimm"-Karte und dann eine (−3).
Wie hoch ist jetzt ihr Kontostand?
c) Cem zieht eine „Gib"-Karte.
Was sollte er tun? Berechne die neuen Kontostände.

5 Bei einem Spiel werden für jede Runde Plus- und Minuspunkte notiert.
Wer hat am Ende gewonnen?

Runde	Freya	Tim	Susan
1	+12	−8	−20
2	0	+17	−5
3	−16	−6	+28
4	+5	−2	−11

6 Welches Ergebnis hat der Tausendfüßer ganz vorne? Subtrahiere auf jedem Feld 3.

7 Berechne im Kopf.
a) (+3) + (+8) **b)** (+35) + (+16)
c) (−3) + (−7) **d)** (−12) + (−4)
e) (−17) + (−13) **f)** (−15) + (−5)

8 Berechne.
a) (+4) + (−3) **b)** (+12) + (−7)
c) (+17) + (−21) **d)** (+12) + (−13)
e) (−9) + (+12) **f)** (−11) + (+22)
g) (−7) + (+6) **h)** (−75) + (+50)

9 Übertrage ins Heft und ergänze in den Rechtecken die richtigen Zahlen.
a) −2 —(+ ☐)→ −5
b) +7 —(− ☐)→ +2
c) ☐ —(+ (+3))→ −1

10 Berechne.
a) (+11) − (+9) **b)** (+2) − (+9)
c) (−6) − (−4) **d)** (−23) − (−24)
e) (+5) − (−2) **f)** (+16) − (−15)
g) (−21) − (+37) **h)** (−40) − (+41)

11 Schreibe ohne Klammern und berechne.
BEISPIEL (−24) + (−13) = −24 − 13 = −37
a) (+12) − (−13) **b)** (−17) + (−26)
c) (+101) − (+109) **d)** (−12) + (+8)

12 Vervollständige die Additionsmauern in deinem Heft.
a)
oben: ☐
Mitte: ☐ ☐
unten: −5 | 7 | −8

b)
oben: ☐
Mitte: ☐ ☐
unten: 3 | −4 | −5

c)
oben: −6
Mitte: −4 | ☐
unten: −8 | ☐ | ☐

d)
oben: −5
Mitte: ☐ ☐
unten: 13 | −8 | ☐

BEACHTE
⊕ und ⊖ können als Rechenzeichen oder als Vorzeichen verwendet werden. Rechenzeichen und Vorzeichen werden zur besseren Lesbarkeit durch eine Klammer getrennt.
−5 − (−4) = −1
8 + (−5) = 3
−7 + 3 = −4

BEACHTE
Die Lösungen zu Aufgabe 10 ergeben in der richtigen Reihenfolge den Namen einer europäischen Hauptstadt. Zu welchem Land gehört die Stadt?
−81 (T); −58 (S); −7 (U); −2 (D); 1 (A); 2 (B); 7 (P); 31 (E)

13 Rechne im Kopf.

a) 10 – 80 b) 75 – 100 c) 13 – 20
d) –38 – (–40) e) 17 – (–33) f) –10 – (–28)
g) –120 – 80 h) –250 – 150 i) –27 – (–17)
j) 43 – 53 k) 99 – (–77) l) –50 – 100

14 Übertrage in dein Heft und fülle aus.

+	7	–21	19	–56	105	–210
13						
–9						
54			73			
–34						
–79						
45						

15 Vervollständige die Subtraktionsmauer in deinem Heft. Subtrahiere dazu jeweils den rechten vom linken Stein.

–12	7	3	–2

16 Übertrage die magischen Quadrate in dein Heft und fülle die Felder so aus, dass in allen Zeilen, Spalten und Diagonalen dieselbe Summe herauskommt.

a)

–4		0
	–1	
		2

b)

–5		–1
		–6
		1

17 Bilde fünf Additions- und fünf Subtraktionsaufgaben mit jeweils einer Zahl aus dem linken und einer Zahl aus dem rechten Kästchen. Löse die Aufgaben.

BEISPIEL –6 – 94 = –100

Linkes Kästchen: –6 –9 –10 –18 –36 –77 15 44 71 89

Rechtes Kästchen: –8 –17 –23 –35 –69 –72 26 51 60 94

18 Die Temperatur beträgt jeweils –4 °C.

a) Was zeigt das Thermometer an, wenn die Temperatur um 5 °C steigt?
b) Um wie viel Grad muss die Temperatur steigen, damit es +5 °C warm ist?
c) Wie kalt ist es nach einem Temperatursturz um 5 °C?
d) Wie muss sich die Temperatur verändern, damit das Thermometer –5 °C zeigt?

19 Ordne die Rechenausdrücke den passenden Teilaufgaben zu und berechne.

① 12 – (–8) ② 12 – 8 ③ –12 + 8

a) Lisa hat 12 €. Sie kauft für 8 € Zeitschriften.
b) Wie groß ist der Temperaturunterschied zwischen +12 °C und –8 °C?
c) Ein Taucher befindet sich in einer Tauchtiefe von 12 m. Er steigt langsam um 8 m auf.

20 Übertrage in dein Heft und ergänze die Lücken. Die Lösungen stehen in den Luftballons in der Randspalte.

a) –17 + ☐ = –25 b) –17 + ☐ = –9
c) –17 + ☐ = 5 d) –17 – ☐ = –17
e) –17 – ☐ = –16 f) –17 – ☐ = –11
g) –17 – ☐ = –6 h) –17 + ☐ = –19

21 Übertrage die Tabelle in dein Heft und fülle die Lücken.
NHN bedeutet Normalhöhennull und ist eine Bezugsgröße für Höhen. Sie leitet sich ab vom mittleren Meeresspiegel der Nordsee.

Gewässer	Wasseroberfläche	max. Tiefe	tiefste Stelle des Seebodens
Aralsee	37 m u. NHN	34 m	
Baikalsee	455 m ü. NHN	1637 m	
Comer See	197 m ü. NHN		213 m u. NHN
Gardasee		346 m	218 m u. NHN
Kaspisches Meer	28 m u. NHN		1023 m u. NHN
Tanganjikasee	782 m ü. NHN	1470 m	

Weiterführende Aufgaben

22 Berechne.

a) 0,8 – (–0,5) b) –0,5 + 0,7
c) –1,4 – 0,6 d) 2,1 + (–3,6)
e) 3,5 – 1,5 f) –2,4 – (–2,1)
g) 2,64 + 3,49 h) 2,81 – 3,72
i) 4,03 – (–5,72) j) –7,39 – 5,41
k) –9,08 – (–9,08) l) 6,55 – (–7,45)

23 Berechne. Welche Aufgaben haben die gleichen Ergebnisse?

a) $\frac{3}{7} + \frac{5}{7}$ b) $\frac{3}{7} - \frac{5}{7}$ c) $\frac{3}{7} + \left(-\frac{5}{7}\right)$ d) $\frac{3}{7} - \left(-\frac{5}{7}\right)$
e) $\frac{2}{3} + \frac{3}{4}$ f) $\frac{2}{3} - \frac{3}{4}$ g) $\frac{2}{3} + \left(-\frac{3}{4}\right)$ h) $\frac{2}{3} - \left(-\frac{3}{4}\right)$

24 Berechne.

a) $-\frac{3}{8} + \left(-\frac{1}{6}\right)$ b) $\frac{7}{10} - \left(-\frac{4}{5}\right)$ c) $-\frac{7}{8} + \left(-\frac{5}{6}\right)$
d) $-\frac{2}{7} - \left(-\frac{2}{5}\right)$ e) $-\frac{3}{8} + 1\frac{1}{2}$ f) $4\frac{1}{4} + \left(-6\frac{1}{2}\right)$

25 Setze in die Kästchen alle möglichen Vorzeichenkombinationen ein und löse die so entstehenden vier Aufgaben. Was fällt dir auf?

a) (□ 3) + (□ 7) b) (□ 3) – (□ 7)
c) (□ 9) + (□ 9) d) (□ 57) + (□ 34)
e) (□ 68) + (□ 97) f) (□ 46) – (□ 85)

26 Löse wie in Aufgabe 25. Beachte, dass es nun acht Kombinationsmöglichkeiten gibt. Was fällt dir auf?

a) (□ 3) + (□ 5) + (□ 8)
b) (□ 3) + (□ 5) – (□ 8)
c) (□ 3) – (□ 5) + (□ 8)
d) (□ 3) – (□ 5) – (□ 8)

27 Setze im Heft „+" oder „–" richtig ein. Findest du mehrere Lösungen?

a) +40 + (□ 15) = □ 25
b) □ 13 + (□ 21) = □ 8
c) □ 22 + (□ 7) – (□ 21) = □ 50

28 Auf dem Mond herrscht an den Polen eine konstante Temperatur von –96 °C, am Äquator existieren zwischen Tag (127 °C) und Nacht (–173 °C) große Temperaturschwankungen. Welche Temperaturunterschiede bestehen zwischen Tag und Nacht sowie zwischen dem Äquator und den Polen?

29 Zeige an Beispielen, dass Assoziativ- und Kommutativgesetz der Addition bei den rationalen Zahlen erhalten bleiben.

30 Paula behauptet, dass das Assoziativ- und Kommutativgesetz auch für die Subtraktion gilt, weil man jede Subtraktion auch als Addition schreiben kann.
Prüfe am Beispiel der Aufgabe 6 – 24 – 16, ob Paula Recht hat.

31 Rechne vorteilhaft.

BEISPIEL 43 – 19 – 13
= 43 – 13 – 19 = 30 – 19 = 11

a) 47 – 28 – 37 b) –56 + 104 + 26
c) 89 – 231 – 19 d) –68 + 134 + 18
e) –32 + 84 + 12 f) –13 + 21 – 7 + 29

32 Leider hat Martin die letzte Seite seines Kontoauszugs verloren. Berechne den aktuellen Kontostand.

Übertrag	–20,00 €
Einzahlung	+50,00 €
Auszahlung	–15,00 €
Überweisung	–19,90 €
Beitrag Sportverein	–8,50 €
Einzahlung	+5,80 €

Vergleiche Ergebnis und Vorgehensweise mit deinem Nachbarn.

33 Frau Müller überprüft ihre Kontoauszüge. Statt negativer und positiver Vorzeichen verwenden Banken oft S (Soll) und H (Haben).

a) Sie hatte einen Kontostand von 330,50 € S. Nachdem Frau Müllers Gehalt überwiesen wurde, beträgt der Kontostand 1304,80 € H. Wie viel verdient sie?
b) Im Monat Oktober hatte Frau Müller ein Startguthaben von 530,80 €. Es finden sich folgende Kontobewegungen auf ihrem Konto:

05.10.	Auszahlung	210,00 € S
11.10.	Überweisung	67,30 € S
15.10.	Gutschrift	130,20 € H

Wie lautet jetzt der Kontostand?

BEACHTE
Die Lösungen zu Aufgabe 22 ergeben in der richtigen Reihenfolge den Namen einer europäischen Hauptstadt. Zu welchem Land gehört die Stadt?
–12,8 (A); –2 (T); –1,5 (I); –0,91 (S); –0,3 (A); 0 (D); 0,2 (A); 1,3 (V); 2 (K); 6,13 (N); 9,75 (T); 14 (T)

34 Vergleicht eure Rechenwege.

a) $-24 + 18 + 37 - 58 + 23$
b) $-67 - 56 + 71 + 83 + 89$
c) $225 + 374 - 215 + 56 - 335$

35 Additionsmauern zum Knobeln

a)
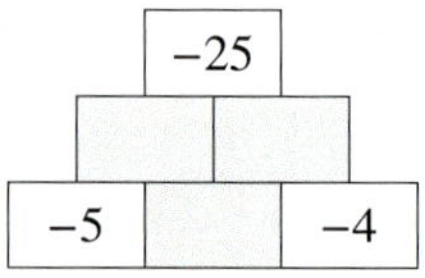

b)
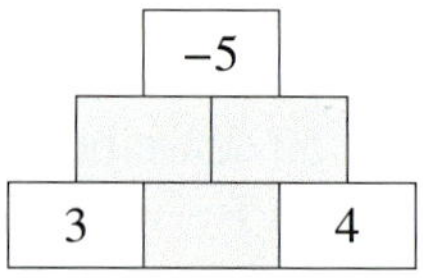

36 Übertrage die Additionsmauern in dein Heft. Die Vorzeichen sind teilweise schon vorgegeben.

a) Vervollständige, wenn möglich.

①
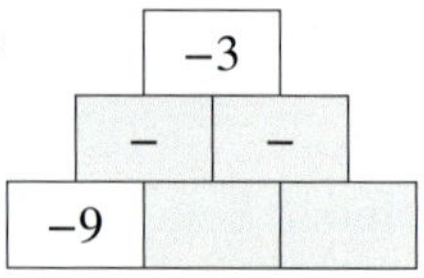

②
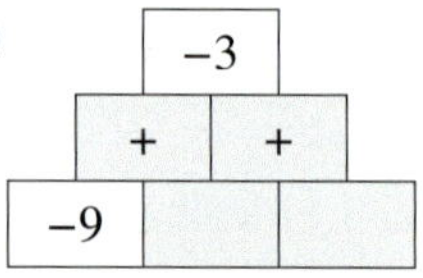

③
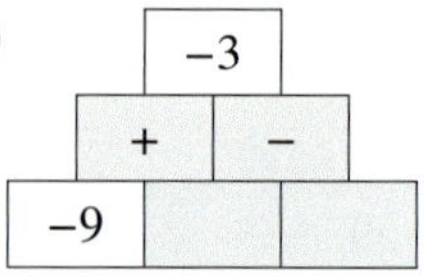

④
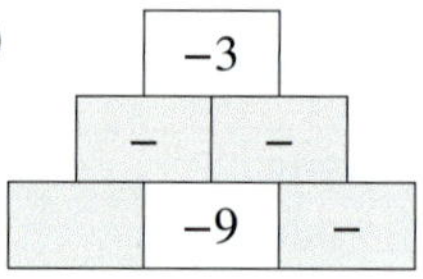

b) Findest du mehrere Lösungen?
c) Begründe gegebenenfalls, warum die Additionsmauer nicht lösbar ist.

37 Erfinde eine Additionsmauer …

a) … an deren Spitze die Zahl −87 steht.
b) … mit genau zwei Nullen.
c) … mit genau einer positiven Zahl.
d) … mit genau zwei negativen Zahlen.
e) … an deren Spitze die Zahl −43 steht.
f) … an deren Spitze die Zahl 1 steht.
g) … mit genau drei positiven Zahlen.

38 Überlege und stelle die notwendigen Berechnungen an.

a) Wie weit sind die Zahlen −28,5 und 125,5 auf der Zahlengeraden voneinander entfernt?
b) Welche positive Zahl ist von 55 genau so weit entfernt wie −10?
c) Welche Zahl liegt genau in der Mitte der beiden Zahlen …
① −2 und 4? ② −1,7 und −2?

39 In der Tabelle findest du Höchst- und Tiefsttemperaturen auf verschiedenen Planeten unseres Sonnensystems.

Planet	Höchsttemperatur	Tiefsttemperatur
Merkur	+427 °C	−173 °C
Venus	+497 °C	+437 °C
Neptun	−200 °C	−218 °C

a) Berechne jeweils den Temperaturunterschied.
b) Recherchiere und vergleiche die Werte mit dem Höchst- und Tiefstwert der Erde.
c) Auf dem Mars herrscht eine Durchschnittstemperatur von −55 °C.
Der Unterschied zwischen Höchst- und Tiefsttemperatur beträgt 160 °C.
Die Höchsttemperatur ist positiv.
Finde mögliche Werte für Höchst- und Tiefsttemperatur.

40 Rechnen mit Pfeilen

Ein Pfeil für eine positive Zahl weist von links nach rechts, ein Pfeil für eine negative Zahl von rechts nach links. Man addiert, indem man den Anfang des zweiten Pfeils an die Spitze des ersten Pfeils legt. Die Summe entspricht dem Pfeil vom Anfang des ersten Pfeils zur Spitze des zweiten Pfeils.

$+5 + (-3)$

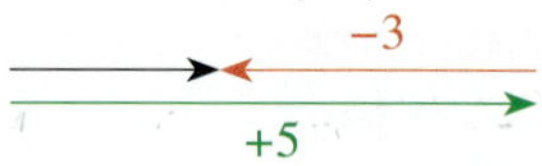

Man subtrahiert, indem man die Spitzen der Pfeile aneinanderlegt. Die Differenz entspricht dem Pfeil vom Anfang des ersten Pfeils zum Anfang des zweiten Pfeils.

$-5 - (+3)$

a) Bestimme die Ergebnisse oben.
b) Stelle die Rechnungen mit Pfeilen dar und bestimme das Ergebnis.
① $-5 + (+3)$ ② $+5 - (+3)$ ③ $-5 - (-3)$
c) Wie viele verschiedene Additionen und Subtraktionen kannst du mit einem Pfeil der Länge 5 und einem Pfeil der Länge 3 darstellen? Sind auch alle Ergebnisse verschieden?

Rationale Zahlen multiplizieren und dividieren

Erforschen und Entdecken

1 Julian hat eine Aufgabe gerechnet.

a) Vollziehe seinen Rechenweg nach.

b) Schreibe die Aufgaben wie Julian jeweils als Multiplikationsaufgabe und berechne sie.

① $(-8)+(-8)$ ② $(-2)+(-2)+(-2)$

③ $(-5)+(-5)+(-5)$ ④ $(-3)+(-3)+(-3)+(-3)$

⑤ $(-7)+(-7)+(-7)+(-7)+(-7)+(-7)$

⑥ $(-4)+(-4)+(-4)+(-4)+(-4)+(-4)+(-4)+(-4)$

c) Wie wird das Produkt aus einer positiven und einer negativen Zahl gebildet?
Formuliere einen Merksatz. Vergleicht eure Ergebnisse untereinander.

2 Löse die folgenden Aufgaben. Was fällt dir auf?

a)
$3 \cdot 3 = 9$
$2 \cdot 3 = 6$
$1 \cdot 3 =$
$0 \cdot 3 =$
$-1 \cdot 3 =$
$-2 \cdot 3 =$
$-3 \cdot 3 =$

b)
$3 \cdot (-2) = -6$
$2 \cdot (-2) = -4$
$1 \cdot (-2) =$
$0 \cdot (-2) =$
$-1 \cdot (-2) =$
$-2 \cdot (-2) =$
$-3 \cdot (-2) =$

c)
$-3 \cdot 4 = \quad -12$
$-3 \cdot 3 = \quad -9$
$-3 \cdot 2 =$
$-3 \cdot 1 =$
$-3 \cdot 0 =$
$-3 \cdot (-1) =$
$-3 \cdot (-2) =$

Vervollständige die Sätze in deinem Heft:
- Das Produkt zweier Zahlen ist positiv, wenn …
- Das Produkt zweier Zahlen ist negativ, wenn …

3 Eine Skala kann gestreckt oder gestaucht (zusammengeschoben) werden.

a) Übertrage die Darstellung in dein Heft und vervollständige die Beschriftung.
Wie gelangt man von den Zahlen der einen Skala zu denen der anderen Skala?
Schreibe auch einige Rechnungen dazu auf.

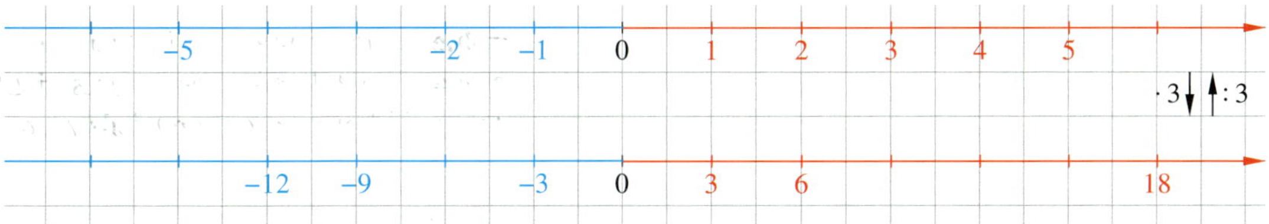

b) Wird nicht nur gestreckt oder gestaucht, sondern wird die Skala zusätzlich an der Null gespiegelt, ergibt sich folgendes Bild:

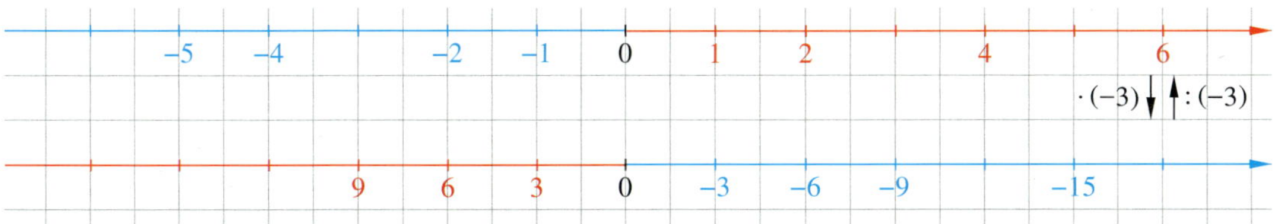

Vervollständige auch diese Darstellung im Heft und notiere passende Rechnungen.

c) Formuliere Regeln für die Vorzeichen von Dividend und Divisior für den Fall, dass …

① der Quotient positiv sein soll. ② der Quotient negativ sein soll.

Lesen und Verstehen

Güven soll mit den Ziffern 1; 2; 3 und 4 wahre Aussagen bilden.

Er muss die Symbole = − − und eines der Symbole · oder : benutzen.

Klammern sind auch erlaubt. Die Reihenfolge der vier Ziffern darf er jedoch nicht verändern.

Bei der **Multiplikation und Division rationaler Zahlen** kann man so vorgehen:

1. Multipliziere (dividiere) beide Zahlen ohne Vorzeichen.
2. Bestimme das Vorzeichen:
   - Das Vorzeichen ist negativ, wenn beide Zahlen verschiedene Vorzeichen haben.
   - Das Vorzeichen ist positiv, wenn beide Zahlen gleiche Vorzeichen haben.

BEISPIELE

$-12 = -3 \cdot 4$, da $3 \cdot 4 = 12$ und Vorzeichen verschieden, also „−“ im Ergebnis

$12 : (-3) = -4$, da $12 : 3 = 4$ und Vorzeichen verschieden, also „−“ im Ergebnis

$12 = -3 \cdot (-4)$, da Vorzeichen gleich, also „+“ im Ergebnis

$(-12) : (-3) = 4$, da Vorzeichen gleich, also „+“ im Ergebnis

BEACHTE
$+ \cdot + = +$
$- \cdot - = +$
$- \cdot + = -$
$+ \cdot - = -$
Das Gleiche gilt für die Division.

Basisaufgaben

1 Finde die beiden noch fehlenden Beispiele für Güvens Zahlenrätsel.

2 Welches Vorzeichen hat das Ergebnis?
a) $2 \cdot (-3) = ■\,6$ b) $-4 \cdot (-2) = ■\,8$
c) $-2 \cdot 5 = ■\,10$ d) $8 \cdot 3 = ■\,24$
e) $6 \cdot (-2) = ■\,12$ f) $5 \cdot 0 = ■\,0$

3 Setze im Heft passende Vorzeichen ein.
a) $(-8) \cdot (■\,2) = -16$ b) $(-2{,}5) \cdot 2 = ■\,5$
c) $(■\,2) \cdot (-3) = 6$ d) $6 \cdot (■\,0{,}25) = 1{,}5$
e) $(■\,8) \cdot \left(■\,\frac{1}{2}\right) = -4$ f) $(■\,2) \cdot (-9) = -18$

4 Multipliziere zuerst alle Zahlen mit 2 und dann mit (−2).

−10 | 5 | −19 | −8 | −35 | −4,5 | 27 | 0,25

5 Berechne.
a) $4 \cdot 18$ b) $-5 \cdot 9$ c) $8 \cdot (-7)$
d) $-3 \cdot (-5)$ e) $3 \cdot 12$ f) $-4 \cdot 5$
g) $-8 \cdot (-4)$ h) $-16 \cdot 5$ i) $-100 \cdot (-100)$

BEACHTE
Die Lösungen zu Aufgabe 5 ergeben in der richtigen Reihenfolge den Namen einer europäischen Hauptstadt. Zu welchem Land gehört die Stadt?
−80 (N); −56 (N); −45 (A); −20 (R); 15 (M); 32 (I); 36 (A); 72 (S); 100 000 (O)

6 Ergänze die fehlenden Zahlen im Heft.
a) $-3 \cdot ■ = -12$ b) $5 \cdot ■ = -40$
c) $8 \cdot ■ = -56$ d) $-4 \cdot ■ = 20$
e) $■ \cdot 13 = 39$ f) $■ \cdot (-14) = 42$

7 Übertrage ins Heft und fülle aus.

·	−4	6	−9	−13	22	−25
−1	+4	−6	+9	+13	−22	+25
−7	+28	−42	+63	+91	−154	+175
−8	+32	−48	+72	+104	−178	+200
11	−44	+66	−99	−143	+242	−275

8 Überschlage das Ergebnis.
Achte auf das richtige Vorzeichen.
Ein genaues Ergebnis ist nicht verlangt.
a) $205 \cdot (-19)$ b) $-189 \cdot 11$
c) $-98 \cdot (-21)$ d) $1050 \cdot 1990$
e) $18 \cdot (-508)$ f) $-52 \cdot 49$

9 Multipliziere.
a) $-8 \cdot 9$ b) $12 \cdot (-7)$ c) $-3 \cdot 5$
d) $-17 \cdot (-14)$ e) $9 \cdot (-15)$ f) $15 \cdot (-9)$
g) $11 \cdot (-11)$ h) $-8 \cdot (-22)$ i) $-3 \cdot 39$
j) $17 \cdot (-2)$ k) $38 \cdot (-1)$ l) $-1 \cdot (-88)$

10 Setze im Heft passende Vorzeichen ein.

a) $8 : (-2) = \square 4$ b) $-15 : (-3) = \square 5$
c) $-24 : 3 = \square 8$ d) $25 : (-5) = \square 5$
e) $12 : (\square 6) = 2$ f) $\square 36 : 4 = 9$
g) $-1{,}8 : (-9) = \square 0{,}2$ h) $\square 2 : \left(-\frac{1}{2}\right) = -4$
i) $-81 : 0{,}9 = \square 90$ j) $4{,}2 : (-0{,}7) = \square 6$

11 Berechne.

a) $12 : (-6)$ b) $-36 : 12$ c) $-42 : (-7)$
d) $84 : (-7)$ e) $56 : (-8)$ f) $-72 : (-9)$
g) $-39 : (-13)$ h) $51 : (-17)$ i) $-98 : 14$

12 Berechne schriftlich.
Achte auf das Vorzeichen im Ergebnis.

a) $-615 : 5$ b) $1872 : (-8)$
c) $-2415 : (-7)$ d) $2736 : 6$
e) $17\,034 : (-3)$ f) $-61\,101 : (-9)$

13 Übertrage ins Heft und fülle aus.

:	−3	5	9	−15
45		9		
−90				
−135				
270				
−405				

14 Finde wertgleiche Schreibweisen, indem du die Vorzeichen passend veränderst.

BEISPIELE $-1 : 4 = 1 : (-4) = -\frac{1}{4} = \frac{1}{-4}$
$1 : 3 = -1 : (-3) = \frac{-1}{-3} = \frac{1}{3}$

a) $-\frac{2}{3}$ b) $\frac{3}{8}$ c) $-0{,}5$
d) $1{,}2$ e) $\frac{6}{-7}$ f) -2

15 Bilde ein Produkt aus einer Zahl im oberen und einer Zahl im unteren Kasten (siehe Randspalte).

a) Als Produkt soll sich die größte mögliche Zahl ergeben.
b) Das Produkt soll die Zahl mit dem größten Betrag sein.
c) Das Produkt soll positiv und möglichst nahe bei Null sein.

−2 3 −7 5

12 −10 −11

16 Fülle den Rechenbaum im Heft aus.

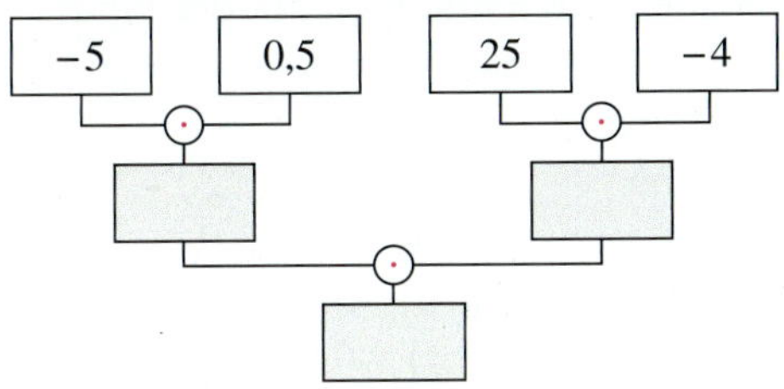

Weiterführende Aufgaben

17 Setze im Heft in die Kästchen alle möglichen Vorzeichenkombinationen ein und löse die so entstehenden vier Aufgaben.

a) $\square 4 \cdot (\square 7)$ b) $\square 13 \cdot (\square 6)$
c) $\square 0{,}9 \cdot (\square 10)$ d) $\square \frac{1}{2} \cdot \left(\square \frac{3}{4}\right)$

18 Wähle aus diesen Zahlenfeldern zwei Faktoren aus, deren Produkt …

a) −2; b) −0,8; c) 0,6 ergibt.

−5 −2 −4 0,2 0,4
−0,2 2 −5 3 −0,3

19 Finde jeweils mindestens drei Multiplikationsaufgaben mit folgenden Ergebnissen.

a) −20 b) −12 c) $\frac{3}{8}$

20 Übertrage die Rechenbäume in dein Heft und fülle sie aus.

a)
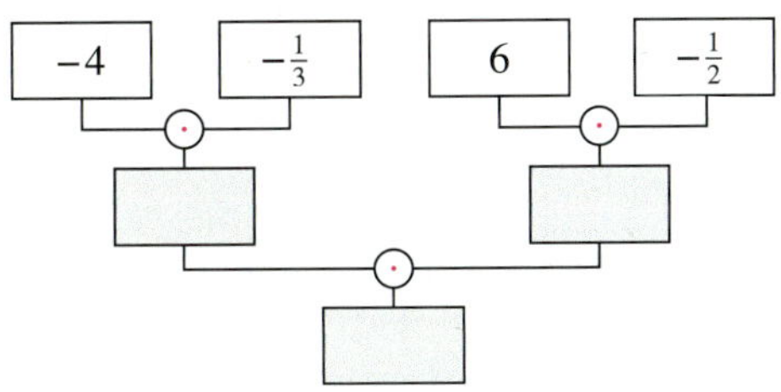

b)
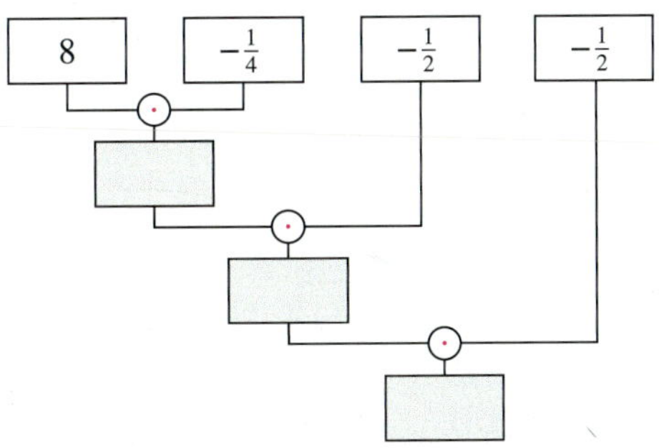

21 Ordne die Ergebnisse der Größe nach. Beginne mit der kleinsten Zahl.

① $\frac{1}{3} \cdot \left(-\frac{2}{3}\right)$ ② $-\frac{3}{4} \cdot \left(-\frac{6}{5}\right)$ ③ $-\frac{1}{2} \cdot \left(-\frac{1}{3}\right)$

④ $-4 \cdot \frac{2}{7}$ ⑤ $1\frac{1}{5} \cdot (-3)$ ⑥ $\frac{4}{9} \cdot \frac{1}{7}$

22 Zeichne ein Koordinatensystem. Die x-Achse soll von -8 bis 8 gehen und die y-Achse von -4 bis 12.

a) Trage die Punkte $A(4|-2)$, $B(1|6)$ und $C(-4|0)$ in das Koordinatensystem ein und verbinde sie zu einem Dreieck.

b) Multipliziere jeweils die x- und die y-Koordinate der drei Punkte mit 2 und zeichne die neuen Punkte in das Koordinatensystem.

c) Dividiere alle Koordinaten durch (-2) und zeichne die neuen Punkte ein.

d) Formuliere Vermutungen darüber, was entsprechende Rechnungen mit der Figur anstellen.

23 Berechne.

a) $-27 : (-9)$ b) $-0{,}8 : 0{,}2$
c) $2{,}5 : (-0{,}5)$ d) $-6{,}4 : 1{,}6$
e) $0{,}2 : (-20)$ f) $-0{,}96 : (-0{,}12)$
g) $-1{,}2 : 15$ h) $-7 : (-3{,}5)$

24 Berechne. Die richtigen Lösungen stehen in der Randspalte. Sie ergeben ein Lösungswort.

a) $-\frac{1}{3} : \frac{1}{9}$ b) $-\frac{1}{2} : \left(-\frac{1}{4}\right)$ c) $-\frac{3}{4} : \left(-\frac{2}{5}\right)$

d) $\frac{2}{3} : \left(-\frac{1}{6}\right)$ e) $-\frac{1}{5} : \left(-\frac{1}{2}\right)$ f) $-\frac{1}{9} : \frac{1}{4}$

g) $\frac{2}{5} : \left(-\frac{5}{7}\right)$ h) $-\frac{1}{5} : \left(-\frac{1}{6}\right)$ i) $\frac{5}{8} : \left(-\frac{1}{6}\right)$

25 Achte darauf, von links nach rechts zu rechnen.
Formuliere eine Regel, wann das Ergebnis ein negatives Vorzeichen hat.

a) $81 : (-9) \cdot 2 \cdot (-3)$
b) $(-4) \cdot 15 : (-2) : (-5)$
c) $21 \cdot (-3) : 7 \cdot (-5) : 9$

26 Berechne schriftlich.

a) $-2136 : 5$ b) $6688 : (-11)$
c) $-7749 : (-9)$ d) $-5916 : (-12)$
e) $76\,975 : (-15)$ f) $-47\,625 : (-25)$

27 Übertrage die Rechendreiecke in dein Heft und fülle sie aus.

a)

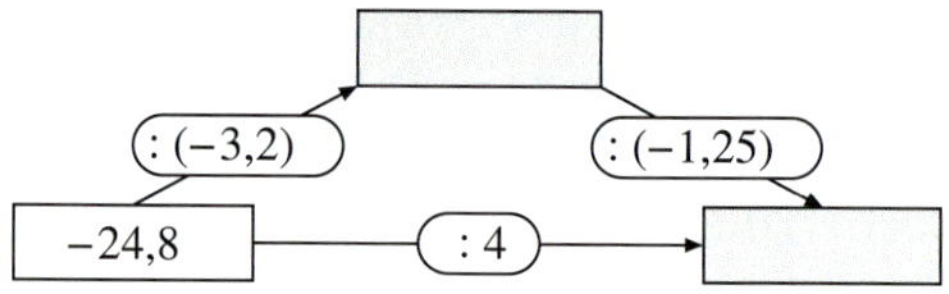

b)

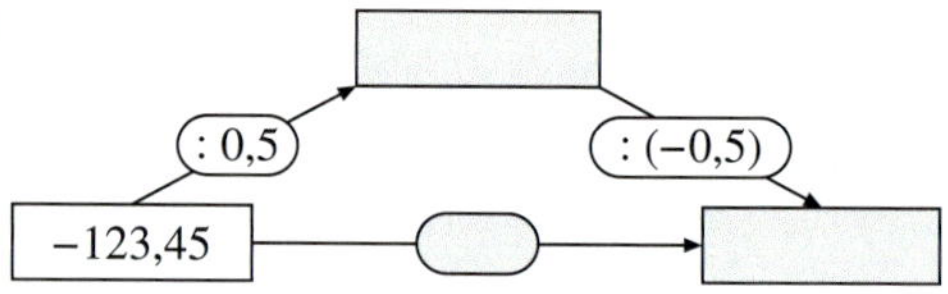

28 Vervollständige die Multiplikationsmauern in deinem Heft.

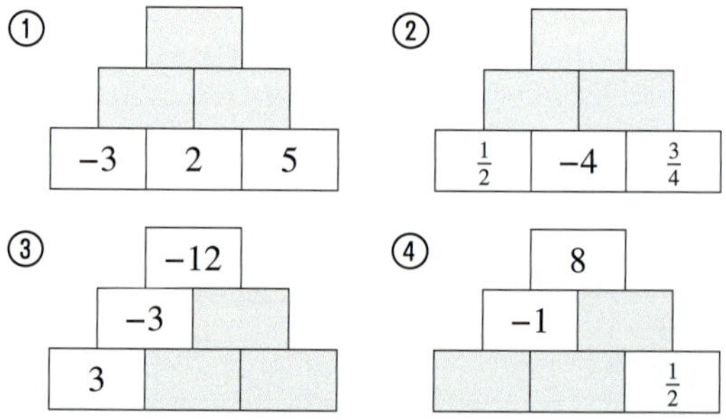

a) Verändert sich das Vorzeichen in der Spitze der Mauer, wenn genau ein Vorzeichen in der unteren Reihe verändert wird?

b) Erfinde eigene Multiplikationsmauern und erstelle selbst ein Arbeitsblatt. Tauscht die Arbeitsblätter aus und besprecht anschließend die Lösungen.

29 Multiplikationsmauern zum Knobeln:

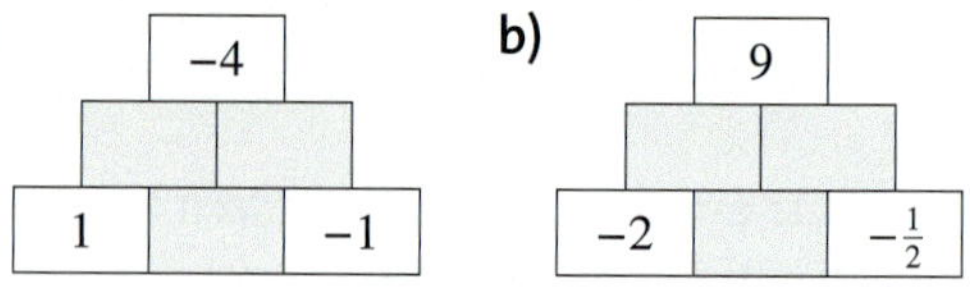

30 Erfinde eine Multiplikationsmauer mit drei Steinen in der Grundreihe. Nullen sollen darin nicht auftreten. Kann die Mauer folgende Eigenschaft haben? Begründe.

a) In der Spitze steht die Zahl -6.
b) Die Zahl -2 kommt zweimal vor.
c) Mauer mit genau einer negativen Zahl
d) Mauer mit genau zwei positiven Zahlen
e) Mauer mit genau zwei negativen Zahlen

Rechengesetze vorteilhaft nutzen

Erforschen und Entdecken

1 Vergleiche die Rechenwege der drei Schüler beim Lösen der Aufgabe (–4) · 17 · (–25).

Pascal
(–4) · 17 · (–25)
(–4) · 17 ist (–68)
und (–68) · (–25)
ist 1700.

René
(–4) · 17 · (–25)
die Faktoren darf ich vertauschen
(–4) · (–25) = 100
und 100 · 17 = 1700.

Dominik
(–4) · 17 · (–25)
– mal + ist –,
dann mal – ist +,
also ist das Vorzeichen positiv.
4 · 17 = 68,
68 · 25 = 1700, also +1700.

a) Welche „Tricks“ werden beim Lösen dieser Multiplikationsaufgabe angewendet? Kennst du noch die mathematischen Fachbegriffe?

b) Wie würdest du vorgehen, um –2 · (–137) · (–50) zu berechnen? Vergleicht eure Vorgehensweisen zunächst zu zweit und dann in der Klasse.

c) Fasse die bisher gefundenen Rechengesetze in Merksätzen zusammen.

2 Überlege, ob der Wert des Produkts positiv oder negativ ist.

① 1 · (–2) ② 1 · (–2) · 3 ③ 1 · (–2) · 3 · (–4)
④ 1 · (–2) · 3 · (–4) · 5 ⑤ 1 · (–2) · 3 · (–4) · 5 · (–6)

Wie kann man aus der Anzahl positiver oder negativer Faktoren das Vorzeichen des Ergebnisses ermitteln?

3

Ich multipliziere immer von links nach rechts.

(–3) · (–8) · 25 · 16 · (–5)
= 24 · 25 · 16 · (–5)
= 600 · 16 · (–5)
= 9600 · (–5) = –48 000

Man darf das Assoziativgesetz anwenden und Faktoren geschickt zusammenfassen.

(–3) · (–8) · 25 · 16 · (–5)
= (–3) · (–200) · (–80)
= 600 · (–80) = –48 000

Wie würdest du vorgehen? Diskutiert untereinander.
Löse entsprechend: 7 · (–50) · (–4) · 15 · (–6)

4 Vergleiche die Rechnungen.

(–3,5 + 1,5) · (–7)
= (–2) · (–7)
= 14

(–3,5 + 1,5) · (–7)
= (–3,5) · (–7) + 1,5 · (–7)
= 24,5 – 10,5
= 14

23 · (–4) + 17 · (–4)
= –92 + (–68)
= –160

23 · (–4) + 17 · (–4)
= (23 + 17) · (–4)
= 40 · (–4)
= 160

a) Welcher Rechenweg ist jeweils in deinen Augen leichter? Begründe.

b) Welches Rechengesetz wurde verwendet?

c) Berechne 26 · (–17) – 16 · (–17) und (26 – 16) · (–17).

Lesen und Verstehen

Beim Lösen der Aufgabe $(-4) \cdot (-57) \cdot (-25)$ hat Lara große Schwierigkeiten. Ihre Freundin Fiona erkennt das Ergebnis sofort: -5700.

Bei den rationalen Zahlen gelten das **Kommutativgesetz** und das **Assoziativgesetz** der Addition und der Multiplikation. Daher darf man Summanden bzw. Faktoren beliebig vertauschen und zusammenfassen.

BEISPIEL 1

$(-4) \cdot [(-57) \cdot (-25)]$ (Multiplikation)
$= (-4) \cdot [(-25) \cdot (-57)]$
$= [(-4) \cdot (-25)] \cdot (-57)$
$= 100 \cdot (-57)$
$= -5700$

Für Aufgaben mit mehreren Faktoren gilt: Ist die Anzahl der Faktoren mit negativem Vorzeichen gerade, so ist das Ergebnis positiv. Bei ungerader Anzahl negativer Faktoren ist das Ergebnis negativ.

$(-1) \cdot (-2) \cdot (-3) \cdot (-4) = +24$, weil vier Faktoren negativ sind

$(-1) \cdot (-2) \cdot (-3) \cdot 4 = -24$, weil drei Faktoren negativ sind

BEACHTE
Ganz kurz kannst du dir merken: Klammer vor Punkt vor Strich

Auch für rationale Zahlen gelten die **Vorrangregeln**:
Klammern werden zuerst ausgerechnet.
Punktrechnung geht vor Strichrechnung.

BEISPIEL 2

$(3-5) \cdot 2 = -2 \cdot 2 = -4$
$3 - 5 \cdot 2 = 3 - 10 = -7$

Für die rationalen Zahlen gilt das **Distributivgesetz**:
Man kann eine Summe mit einer Zahl multiplizieren, indem man jeden Summanden mit der Zahl multipliziert.

BEISPIEL 3

ausmultiplizieren:
$(3 - 100) \cdot 7 = 3 \cdot 7 - 100 \cdot 7$
$= 21 - 700 = -679$
ausklammern:
$(-8) \cdot 26 - (-8) \cdot 16$
$= (-8) \cdot (26 - 16) = (-8) \cdot 10 = -80$

Basisaufgaben

BEACHTE
Die Lösungen zu Aufgabe 3 ergeben in der richtigen Reihenfolge den Namen einer europäischen Hauptstadt. Zu welchem Land gehört die Stadt?
-90 (N); -64 (L); -60 (E); -24 (R); 80 (I); 1260 (B)

1 Suche aus dem linken und dem rechten Kasten je eine Zahl, sodass das Produkt 100 oder -100 ist. Finde zehn solche Paare.

Linker Kasten: -2; 4; $12{,}5$; -200; $-\frac{1}{3}$; 400; 20; -10; $1{,}25$; 500

Rechter Kasten: $0{,}25$; 5; -50; 300; 10; 80; 25; -8; $-\frac{1}{2}$; $-0{,}2$

2 Rechne vorteilhaft.
a) $(-5) \cdot (-19) \cdot 20$ **b)** $4 \cdot 36 \cdot (-25)$
c) $66 \cdot (-2) \cdot (-50)$ **d)** $\left(-\frac{1}{4}\right) \cdot (-4) \cdot (-5)$
e) $12{,}5 \cdot (-17) \cdot 8$ **f)** $(-10) \cdot 3{,}1 \cdot (-2)$

3 Lege zuerst fest, ob das Ergebnis positiv oder negativ ist und berechne dann.
a) $30 \cdot (-2) \cdot (-3) \cdot 7$ **b)** $-5 \cdot (-6) \cdot 2 \cdot (-1)$
c) $3 \cdot (-4) \cdot (-2) \cdot (-1)$ **d)** $-8 \cdot (-4) \cdot 2 \cdot (-1)$
e) $2 \cdot (-2) \cdot 2 \cdot (-10)$ **f)** $3 \cdot 2 \cdot (-15)$

4 Berechne. Fasse dabei die Faktoren geschickt zusammen.
a) $250 \cdot (-4) \cdot 8 \cdot 5 \cdot (-120)$
b) $(-7) \cdot (-18) \cdot 5 \cdot (-4) \cdot 25$
c) $15 \cdot 6 \cdot (-125) \cdot (-8) \cdot 13$
d) $25 \cdot (-5) \cdot 8 \cdot (-30) \cdot (-6)$

$\frac{x+y}{2}$

5 Denke beim Rechnen an die Vorrangregeln.
a) $-12 + 8 \cdot 4$ b) $-12 - 8 \cdot 4$
c) $-12 + 8 : 4$ d) $-12 - 8 : 4$
e) $-12 - 8 - 4$ f) $-12 - 8 + 4$
g) $-12 \cdot 8 : 4$ h) $-12 \cdot (8 - 4)$
i) $(-12 + 8) : 4$ j) $-12 : (8 - 4)$
k) Finde möglichst viele weitere Aufgaben, die die Zahlen −12; 8 und 4 enthalten und berechne sie.

6 Welche Rechenausdrücke führen zum gleichen Ergebnis? Ordne zu.

① $3 \cdot (-8) - 5 \cdot (-8)$	A) $3 \cdot (-8 + 5)$
② $3 \cdot (-8) - 3 \cdot 5$	B) $-3 \cdot (-8 - 5)$
③ $3 \cdot (-8) + 3 \cdot 5$	C) $(3 - 5) \cdot (-8)$
④ $3 \cdot 8 - 3 \cdot 5$	D) $3 \cdot (8 - 5)$
⑤ $(-3) \cdot (-8) - (-3) \cdot 5$	E) $3 \cdot (-8 - 5)$
⑥ $(-3) \cdot (-8) + 5 \cdot (-8)$	F) $(-3 + 5) \cdot (-8)$

Weiterführende Aufgaben

7 Bilde aus den Zahlen Multiplikationsaufgaben mit mehreren Faktoren. Berechne sie.

$\frac{1}{6}$ −39 12,5 17 −8 −5 −60 −4 20 −25 −43 −4,7 $-9\frac{1}{2}$ −69 6

8 Ergänze die folgenden Sätze.
a) In einem Produkt mit drei Faktoren ist der Wert des Produkts positiv, wenn …
b) In einem Produkt mit vier Faktoren ist der Wert des Produkts negativ, wenn …

9 Wo sind die Fehler in Nadines Hausaufgaben? Erkläre, was sie falsch gemacht hat und korrigiere das Ergebnis.
a) $2 - 6 \cdot 5 = -20$
b) $14 - 21 : 7 = -1$
c) $-5 \cdot (7 - 14) = -49$
d) $(-48) : 4 \cdot 2 = -6$
e) $15 - 15 : 5 = 0$
f) $7 - 5 + 2 = 0$
g) Nadine behauptet, die Ergebnisse seien doch richtig, man müsse in den Aufgaben nur Klammern ergänzen oder weglassen. Ist das tatsächlich möglich?

10 Setze im Heft eine Klammer so, dass das Ergebnis richtig ist.
a) $3 + 2 \cdot 7 = 35$ b) $-3 \cdot 5 + 3 = -24$
c) $-12 : 4 - 2 = -6$ d) $-2 \cdot 4 - 5 + 1 = 3$
e) $4 - 2 - 7 = 9$ f) $-13 + 2 \cdot 8 - 2 = -1$
g) $23 - 8 : (-5) = -3$ h) $-3 + 5 \cdot 6 = 12$
i) $-14 : 2 + 5 = -2$ j) $7 - 12 \cdot 5 + 2 = -23$

11 Würfle mit drei Würfeln. Setze einen Malpunkt, ein Minuszeichen und ein Paar Klammern zwischen die Zahlen.
a) Finde das kleinste und das größte mögliche Ergebnis für deine Zahlen.
b) Welches kleinste und welches größte Ergebnis kann bei diesem Spiel entstehen?

BEISPIEL
Murat würfelt 3, 2 und 5. Er rechnet $(5 \cdot 3) - 2 = 13$ und $2 - (5 \cdot 3) = -13$.

12 Rechne wie im Beispiel rechts auf zwei verschiedenen Wegen. Vergleiche jeweils.
a) $-6 \cdot (100 + 3)$ b) $-9 \cdot (-13 - 37)$
c) $-4 \cdot (-25 + 8)$ d) $(-36 + 35) \cdot (-356)$
e) $(-3{,}6 + 3{,}6) \cdot 9{,}5$ f) $(-40 - 88) \cdot \frac{1}{4}$

BEISPIEL
1. Weg
$(-6 - 4) \cdot (-7)$
$= -6 \cdot (-7) - 4 \cdot (-7)$
$= 42 + 28 = 70$
2. Weg
$(-6 - 4) \cdot (-7)$
$= (-10) \cdot (-7)$
$= 70$

13 Nutze das Distributivgesetz.
BEISPIEL $13 \cdot (-4) + 7 \cdot (-4)$
$= (13 + 7) \cdot (-4) = 20 \cdot (-4) = -80$
a) $5 \cdot (-6) + 15 \cdot (-6)$ b) $-8 \cdot 27 + (-8) \cdot 27$
c) $\frac{1}{2} \cdot (-4) + \frac{1}{2} \cdot (-2)$ d) $3 \cdot (-12) - 5 \cdot (-12)$
e) $-5 \cdot 0{,}8 - (-6) \cdot 0{,}8$ f) $9{,}8 \cdot 8{,}9 - 6{,}8 \cdot 8{,}9$
g) $-87 \cdot \frac{2}{3} + 27 \cdot \frac{2}{3}$ h) $\frac{1}{3} \cdot 64 + \frac{1}{3} \cdot (-4)$
i) $-8 \cdot \frac{2}{5} + 13 \cdot \frac{2}{5}$ j) $19 \cdot (-4) - 7 \cdot 19$

14 Untersuche mit Hilfe der Aufgabe $(18 - 45) : 9$, ob das Distributivgesetz auch für die Division gilt.
Begründe an mindestens drei weiteren Beispielen.

15 Rechne vorteilhaft.
a) $-6 : 3 + 27 : 3$ b) $12 : (-4) + 8 : (-4)$
c) $13 : 2 + 17 : 2$ d) $-22 : 3 + 4 : 3$
e) $26 : (-7) + 9 : (-7)$ f) $51 : 17 + 34 : 17$
g) $19 : (-2) + 1 : (-2)$ h) $22 : (-5) + 3 : (-5)$

Temperatur und Wetter in den USA

Dies ist eine Wetterkarte der Vereinigten Staaten von Amerika. Wegen der Größe des Landes ist auch das Klima sehr unterschiedlich. Während das Wetter im Südosten für gewöhnlich feucht und warm ist, herrscht im Südwesten trockenes Wüstenklima vor.

1 Was wird in der Karte einander zugeordnet, was im Diagramm unten links?

2 Barrow liegt in Alaska und gilt als kältester Ort in den USA.
Zeichne die Tabelle in dein Heft und fülle sie mit den Temperaturen aus dem Diagramm unten aus.

Monat	Jan.	Feb.	...	Dez.
Tagestemperatur	−22 °C			
Nachttemperatur	−30 °C			

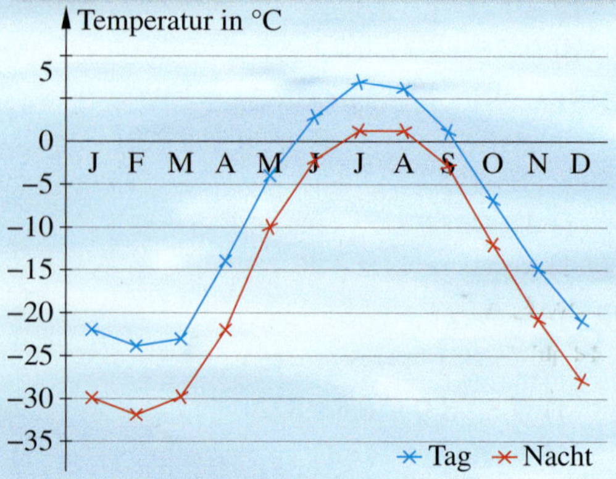

c	cloudy
i	ice
pc	partly cloudy
r	rain
s	sunny
sf	snow flurries
sh	showers
sn	snow
t	thunderstorm

3 Arizona ist der Staat mit der höchsten Jahrestemperatur.
Erstelle zur Tabelle ein Diagramm, das die durchschnittliche Sonnenscheindauer pro Tag und die durchschnittlichen Niederschlagstage pro Monat in Arizona darstellt.

Monat	Jan.	Feb.	März	Apr.	Mai	Jun.	Jul.	Aug.	Sep.	Okt.	Nov.	Dez.
Sonnenscheinstunden pro Tag	8	9	10	12	13	14	12	12	11	10	9	8
Niederschlagstage pro Monat	4	4	3	2	1	1	4	5	3	3	2	4

In Amerika misst man Temperaturen nicht in Grad Celsius (°C), sondern in Grad Fahrenheit (°F). Der Physiker Daniel Fahrenheit wählte als Nullpunkt seiner Temperaturskala die tiefste Temperatur des strengen Winters 1708/1709 in seiner Heimatstadt Danzig (−17,8 °C). Fahrenheit wollte dadurch negative Temperaturen vermeiden. Als 100 °F legte er seine eigene Körpertemperatur fest.

Temperaturlegende

30	40	50	60	70	80	90	100	°F
−1	4	10	16	21	27	32	38	°C

So rechnet man eine Temperaturangabe (T) von °C in °F um:
(T + 40) · 1,8 − 40

BEISPIEL 20 °C = 68 °F
(20 + 40) · 1,8 − 40 = 68

So rechnet man eine Temperaturangabe (T) von °F in °C um:
(T + 40) · 0,56 − 40

BEISPIEL 35 °F = 2 °C
(35 + 40) · 0,56 − 40 = 2

4 Zeichne die Skala des Thermometers ab.

a) Ergänze die Temperaturangaben in Grad Fahrenheit (°F).

b) ➡ Gibt es noch weitere Länder, in denen die Temperatur in Fahrenheit angegeben wird?

5 Schreibe alle Orte von der Karte auf, für die Sonnenschein vorhergesagt wurde. Rechne deren Temperaturen in °C um.

6 Überprüfe mit Beispielen, ob die Formeln richtig sind.
Zur Umrechnung zwischen den Temperaturangaben gibt es mehrere Formeln.

a) In einem Schülerlexikon findet man z. B. folgenden Text:
Bei der Umrechnung von °F in °C gilt folgende Formel: C = [(F − 32) · 5] : 9

b) Ein Reiseführer gibt folgende Faustformel an:
Fahrenheit minus 32, dividiert durch 2, plus $\frac{1}{10}$ *= Celsius (aufrunden)*

7 ➡ Suche im Lexikon oder im Internet nach Informationen zur Geschichte der Temperaturmessung.

Vermischte Übungen

1 Wähle die angegebene Startzahl, durchlaufe den Rechenkreis und gib das Ergebnis an.

a) −3 **b)** −7 **c)** 0,3 **d)** −8,2

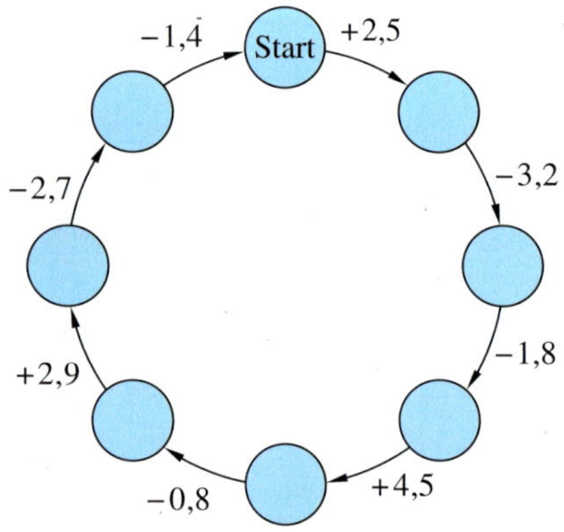

2 Übertrage ins Heft und ergänze zu magischen Quadraten der Addition.

a)

−0,5		
	0,7	−0,9
		1,9

b)

0		1
	$\frac{1}{4}$	
$-\frac{1}{2}$		

3 Übertrage die Multiplikationsmauer in dein Heft.

−108
−6 | 18
−2 | 3 | 6
−2 | 1 | 3 | 2

a) Vervollständige die Mauer.
b) Verändert sich das Vorzeichen in der Spitze, wenn in der unteren Reihe genau ein Vorzeichen verändert wird?
c) Welches Vorzeichen hat die Spitze, wenn in der unteren Reihe genau zwei Vorzeichen verändert werden?
d) Lässt sich eine Regel formulieren?

4 Arbeitet zu zweit. Erklärt euch gegenseitig, welcher Fehler gemacht wurde.
a) (−2) + (−3) = 5
b) (+3) − (−2) = 1

Start
↓ · 12
▢
↓ : (−3)
▢
↓ · 1,5
▢
↓ · (−4)
▢
↓ : 2
Ziel

5 Es wird mit zwei verschiedenfarbigen Würfeln gespielt.
Die Augenzahl des roten Würfels wird als positive Zahl aufgefasst, die Augenzahl des blauen Würfels als negative.
Die beiden Zahlen werden addiert.
BEISPIEL (+4) + (−6) = (−2)

a) Spielt zu zweit oder in kleinen Gruppen einige Runden.
b) Mit welchem Wurf erzielt man die höchste Punktzahl?
c) Mit welchem Wurf erzielt man die niedrigste Punktzahl?
d) Mit welchen Würfen kann man die Punktzahl +2 erzielen?
e) Mit welchen Würfen kann man die Punktzahl −1 erzielen?

6 Finde mindestens fünf Zahlenpaare, deren Produkt −64 ergibt. Vergleiche mit deinem Nachbarn.
Findet ihr auch drei Zahlen, deren Produkt −64 ist?
Und wenn mindestens einer der drei Faktoren keine ganze Zahl sein darf?

7 Übertrage die Rechenkette aus der Randspalte ins Heft.
a) Wähle −5 als Startzahl und durchlaufe die Kette bis zum Ziel.
b) Mit welcher Startzahl zwischen −5 und 5 erhält man als Ergebnis −12?
c) Sollte man für ein positives Ergebnis eine positive oder eine negative Startzahl verwenden?
d) Gibt es ein anderes Ergebnis, wenn du die Rechenkette vom Ziel zum Start durchläufst?
e) Lasse **eine** Rechenoperation weg, sodass Start- und Zielzahl gleich sind.

$\frac{x+y}{2}$

8 Übertrage die Rechenfiguren ins Heft. Je zwei benachbarte Kreise werden addiert bzw. multipliziert. Das Ergebnis wird in den Vierecken notiert.

a)
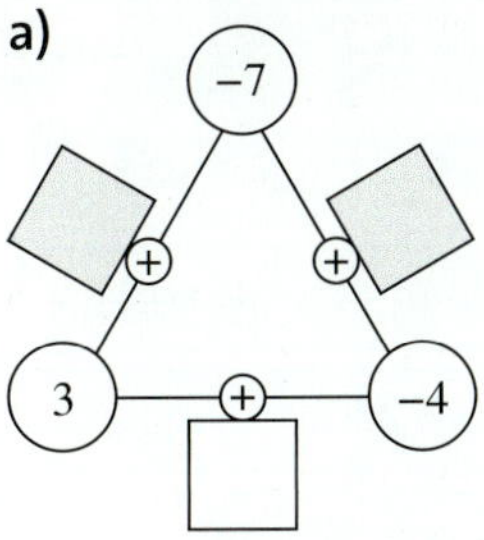

b)
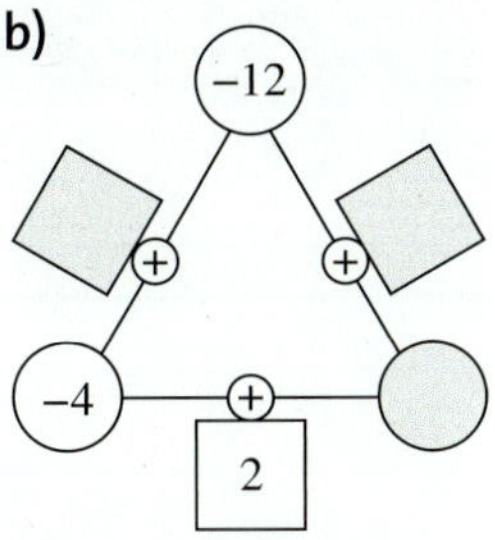

c)
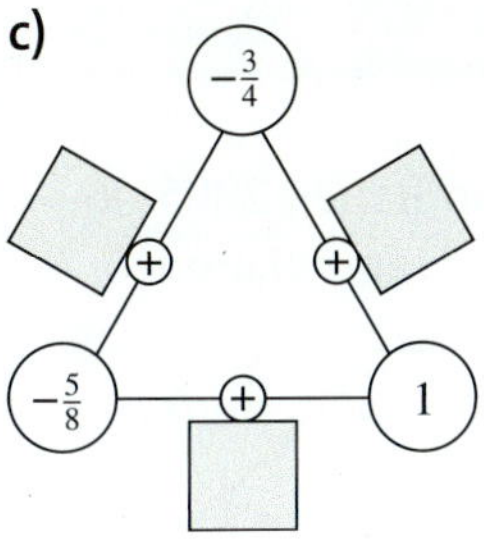

d)
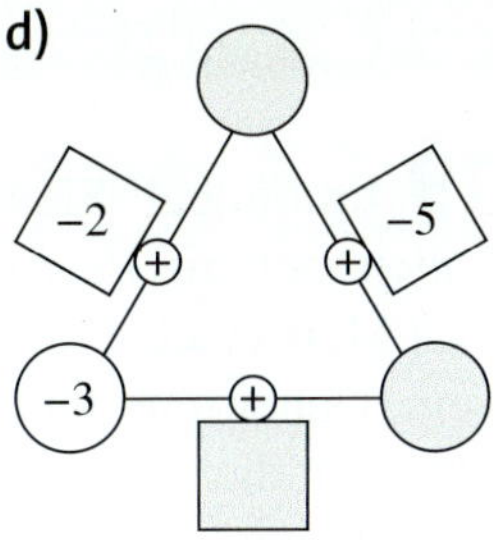

e)
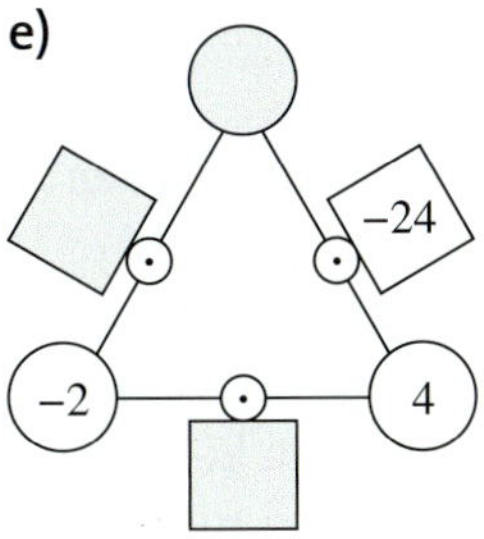

f)
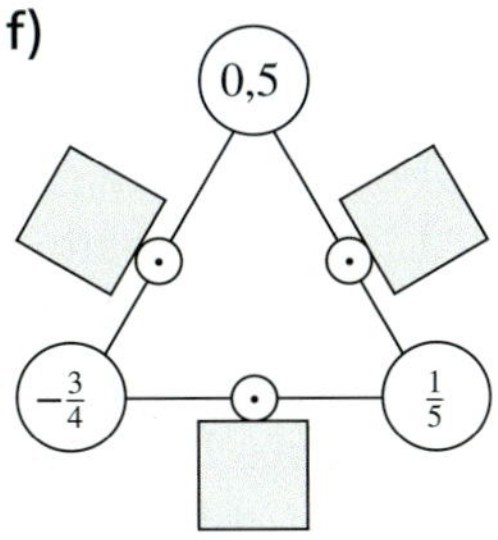

9 Erstellt in Kleingruppen Mindmaps zum Thema „Rechnen mit rationalen Zahlen“ und stellt diese im Klassenverband vor. Ihr könnt unter anderem die folgenden Begriffe verwenden:

Subtraktion, Addition, Division, Faktor, Betrag, Vorzeichen, Vorrangregeln, Multiplikation, Gegenzahl, Rechengesetze, Kommutativgesetz

10 Entscheide erst, ob die Anwendung des Distributivgesetzes Vorteile bringt. Berechne.

a) $(-8) \cdot (\frac{1}{4} + (-\frac{3}{8}))$
b) $(-3{,}5) \cdot 4 + (-3{,}5) \cdot 6$
c) $(-22 + 12) \cdot 7$
d) $11 \cdot (-1{,}8) + 2 \cdot (-1{,}8)$
e) $(-6) \cdot 15 - 4 \cdot 15$
f) $5 \cdot (3{,}6 - 4{,}2)$

11 Denke an die Vorrangregeln.

a) $3 \cdot (-7) + 8 - 5 \cdot 2$
b) $(4 + 8 \cdot 2 - 36) : 2$
c) $3 + 5 \cdot 2 - 20 + 8 : 2 + 100$
d) $15 \cdot (-3) + 7 - 4 + 32 : 8 - 20$
e) $27 : 9 + 3 \cdot 4 + 2 - 20$
f) $3 + 5 \cdot (7 - 12) + 40 - 25 \cdot 3 + 1$
g) $(42 : 4 + 0{,}5 - 3 \cdot (8 + 17)) \cdot 2 - 100$

BEACHTE
Die Lösungen zu Aufgabe 11 ergeben in der richtigen Reihenfolge den Namen einer europäischen Hauptstadt. Zu welchem Land gehört die Stadt?
−228 (D); −58 (G); −56 (A); −23(B); −8 (E); −3 (R); 97 (L)

12 Gib mindestens drei Aufgaben an.

a) Finde Additionsaufgaben, die die Lösung −9 haben.
b) Finde Subtraktionsaufgaben, die die Lösung −13 haben.
c) Gib Multiplikationsaufgaben mit dem Ergebnis −48 an.
d) Gib Divisionsaufgaben an, die die Lösung −7 haben.
e) Finde Aufgaben, in denen Vorrangregeln angewendet werden müssen. Die Aufgaben sollen die Lösung −60 haben.

13 Schreibe als Aufgabe und berechne.

a) Dividiere die Summe der Zahlen −15 und −45 durch 12.
b) Multipliziere die Differenz der Zahlen −3,5 und −1,5 mit 0,5.
c) Multipliziere die Summe der Zahlen 6 und −3,5 mit der Differenz der Zahlen −0,5 und 1,5.
d) Subtrahiere vom Produkt der Zahlen 12 und −8 die Summe der Zahlen 12 und −8.

14 Welche Zahl liegt genau in der Mitte zwischen diesen beiden Zahlen?

a) −15; −7 b) −8; 16 c) −5,5; −1,5
d) −5; 5 e) −3; −1 f) −4; 2
g) −7; −3 h) −1,5; 1,5 i) −2,5; −0,5
j) −2,5; 4,5 k) −6; −3 l) −5; 2

15 In einem magischen Quadrat der Multiplikation ist das Produkt in jeder Spalte, Zeile und Diagonale gleich groß.

(Spalte, Diagonale, Zeile)

−0,4	0,5	−5
12,5	1	0,08
−0,2	2	−2,5

Überprüfe, ob das vorliegende Quadrat ein magisches Quadrat der Multiplikation ist.

16 Übertrage die magischen Quadrate der Multiplikation in dein Heft und ergänze sie.

①

−0,2		
	−2	
	0,4	−20

②

−4	−1,25	−0,2
	−1	

③

0,8		
5	−4	3,2

④

80	−0,25	
−0,16		−100
−5		

a) Können die negativen Zahlen in einem magischen Quadrat der Multiplikation wie nebenstehend angeordnet sein? Zeige es an einem Beispiel und begründe deine Meinung.

−	−	
	−	
	−	−

b) Kann es ein magisches Quadrat mit genau fünf negativen Zahlen geben? Zeige es an einem Beispiel und begründe.

c) Finde möglichst viele Möglichkeiten, wie die negativen Zahlen in einem magischen Quadrat der Multiplikation angeordnet sein können.

17 Setze im Heft passende Zahlen ein. Ist die Lösung immer eindeutig?

a) $\frac{5}{\square} \cdot \left(-\frac{1}{9}\right) = \frac{5}{18}$ b) $\frac{\square}{3} \cdot \frac{4}{7} = -\frac{8}{21}$

c) $\frac{-3}{11} \cdot \frac{\square}{\square} = \frac{12}{121}$ d) $\frac{7}{\square} \cdot \frac{\square}{-4} = \frac{21}{32}$

e) $\frac{\square}{8} \cdot \square = -\frac{3}{4}$ f) $\frac{2}{5} \cdot \square = 2$

18 Bringe die ungeordneten Rechendominosteine in die richtige Reihenfolge.

START	1 · (−1)	0,04	0,04 · (−100)
1	1 · (−0,2)	−0,25	−0,25 · (−4)
−1	−1 · (−0,5)	0,5	0,5 · (−0,5)
9	9 · 0,4	−4	−4 · (0,3)
6	6 · (−0,3)	−1,44	Ende
3,6	3,6 · (−0,4)	−1,2	−1,2 · (−5)
−1,8	−1,8 · (−5)	−0,2	−0,2 · (−0,2)

19 Im Fußball-Skandal in Italien 2005/06 sollen mehrere Vereine an Manipulationen von Meisterschaftsspielen beteiligt gewesen sein. Daher mussten sie mit einem Punktabzug in die Saison 2006/07 starten.

AC Mailand: −8 Punkte
Lazio Rom: −11 Punkte
Reggina Calcio: −15 Punkte
AC Florenz: −19 Punkte

a) Für einen Sieg gibt es in der italienischen Liga drei Punkte, für ein Unentschieden einen Punkt. Nach wie vielen Spieltagen hätten die Mannschaften frühestens ein positives Punktekonto aufweisen können?

b) Der AC Mailand startete mit drei Siegen in die Saison. Bestimme den Punktestand des AC Mailand nach dem 3. Spieltag.

c) Bestimme den Punktabstand zwischen dem Tabellenführer und dem Tabellenletzten (20.) nach dem 5. Spieltag:

Platz	Team	Punkte
1.	AS Rom	12
12.	AC Mailand	3
18.	Lazio Rom	−2
19.	Reggina Calcio	−10
20.	AC Florenz	−13

d) Wäre der AC Mailand ohne Punktabzug Tabellenführer gewesen?

e) Wie viele Punkte hatten die fünf Vereine in der Tabelle oben zu diesem Zeitpunkt jeweils errungen?

20 Setze im Heft > oder < ein.

a) 3 · (−7) ▪ −20
b) −8 + 15 ▪ −22
c) −4 · (−8) ▪ −7 · (−5)
d) −48 + 2 ▪ −50
e) −29 · 3 ▪ −49 − 13
f) −56 ▪ −8 · 8
g) 3 · (−8) ▪ 7 + (−19)
h) 27 : (−3) ▪ −19
i) −4 · (−4) ▪ 28 : 4
j) −3 · 6 + 2 ▪ −51
k) 39 : (−3) ▪ 44 : (−4)
l) −5 ▪ −64 : 16

21 Berichtige die Aufgaben mit falschen Lösungen im Heft.

a) −12 · 3,5 = 42
b) 17 · (−3) = −51
c) −19 · (−8) = 152
d) −13 · 6 = 78
e) 15 · (−11) = −156
f) −14 · (−7) = 98
g) −63 : (−9) = −7
h) 84 : 12 = −7
i) 45 : (−5) = 4
j) −100 : 25 = −5

22 Bilde aus diesen Zahlen Aufgaben.

Kasten 1: 48, −4, 8, 2, −5, −56, −75, $-\frac{1}{2}$, −7, 5

Kasten 2: −12, $-2\frac{1}{2}$, −16, −15, 8

a) Schreibe fünf Additions- und fünf Subtraktionsaufgaben auf und löse sie.
b) Bilde mit Zahlen aus dem ersten Kasten Divisionsaufgaben, sodass sich die Zahlen aus dem zweiten Kasten ergeben.

23 Beachte die Rechenregeln.

a) 7 · 3 − 5
7 · (3 − 5)
(7 · 3) − 5

b) 84 : 2 − 4 · 3
84 : (2 − 4) · 3
84 : (2 − 4 · 3)

24 Übertrage ins Heft und setze Klammern, sodass das Ergebnis stimmt.

a) 5 · 2 − 7 + 3 = −22
b) 12 − 20 · 8 − 3 = −40
c) −4 + 18 : 3 − 6 = −10

25 Finde die Zahlen.

a) Welche positive Zahl hat einen doppelt so großen Betrag wie die Zahl −13?
b) Zahl und Gegenzahl haben einen Abstand von 5,8. Wie heißen die Zahlen?
c) Welche Zahl liegt in der Mitte von −4,5 und 2,3?
d) Gibt es zwei Zahlen, deren Summe und deren Produkt $-\frac{1}{2}$ ist?

26 Das Tote Meer ist bekannt für seinen hohen Salzgehalt. Es ist auch das am tiefsten gelegene Meer. Sein Wasserspiegel liegt bei −396 m. Es ist bis zu 398 m tief. Bei wie viel Metern liegt der Grund des Sees an der tiefsten Stelle?

27 Welche Zahl steht in der Mitte der Rechenschlange?

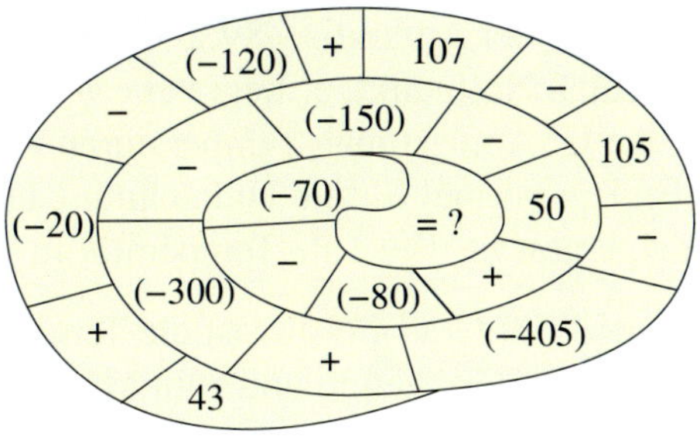

28 Übertrage das Kreuzzahlrätsel in dein Heft und fülle es aus.

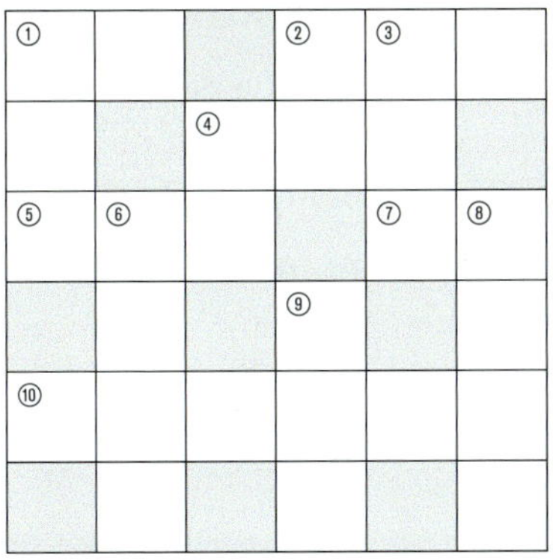

waagerecht
1 125 · 0,2
2 −1100 · (−0,1)
4 2,88 : 0,02
5 −56,25 · (−4)
7 −107,5 · (−0,4)
10 −250 : (−0,0025)

senkrecht
1 −16,16 · (−12,5)
2 17,5 · 0,8
3 −120 · (−1,2)
4 −55,5 : (−3,7)
6 −200,2 : (−0,1)
8 30,03 : 0,01
9 −75,75 : (−0,75)

29 Zehn Tomatendosen werden auf Abweichungen vom angegebenen Füllgewicht überprüft. Berechne die durchschnittliche Abweichung.
Abweichungen: +4 g; −3 g; −7 g; +8 g; +2 g; +14 g; −22 g; −13 g; +8 g; +1 g.

Temperaturmessungen

Um Temperaturen zu messen, kann man verschiedene Thermometer benutzen. Quecksilberthermometer können im Temperaturbereich von −39 °C (Schmelztemperatur von Quecksilber) und 357 °C (Siedetemperatur von Quecksilber) eingesetzt werden.
Ein mit Galinstan gefülltes Thermometer hat einen dreimal so großen Messbereich wie ein Quecksilberthermometer, kann aber erst für Temperaturen über −10 °C eingesetzt werden.

Mit beiden Arten von Thermometern kann man auch besonders hohe Temperaturen messen. Der Hitzerekord auf der Erde wurde zum Beispiel mit 56,7 °C am 10. Juli 1913 im Death Valley in den USA erreicht.
Die tiefste je auf der Erde gemessene Lufttemperatur betrug am 21. Juli 1983 auf einer Station in der Antarktis −89,2 °C. Die tiefstmögliche Temperatur nennt man den absoluten Nullpunkt, er liegt bei ca. −273 °C.
In den USA misst man Temperaturen nicht in Grad Celsius, sondern in Grad Fahrenheit (°F). Die Formel für die Umrechnung lautet:
Temperatur in °F = 1,8 · Temperatur in °C + 32

a) Um wie viel Grad Celsius ist die Temperatur gestiegen, wenn das Thermometer in der Nacht −11 °C anzeigte und zum Mittag dann −2 °C?

b) Berechne die Temperaturdifferenz zwischen der höchsten und tiefsten je auf der Erde gemessenen Temperatur.

c) Berechne die höchste und tiefste Temperatur der Erde in Grad Fahrenheit.

d) Auf dem am weitesten von der Sonne entfernten Planeten Neptun liegt die Tiefsttemperatur bei rund $\frac{4}{5}$ der tiefstmöglichen Temperatur.
Berechne die Temperatur auf dem Neptun in Grad Celsius.

e) In Senftenberg gab es in einer Januarwoche folgende Tagesdurchschnittstemperaturen:

Mo	Di	Mi	Do	Fr	Sa	So
−2 °C	−1 °C	−3 °C	−4 °C	−6 °C	−5 °C	−2 °C

Berechne aus diesen Angaben die Durchschnittstemperatur der ersten Januarwoche.

f) Ein amerikanischer Science-Fiction-Roman aus dem Jahr 1953 trägt den Titel *Fahrenheit 451*. Dabei hat der Autor die Temperatur wohl falsch aus einem Buch übertragen und meinte eigentlich 451 Grad Celsius. Um wie viel Grad Celsius hat der Autor sich geirrt?

g) Bis zu welcher Höchsttemperatur kann man mit einem Galinstan-Thermometer ungefähr arbeiten?

Alles klar?

Entscheide, ob die Aussagen richtig oder falsch sind.
Begründe deine Entscheidung im Heft und korrigiere gegebenenfalls.

1 Negative Zahlen veranschaulichen und vergleichen

a) Es gilt $3 > 2 > -4 > -1$

b) Auf der ersten Zahlengeraden ist $A = -3$ und $B = -7$.

c) Auf der zweiten Zahlengeraden ist $C = -260$ und $D = -120$.

d) Für zwei positive Zahlen a und b gilt: Wenn $a > b$, dann ist auch $-a > -b$.

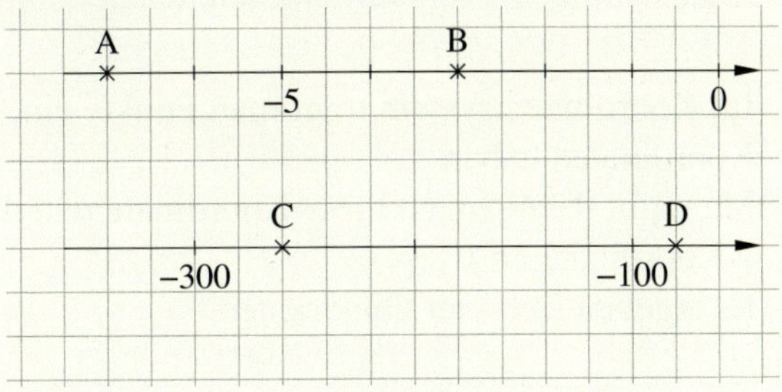

2 Das Koordinatensystem

a) E und I liegen im 2. Quadranten.

b) Sechs dieser Punkte haben eine negative x-Koordinate.

c) Die Strecke zwischen E und O geht durch den Punkt $(0|1)$.

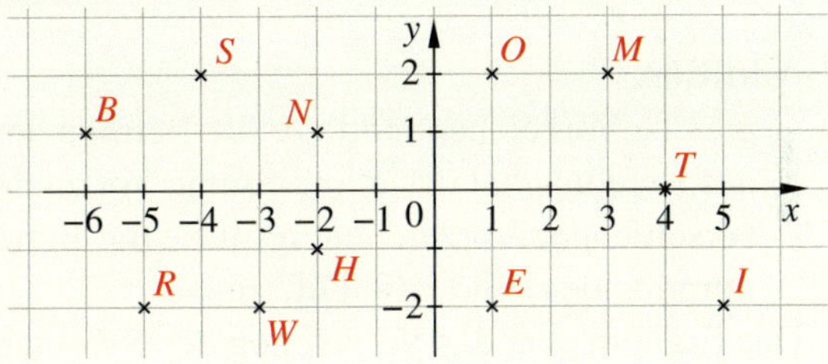

3 Rationale Zahlen addieren und subtrahieren

a) $(-12) + (-4) = -8$

b) Subtrahiert man von einer Zahl ihre Gegenzahl, so ist das Ergebnis null.

c) Der Temperaturunterschied zwischen +5 °C und –3 °C beträgt 8 Grad Celsius.

d)

	alte Temperatur	Temperaturänderung	neue Temperatur
①	4 °C	6 Grad kälter	2 °C
②	–3 °C	9 Grad wärmer	6 °C
③	–6 °C	5 Grad wärmer	–11 °C

4 Rationale Zahlen multiplizieren und dividieren

a) Die Zahl 8 kann geschrieben werden als $-2 \cdot (-4)$.

b) $\frac{3}{5} \cdot \left(-\frac{2}{5}\right) = \frac{6}{25}$

c) Es gibt zwei verschiedene Zahlen, die mit sich selbst multipliziert den Wert 9 ergeben.

d) Das Produkt zweier Zahlen, deren Betrag größer als 1 ist, ist größer als jeder der Faktoren.

5 Rechengesetze vorteilhaft nutzen

a) $12 \cdot (-8) \cdot 12{,}5 \cdot 25 \cdot (-4) = 120\,000$

b) $17 \cdot 19 - 23 \cdot 19 = (17 + 23) \cdot 19 = 40 \cdot 19 = 760$

c) $-8 : 2 - 28 : 2 = (-8 - 28) : 2 = -36 : 2 = -18$

d) Bei gleichem Dividenden kann das Distributivgesetz auch bei der Division angewendet werden, also z. B. $18 : 2 + 18 : 3 = 18 : (2 + 3)$.

BEACHTE
Die Lösungen zu den Aufgaben auf dieser Seite sowie dazu passende Trainingsaufgaben findest du ab Seite 226.

Zusammenfassung

→ Seiten 18, 22

Zahlen darstellen

Auf einer Zahlengerade ist eine Zahl umso kleiner, je weiter links sie steht. Negative Zahlen liegen links von der 0. Man schreibt sie mit dem Vorzeichen „–“.

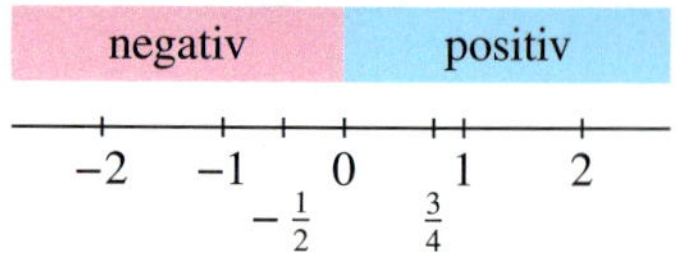

Im Koordinatensystem trägt man Punkte ein, die zwei Koordinaten haben.
Man gibt dabei zuerst die x-Koordinate und dann die y-Koordinate an $P(x|y)$.
Es ergeben sich vier Quadranten.

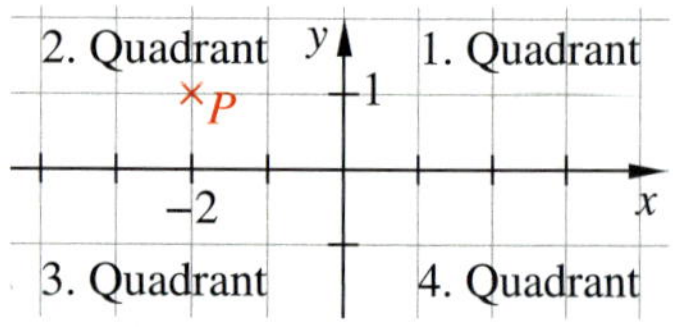

$P(-2|1)$ liegt im 2. Quadranten

→ Seiten 26, 32

Rechnen mit rationalen Zahlen

Addition
- gleiche Vorzeichen: addiere die Beträge der Summanden, das Ergebnis hat das gemeinsame Vorzeichen.
- verschiedene Vorzeichen: ermittle die Beträge der Summanden, bilde die Differenz.

Das Ergebnis hat das Vorzeichen des Summanden mit dem größeren Betrag.

$-3 + (-4)$
$3 + 4 = 7$
$-3 + (-4) = -7$

Subtraktion
Wandle die Subtraktionsaufgabe in eine Additionsaufgabe um, indem du die Gegenzahl des Subtrahenden addierst. Gehe vor wie bei der Addition.

$-3 - 4 = -3 + (-4)$
$-3 - (-4) = -3 + 4$

Multiplikation und Division
Rechne zunächst mit den Beträgen.
Bei gleichen Vorzeichen hat das Ergebnis das Vorzeichen +.
Bei verschiedenen Vorzeichen hat das Ergebnis das Vorzeichen –.

$-3 \cdot (-7) = 21$
$-21 : (-3) = 7$
$3 \cdot (-7) = -21$
$-21 : 3 = -7$

→ Seite 36

Rechengesetze vorteilhaft nutzen

Auch für rationale Zahlen gilt
- das Assoziativ- und Kommutativgesetz der Addition. Summanden dürfen vertauscht und zusammengefasst werden.
  $-17 + 59 + (-33)$
  $= -17 + (-33) + 59$
  $= -50 + 59 = 9$
- das Assoziativ- und Kommutativgesetz der Multiplikation. Faktoren dürfen vertauscht und zusammengefasst werden.
  $-25 \cdot 19 \cdot (-4)$
  $= -25 \cdot (-4) \cdot 19$
  $= 100 \cdot 19 = 1900$
- das Distributivgesetz. Man multipliziert eine Summe mit einer Zahl, indem man jeden Summanden mit der Zahl multipliziert.
  $-3 \cdot (100 + 8)$
  $= -3 \cdot 100 + (-3) \cdot 8$
  $= -300 - 24 = -324$

Dreiecke

Dreiecke kann man konstruieren, wenn z. B. die Seitenlängen aller drei Seiten bekannt sind. Bei den Dreiecken im Kartenhaus sind alle Seiten annähernd gleich lang, da die Spielkarten gleich groß sind. Das Kartenhaus besteht also aus lauter gleichseitigen Dreiecken.

In diesem Kapitel lernst du, wie du aus vorgegebenen Seitenlängen oder Winkelgrößen Dreiecke konstruierst und wo solche Zeichnungen benutzt werden.

Noch fit?

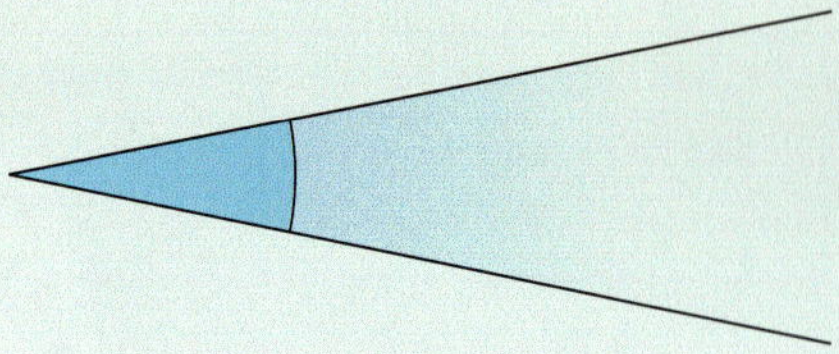

1 Übertrage die Abbildung ins Heft.
Bezeichne sie mit den richtigen Begriffen (Scheitel, Schenkel, Winkel, Winkelbogen).

2
a) Zeichne eine Strecke, einen Strahl und eine Gerade.
Notiere an der jeweiligen Zeichnung die Besonderheit dieser Figur.
b) Zeichne ein Dreieck, ein Viereck und ein Sechseck.
Notiere auch hier wieder die Besonderheit.

3 Was ist falsch?

a)
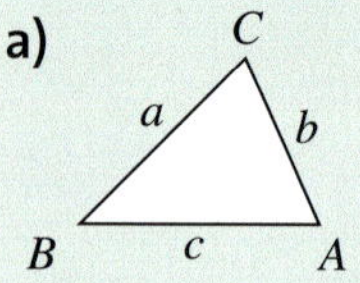

b)
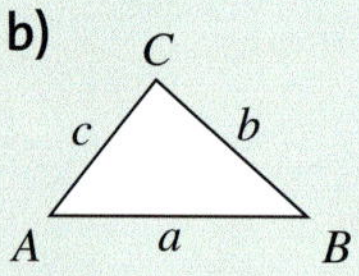

c)
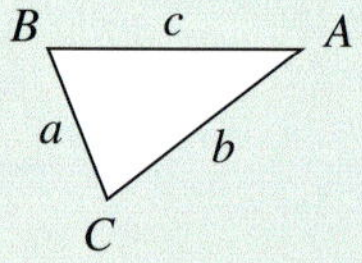

4 Erkläre folgende Zeichnung.
Was sagt sie aus?

5 Ergänze den dritten Winkel, damit die Winkelsumme 180° beträgt.
Um welche Dreiecksart handelt es sich jeweils?

a) $24° + 76° + ■ = 180°$ **b)** $45° + 90° + ■ = 180°$ **c)** $2 \cdot 60° + ■ = 180°$
d) $57° + 76° + ■ = 180°$ **e)** $33° + 66° + ■ = 180°$ **f)** $2 \cdot 57° + ■ = 180°$

6 Zeichne ein Dreieck mit einem rechten Winkel.
Vergleicht eure Dreiecke in der Klasse. Haben sie noch mehr gemeinsam?

7 Übertrage die Zeichnungen ins Heft und spiegle sie an der Spiegelachse *g*.
Überlege zunächst, wie viel Platz du brauchst.

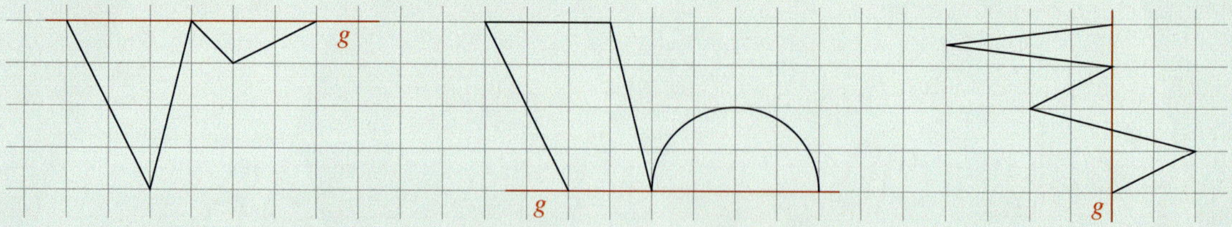

Bunt gemischt

1. Die Zahl, durch die dividiert wird, heißt …
2. Erläutere in eigenen Worten, wie Brüche und Dezimalbrüche zusammenhängen.
3. In welchen Zusammenhängen begegnen dir Brüche im Alltag?
4. Wie viel sind die Hälfte von 200 und $\frac{1}{10}$ von 50? Begründe.
5. Bei einem Dreieck mit drei gleich großen Winkeln handelt es sich immer um ein …

Grundkonstruktionen

Erforschen und Entdecken

1 Herr Nowak und Herr Schulze besitzen jeweils einen Pflaumenbaum der gleichen Sorte. Durch einen Sturm sind viele Pflaumen vom Baum gefallen. Nun streiten Herr Nowak und Herr Schulze, wem die Pflaumen gehören.

a) Überlegt euch, wie man das Obst gerecht verteilen kann.

b) Übertragt das Bild ins Heft. Markiert die Pflaumen, die Herr Nowak (Baum A) bekommt und die Pflaumen von Herrn Schulze (Baum B) mit zwei verschiedenen Farben.

c) Bei welchen Pflaumen ist die Entscheidung nicht möglich? Beschreibt, wo sich diese Pflaumen befinden.

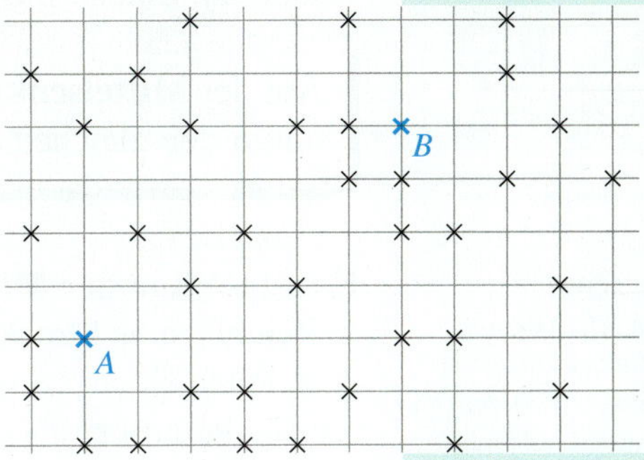

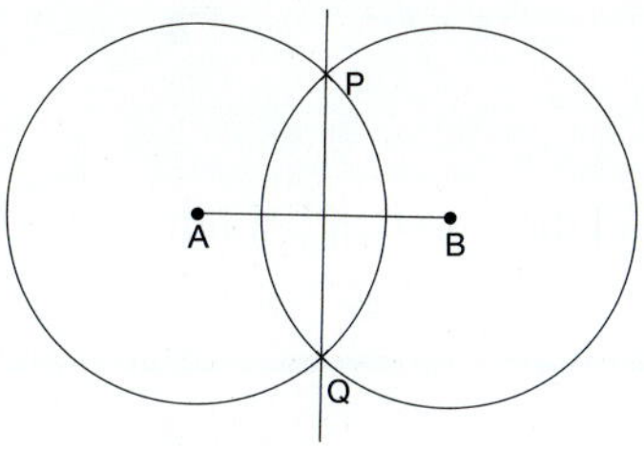

2 Das Bild wurde mit einer Geometrie-Software erstellt.

a) Beschreibe, welche Eigenschaften die Gerade durch die Punkte P und Q hat.

b) Was lässt sich über die Radien der beiden Kreise sagen?

c) Erkläre, wie die Gerade $\overline{PQ}$ konstruiert worden ist, wenn man von der Strecke $\overline{AB}$ ausgeht.

d) Begründe, warum man die Gerade $\overline{PQ}$ als Mittelsenkrechte der Strecke $\overline{AB}$ bezeichnet.

BEACHTE
Die griechischen Mathematiker des Altertums haben erkannt, dass man die Länge einer Strecke und die Größe eines Winkels nie ganz genau messen kann. Sie ließen deshalb bei ihren Konstruktionen nur Verfahren zu, bei denen man nicht zu messen brauchte. Sie kannten auch ein Verfahren, mit dem man einen Winkel ohne zu messen halbieren kann.

3 Von Dorf Oberau aus verlaufen zwei Wanderwege in einem Winkel von 55°. Es sollen zwei Schutzhütten gebaut werden, die von den beiden Wanderwegen jeweils den gleichen Abstand haben.

a) Zeichne die beiden Wanderwege in dein Heft.

b) Finde Punkte, an denen eine Hütte gebaut werden könnte. Gib jeweils den Abstand der Hütten zu den Wanderwegen an.

c) Vergleicht die Lage eurer Hütten. Auf welcher Linie sollten sich alle möglichen Schutzhütten befinden?

4 Konstruieren einer Winkelhalbierenden mit Zirkel und Lineal

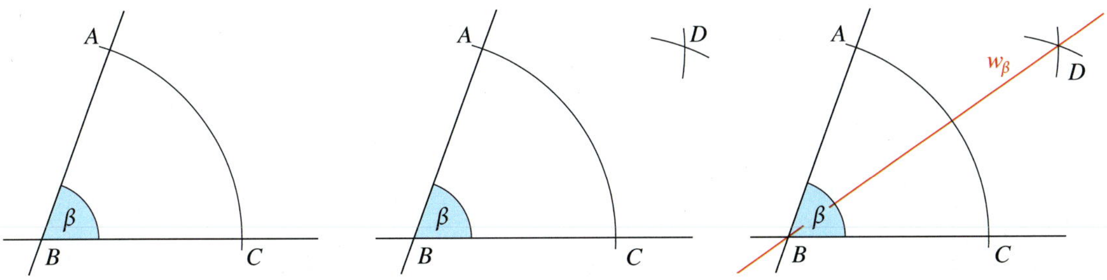

a) Erkläre in eigenen Worten, was eine Winkelhalbierende ist.

b) Beschreibe, wie die Konstruktion der Winkelhalbierenden durchgeführt wird.

c) Zeichne einen beliebigen spitzen Winkel und konstruiere die Winkelhalbierende auf die gleiche Weise.

Lesen und Verstehen

Die griechischen Mathematiker des Altertums erlaubten als Hilfsmittel beim Konstruieren nur Zirkel und Lineal. Sie konstruierten damit zwei Geraden mit besonderen Eigenschaften.

Auf der **Mittelsenkrechten** einer Strecke $\overline{AB}$ liegen alle Punkte, die von den Punkten A und B den gleichen Abstand haben. Die Mittelsenkrechte halbiert die Strecke $\overline{AB}$.

BEACHTE
Mit dem Geodreieck kann man überprüfen, ob eine Mittelsenkrechte bzw. eine Winkelhalbierende vorliegt.

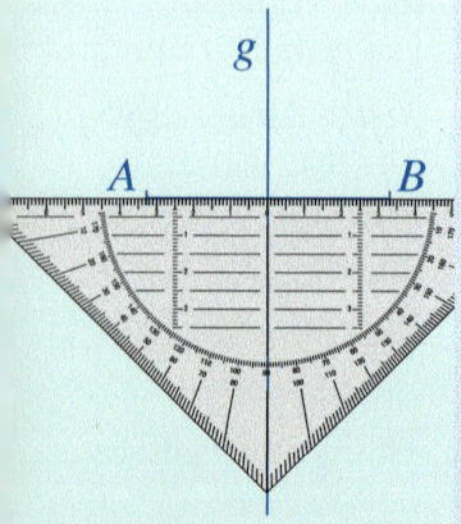

BEISPIEL
g ist die Mittelsenkrechte zu $\overline{AB}$.

Konstruktion der Mittelsenkrechten

1. Zeichne eine Strecke $\overline{AB}$.
2. Zeichne einen Kreis um A mit dem Radius r.
   (r sollte größer als die Hälfte der Strecke $\overline{AB}$ sein.)
3. Zeichne einen Kreis um B mit dem gleichen Radius r.
4. Die Kreise schneiden sich in zwei Punkten.
   Zeichne eine Gerade durch diese beiden Punkte.
   Diese Gerade ist die Mittelsenkrechte der Strecke $\overline{AB}$.

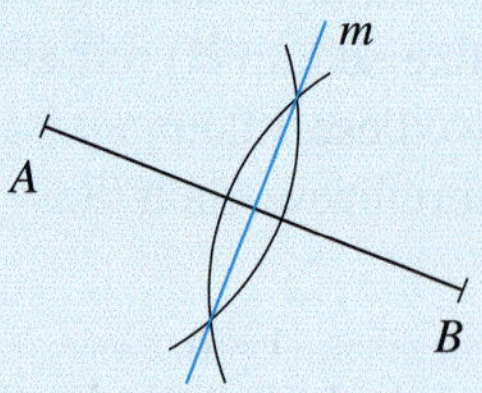

Auf der **Winkelhalbierenden** w eines Winkels liegen alle Punkte, die von den beiden Schenkeln des Winkels den gleichen Abstand haben.

Konstruktion der Winkelhalbierenden

1. Zeichne einen Winkel α mit dem Scheitelpunkt S.
2. Zeichne einen Kreis mit einem beliebigen Radius um S.
   Der Kreis schneidet die Schenkel in A und B.
3. Zeichne um A und B zwei Kreise mit dem gleichen Radius so, dass sie sich schneiden.
4. Die Gerade durch S und den Schnittpunkt ist die Winkelhalbierende des Winkels α.

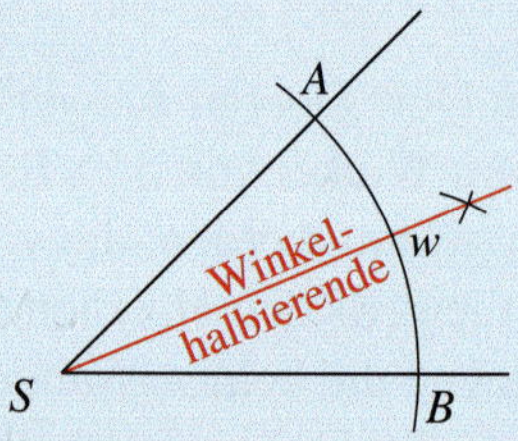

Konstruktion der Höhe

1. Zeichne um den Eckpunkt einen Kreis, der die gegenüberliegende Seite zweimal schneidet. Nenne die Punkte P und R.
   Ist der Winkel am Eckpunkt spitz, muss man die gegenüberliegende Seite erst verlängern und kann dann den Kreis zeichnen.
2. Konstruiere die Mittelsenkrechte zwischen P und R. Der Abschnitt bis zum Eckpunkt ist dann die Höhe h.

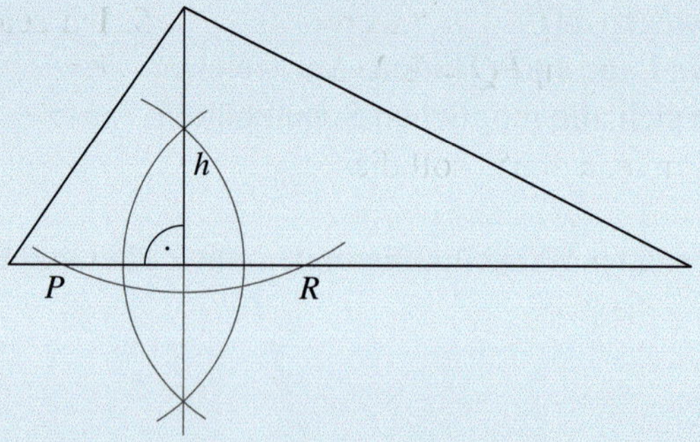

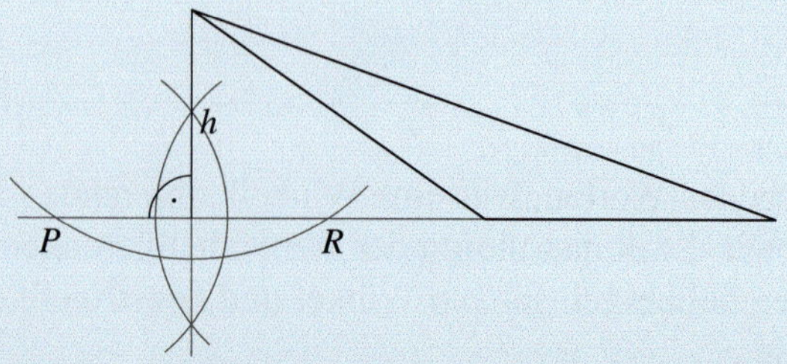

Basisaufgaben

1 Zu einer Strecke $\overline{AB} = 3{,}5\,\text{cm}$ soll die Mittelsenkrechte konstruiert werden.
Bringe die Konstruktionsbeschreibung in die richtige Reihenfolge.
Konstruiere dann die Mittelsenkrechte nach der Beschreibung.

1. Ich zeichne einen Kreis um B mit $r = 2\,\text{cm}$ (mehr als die Hälfte der Strecke $\overline{AB}$).
2. Ich zeichne die Strecke $\overline{AB} = 3{,}5\,\text{cm}$.
3. Die Kreise schneiden sich in zwei Punkten. Durch diese beiden Punkte zeichne ich eine Gerade. Diese Gerade ist die Mittelsenkrechte von $\overline{AB}$.
4. Ich zeichne einen Kreis um A mit $r = 2\,\text{cm}$ (mehr als die Hälfte der Strecke $\overline{AB}$).

2 Ist m die Mittelsenkrechte der Strecke? Begründe deine Entscheidung.

a)

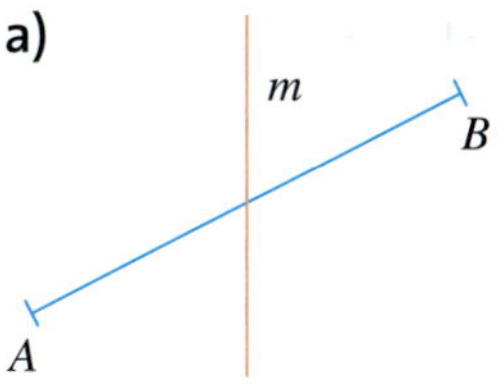

b)

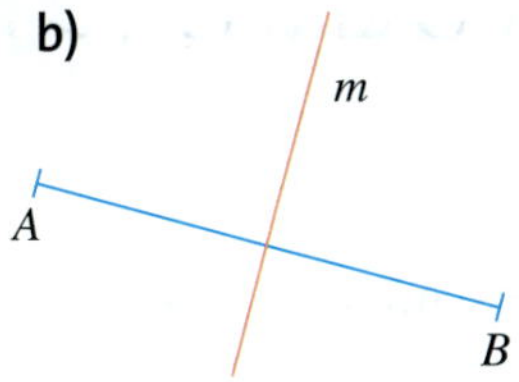

3 Konstruiere jeweils die Mittelsenkrechte mit Zirkel und Lineal.

a) $\overline{AB} = 4\,\text{cm}$ **b)** $\overline{CD} = 7\,\text{cm}$
c) $\overline{EF} = 3{,}4\,\text{cm}$ **d)** $\overline{GH} = 5{,}2\,\text{cm}$
e) $\overline{IJ} = 6{,}5\,\text{cm}$ **f)** $\overline{KL} = 8{,}3\,\text{cm}$
g) $\overline{MN} = 4{,}1\,\text{cm}$ **h)** $\overline{PQ} = 2{,}25\,\text{cm}$

4 Zu einem Winkel $\alpha = 65°$ soll die Winkelhalbierende konstruiert werden.
Bringe die Konstruktionsbeschreibung in die richtige Reihenfolge.
Konstruiere anschließend selbst.

1. Die Gerade durch den Scheitelpunkt und C ist die Winkelhalbierende von α.
2. Ich zeichne um A und B zwei Kreise mit dem gleichen Radius. Sie schneiden sich in einem Punkt C.
3. Ich ziehe einen Kreis mit beliebigem Radius um den Scheitelpunkt von α. Die Schnittpunkte mit den Schenkeln von α nenne ich A und B.
4. Ich zeichne den Winkel $\alpha = 65°$.

5 Übertrage ins Heft. Konstruiere die Winkelhalbierenden der roten Winkel.

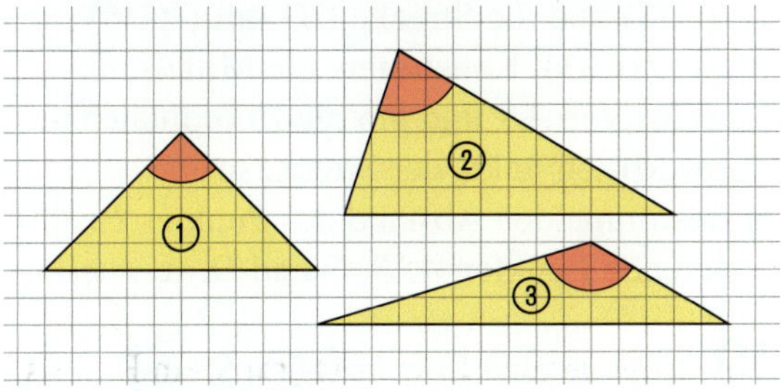

6 Konstruiere die Winkelhalbierenden.

α	β	γ	δ	ε	φ
57°	63°	81°	145°	163°	177°

7 Zu einem spitzwinkligen Dreieck soll die Höhe der Seite c konstruiert werden. Bringe die Konstruktionsbeschreibung in die richtige Reihenfolge. Konstruiere.

1. Die Kreise schneiden sich in zwei Punkten. Durch diese zeichne ich eine Gerade.
2. Der Abschnitt der Geraden innerhalb des Dreiecks ist die Höhe h.
3. Ich zeichne ein spitzwinkliges Dreieck ABC und beschrifte die Eckpunkte und Seiten.
4. Ich zeichne jeweils einen Kreis um P und um Q mit dem gleichen Radius.
5. Ich zeichne um den Eckpunkt C einen Kreis, der die gegenüberliegende Seite c zweimal schneidet. Die Schnittpunkte nenne ich P und Q.

8 Übertrage die Dreiecke ins Heft und konstruiere die Höhe der markierten Seite.

a)

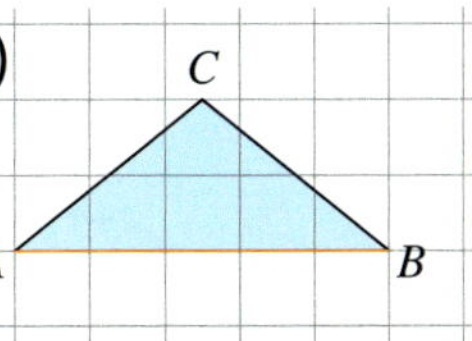

b)

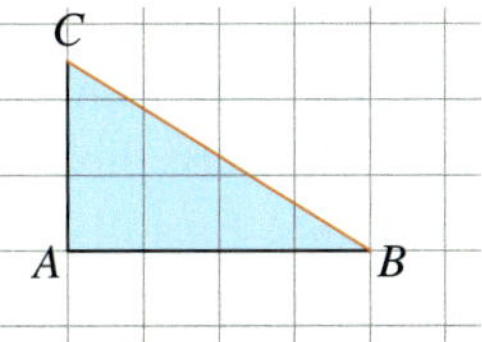

c)

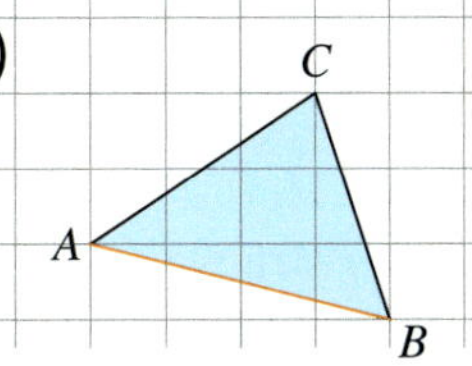

d)

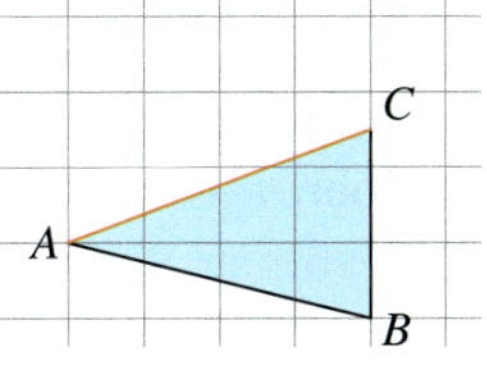

Weiterführende Aufgaben

9 Zeichne ein Koordinatensystem.

a) Zeichne die Strecke $\overline{AB}$ mit $A(1|1)$ und $B(7|3)$ und die Strecke $\overline{CD}$ mit $C(1|5)$ und $D(3|3)$. Konstruiere die Mittelsenkrechte von $\overline{AB}$ und gib die Koordinaten des Mittelpunkts der Strecke an.

b) Bestimme den Abstand des Punktes $P(3|5)$ von den Punkten A, B, C und D.

10 Zeichne eine Strecke $\overline{AB} = 6{,}1\,\text{cm}$.

a) Bestimme die beiden Punkte, die von A und B jeweils 4 cm entfernt sind.

b) Nenne die Punkte C und D. Welche Figur entsteht, wenn man $ABCD$ verbindet?

11 Zeichne das Dreieck in ein Koordinatensystem. Konstruiere die Winkelhalbierenden.

a) $A(3|2)$; $B(7|2)$; $C(5|9)$

b) $A(0|0)$; $B(6|2)$; $C(2|8)$

c) $A(1|2)$; $B(9|4)$; $C(5|7)$

12 Übertrage ins Heft. Zeichne durch jeden Punkt eine Senkrechte zu der Geraden g. Beschreibe den Verlauf der Senkrechten zueinander.

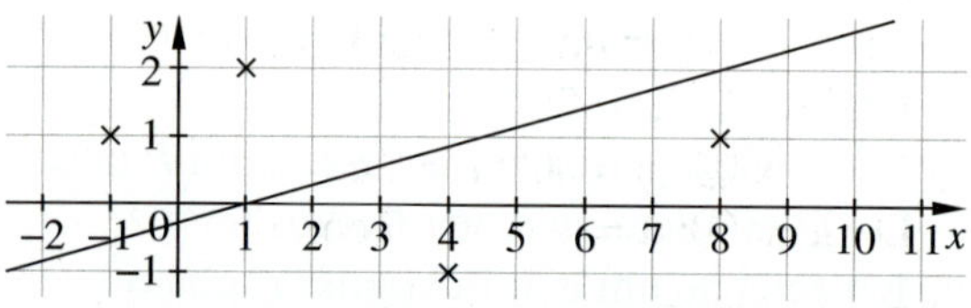

13 Arbeitet zu zweit. Jeder zeichnet einen stumpfen Winkel auf ein Blatt. Dann tauscht ihr die Blätter und teilt den Winkel des Anderen in vier Teile. Erklärt euch gegenseitig, wie ihr vorgegangen seid.

14 Zwischen zwei Häusern fließt ein Fluss. Es soll eine Brücke gebaut werden, die von beiden Häusern gleich weit entfernt ist.

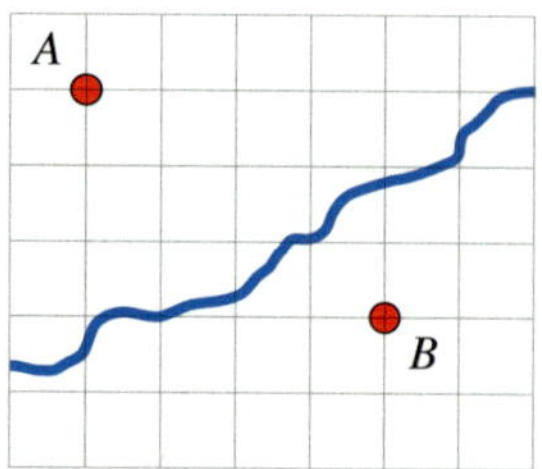

a) Übertrage die Karte in dein Heft.

b) Bestimme den Standort der Brücke. Beschreibe deine Konstruktion.

15 Die beiden Orte Arberg und Bentrop sollen an eine Fernwärmeleitung angeschlossen werden. Dazu müssen neue Leitungen verlegt werden. Um die Kosten gering zu halten, ist ein gemeinsamer Anschluss an die bestehende Fernwärmeleitung geplant.

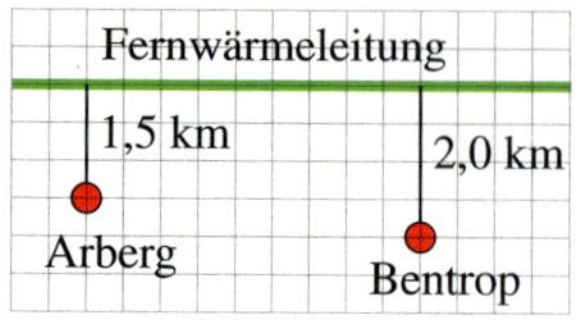

a) An welcher Stelle muss der Anschluss liegen, wenn beide Orte von der Anschlussstelle gleich weit entfernt sein sollen?

b) Wie lang ist die Verbindungsleitung für jeden Ort?

16 Übertrage die Zeichnung in dein Heft und halbiere alle Winkel.

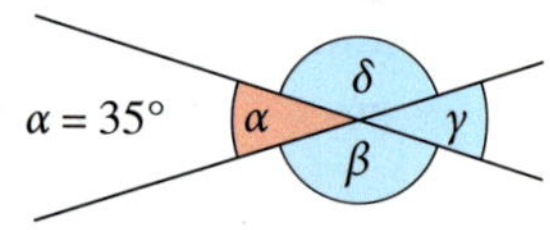

17 Übertrage die Dreiecke ins Heft und konstruiere die Höhen aller drei Seiten.

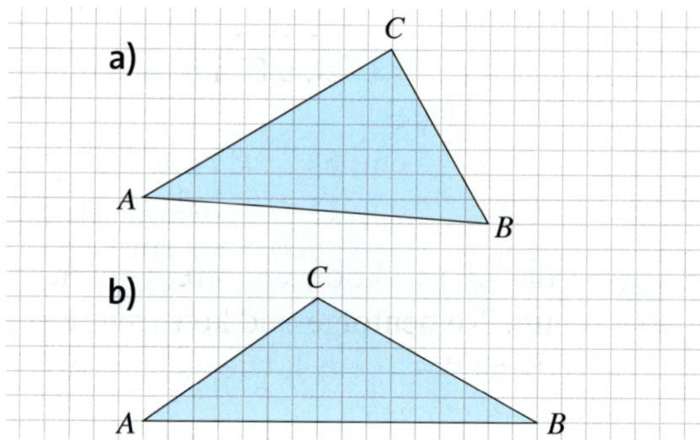

18 Die Strecke von einer Ecke des Dreiecks zum Mittelpunkt der gegenüberliegenden Seite heißt Seitenhalbierende dieser Seite. Erkläre, wie man mithilfe der Mittelsenkrechten die Seitenhalbierende konstruieren kann.

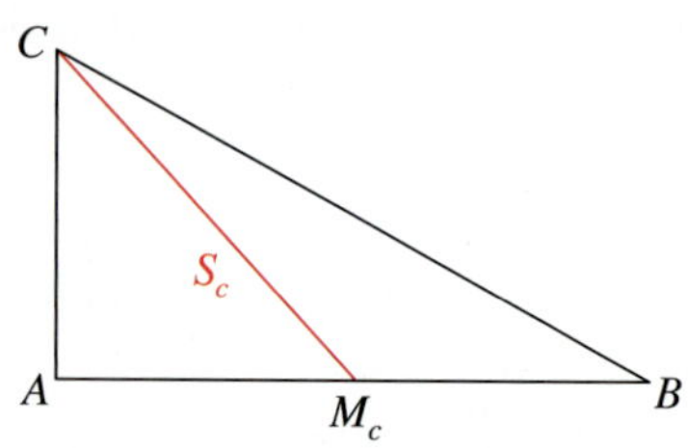

Konstruktion von Dreiecken – *SWS* und *WSW*

Erforschen und Entdecken

1 Vor dem Konstruieren hat Ben vier Planfiguren gezeichnet. Ordne die gegebenen Maße zu. Begründe deine Zuordnungen.

a) $\alpha = 47°$; $\beta = 60°$; $c = 5\,\text{cm}$
b) $\alpha = 70°$; $b = 3\,\text{cm}$; $c = 4{,}8\,\text{cm}$
c) $\alpha = 57°$; $\beta = 67°$; $a = 7\,\text{cm}$; $h = 4{,}5\,\text{cm}$
d) $\beta = 70°$; $b = 3{,}2\,\text{cm}$; $c = 7\,\text{cm}$

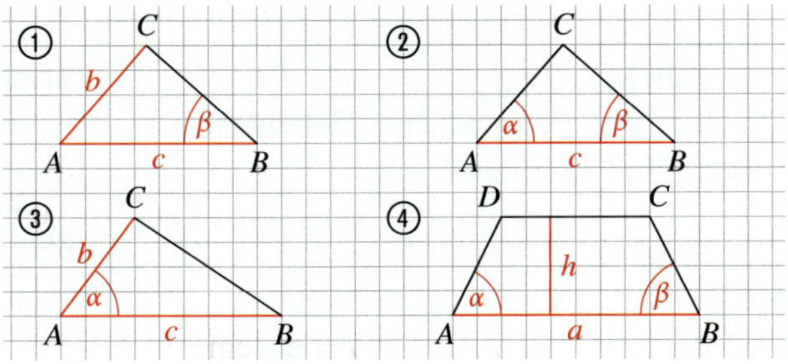

2 Arbeitet in Vierergruppen. Jeweils zwei von euch bearbeiten zunächst einzeln für sich die linke Spalte der Tabelle (*SWS*), die anderen beiden die rechte Spalte (*WSW*).
Vergleicht anschließend die Ergebnisse: zuerst mit demjenigen, der die gleiche Spalte bearbeitet hat, dann überkreuz. Erklärt, wie ihr vorgegangen seid und welche Beobachtungen ihr gemacht habt.
Wo sind Gemeinsamkeiten, wo gibt es Unterschiede?
Beantwortet abschließend gemeinsam die Frage: Wie viele Angaben braucht man, damit man genau das gleiche Dreieck konstruiert? Begründet.

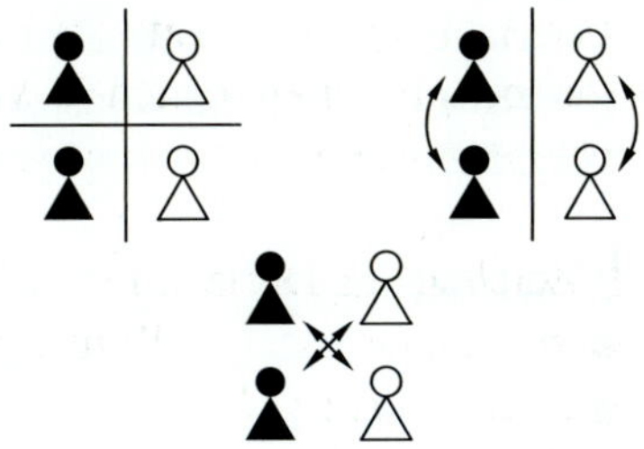

SWS

a) Konstruiere die drei Dreiecke ① bis ③. Fertige vorher immer eine Planfigur an.
Dreieck ①: $c = 6\,\text{cm}$
Dreieck ②: $c = 5\,\text{cm}$; $\beta = 50°$
Dreieck ③: $c = 7\,\text{cm}$; $\beta = 50°$; $a = 4\,\text{cm}$

b) Bringe die Konstruktionsbeschreibung in die richtige Reihenfolge und konstruiere anschließend das Dreieck wie angegeben. Nutze die Planfigur.
- *Zeichne an $\overline{AC}$ in A den Winkel $\alpha = 50°$.*
- *Die freien Schenkel von Winkel α und Winkel γ schneiden sich in B.*
- *Zeichne an $\overline{AC}$ in C den Winkel $\gamma = 65°$.*
- *Zeichne $\overline{AC} = b = 4{,}8\,\text{cm}$.*

Planfigur

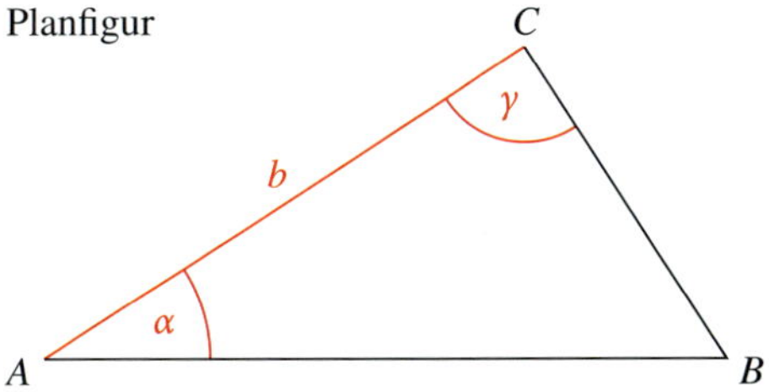

WSW

a) Konstruiere die drei Dreiecke ① bis ③. Fertige vorher immer eine Planfigur an.
Dreieck ①: $\alpha = 55°$
Dreieck ②: $\alpha = 60°$; $c = 7\,\text{cm}$
Dreieck ③: $\alpha = 40°$; $c = 7\,\text{cm}$; $\beta = 90°$

b) Bringe die Konstruktionsbeschreibung in die richtige Reihenfolge und konstruiere anschließend das Dreieck wie angegeben. Nutze eine Planfigur.
- *Zeichne an a in C den Winkel $\gamma = 105°$.*
- *Zeichne $\overline{BC} = a = 3{,}5\,\text{cm}$.*
- *Verbinde A mit B.*
- *Markiere auf dem freien Schenkel von γ den Punkt A, 3 cm von C entfernt.*

Planfigur

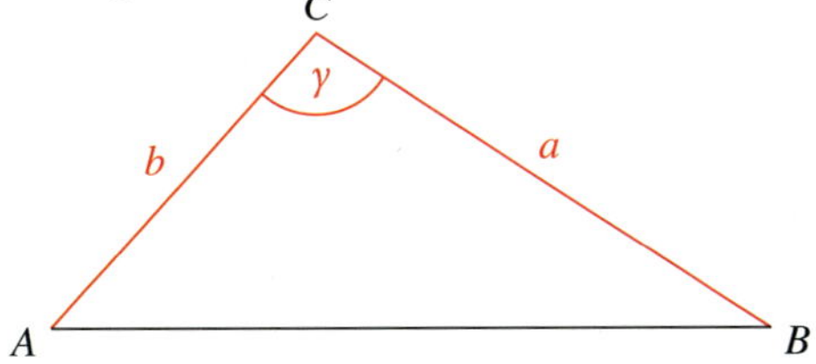

Lesen und Verstehen

Bei der **Konstruktion von Dreiecken** geht man nacheinander in drei Schritten vor:

1. Schritt
Schreibe die gegebenen Seitenlängen und Winkelgrößen auf.

2. Schritt
Zeichne ein beliebiges Dreieck als Planfigur und bezeichne es. Trage die gegebenen Stücke farbig ein. Überlege an der Planfigur, in welcher Reihenfolge du beim Konstruieren vorgehen willst.

3. Schritt
Konstruiere das Dreieck.

In einer Konstruktionsbeschreibung werden die einzelnen Schritte genau beschrieben.

BEACHTE
Die Planfigur ist nur eine Skizze und muss weder in den Maßen noch in der Form mit dem entstehenden Dreieck übereinstimmen.

Konstruktion eines Dreiecks aus einer Seite und zwei anliegenden Winkeln (*WSW*)

BEISPIEL 1
Konstruiere ein Dreieck *ABC* mit $a = 4{,}3\,\text{cm}$, $\beta = 47°$ und $\gamma = 70°$.

gegeben: $\overline{BC} = a = 4{,}3\,\text{cm}$
$\beta = 47°$
$\gamma = 70°$

Planfigur

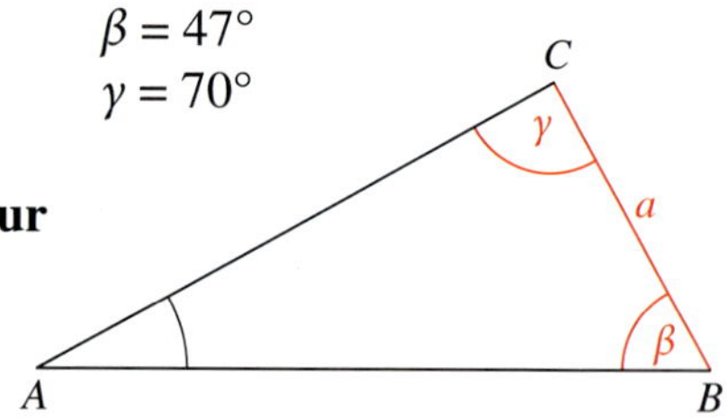

Konstruktion

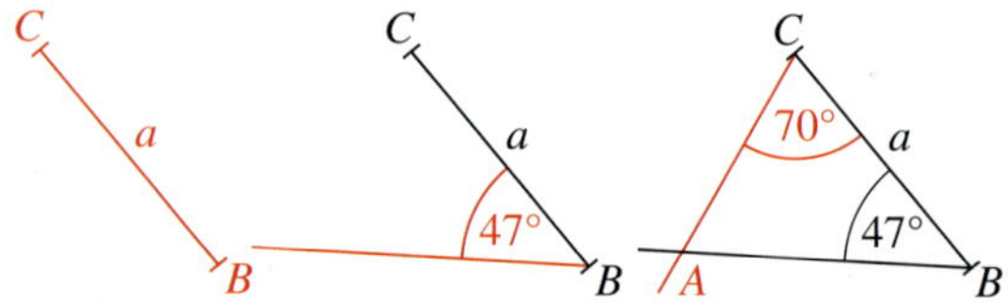

1. Zeichne $\overline{BC} = a = 4{,}3\,\text{cm}$.
2. Zeichne an $\overline{BC}$ in *B* den Winkel $\beta = 47°$.
3. Zeichne an $\overline{BC}$ in *C* den Winkel $\gamma = 70°$. Die freien Schenkel von Winkel β und Winkel γ schneiden sich in *A*.

Konstruktion eines Dreiecks aus zwei Seiten und dem eingeschlossenen Winkel (*SWS*)

BEISPIEL 2
Konstruiere das Dreieck *ABC* mit $a = 3{,}5\,\text{cm}$, $b = 5\,\text{cm}$ und $\gamma = 105°$.

1. Schritt:
gegeben: $a = 3{,}5\,\text{cm}$
$b = 5\,\text{cm}$
$\gamma = 105°$

2. Schritt:
Planfigur

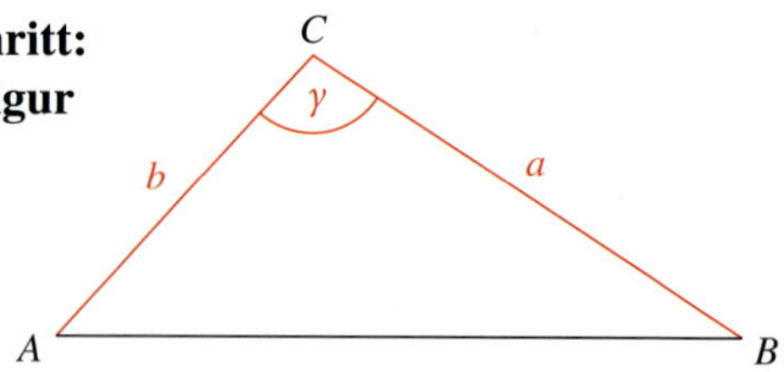

3. Schritt: Konstruktion

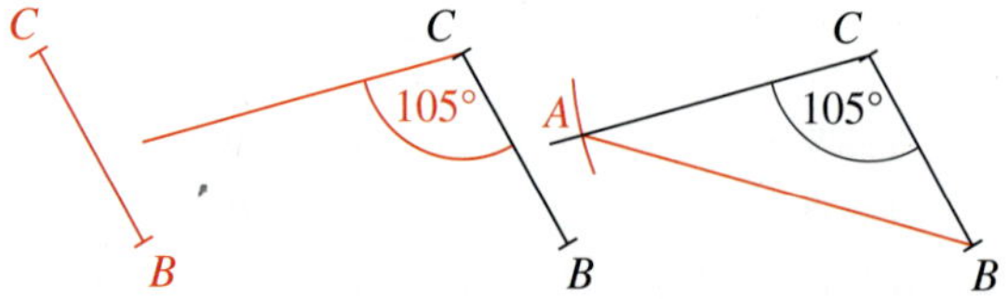

1. Zeichne $a = 3{,}5\,\text{cm}$.
2. Zeichne an *a* in *C* den Winkel $\gamma = 105°$.
3. Markiere auf dem freien Schenkel von γ den Punkt *A*, 5 cm von *C* entfernt.
4. Verbinde *A* mit *B*.

Basisaufgaben

1 Ordne folgende Angaben den Planfiguren zu.
a) $a = 3{,}6\,\text{cm};\ \gamma = 90°;\ \beta = 60°$
b) $b = 5\,\text{cm};\ \beta = 50°;\ \gamma = 45°$
c) $a = b = c = 4{,}3\,\text{cm}$
d) $\alpha = \gamma = 65°;\ c = 7\,\text{cm}$
e) $\alpha = 25°;\ \beta = 56°;\ \gamma = 99°$

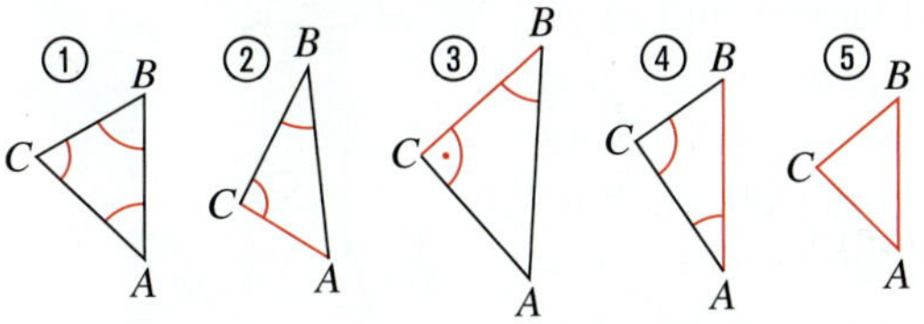

2 Erstelle zu den Angaben Planfiguren.
a) $c = 3{,}9\,\text{cm};\ \alpha = 52°;\ \beta = 82°$
b) $a = 5\,\text{cm};\ b = 6\,\text{cm};\ \alpha = 70°$
c) $a = 3\,\text{cm};\ b = 4\,\text{cm};\ c = 5\,\text{cm}$

3 Erstelle Planfiguren. Um welche besonderen Dreiecke handelt es sich?
a) $a = 6\,\text{cm};\ a = b = c$
b) $b = 5{,}9\,\text{cm};\ \alpha = 40°;\ \alpha = \gamma$
c) $\gamma = 90°;\ a = 5\,\text{cm};\ c = 7\,\text{cm}$
d) $b = c = 4{,}5\,\text{cm};\ \gamma = 55°$

4 Konstruiere das Dreieck *ABC* nach *WSW*. Fertige zunächst eine Planfigur an.
a) $c = 3{,}9\,\text{cm};\ \alpha = 52°;\ \beta = 82°$
b) $c = 4{,}2\,\text{cm};\ \alpha = 100°;\ \beta = 45°$
c) $a = 6{,}2\,\text{cm};\ \beta = 37°;\ \gamma = 74°$
d) $a = 4{,}1\,\text{cm};\ \beta = 28°;\ \gamma = 105°$
e) $b = 5{,}4\,\text{cm};\ \alpha = 65°;\ \gamma = 79°$
f) $b = 3{,}9\,\text{cm};\ \alpha = 118°;\ \gamma = 35°$

5 Beschreibe in deinen Worten, warum das Anfertigen einer Planfigur wichtig ist.

6 Ergänze im Heft: Will man nach *WSW* konstruieren, so benötigt man …

7 Konstruiere das Dreieck *ABC* nach *SWS*. Fertige zunächst eine Planfigur an.
a) $b = 6{,}5\,\text{cm};\ c = 9{,}3\,\text{cm};\ \alpha = 83°$
b) $a = 3{,}5\,\text{cm};\ c = 4{,}2\,\text{cm};\ \beta = 57°$
c) $b = 2{,}1\,\text{cm};\ c = 6{,}2\,\text{cm};\ \alpha = 79°$
d) $a = 3{,}4\,\text{cm};\ b = 3{,}9\,\text{cm};\ \gamma = 65°$

8 Konstruiere das Dreieck *ABC* und beschreibe deine Konstruktion. Entscheide zuerst, ob du nach *SWS* oder *WSW* vorgehst.
a) $b = 6{,}8\,\text{cm};\ c = 4{,}7\,\text{cm};\ \alpha = 70°$
b) $a = 3{,}6\,\text{cm};\ \gamma = 90°;\ \beta = 60°$
c) $b = 5{,}9\,\text{cm};\ \gamma = 55°;\ \alpha = 55°$
d) $a = 7{,}9\,\text{cm};\ c = 4{,}3\,\text{cm};\ \beta = 41°$

9 Welche Angabe fehlt jeweils, damit nach *SWS* konstruiert werden kann?
a) $a = 5\,\text{cm};\ \gamma = 70°$
b) $b = 7\,\text{cm};\ c = 6\,\text{cm}$
c) $c = 3{,}8\,\text{cm};\ \beta = 55°$
d) $a = 6{,}2\,\text{cm};\ c = 2{,}8\,\text{cm}$
e) Suche jeweils eine passende Angabe aus der Randspalte und konstruiere das Dreieck.

10 Ein ideales Verhältnis bei Treppen ist die Stufenhöhe 17 cm bei einer Trittbreite von 26 cm.

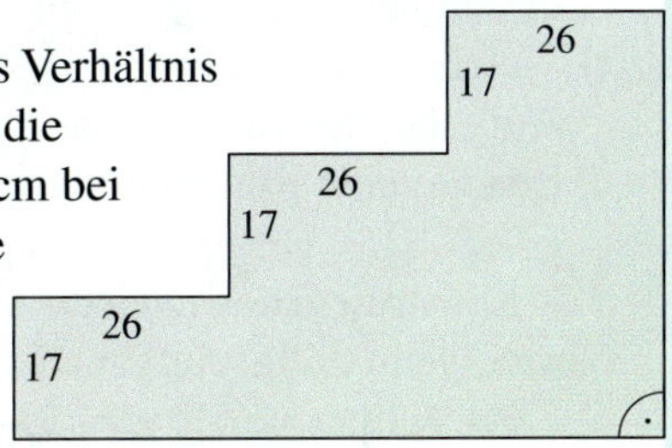

a) Übertrage die Treppe maßstabsgerecht in dein Heft.
b) In welchem Winkel steigt die Treppe an? Verbinde dazu die oberen Kanten der Stufen mit dem Boden und miss den Winkel.
c) Welche Dreiecke mit welchen Seitenlängen würden den Winkel ebenfalls wiedergeben? Finde möglichst viele.

11 Konstruiere das gleichseitige Dreieck. Überlege zuerst, wie groß die Winkel sind.
a) $c = 5\,\text{cm}$
b) $a = 5{,}7\,\text{cm}$
c) $b = 7{,}1\,\text{cm}$
d) $c = 4{,}6\,\text{cm}$

12 Konstruiere das gleichschenklige Dreieck.
a) $c = 4{,}9\,\text{cm};\ \alpha = 71°$; es gilt $\alpha = \beta$
b) $a = 6{,}3\,\text{cm};\ \gamma = 48°$; es gilt $\beta = \gamma$
c) $b = 5{,}2\,\text{cm};\ \alpha = 35°$; es gilt $\alpha = \gamma$
d) $b = 6{,}1\,\text{cm};\ \alpha = 25°$; es gilt $b = c$
e) $a = 5{,}6\,\text{cm};\ \gamma = 50°$; es gilt $a = b$
f) $c = 4{,}9\,\text{cm};\ \alpha = 67°$; es gilt $b = c$

BEACHTE
Die Lösungen zu Aufgabe 1 ergeben in der richtigen Reihenfolge den Namen einer europäischen Hauptstadt. Zu welchem Land gehört die Stadt?
① (K); ② (I); ③ (M); ④ (S); ⑤ (N)

$a = 4{,}6\,\text{cm}$
$b = 4\,\text{cm}$
$c = 7{,}5\,\text{cm}$
$\alpha = 35°$
$\beta = 60°$
$\gamma = 85°$

Weiterführende Aufgaben

13 Konstruiere das gleichschenklige Dreieck. Der angegebene Winkel ist jeweils der Winkel an der Spitze.
Berechne zuerst die Größe der Basiswinkel.

a) $c = 7\,\text{cm};\ \gamma = 90°$
b) $c = 7\,\text{cm};\ \beta = 90°$
c) $a = 5\,\text{cm};\ \alpha = 80°$
d) $b = 11\,\text{cm};\ \beta = 110°$
e) $b = 6\,\text{cm};\ \gamma = 38°$
f) $a = 9\,\text{cm};\ \beta = 40°$

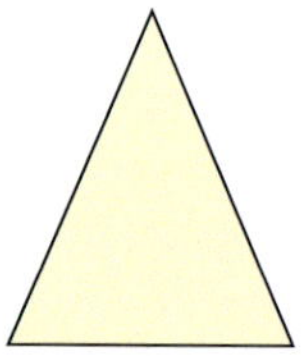

14 Von einem Dreieck sind eine Seite und zwei Winkel gegeben:
$a = 5\,\text{cm};\ \alpha = 60°;\ \beta = 45°$

a) Erstelle eine Planfigur.
b) Was unterscheidet diese Planfigur von den bekannten Planfiguren zu *WSW*? Mit welchen drei Buchstaben würdest du diesen neuen Typ bezeichnen?
c) Welche Idee hast du zur Lösung dieser Aufgabe? Konstruiere das Dreieck.
d) Erstelle eine Konstruktionsbeschreibung.

15 Konstruiere das Dreieck *ABC*.
Nutze, wenn nötig, Aufgabe 14.

a) $c = 4{,}9\,\text{cm};\ \alpha = 61°;\ \gamma = 73°$
b) $b = 5{,}3\,\text{cm};\ \gamma = 52°;\ \beta = 38°$
c) $c = 6{,}1\,\text{cm};\ \alpha = 106°;\ \beta = 34°$
d) $a = 7{,}2\,\text{cm};\ c = 4{,}3\,\text{cm};\ \beta = 132°$
e) $a = 3{,}9\,\text{cm};\ \alpha = 30°;\ \beta = 44°$
f) $b = 5{,}0\,\text{cm};\ c = 4{,}8\,\text{cm};\ \alpha = 49°$

16 Damit eine Stufenleiter sicher steht, darf der Winkel α nicht größer als 70° sein. Im Fachhandel werden Leitern in den Längen 4 m, 5 m und 6 m angeboten:

Fertige maßstabsgerechte Zeichnungen an, mit deren Hilfe du bestimmen kannst, bis in welche Höhe jede Leiter bei dem größtmöglichen Neigungswinkel reicht.

Berechne zuerst die Größe des Winkels γ.

17 Eine Leiter soll den Sicherheitsangaben aus Aufgabe 16 genügen. Wie lang muss die Leiter dann mindestens sein, damit sie an einer Hauswand bis in eine Höhe von 4,5 m reicht? Zeichne im Maßstab 1 : 50.

18 Die Schenkel einer aufklappbaren Leiter sind jeweils 2,20 m lang. Klappt man die Leiter auf und stellt sie hin, beträgt der Öffnungswinkel zwischen den Schenkeln 60°.

a) Fertige eine Planfigur an.
b) Wie hoch reicht die Leiter?
c) Wie weit stehen die Füße auseinander?

19 Zeichne die Figur, die aus einem Quadrat und vier gleichen Dreiecken besteht.
Gegeben sind:
$c = 5{,}3\,\text{cm}$,
$\alpha = 59°$,
$\beta = 31°$.

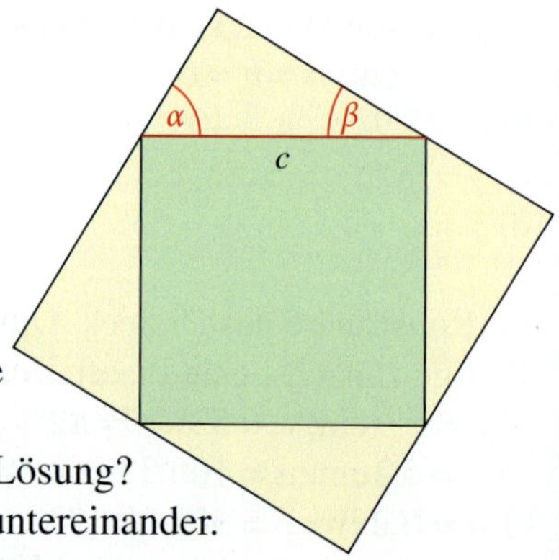

a) Wie bist du vorgegangen?
b) Gibt es eine möglichst geschickte Lösung? Vergleicht untereinander.

20 Steiler als 41° darf eine Treppe nicht steigen. Reicht die Lauflänge der Treppe für die Höhe nicht aus, muss eine Wendeltreppe eingebaut werden.

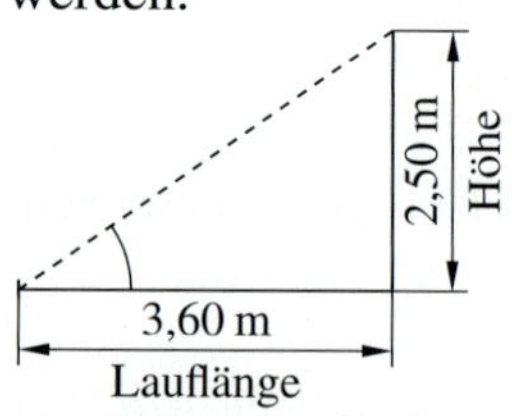

a) Reichen die angegebenen Maße für eine gerade Treppe? Bestimme ihre Steigung.
b) Für den Einstieg auf die Treppe braucht man mindestens 90 cm mehr Platz. Ist diese Planung dann noch möglich?

21 Für die Lampe über ihrem Küchentisch hat Frau Lux die Wahl zwischen zwei Halogenleuchten. Sie haben die gleiche Leistung, aber sie strahlen das Licht mit verschiedenen Winkeln nach unten ab.
Eine von ihnen strahlt das Licht unter einem Winkel von 38°, die andere unter einem Winkel von 60° ab.

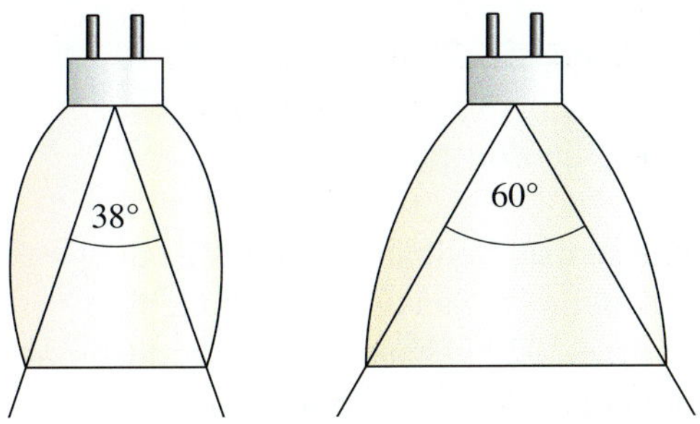

Die Küchenlampe hängt 70 cm über der Tischplatte. Wie groß ist der Durchmesser des Lichtkreises auf der Platte bei einem …

a) Abstrahlwinkel von 38°?
b) Abstrahlwinkel von 60°?
c) Frau Lux hat einen runden Küchentisch mit 1 m Durchmesser. Wie hoch müssten die Halogenleuchten jeweils über der Tischplatte hängen, damit sie die Tischplatte genau ausleuchten?

22 Zeichne diese Figur aus acht rechtwinkligen Dreiecken.
Beginne mit dem kleinsten Dreieck.
Zur Kontrolle: die längste Seite im letzten Dreieck muss 3 cm lang sein.

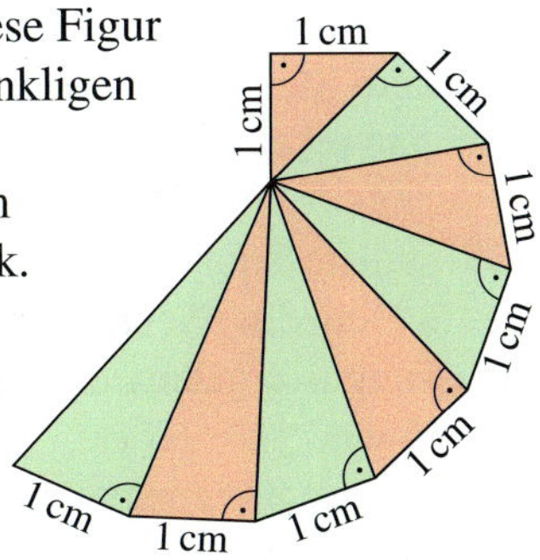

23 Dieses Dreieck wurde mit einer dynamischen Geometrie-Software konstruiert.
Die Maße betragen
$c = 5\,\text{cm};\ \alpha = 45°;$
$\beta = 70°.$

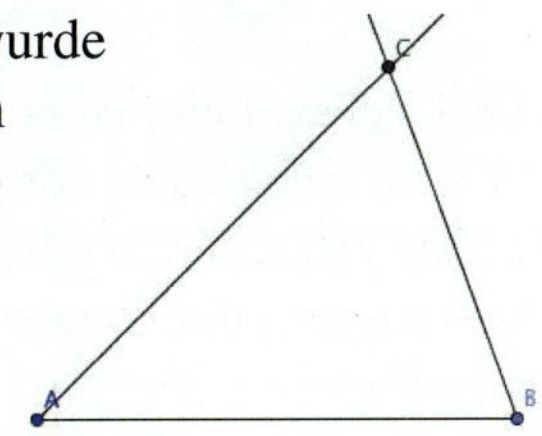

Um ein Dreieck zu konstruieren, braucht man Werkzeuge wie:
- eine Strecke mit gewisser Länge zeichnen
- durch zwei Punkte einen Strahl zeichnen
- einen Winkel mit gewisser Größe zeichnen
- Schnittmenge zweier Objekte zeichnen
- Ein- und Ausblenden eines Objekts
- Ein- und Ausblenden der Beschriftung

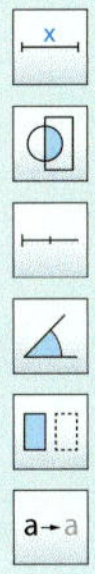

a) Ordne die Icons aus der Randspalte den entsprechenden Werkzeugen zu.
b) Konstruiere das Dreieck oben mit einer dynamischen Geometrie-Software. Beginne mit der Strecke *c*, lege die Winkel fest und zeichne beide Strahlen. Lege nun Punkt *C* als Schnittpunkt fest und verberge alle überflüssigen Punkte und Angaben.
Sollen Punkte umbenannt oder Seiten benannt werden, so kannst du das, indem du Text einfügst.
c) Konstruiere das Dreieck rechts mit $a = 7\,\text{cm},\ \beta = 30°,$ $\gamma = 85°.$

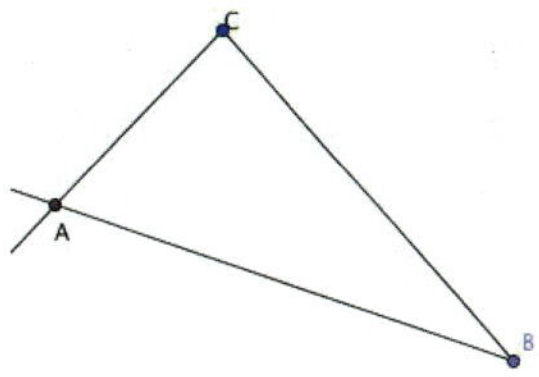

d) Konstruiere das Dreieck *ABC* mit $b = 4\,\text{cm};\ \alpha = 50°;\ \gamma = 72°.$

24 Konstruiere mit den Werkzeugen aus Aufgabe 23 die Dreiecke des Typs *SWS*. Hierzu musst du noch eine Strecke zwischen zwei Punkten zeichnen können.
a) $a = 6\,\text{cm};\ c = 4\,\text{cm};\ \beta = 55°$
b) $b = 4{,}3\,\text{cm};\ c = 7{,}1\,\text{cm};\ \alpha = 37°$
c) $a = 5{,}6\,\text{cm};\ b = 10{,}4\,\text{cm};\ \gamma = 54°$

25 Konstruiere die Dreiecke mit einer dynamischen Geometrie-Software.
a) $a = 6{,}3\,\text{cm};\ b = 4{,}8\,\text{cm};\ \gamma = 36°$
b) $a = 7{,}2\,\text{cm};\ \beta = 43°;\ \gamma = 77°$
c) $b = 5{,}7\,\text{cm};\ \alpha = 75°;\ \beta = 63°$
d) $c = 7{,}1\,\text{cm};\ \beta = 20°;\ \gamma = 105°$

Steigung

Die Zugspitzbahn ist eine Zahnradbahn, die vom Eibsee zum Zugspitzplatt 1588 m Höhenunterschied überwindet. Ihr steilster Streckenabschnitt hat 25 % Steigung.
Eine Strecke hat 25 % Steigung, wenn bei 100 m Horizontalunterschied der Höhenunterschied 25 m beträgt.
Der Steigungswinkel α lässt sich mit einer Maßstabszeichnung bestimmen. Dazu verwenden wir den Maßstab 1 : 1000.

Wirklichkeit	Zeichnung
100 m	100 m : 1000 = 10 cm
25 m	2,5 cm

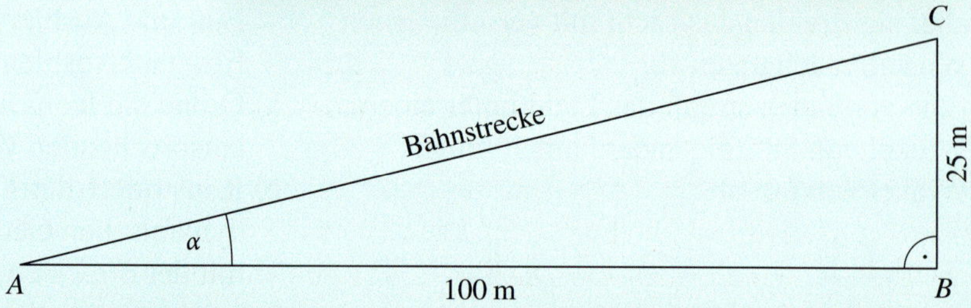

1 Miss in der Zeichnung oben den Steigungswinkel α für die Zugspitzbahn.

2 Die steilste Zahnradbahn der Welt ist die Pilatusbahn bei Luzern in der Schweiz. Sie wurde 1889 eröffnet. Auf ihrem steilsten Abschnitt erreicht sie eine Steigung von 48 %. Zeichne ein Steigungsdreieck im Maßstab 1 : 1000 und miss den Steigungswinkel α.

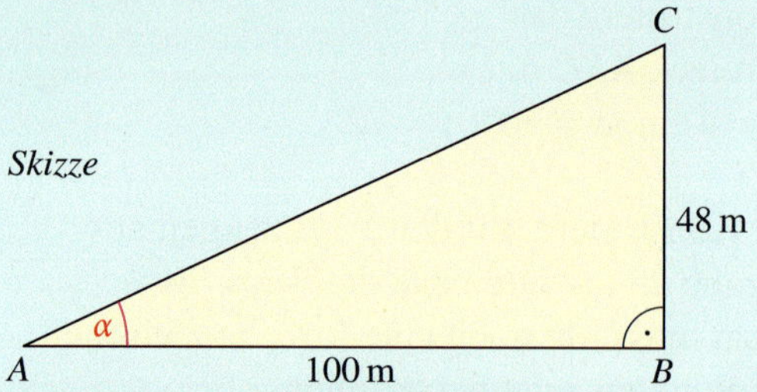

3 Die steilste Seilbahn Europas ist die Ritom-Bahn im Sankt-Gotthard-Gebiet. Sie wurde 1920 gebaut und überwindet einen Höhenunterschied von 800 m.
Die Bahn fährt auf Schienen und wird von Seilen gezogen.
Auf ihrem steilsten Streckenabschnitt überwindet sie eine Steigung von knapp 88 %.
Zeichne das Steigungsdreieck und miss den Steigungswinkel α.

4 Die steilste Eisenbahnstrecke im Netz der Deutschen Bahn muss bei Boppard am Rhein auf dem Weg in den Hunsrück hinauf überwunden werden. Auf dieser Strecke beträgt die Steigung 6,1 %.
Zeichne ein Steigungsdreieck und miss den Steigungswinkel.

5 Die steilste Straße der Welt ist die Baldwin Street in Dunedin (Neuseeland).
Vermessungen ergaben, dass sie eine Steigung von 35 % hat.
Bestimme den Steigungswinkel.

Konstruktion von Dreiecken – *SSS*

Erforschen und Entdecken

1 Wie konstruiert man ein Dreieck, wenn man nur die drei Seitenlängen kennt?

a) Probiere das Dreieck ABC mit den Seiten $a = 5\,\text{cm}$; $b = 6\,\text{cm}$; $c = 8{,}5\,\text{cm}$ zu konstruieren.

b) Fertige zunächst eine Planfigur an.
Beginne dann mit der Seite c und nutze den Zirkel, um die Seiten a und b einzuzeichnen.

c) Welche Schwierigkeiten könnten auftreten, wenn du den Punkt C kennzeichnest?

d) Beschreibe deine Konstruktion, indem du diese Textstücke im Heft ordnest und ergänzt:

> Zeichne um A einen Kreis mit dem Radius ▒.

> Zeichne eine Strecke $\overline{AB}$ mit der Länge ▒.

> Die Kreise schneiden sich in zwei Punkten. Verbinde den richtigen Schnittpunkt mit ▒ und ▒.

> Zeichne um B einen Kreis mit dem Radius ▒.

2 Schon im alten Ägypten wussten die Menschen, dass man mit Hilfe eines Dreiecks mit den Seitenlängen $a = 3$ LE, $b = 4$ LE und $c = 5$ LE einen rechten Winkel erzeugen kann. Dazu benutzten die alten Ägypter eine Zwölfknotenschnur, die durch 11 Knoten in zwölf genau gleich lange Teile unterteilt war.

BEACHTE
LE steht für Längeneinheiten.

a) Stellt zu zweit eine solche Schnur her.
Eine Längeneinheit (der Abstand zwischen zwei Knoten) soll 10 cm betragen.
Bildet damit das angegebene Dreieck.

b) Bildet zu zweit weitere Dreiecke.
Welche Seitenlängen sind möglich?

c) Bildet mit der Schnur ein Dreieck, bei dem eine Seitenlänge 6 Längeneinheiten (60 cm) beträgt.

d) Formuliere mit deinen Worten, welche Dreiecke sich mit der Zwölfknotenschnur bilden lassen und welche nicht. Welche Voraussetzungen müssen gegeben sein?

3 Open-Air-Bühnen werden mit einem Traversensystem errichtet. Da die Bühnen nur kurz an einem Ort stehen und immer wieder abgebaut und abtransportiert werden, muss das System möglichst leicht, aber auch stabil sein.

a) Beschreibe den Aufbau der abgebildeten Traverse.

b) Erstelle aus sieben gleich langen Pappstreifen und Briefklammern ein Dreieck und ein Viereck.
Wie lassen die Figuren sich verändern?
Beschreibe deine Beobachtungen.

c) Suche in deiner Umgebung Beispiele zur Verwendung von Dreiecken zur Stabilisierung.

Lesen und Verstehen

Melina soll ein Dreieck konstruieren, von dem drei Seitenlängen gegeben sind.
Es handelt sich um das Dreieck ABC mit $a = 3{,}6\,\text{cm}$, $b = 4{,}4\,\text{cm}$ und $c = 5{,}5\,\text{cm}$.

BEISPIEL Konstruktion eines Dreiecks aus drei Seiten (*SSS*)

gegeben:
$a = 3{,}6\,\text{cm}$; $b = 4{,}4\,\text{cm}$; $c = 5{,}5\,\text{cm}$

Planfigur

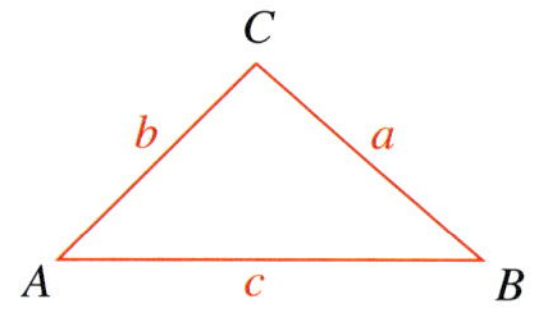

Konstruktionsbeschreibung
1. Zeichne $c = 5{,}5\,\text{cm}$.
2. Zeichne um A einen Kreis mit dem Radius $b = 4{,}4\,\text{cm}$.
3. Zeichne um B einen Kreis mit dem Radius $a = 3{,}6\,\text{cm}$. Die beiden Kreise schneiden sich in C.
4. Verbinde A mit C und B mit C.

Konstruktion

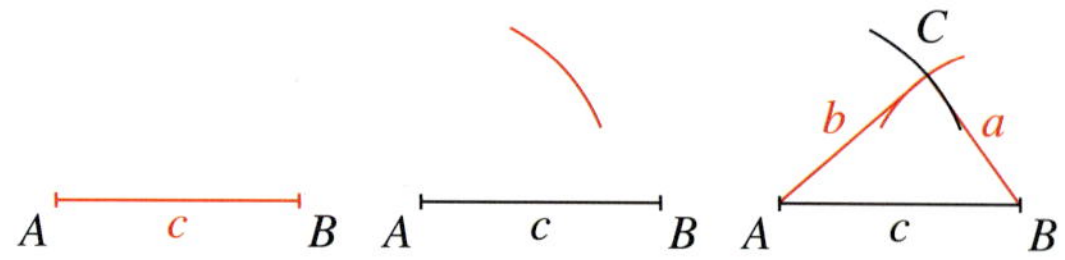

Dreiecksungleichung
In jedem Dreieck ist die Summe der Längen der beiden kürzeren Seiten größer als die Länge der längsten Seite.

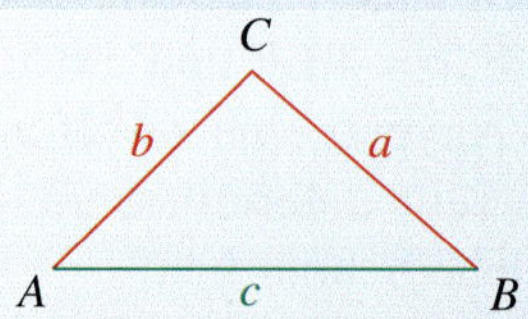

$a + b > c$

Basisaufgaben

1 Konstruiere das Dreieck ABC.
a) $a = 5\,\text{cm}$; $b = 4\,\text{cm}$; $c = 6\,\text{cm}$
b) $a = 7\,\text{cm}$; $b = 3{,}5\,\text{cm}$; $c = 4{,}5\,\text{cm}$
c) $a = 5{,}4\,\text{cm}$; $b = 3{,}7\,\text{cm}$; $c = 6{,}5\,\text{cm}$
d) $a = 6{,}1\,\text{cm}$; $b = 6{,}5\,\text{cm}$; $c = 4{,}4\,\text{cm}$

2 Konstruiere das gleichseitige Dreieck ABC.
a) $a = 6\,\text{cm}$ b) $a = 7{,}5\,\text{cm}$ c) $a = 3{,}8\,\text{cm}$

3 Konstruiere das Dreieck ABC.
Was für ein Dreieck entsteht?
a) $b = 5\,\text{cm}$; $c = 4\,\text{cm}$; $a = c$
b) $a = 3\,\text{cm}$; $c = 4{,}5\,\text{cm}$; $a = b$
c) $c = 4{,}8\,\text{cm}$; $b = 5{,}7\,\text{cm}$; $a = b$
d) $a = 6{,}2\,\text{cm}$; $b = 4{,}4\,\text{cm}$; $b = c$

4 Konstruiere das Dreieck ABC mit $a = 3\,\text{cm}$; $b = 4\,\text{cm}$; $c = 5\,\text{cm}$. Verdopple nun alle Seitenlängen und konstruiere das Dreieck erneut. Wie oft passt das kleine Dreieck in das große?

5 Versuche das Dreieck ABC zu konstruieren: $a = 6\,\text{cm}$; $b = 3\,\text{cm}$; $c = 2\,\text{cm}$.
a) Warum kann kein Dreieck entstehen?
b) Was muss erfüllt sein, damit man aus drei Seitenlängen ein Dreieck konstruieren kann?

6 Diese Zeichnung besteht aus gleichseitigen Dreiecken. Konstruiere sie in deinem Heft.

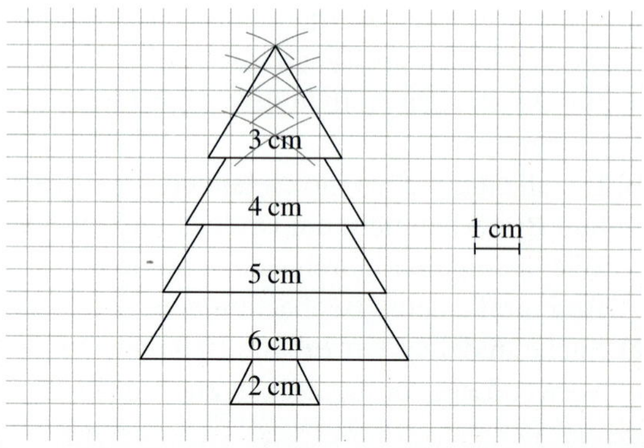

7 Die beiden Windräder bestehen aus gleichen Dreiecken.
a) Zeichne das grüne Windrad aus vier gleichen Dreiecken.
b) Ergänze das Windrad so, dass die zweite Figur entsteht.

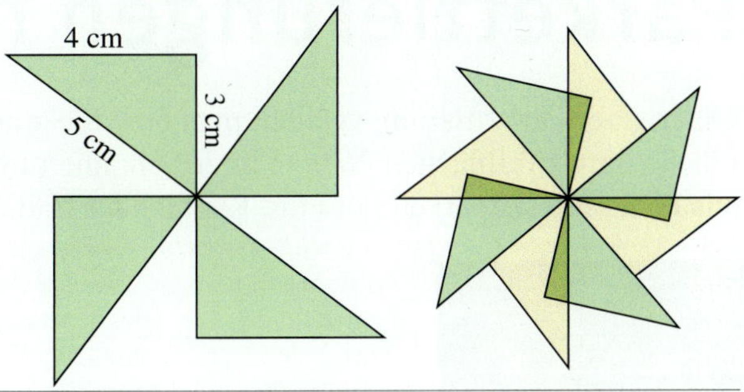

Weiterführende Aufgaben

8 Tolga hat bei seinen Konstruktionen Fehler gemacht. Benenne diese und korrigiere die Zeichnungen im Heft.

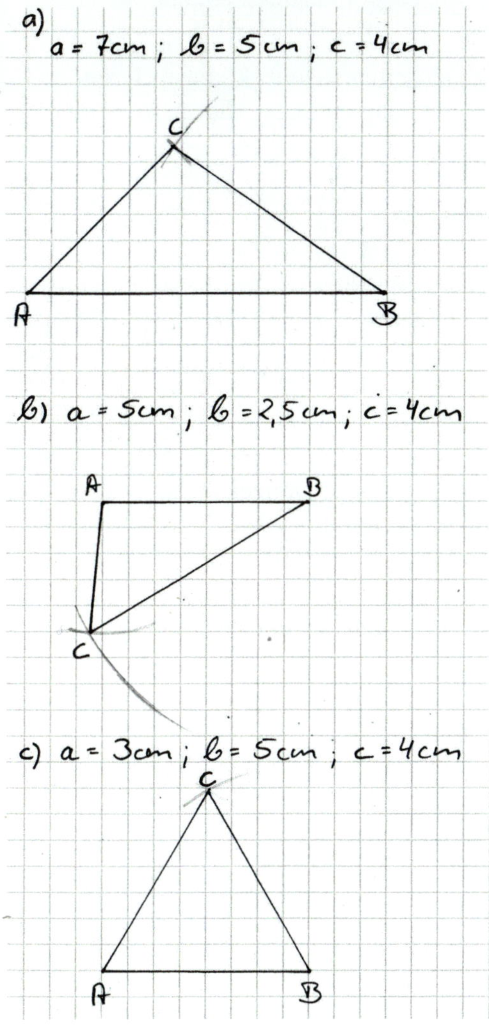

9 In einem Dreieck ABC ist $a = 7\,\text{cm}$ und $b = 2\,\text{cm}$. Wie lang darf c höchstens sein, damit man das Dreieck konstruieren kann?

10 Zeichne diesen Stern. Beginne so: Konstruiere das gleichseitige Dreieck ABC mit $\overline{AB} = 12\,\text{cm}$ und dann das gleichseitige Dreieck DEF mit $d = 4\,\text{cm}$.

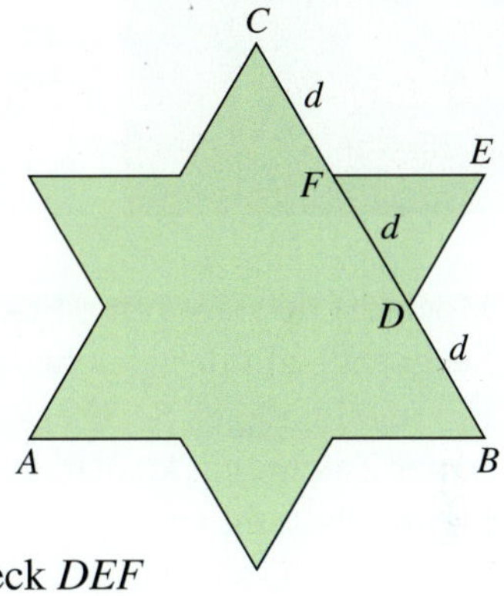

11 Zeichne diesen Stern. Beginne so: Zeichne die Geraden g und h ($g \perp h$). Konstruiere dann das Dreieck ABC mit $\overline{AC} = 5{,}1\,\text{cm}$, $\overline{AB} = 2{,}4\,\text{cm}$ und $\overline{BC} = 3{,}8\,\text{cm}$.

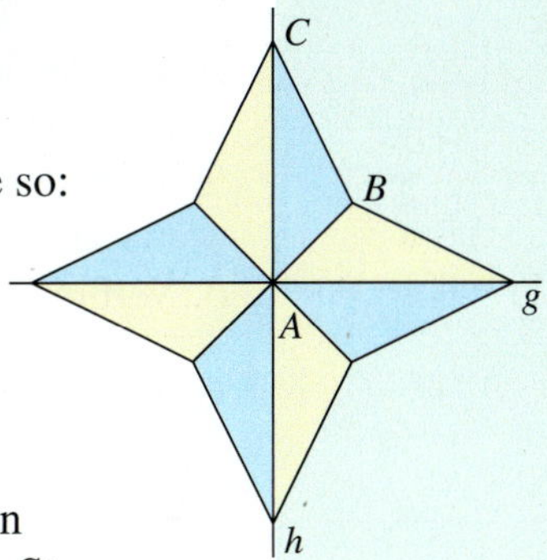

12 Entwirf mit einer dynamischen Geometrie-Software einen eigenen Stern.

13 Die Vorderfront des Zeltes ist ein gleichseitiges Dreieck. Entnimm die Maße der Zeichnung und übertrage diese in dein Heft.

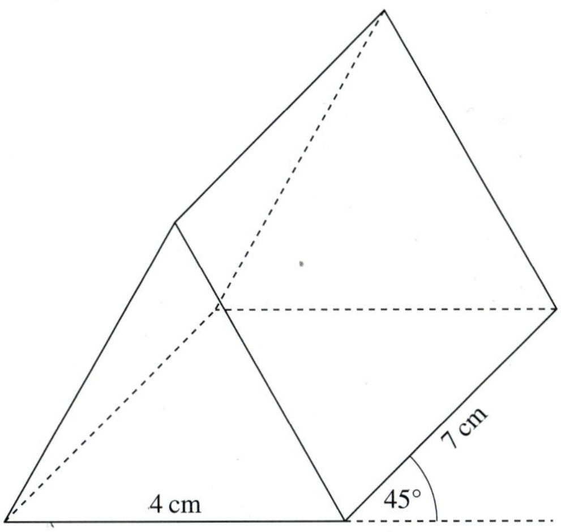

Parkettierungen mit Vielecken

Unter einer Parkettierung versteht man eine lückenlose und überlappungsfreie Auslegung einer Fläche durch Teilflächen. Wegen ihrer Schönheit findet man in Häusern oftmals Parkettböden aus Holz, Fliesenparkette in Flur, Küche oder Bad oder auch Mosaike an Wänden.

Auf dem linken Foto siehst du einen Holzparkettboden aus Rauten. Dieser hat durch die Form der Teilflächen eine besondere Wirkung.

Rechts abgebildet ist der Bürgersteig des Passeig de Gracia, einer Straße in Barcelona. Die Fliesen stammen vom berühmten Architekten Antoni Gaudi.

Möchtest du selbst eine Fläche wie Gaudi parkettieren, brauchst du viele regelmäßige Sechsecke mit der gleichen Seitenlänge.
Ein regelmäßiges Sechseck lässt sich ähnlich wie ein gleichseitiges Dreieck konstruieren. In der Zeichnung kannst du erkennen, worin der Zusammenhang zwischen diesen beiden Figuren besteht.

Konstruktionsbeschreibung für ein regelmäßiges Sechseck:

1. Zeichne einen Kreis mit dem Radius $r = 2\,\text{cm}$.
2. Trage nun den Radius von dort aus so lange auf der Kreislinie ab, bis sechs Markierungen im gleichen Abstand entstanden sind.
3. Verbinde die benachbarten Punkte zu einem Sechseck.

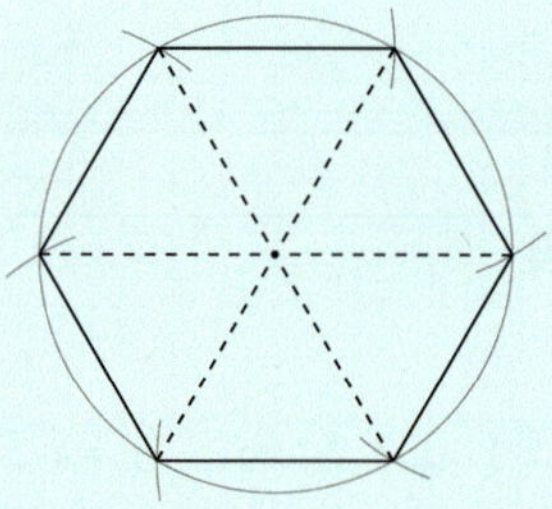

Stelle ein Sechseck und ein Dreieck mit der Seitenlänge 2 cm aus Pappe her und nutze sie als Schablone.

1 Zeichne ein Parkett aus Sechsecken und färbe es ein. Wie viele verschiedene Farben brauchst du mindestens, damit keine gleichfarbigen Sechsecke nebeneinander liegen?

2 Nimm nun deine Dreiecksschablone dazu und zeichne ein Parkett aus Sechsecken und Dreiecken.

3 Ergänze deine Schablonen um ein Quadrat mit der Seitenlänge 2 cm. Es entstehen neue Möglichkeiten für Parkette. Zeichne eins.

4 Allein aus regelmäßigen Fünfecken lassen sich keine lückenlosen Parkette legen. Wieso ist das so? Begründe.

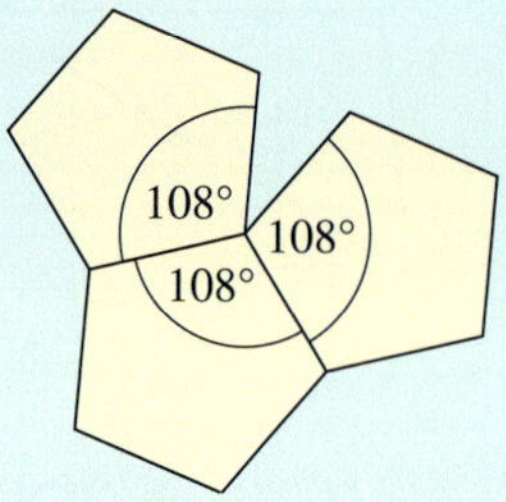

5 Suche nach Parketten in deiner Umgebung und bringe Fotos davon mit.

6 Erstelle nun dein eigenes Parkett mit einer dynamischen Geometrie-Software. Dazu musst du ein regelmäßiges Vieleck, also ein Vieleck mit gleich langen Seiten, erstellen. Dann musst du dein Vieleck vervielfältigen, indem du es fixierst bzw. starr machst. Schaue nach, wie du dein Vieleck drehen kannst.

Konstruktion von Dreiecken – *SSW* und *WWW*

Erforschen und Entdecken

1 Was könnte sich hinter der Angabe *SSW* im Unterschied zur bekannten Angabe *SWS* verbergen? Erstelle drei unterschiedliche Planfiguren, die zur Angabe *SSW* passen.

2 Bei der Konstruktion *SSW* werden zwei Fälle unterschieden:

1. Fall

gegeben: $b = 4\,\text{cm}$; $c = 3\,\text{cm}$; $\beta = 50°$

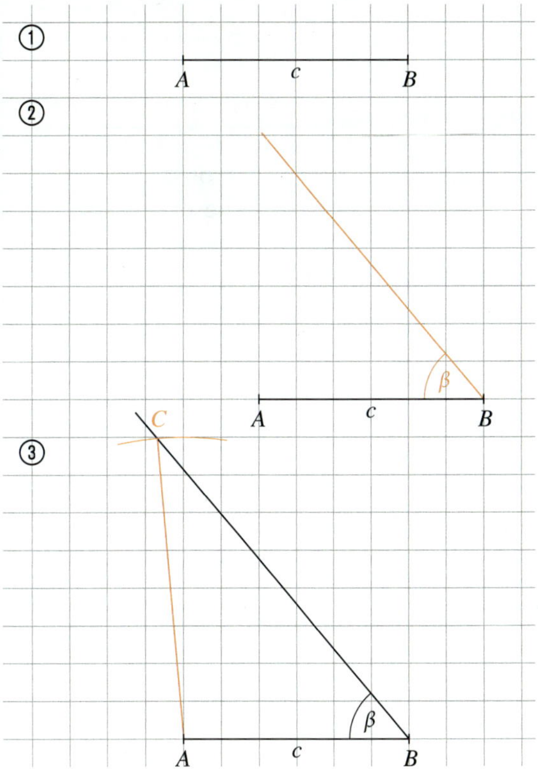

2. Fall

gegeben: $b = 2{,}5\,\text{cm}$; $c = 3\,\text{cm}$; $\beta = 50°$

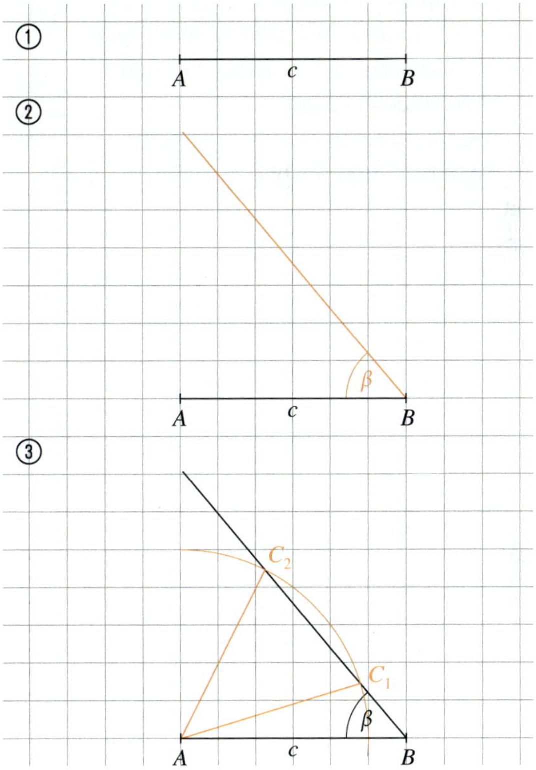

I.
Verbinde *A* mit *C*.

II.
Zeichne an *c* in *B* den Winkel $\beta = 50°$.

III.
Zeichne $c = 3\,\text{cm}$.

IV.
Zeichne um *A* einen Kreis mit dem Radius $b = 4\,\text{cm}$.

a) Worin unterscheiden sich die beiden Konstruktionen? Beschreibe.
b) Betrachte den 1. Fall in der linken Spalte. Ordne den einzelnen Zeichnungen die passenden Konstruktionsschritte aus der Randspalte zu.
c) Schreibe eine Konstruktionsbeschreibung für den 2. Fall in der rechten Spalte.

3 Vergleiche die beiden Dreiecke.
a) Beschreibe Gemeinsamkeiten und Unterschiede.
b) Konstruiere ein Dreieck mit $\alpha = 48°$; $\beta = 71°$; $\gamma = 61°$. Vergleicht eure Dreiecke untereinander.
c) Kannst du auch ein Dreieck mit $\alpha = 70°$ und $\beta = 35°$ konstruieren? Begründe.
d) Ergänze: „Sind bei einer Dreieckskonstruktion nur die Winkel angegeben, so entstehen …“

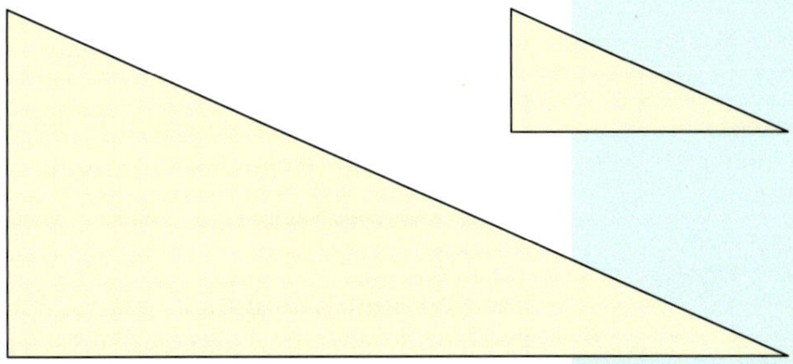

Lesen und Verstehen

Tom möchte Dreiecke mit drei Vorgaben konstruieren. Obwohl er die drei Schritte der Dreieckskonstruktion beachtet, entstehen teilweise verschiedene Dreiecke.

Konstruktion eines Dreiecks aus zwei Seiten und einem Winkel, der nicht von diesen eingeschlossen wird (*SSW*)

BEACHTE
In Fall 1 liegt der gegebene Winkel der **längeren** der zwei gegebenen Seiten gegenüber. Bei dieser Voraussetzung ergibt sich genau ein Dreieck.

BEISPIEL 1 **1. Fall**
gegeben: $b = 3{,}2\,\text{cm}$; $c = 3{,}0\,\text{cm}$; $\beta = 45°$

Planfigur

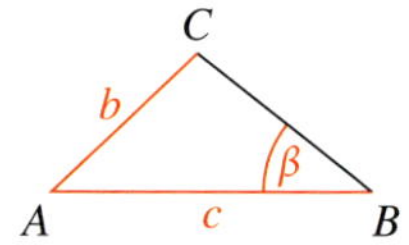

Konstruktionsbeschreibung
1. Zeichne $c = 3{,}0\,\text{cm}$.
2. Zeichne an c in B den Winkel $\beta = 45°$.
3. Zeichne um A den Kreis mit dem Radius $b = 3{,}2\,\text{cm}$. Der Kreis schneidet den freien Schenkel von β in C.
4. Verbinde A mit C.

Konstruktion 1. Fall

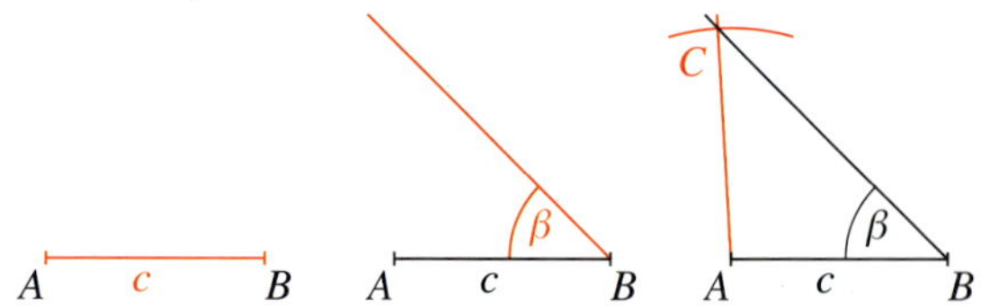

BEACHTE
In Fall 2 liegt der gegebene Winkel der **kürzeren** der zwei gegebenen Seiten gegenüber. Bei dieser Voraussetzung ergeben sich zwei Dreiecke.

BEISPIEL 2 **2. Fall**
gegeben: $b = 2{,}4\,\text{cm}$; $c = 3{,}0\,\text{cm}$; $\beta = 45°$

Konstruktionsbeschreibung
1. Zeichne $c = 3{,}0\,\text{cm}$.
2. Zeichne an c in B den Winkel $\beta = 45°$.
3. Zeichne um A den Kreis mit dem Radius $b = 2{,}4\,\text{cm}$. Der Kreis schneidet den freien Schenkel von β in C_1 und C_2.
4. Verbinde A mit C_1 bzw. C_2.

Konstruktion 2. Fall

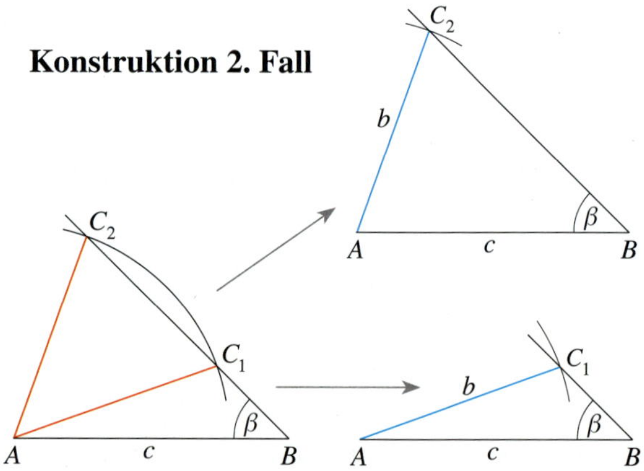

BEISPIEL 3 **Konstruktion eines Dreiecks aus drei Winkeln (*WWW*)**

gegeben: $\alpha = 48°$; $\beta = 71°$; $\gamma = 61°$

Bei dieser Konstruktion können verschiedene Dreiecke entstehen, die sich in ihrer Form gleichen, in ihrer Größe aber unterscheiden.

Konstruktion ①

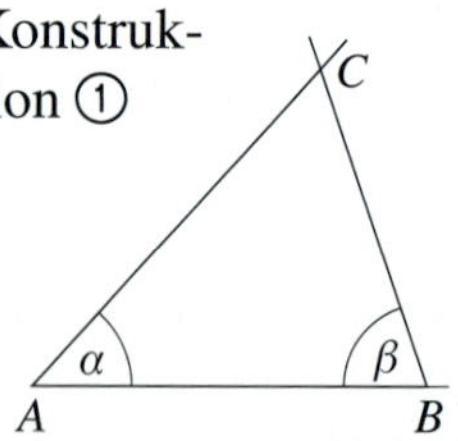

Konstruktion ②

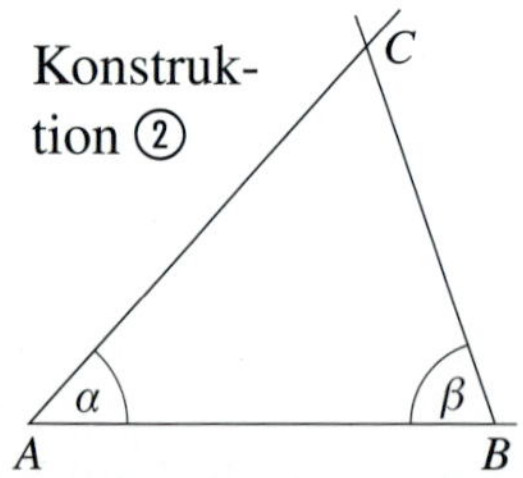

BEACHTE
Kongruenz bedeutet Deckungsgleichheit.

Dreiecke mit der gleichen Form und der gleichen Größe nennt man **kongruente Dreiecke**. Kongruente Dreiecke stimmen in **allen Seitenlängen und Winkelgrößen** überein.

Bei den Konstruktionen *SSW* (2. Fall) und *WWW* entstehen nicht zwingend kongruente Dreiecke. Bei allen anderen Konstruktionen entstehen immer kongruente Dreiecke.

Basisaufgaben

1 Konstruiere das Dreieck *ABC*.

a) $a = 3{,}8\,\text{cm}$; $c = 5{,}4\,\text{cm}$; $\gamma = 70°$

b) $a = 3{,}9\,\text{cm}$; $b = 6{,}4\,\text{cm}$; $\beta = 54°$

c) $b = 6{,}7\,\text{cm}$; $c = 5{,}5\,\text{cm}$; $\beta = 48°$

d) $a = 3{,}3\,\text{cm}$; $c = 5{,}8\,\text{cm}$; $\gamma = 67°$

e) $b = 3{,}7\,\text{cm}$; $c = 4{,}2\,\text{cm}$; $\gamma = 40°$

f) $a = 5{,}7\,\text{cm}$; $b = 4{,}1\,\text{cm}$; $\alpha = 72°$

2 Folge der Konstruktionsbeschreibung und konstruiere jeweils die beiden Dreiecke.

a) $b = 5\,\text{cm}$; $c = 7\,\text{cm}$; $\beta = 38°$
- Zeichne $c = 7\,\text{cm}$.
- Zeichne an c in B den Winkel $\beta = 38°$.
- Zeichne um A den Kreis mit dem Radius $b = 5\,\text{cm}$. Der Kreis schneidet den freien Schenkel von β in C_1 und C_2.
- Verbinde A mit C_1 bzw. C_2.

b) $a = 5{,}6\,\text{cm}$; $b = 7{,}2\,\text{cm}$; $\alpha = 42°$
- Zeichne $b = 7{,}2\,\text{cm}$.
- Zeichne an b in A den Winkel $\alpha = 42°$.
- Zeichne um C den Kreis mit dem Radius $a = 5{,}6\,\text{cm}$. Der Kreis schneidet den freien Schenkel von c in B_1 und B_2.
- Verbinde C mit B_1 bzw. B_2.

3 Konstruiere die Dreiecke im Heft.

a) 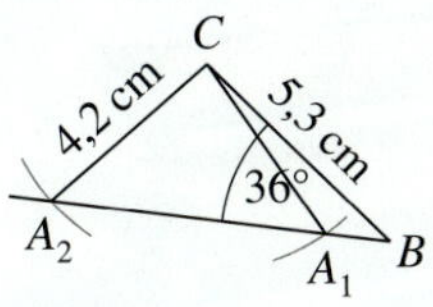

b) 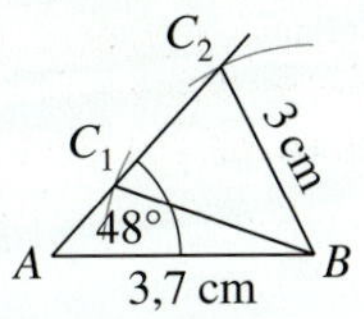

c) 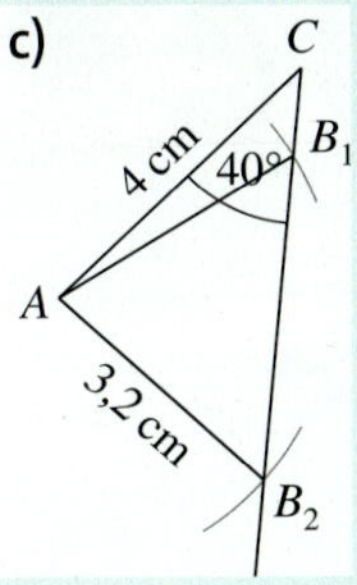

4 Vervollständige:

a) Liegt die längere der beiden gegebenen Seiten dem gegebenen Winkel gegenüber, so …

b) Liegt die längere der beiden gegebenen Seiten *nicht* dem gegebenen Winkel gegenüber, so …

5 Ergänze:
„Sind bei einer Dreieckskonstruktion nur die Winkel angegeben, so entstehen …"

6 Konstruiere jeweils drei verschiedene Dreiecke *ABC* mit den Winkelgrößen ….

a) $\alpha = 40°$; $\beta = 80°$; $\gamma = 60°$

b) $\alpha = 95°$; $\beta = 50°$; $\gamma = 35°$

c) $\alpha = 70°$; $\beta = 45°$; $\gamma = ?$

Weiterführende Aufgaben

7 Konstruiere das Dreieck *ABC*.
Gib vorher an, ob bei der Konstruktion ein Dreieck oder zwei Dreiecke entstehen.

a) $a = 3{,}7\,\text{cm}$; $c = 4{,}9\,\text{cm}$; $\gamma = 72°$

b) $c = 4{,}8\,\text{cm}$; $b = 5{,}2\,\text{cm}$; $\gamma = 55°$

c) $b = 4{,}5\,\text{cm}$; $a = 3{,}7\,\text{cm}$; $\beta = 68°$

d) $a = 3{,}5\,\text{cm}$; $c = 5{,}6\,\text{cm}$; $\alpha = 30°$

e) $b = 6{,}3\,\text{cm}$; $c = 3{,}7\,\text{cm}$; $\beta = 95°$

f) $c = 6{,}3\,\text{cm}$; $a = 4{,}7\,\text{cm}$; $\alpha = 27°$

8 Welcher Winkel muss gegeben sein, damit das Dreieck *ABC* nach *SSW* eindeutig konstruiert werden kann?

a) $a = 7\,\text{cm}$; $b = 9\,\text{cm}$

b) $b = 3\,\text{cm}$; $c = 10\,\text{cm}$

c) $a = 3\,\text{cm}$; $c = 5\,\text{cm}$

d) $a = 6{,}7\,\text{cm}$; $b = 4{,}2\,\text{cm}$

e) $b = 8{,}1\,\text{cm}$; $c = 7{,}9\,\text{cm}$

f) $a = c = 11{,}7\,\text{cm}$

9 Steht man auf der Siegessäule, kann man das Brandenburger Tor in 1,8 km Entfernung sehen. Das Brandenburger Tor ist 700 m vom Potsdamer Platz entfernt.
Von der Siegessäule aus bilden die beiden anderen Orte einen Winkel von 23°.
Wenn man nun direkt durch den Tiergarten zum Potsdamer Platz laufen könnte, wie weit müsste man dann gehen?
Zeichne in einem geeigneten Maßstab und miss dann.

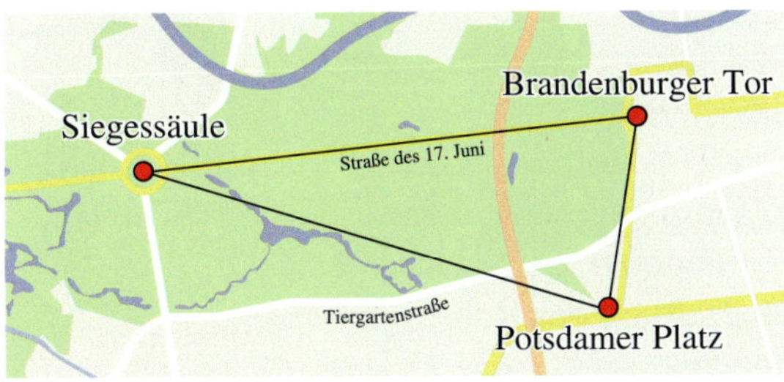

Der Theodolit

Bei einem Theodoliten handelt es sich um ein Gerät für die Geländevermessung.
Mit einem einfachen Theodoliten werden Horizontalwinkel (Stehachse) gemessen.
Manche Geräte können zusätzlich noch Höhenwinkel (Kippachse) messen.

Hier siehst du einen Theodoliten, mit dem schon vor über 100 Jahren gemessen wurde.

Bauanleitung für einen einfachen Theodoliten zur Höhenmessung
Benötigt werden ein Stück Isoliermaterial für Rohre (ca. 30 cm lang, aus dem Baumarkt), eine durchsichtige Plastikscheibe (oder Folie) und eine dunkle Pappscheibe in der Größe des Rohrdurchmessers, ein Geodreieck, Stecknadeln, Faden, ein Gewicht (z. B. eine schwere Schraubenmutter) und Material zum Überkleben der Winkelskala beim Geodreieck.

Zunächst wird die Winkelskala des Geodreiecks wie in der Randspalte sichtbar überklebt und neu beschriftet.
Des Weiteren wird eine Kerbe bei der 0-cm-Markierung gemacht, damit der Faden später nicht verrutscht.
Nun wird der Faden um das Rohr gebunden. Das Geodreieck wird so in den Schlitz des Isolationsmaterials geklebt, dass der Faden in der Kerbe liegt.
Der Faden wird mit einem Gewicht beschwert, damit er später straff nach unten hängt.
Nun muss noch die Folie mit einem Fadenkreuz und die Pappe mit einem winzigen Loch in der Mitte an den jeweiligen Enden festgesteckt werden.
Jetzt kann man durch das Loch blicken und mit dem Fadenkreuz einen Zielpunkt anvisieren.
Der Theodolit ist exakt zusammengesetzt, wenn der Faden 0° bei waagerechter Haltung des Rohres anzeigt.

BEACHTE
So soll die neue Skala des Geodreiecks aussehen:

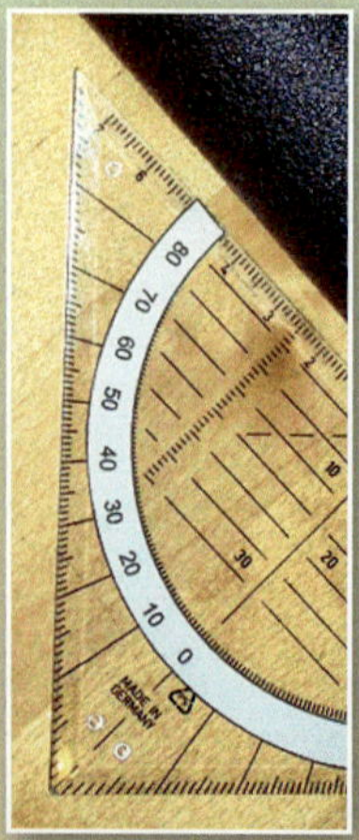

Messen mit einem selbstgebauten Theodoliten

Material (für alle Aufgaben auf dieser Seite): ein selbst gebauter Theodolit, ein langes Maßband oder eine Meterschnur. Das ist eine Schnur, bei der ihr immer wieder in Abständen von genau einem Meter einen Knoten macht oder ein Stück Papier einknotet.

So sieht ein moderner Theodolit aus.

Arbeitet zu zwei oder dritt.

1 Um ein Dreieck konstruieren zu können, braucht man drei Größen.
a) Welche Größen bekommt ihr durch Messen heraus?
b) Ein Winkel ist bei Gebäuden immer ablesbar. Welcher Winkel ist es und wie groß ist er?
c) Zu welchem Typ von Dreieckskonstruktion gehören die Aufgaben, die durch Messung mit einem Theodoliten entstehen? Erstellt eine Planfigur.

2 Geht nach draußen und probiert euren Theodoliten aus. Einer peilt dazu Gebäude, Baumwipfel, Straßenlaternen etc. an und ein anderer liest den jeweiligen Winkel ab. Tauscht dann die Aufgabenverteilung. Vergleicht, ob ihr zum gleichen Ergebnis kommt. Welche Fehlerquellen könnten auftauchen?

3 Die Höhe eines Schulgebäudes wurde mit Hilfe eines selbst gebauten Theodoliten gemessen. Dabei kam es zu unterschiedlichen Ergebnissen. Die geringste Höhe betrug 6,30 m, die größte Höhe 13,50 m. Viele Ergebnisse lagen im Bereich zwischen 9,80 m und 10,50 m. Die exakte Höhe beträgt jedoch 11,96 m.
a) Wie kann es zu so unterschiedlichen Ergebnissen kommen? Begründe.
b) Die Ergebnisse von 9,80 m bis 10,50 m sind sehr gut gemessen. Wie kann man die Differenz zum exakten Ergebnis erklären?

4 Mit einem Theodoliten wurde die Höhe der Sankt Maria-Magdalena Kirche in Templin gemessen. Die Kirche wurde aus einer Entfernung von 140 m angepeilt. Die Kirchturmspitze wurde unter einem Höhenwinkel von 26° gesehen.
Die Augenhöhe betrug 1,70 m.
a) Wie hoch ist die Kirche in Templin?
b) Was meinst du zu dem Ergebnis?

5 Miss die Höhe von Gebäuden in deiner Umgebung. Wähle solche aus, von denen dir die Höhe bekannt oder deren Höhe in Plänen nachzulesen ist und vergleiche.

6 Verfasse eine Vorgangsbeschreibung zum Messen mit dem selbst gebauten Theodoliten. Schreibe sie für jemanden, der noch nicht mit einem Theodoliten gearbeitet hat. Weise auch auf mögliche Fehlerquellen hin und wie man diese vermeiden kann.

7 Informiere dich im Internet oder Lexikon über Berufe, bei denen ein Theodolit zum Einsatz kommt.

Vermischte Übungen

1 Konstruiere das Dreieck *ABC*.
Nach welchem der drei Fälle *SSS*, *SWS* oder *WSW* musst du vorgehen?

a) $a = 4\,\text{cm}$; $b = 6\,\text{cm}$; $\gamma = 47°$
b) $a = 3\,\text{cm}$; $b = 6\,\text{cm}$; $c = 5\,\text{cm}$
c) $c = 5{,}3\,\text{cm}$; $\alpha = 43°$; $\beta = 62°$
d) $b = 2{,}9\,\text{cm}$; $c = 5{,}3\,\text{cm}$; $\alpha = 36°$
e) $a = 4{,}5\,\text{cm}$; $b = 6\,\text{cm}$; $c = 7{,}5\,\text{cm}$
f) $b = 4{,}8\,\text{cm}$; $c = 5{,}6\,\text{cm}$; $\alpha = 90°$
g) $c = 5{,}5\,\text{cm}$; $\alpha = 55°$; $\beta = 35°$
h) $a = 6{,}3\,\text{cm}$; $b = 4{,}2\,\text{cm}$; $\gamma = 105°$

2 Konstruiere das Dreieck *ABC*.

a) $b = 3{,}8\,\text{cm}$; $c = 4{,}4\,\text{cm}$; $\alpha = 47°$
b) $a = 3\,\text{cm}$; $b = 4{,}6\,\text{cm}$; $c = 5{,}5\,\text{cm}$
c) $a = 3{,}4\,\text{cm}$; $\beta = 38°$; $\gamma = 129°$
d) $a = 2{,}7\,\text{cm}$; $c = 5{,}1\,\text{cm}$; $\gamma = 101°$
e) $c = 4\,\text{cm}$; $\alpha = 15°$; $\beta = 138°$
f) $a = 3{,}6\,\text{cm}$; $b = 2\,\text{cm}$; $\gamma = 70°$
g) $a = 3{,}5\,\text{cm}$; $b = 4{,}9\,\text{cm}$; $\beta = 22°$

3 Nach welchem Fall muss das Dreieck konstruiert werden?
Entstehen immer kongruente Dreiecke?
Konstruiere das Dreieck *ABC*.

a) $c = 3\,\text{cm}$; $a = 4{,}2\,\text{cm}$; $\alpha = 72°$
b) $b = 5{,}5\,\text{cm}$; $c = 3{,}5\,\text{cm}$; $\beta = 135°$
c) $a = 7{,}4\,\text{cm}$; $b = 3{,}8\,\text{cm}$; $c = 5{,}3\,\text{cm}$
d) $a = 3{,}5\,\text{cm}$; $b = 4{,}7\,\text{cm}$; $\alpha = 43°$
e) $a = 2{,}9\,\text{cm}$; $b = 4{,}8\,\text{cm}$; $\gamma = 120°$
f) $a = 3{,}9\,\text{cm}$; $c = 5{,}3\,\text{cm}$; $\gamma = 129°$
g) $\alpha = 43°$; $\beta = 62°$; $\gamma = 75°$

4 Ayda und Robert sollen ein Dreieck mit den Winkeln $\alpha = 35°$; $\beta = 64°$; $\gamma = 81°$ konstruieren.
Welche Angaben benötigen sie noch, damit sie genau das gleiche Dreieck erhalten? Begründe.

5 Warum kann mit diesen Angaben kein Dreieck konstruiert werden? Begründe.

a) $c = 5\,\text{cm}$; $\alpha = 111°$; $\beta = 79°$
b) $a = 1{,}5\,\text{cm}$; $b = 4\,\text{cm}$; $c = 6\,\text{cm}$
c) $a = 2{,}7\,\text{cm}$; $b = 4{,}2\,\text{cm}$; $\alpha = 136°$
d) $b = 5{,}3\,\text{cm}$; $\beta = 87°$; $\gamma = 93°$

6 Die Seitenlängen von Dreieck 2 sind doppelt so lang wie bei Dreieck 1.

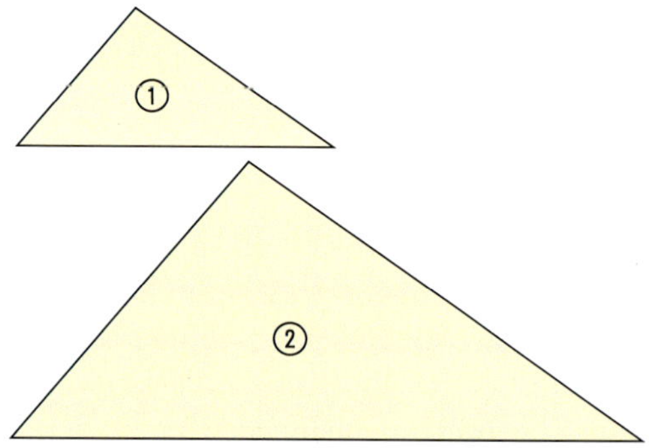

a) Wie viel Mal größer ist Dreieck 2 gegenüber Dreieck 1? Erläutere dein Ergebnis.
b) Wie viele kleine Dreiecke passen in ein Dreieck, dessen Seiten viermal so groß sind wie die ursprünglichen? Versuche deine Vermutung zu begründen und überprüfe dann erst mit einer Zeichnung.

7 Übertrage in dein Heft.
Dreieck *ABC* ist gleichseitig mit
$\overline{AB} = \overline{BC} = \overline{AC} = 10\,\text{cm}$.
Es gilt:
$\overline{AD} = \overline{BD} = 6{,}5\,\text{cm}$
und
$\overline{AE} = \overline{BE} = 5{,}2\,\text{cm}$.

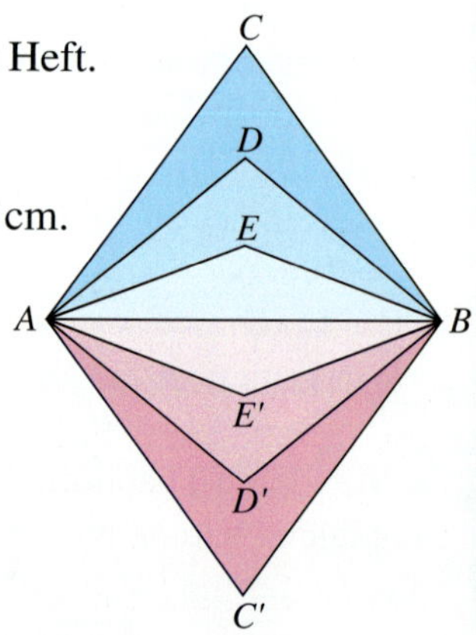

8 Konstruiere das Dreieck *ABC* mit $c = 11\,\text{cm}$, $\alpha = 53°$ und $\beta = 94°$.
Wähle einen Punkt *P* im Dreieck und verbinde *P* mit *A*, mit *B* und mit C.
Zeichne in das Dreieck *ABC* ein Dreieck *DEF*, dessen Seiten zu den Seiten des Dreiecks *ABC* parallel sind. Die Ecken des neuen Dreiecks sollen auf den Strecken $\overline{PA}$, $\overline{PB}$ und $\overline{PC}$ liegen.

a) Wodurch unterscheiden sich die Dreiecke *ABC* und *DEF*, was haben sie gemeinsam?
b) Lass mit dieser Methode ein Muster entstehen, indem du weitere Dreiecke einfügst und die entstehenden Felder farbig ausfüllst.

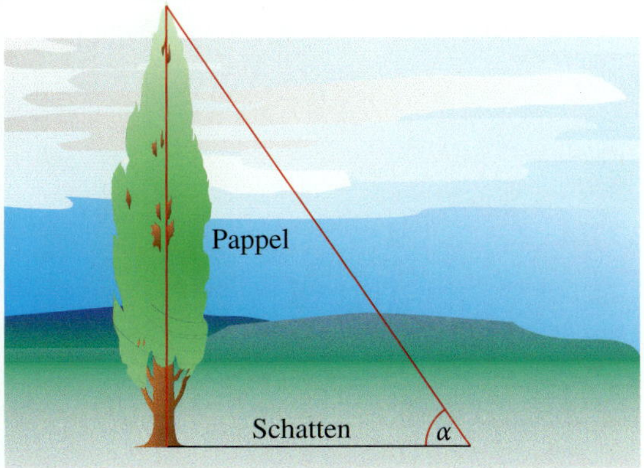

9 Am 4. Juli um 12 Uhr ist der Schatten 16 m lang. Wie hoch ist die Pappel (in der Nähe von Wittenberge)? Beachte den Infokasten. Zeichne im Maßstab 1 : 200.

Info
Eine Sternwarte kann für jeden Tag des Jahres den Sonnenstand bestimmen. Der Sonnenstand wird als Winkel angegeben. Es wird der Winkel α gemessen, den die Sonnenstrahlen mit der Erdoberfläche bilden. Der Sonnenstand ist auch abhängig von der geografischen Breite und von der Tageszeit.
Angaben für den 53. Breitengrad 12 Uhr (auf dem 53. Breitengrad liegen z. B. Bremen und Wittenberge):

Datum	Winkel α
1. Januar	14°
5. Februar	21°
1. März	29°
5. April	41°
5. Mai	51°
4. Juni	57°
4. Juli	56°
3. August	51°
2. September	43°
2. Oktober	32°
1. November	23°
1. Dezember	15°

10 Wie lang ist der Schatten eines 30 m hohen Kastanienbaums gegen Mittag? Fülle die Tabelle mit Hilfe des Infokastens im Heft aus. Zeichne die Dreiecke im Maßstab 1 : 500.

Datum	Schattenlänge
4. Juli	
2. Oktober	
1. Januar	
5. April	

11 Hautärzte empfehlen: Wenn die Schattenlänge kürzer als die Körpergröße ist, sollte man sich ungeschützt nur kurz in der Sonne aufhalten.

a) Für welche Monate ist diese Empfehlung überhaupt von Bedeutung?
b) Bianca ist 1,60 m groß. Die Sonne scheint in einem Winkel von 50° auf die Erde. Trifft die Empfehlung auf sie zu?
c) In welchem Winkel scheint die Sonne auf die Erde, wenn die Schattenlänge gleich der Körpergröße ist?

12 Sind die Dreiecke kongruent? Überlege zunächst und überprüfe dann mit einer Zeichnung.

a) $a = 5\,\text{cm}$; $b = 4\,\text{cm}$; $\alpha = 90°$ und $a = 5\,\text{cm}$; $c = 3\,\text{cm}$; $\alpha = 90°$
b) $a = 6\,\text{cm}$; $b = 8\,\text{cm}$; $c = 4\,\text{cm}$ und $a = 6\,\text{cm}$; $b = 4\,\text{cm}$; $c = 8\,\text{cm}$
c) $a = b = 5\,\text{cm}$; $\gamma = 45°$ und $a = b = 7\,\text{cm}$; $\gamma = 45°$

BEACHTE
Die Lösungen zu Aufgabe 10 ergeben in der richtigen Reihenfolge den Namen einer europäischen Hauptstadt. Zu welchem Land gehört die Stadt?
20 (W); 35 (N); 48 (I); 120 (E)

13 Symmetrische Figuren werden als besonders schön empfunden und haben einen hohen Wiedererkennungswert. Deshalb wird bei Logos oft ein gleichseitiges Dreieck als Grundform genutzt.

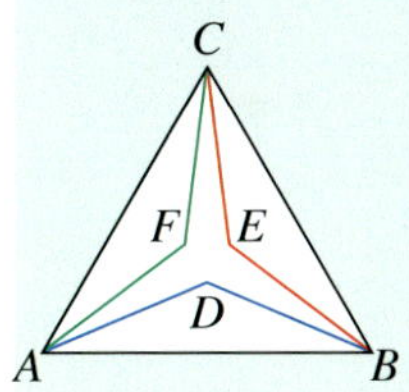

a) Zeichne eines der drei Logos nach. Markiere das gleichseitige Dreieck rot.
b) Finde weitere Logos, die aus gleichseitigen Dreiecken entstanden sind.
c) Entwickle mit einer dynamischen Geometrie-Software dein eigenes Logo. Es soll ebenfalls aus der Grundform eines gleichseitigen Dreiecks entstehen.

Vermessungen im Gelände

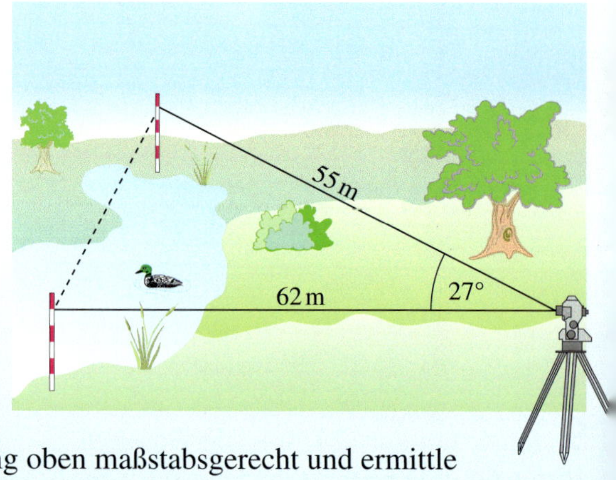

Mit einem Theodoliten werden sowohl Winkelmaße in der Ebene als auch in die Höhe ermittelt. So kann die Länge schwer zugänglicher Strecken in der Ebene (z. B. die Breite eines Sees) oder andere nicht messbarer Höhen (z. B. Berghöhen) über die Winkelgröße und bekannte Streckenlängen berechnet werden.

Maßstab 1 : 1000

Wirklichkeit	Zeichnung
1 m	0,1 cm
25 m	2,5 cm
100 m	10 cm

a) Konstruiere das Dreieck aus der Abbildung oben maßstabsgerecht und ermittle die fehlende Seitenlänge. Nutze den Maßstab links.

b) Mit einem Theodoliten werden zwei Markierungen am Ende einer Kiesgrube unter einem Winkel von 35° angepeilt. Der Theodolit steht 85 m bzw. 78 m von den Markierungen entfernt. Zeichne das Dreieck maßstabsgerecht und ermittle die Länge der Kiesgrube. Nutze den Maßstab links.

c) In einer Entfernung von 25 m wird vom Boden aus ein Wolkenkratzer angepeilt. Der höchste Punkt erscheint unter einem Winkel von 79°. Beachte, dass die Wände in einem rechten Winkel zum Boden stehen. Wie hoch ist der Wolkenkratzer?

d) Die Höhe eines Kirchturms soll bestimmt werden. Dazu hat man zwei geeignete Punkte A und B im Gelände gewählt. Von A aus und von B aus wird die Kirchturmspitze angepeilt. Die Messungen ergeben $\alpha = 27°$ und $\varepsilon = 57°$. Wie hoch ist der Kirchturm?

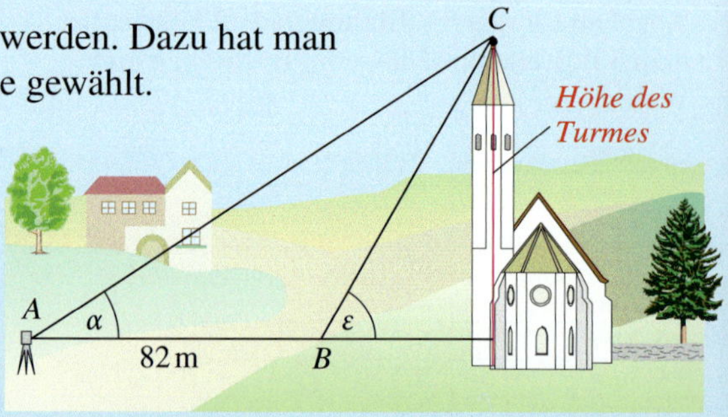

e) Ein abgesteckter Laufkurs hat die Form eines Dreiecks. Vom Start- und Zielpunkt A zum ersten Punkt der Richtungsänderung B sind es 1,8 km. Von dort aus sind es 2,5 km zum Punkt C. Beide Markierungen sieht man von A aus unter einem Winkel von 23°. Wie lang ist die Laufstrecke?

f) Von einem Punkt A aus wird die Spitze des Berliner Fernsehturms unter dem Winkel $\alpha = 40°$ angepeilt. Nähert man sich dem Turm um 330 m, so erscheint die Turmspitze unter dem Winkel $\varepsilon = 74°$. Die Augenhöhe kann man jeweils vernachlässigen. Konstruiere das Dreieck ABC im Maßstab 1 : 3000 und ermittle die Turmhöhe.

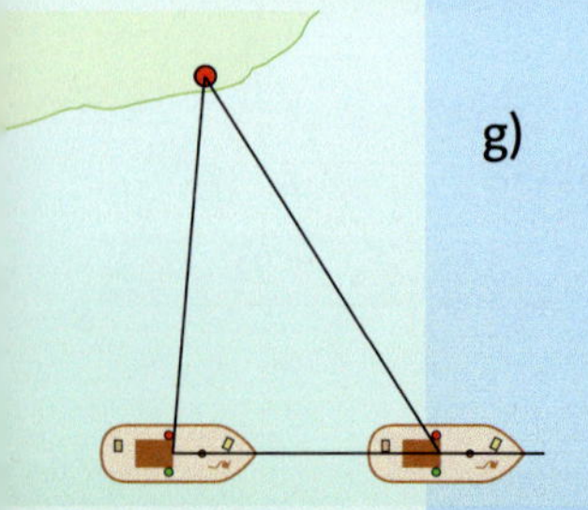

g) Ein Schiff fährt in 9 km Entfernung an einem Leuchtturm vorbei. Der Peilwinkel zwischen der Fahrtrichtung und dem Leuchtturm beträgt 85°. Nach einer halben Stunde wird wieder der Winkel zwischen Fahrtrichtung und Leuchtturm gemessen und 122° ermittelt. Zeichne ein entsprechendes Dreieck in einem geeigneten Maßstab und bestimme, wie weit das Schiff in der halben Stunde gefahren ist. Mit welcher Durchschnittsgeschwindigkeit in $\frac{km}{h}$ ist das Schiff gefahren?

Alles klar?

Entscheide, ob die Aussagen richtig oder falsch sind.
Begründe deine Entscheidung im Heft und korrigiere gegebenenfalls.

1 Konstruktion von Dreiecken – *SWS* und *WSW*

a) Eine Planfigur muss sowohl in den Maßen als auch in der Form mit dem entstehenden Dreieck übereinstimmen.

b) Die abgebildete Planfigur entspricht der Konstruktion *SWS*.

c) Bei den Angaben $a = 5\,\text{cm}$, $b = 4\,\text{cm}$ und $\alpha = 38°$ kann das Dreieck *ABC* nach dem Typ *SWS* konstruiert werden.

d) Bei der Konstruktion *WSW* schneiden sich die beiden freien Schenkel in einem Punkt, das ist der dritte Eckpunkt.

e) Betrachte die Zeichnung rechts: Die unbekannte Strecke lässt sich mit Hilfe einer maßstabsgerechten Zeichnung des Typs *SWS* ermitteln.

f) Aus den Angaben $c = 4{,}3\,\text{cm}$; $\alpha = 60°$ und $\beta = 125°$ lässt sich ein Dreieck des Typs *WSW* konstruieren.

Planfigur

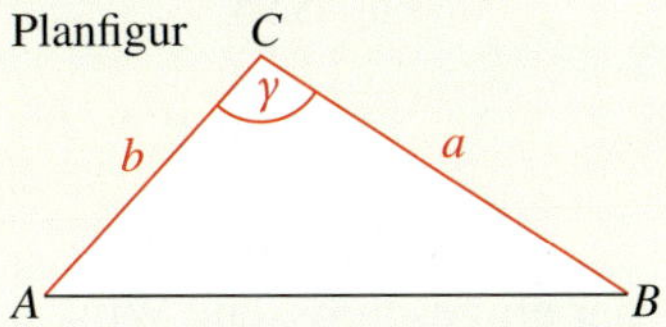

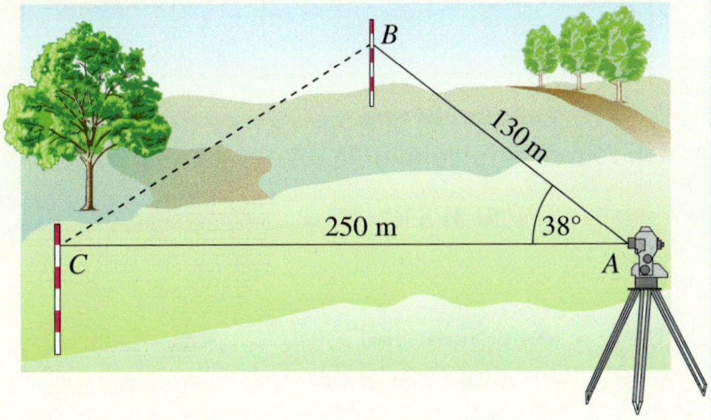

BEACHTE
Die Lösungen zu den Aufgaben auf dieser Seite sowie dazu passende Trainingsaufgaben findest du ab Seite 228.

2 Konstruktion von Dreiecken – *SSS*

a) Bei der Konstruktion *SSS* wird immer ein Zirkel benötigt.

b) Aus den Angaben $a = 6\,\text{cm}$; $b = 2{,}8\,\text{cm}$ und $c = 1{,}5\,\text{cm}$ lässt sich ein Dreieck konstruieren.

c) Das abgebildete Dreieck *ABC* wurde richtig konstruiert.

d) Sind die Seitenlängen eines Dreiecks $a = 6\,\text{cm}$; $b = 8\,\text{cm}$ und $c = 10\,\text{cm}$, so entsteht ein rechtwinkliges Dreieck.

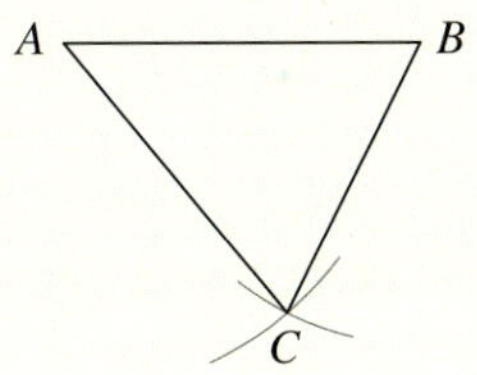

3 Konstruktion von Dreiecken – *SSW* und *WWW*

a) Bei den beiden Konstruktionen *SSW* und *WWW* entstehen immer kongruente Dreiecke.

b) Mit Hilfe der Planfigur rechts lässt sich folgende Aufgabe lösen. Eine Vermessung hatte folgende Ergebnisse: Der Standort *A* ist 500 m vom Standort *C* entfernt und 350 m vom Standort *B*. Von *C* aus erscheint die Strecke $\overline{AB}$ unter dem Winkel $\gamma = 46°$. Wie lang ist die Strecke $\overline{BC}$?

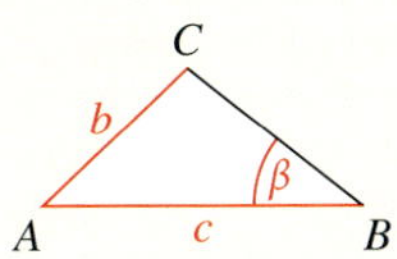

c) Bei einer Konstruktion zu den Angaben $a = 4{,}5\,\text{cm}$; $b = 3{,}8\,\text{cm}$ und $\beta = 44°$ entstehen zwei Dreiecke.

d) Liegt bei einer Konstruktion nach *SSW* die längere Seite dem gegebenen Winkel nicht gegenüber, so entsteht ein einziges Dreieck.

e) Die beiden Dreiecke rechts wurden nach den gleichen Angaben gezeichnet, deshalb muss eines falsch gezeichnet worden sein.

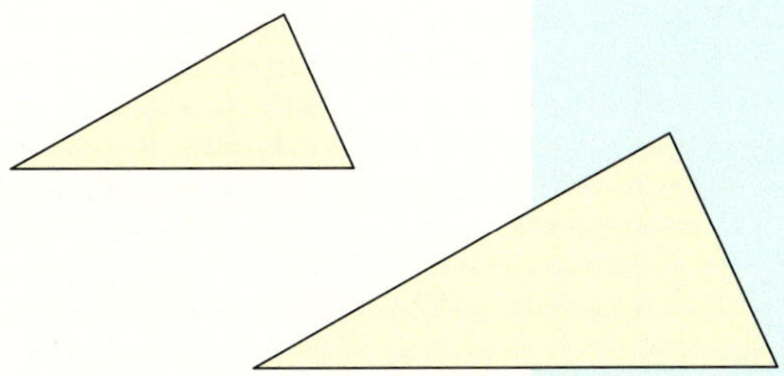

Zusammenfassung

	gegeben	mögliche Planfigur	mögliche Dreiecke
→ Seite 60	drei Seiten Fall ***SSS***	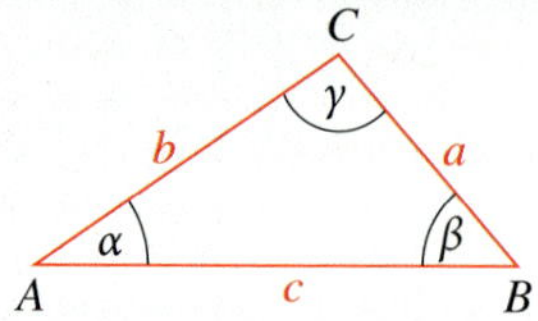	ein Dreieck jede Konstruktion führt zum gleichen Dreieck
→ Seite 54	zwei Seiten und der eingeschlossene Winkel Fall ***SWS***	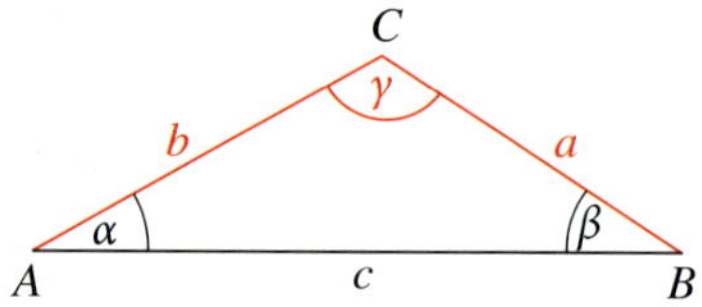	ein Dreieck jede Konstruktion führt zum gleichen Dreieck
→ Seite 54	eine Seite und die zwei anliegenden Winkel Fall ***WSW***	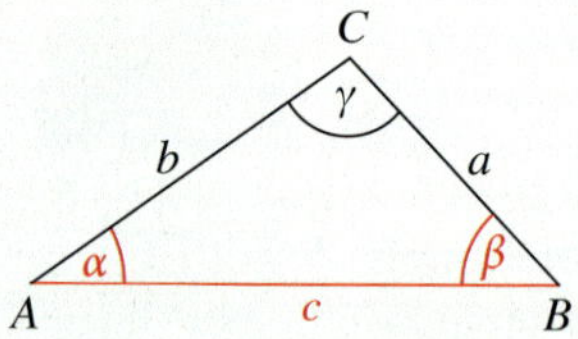	ein Dreieck jede Konstruktion führt zum gleichen Dreieck
→ Seiten 56, 57	eine Seite und zwei Winkel, wovon ein Winkel nicht anliegt Fall ***SWW***	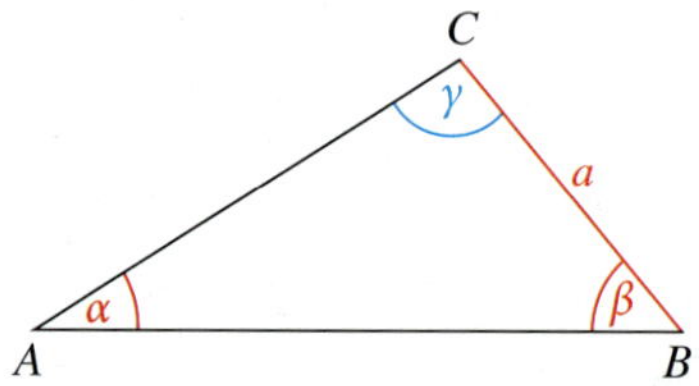	ein Dreieck jede Konstruktion führt zum gleichen Dreieck
→ Seite 64	zwei Seiten und ein nicht eingeschlossener Winkel Fall ***SSW***	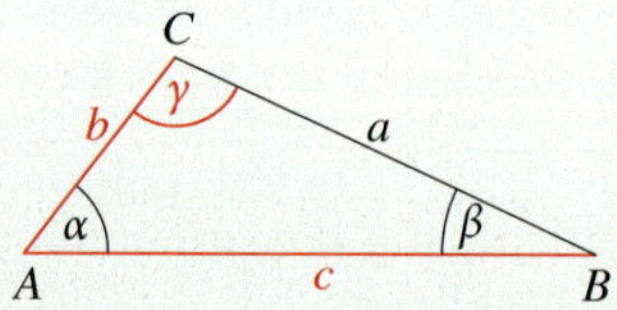 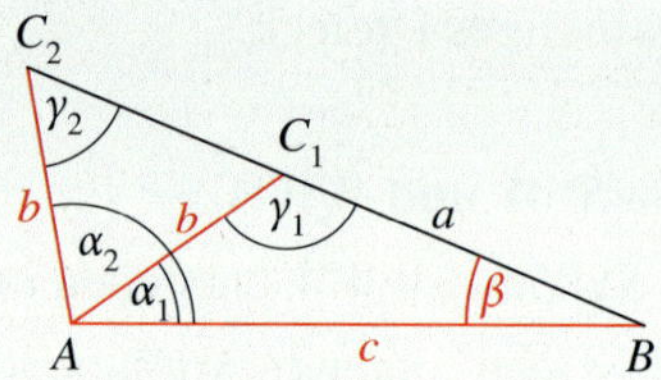	**1. Fall:** der Winkel liegt der längeren der zwei Seiten gegenüber (***S**sw*) ein Dreieck **2. Fall:** der Winkel liegt der kürzeren der zwei Seiten gegenüber (*s**S**w*) zwei verschiedene Dreiecke
→ Seite 64	drei Winkel Fall ***WWW***	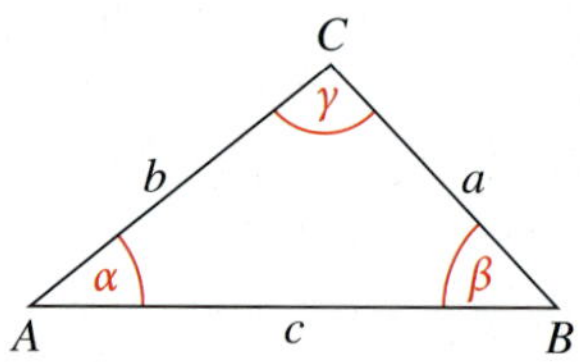	beliebig viele Dreiecke sie haben die gleiche Form, aber verschiedene Größe

→ Seite 64

Wenn Dreiecke die gleiche Form und die gleiche Größe haben, nennt man sie **kongruente (deckungsgleiche) Dreiecke**. Kongruente Dreiecke stimmen in allen Seitenlängen und Winkelgrößen überein. Dreiecke sind dann **kongruent**, wenn sie nach dem Fall *SSS*, *SWS*, *WSW*, *SWW* und *SSW* übereinstimmen.

Umfang und Flächeninhalt von ebenen Figuren

Das Cinesphere ist ein Kino mit einer sechs Stockwerke hohen dreidimensionalen Leinwand. Seine Oberfläche ist ein Netz aus Dreiecken. Man kann aber auch Rauten, Parallelogramme und Trapeze erkennen. Das Cinesphere liegt im Freizeit- und Unterhaltungspark Ontario Place in Toronto in Kanada.

In diesem Kapitel lernst du, wie du Umfang und Flächeninhalt von Dreiecken und Vierecken berechnest. Außerdem erfährst du, was die einzelnen Vierecksarten gemeinsam haben und was sie voneinander unterscheidet.

Noch fit?

1 Zeichne ein beliebiges Rechteck und ein beliebiges Quadrat in dein Heft.

a) Gib jeweils die Seitenlängen an.

b) Berechne den Umfang und den Flächeninhalt und notiere die jeweilige Formel.

c) Beschreibe den Unterschied zwischen Umfang und Flächeninhalt in eigenen Worten möglichst genau.

d) Kann der Umfang eines Rechtecks $15\,cm^2$ groß sein? Begründe.

2 Berechne den Umfang und den Flächeninhalt der angegebenen Figur.

a) Rechteck: $a = 4\,cm$, $b = 3\,cm$

b) Quadrat: $a = 5\,cm$

c) Rechteck: $a = 5{,}8\,cm$, $b = 41\,mm$

3 Zeichne das Dreieck ABC. Fertige zunächst eine Planfigur an.
Gib an, wie du vorgehen möchtest.

a) $b = 3{,}8\,cm$, $c = 4{,}4\,cm$, $\alpha = 47°$

b) $a = 3\,cm$, $b = 4{,}6\,cm$, $c = 5{,}5\,cm$

c) $a = 3{,}4\,cm$, $\beta = 38°$, $\gamma = 129°$

d) $a = 2{,}7\,cm$, $c = 5{,}1\,cm$, $\gamma = 101°$

4 Miss den Umfang der Figuren.

a)

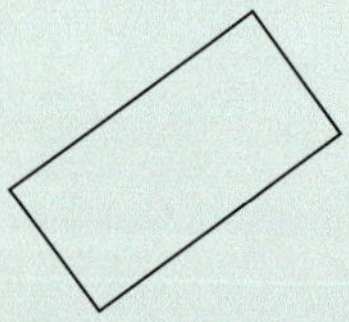

b)

c)

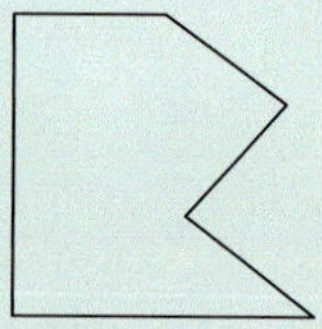

5 Übertrage die Zeichnungen in dein Heft und drehe die Figuren um S um 180°.
Überlege zunächst, wie viel Platz du benötigst.

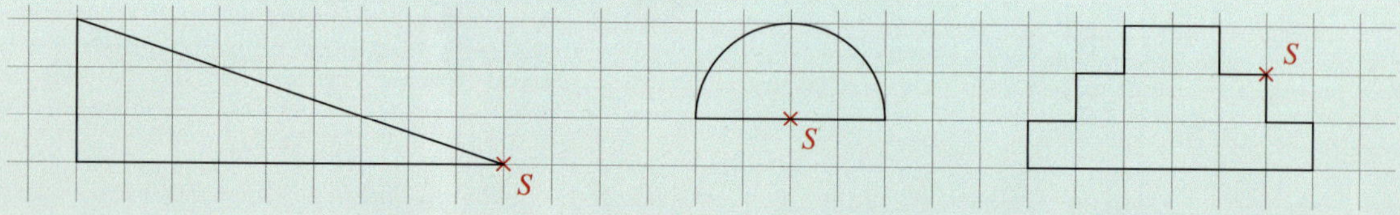

6 Berechne.

a) $74 \cdot 35$

b) $1{,}4 \cdot 2{,}8$

c) $3{,}4 \cdot 0{,}07$

d) $65 \cdot 1{,}08$

e) $33\,cm \cdot 47\,cm$

f) $2{,}53\,m \cdot 0{,}8\,m$

g) $345\,cm \cdot 1{,}2\,m$

h) $3\,m \cdot 22\,mm$

Bunt gemischt

1. Bei einem gleichseitigen Dreieck sind …
2. Berechne: $(6 + 7) \cdot 12 - 9$
3. Der Quotient von zwei Zahlen zwischen 1 und 20 ist 8.
   Welche Zahlen könnten dividiert worden sein?
4. Das Produkt von zwei aufeinanderfolgenden Zahlen ist 156. Wie heißen diese Zahlen?
5. Das Distributivgesetz lautet …
6. „Vor 143 Tagen hatte Bea Geburtstag, das war am 26. November 2014."
   Gib das Datum des Tages an, an dem das gesagt wurde.

Umfang und Flächeninhalt von Dreiecken

Erforschen und Entdecken

1 Übertrage die Dreiecke ins Heft.

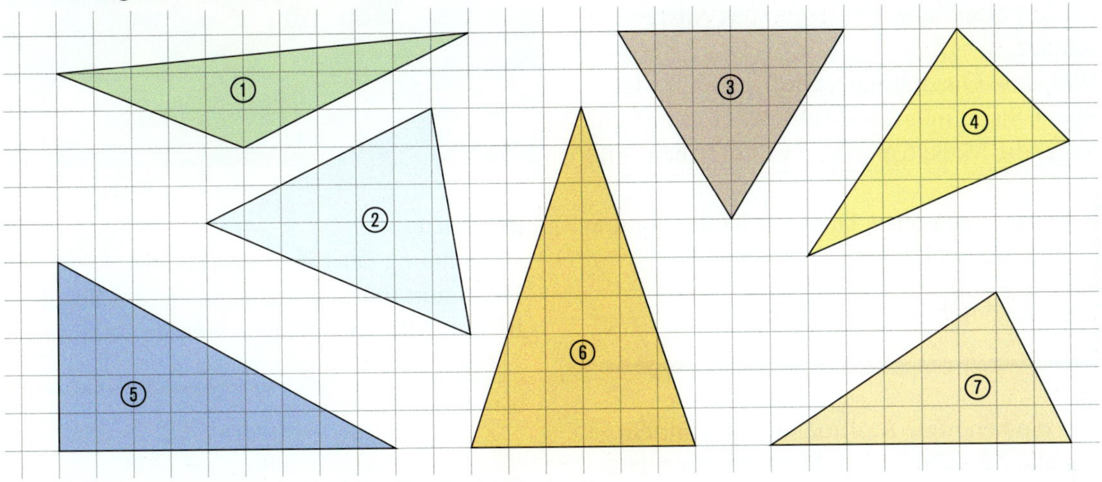

a) Miss die Seitenlängen und berechne jeweils den Umfang der Dreiecke.
b) Wie bist du bei der Berechnung vorgegangen?
c) Beschrifte die Dreiecke im Heft. Bezeichne dabei gleich lange Seiten mit derselben Variable. Wie könnten die jeweiligen Formeln zur Umfangsberechnung lauten? Vergleicht und besprecht eure Ergebnisse untereinander.

2 Nimm zwei Blätter quadratisches oder zwei Blätter rechteckiges Papier.
- Falte ein Blatt so ähnlich wie im Bild, sodass drei Dreiecke entstehen.
- Schneide sorgfältig entlang der Faltkanten.

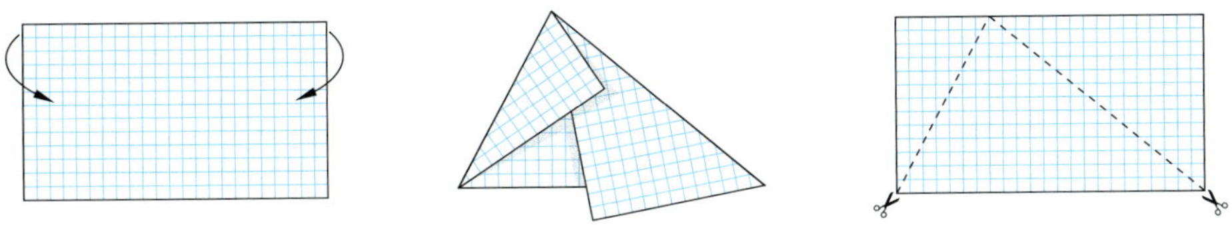

Lege die kleineren Dreiecke zu einem großen Dreieck zusammen.
Was fällt dir auf? Erkläre deine Beobachtungen.
Klebe die Dreiecke auf das zweite Blatt Papier.

3 Übertrage die Dreiecke ⑤, ⑥ und ⑦ aus Aufgabe 1 in dein Heft. Umgebe sie mit einem kleinstmöglichen Rechteck wie in der Abbildung.

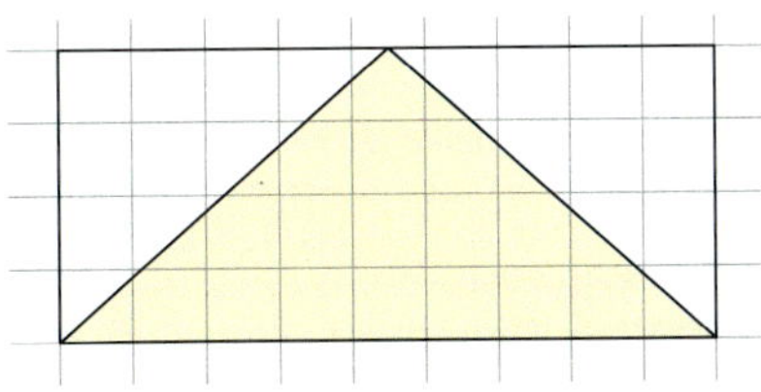

a) Ermittle die Flächeninhalte der drei Rechtecke. Wie kann dir das dabei helfen, die Flächeninhalte der Dreiecke zu bestimmen?
b) Bezeichne die Seiten der Dreiecke wie üblich. Gib eine Formel für die Flächenberechnung des rechtwinkligen Dreiecks ⑤ an.
c) Diskutiert eure Vorgehensweisen und Ergebnisse in der Klasse.

Lesen und Verstehen

In einem Projekt stellt die Klasse 7 b dreieckige Sonnensegel für den Schulhof her. Für das Segel benötigen sie festen Stoff sowie einen Saum, der gegen das Ausreißen schützt.
Wie viele Quadratmeter Stoff und wie viele Meter Saum müssen sie einplanen, wenn das Segel die Maße 6 m, 5 m und 4 m haben soll?

Der Umfang eines Dreiecks ist die Summe aller Seitenlängen.

$u_{\text{Dreieck}} = a + b + c$

BEISPIEL 1

Berechnung der Länge des Saums:
Der Saum führt einmal ganz um das Segel herum. Alle Seitenlängen werden addiert.

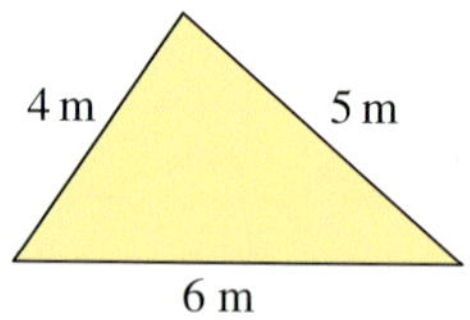

$u_{\text{Dreieck}} = a + b + c$
$u_{\text{Dreieck}} = (4 + 5 + 6)\,\text{m}$
$u_{\text{Dreieck}} = 15\,\text{m}$

Um die benötigte Stoffmenge zu ermitteln, muss der Flächeninhalt des Sonnensegels berechnet werden. Der Flächeninhalt des Dreiecks entspricht dem halben Flächeninhalt des umgebenden Rechtecks.

Für die Flächeninhaltsberechnung eines Dreiecks benötigt man die Länge einer der drei Dreiecksseiten (**Grundseite *g***) und die Länge der zugehörigen **Höhe h_g**.

Für den **Flächeninhalt eines Dreiecks** gilt:

$A = \frac{g \cdot h_g}{2}$

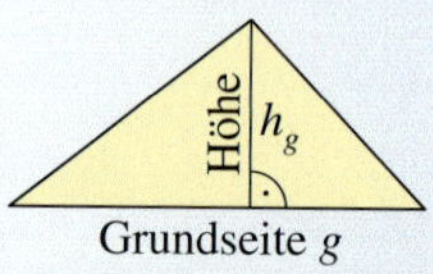

BEISPIEL 2

Das umgebende Rechteck hat den doppelten Flächeninhalt des Dreiecks.

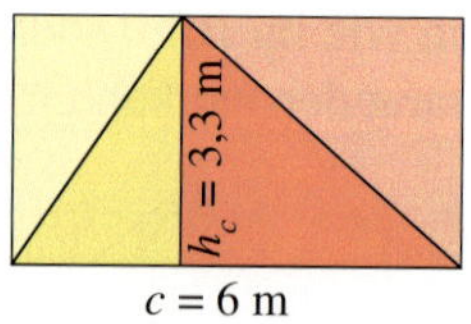

Grundseite c
$A = \frac{c \cdot h_c}{2}$
$A = \frac{6 \cdot 3,3}{2}\,\text{m}^2 = 9,9\,\text{m}^2$

Für das Sonnensegel werden $9,9\,\text{m}^2$ Stoff benötigt.

Je nachdem, wie breit der gewünschte Stoff liegt und wie das Segel aus einzelnen Stücken zusammengenäht wird, müssen die Schüler jedoch deutlich mehr Quadratmeter Stoff kaufen.

Bei rechtwinkligen Dreiecken vereinfacht sich die Berechnung des Flächeninhalts, wenn man die beiden senkrecht aufeinander stehenden Seiten als Grundseite und Höhe nutzt.

BEISPIEL 3

gegeben: rechtwinkliges Dreieck mit $b = 3,5\,\text{cm}$, $c = 6\,\text{cm}$ und $b \perp c$

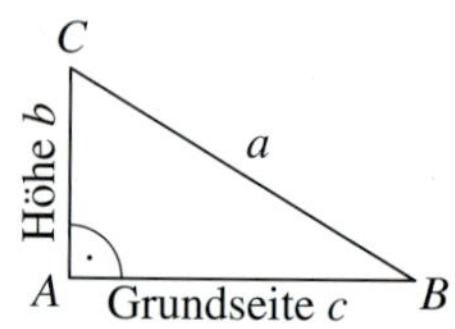

$A = \frac{b \cdot c}{2}$
$A = \frac{3,5 \cdot 6}{2}\,\text{cm}^2$
$A = 10,5\,\text{cm}^2$

Basisaufgaben

1 Zeichne die Dreiecke in dein Heft und ermittle den Umfang.

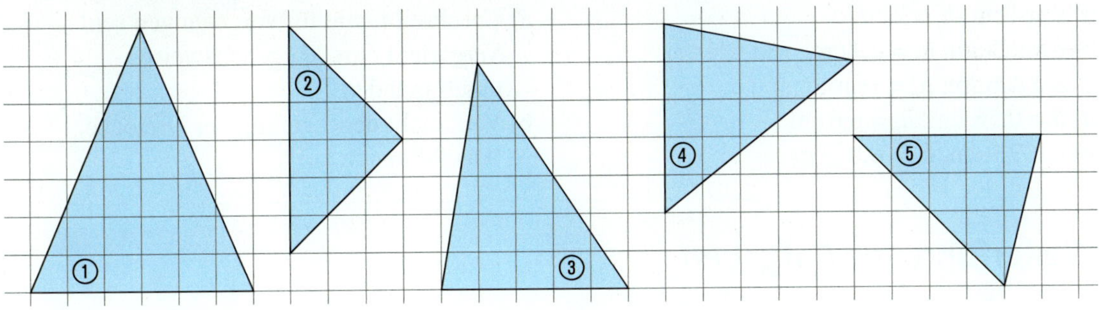

2 Berechne den Umfang des Dreiecks *ABC*.

a) $a = 3{,}4\,\text{cm}$, $b = 4\,\text{cm}$, $c = 2{,}7\,\text{cm}$
b) $a = 2{,}8\,\text{cm}$, $b = 3{,}1\,\text{cm}$, $c = 3{,}9\,\text{cm}$
c) gleichschenkliges Dreieck mit Basis c: $a = 3{,}3\,\text{cm}$, $c = 4{,}1\,\text{cm}$
d) gleichseitiges Dreieck: $a = 5{,}6\,\text{cm}$
e) $a = 34\,\text{mm}$, $b = 4{,}5\,\text{cm}$, $c = 0{,}6\,\text{dm}$

3 Berechne die fehlende Seitenlänge des Dreiecks *ABC*.

a) $u = 7{,}8\,\text{cm}$, $b = 3\,\text{cm}$, $c = 2{,}7\,\text{cm}$
b) $u = 10{,}5\,\text{cm}$, $a = 3{,}6\,\text{cm}$, $b = 4{,}7\,\text{cm}$
c) gleichschenkliges Dreieck mit Basis c und $u = 22\,\text{cm}$, $a = 7{,}4\,\text{cm}$
d) gleichseitiges Dreieck mit $u = 11{,}1\,\text{cm}$
e) $u = 2\,\text{dm}$, $a = 8{,}2\,\text{cm}$, $c = 7{,}9\,\text{cm}$

4 Finde jeweils eine Formel für den Umfang eines gleichschenkligen Dreiecks und eines gleichseitigen Dreiecks.

5 Zeichne die rechtwinkligen Dreiecke in dein Heft. Berechne ihren Flächeninhalt.

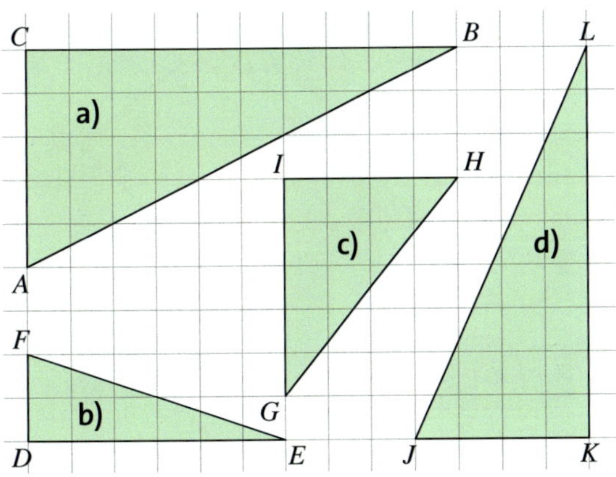

6 Zeichne die Dreiecke aus Aufgabe 1 in dein Heft. Wähle Grundseite und Höhe und berechne den Flächeninhalt.

7 Berechne den Flächeninhalt des Dreiecks.

a) $g = 26\,\text{m}$, $h_g = 7{,}5\,\text{m}$
b) $g = 18{,}2\,\text{cm}$, $h_g = 10{,}4\,\text{cm}$
c) $g = 803\,\text{mm}$, $h_g = 1042\,\text{mm}$

8 Arbeitet zu dritt. Jeder wählt aus dem Dreieck eine Seite und die zugehörige Höhe.

a) Messt jeweils die Längen und berechnet den Flächeninhalt.
b) Vergleicht eure Ergebnisse untereinander. Was fällt euch auf? Begründet.

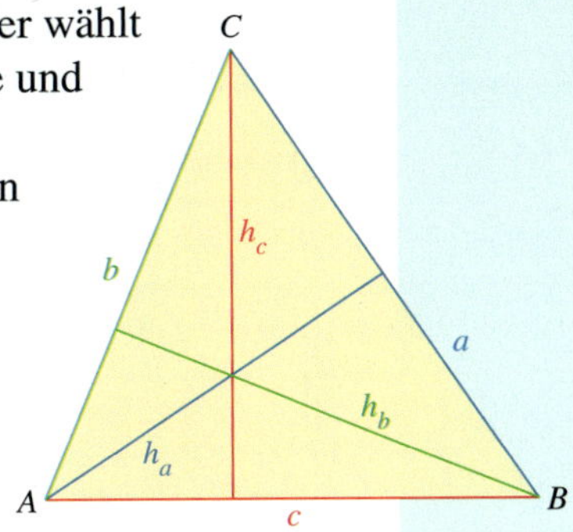

9 Ermittle den Flächeninhalt der Dreiecke. Miss die benötigten Größen in der Zeichnung. Notiere die passende Formel.

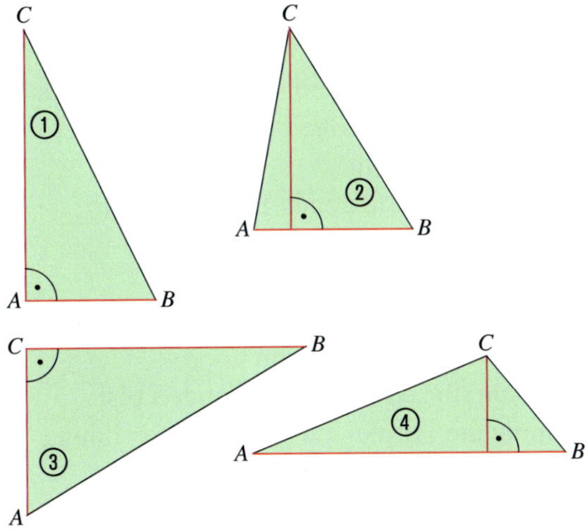

BEACHTE
Die Lösungen zu Aufgabe 10 ergeben in der richtigen Reihenfolge den Namen einer europäischen Hauptstadt. Zu welchem Land gehört diese Stadt?
3,675 (T); 8,28 (H); 12,035 (N); 14 (A); 19,14 (E)

10 Berechne den Flächeninhalt des Dreiecks *ABC*.
a) $c = 4\,\text{cm}$, $h_c = 7\,\text{cm}$
b) $c = 3{,}5\,\text{cm}$, $h_c = 2{,}1\,\text{cm}$
c) $a = 4{,}6\,\text{cm}$, $h_a = 36\,\text{mm}$
d) $b = 0{,}58\,\text{dm}$, $h_b = 6{,}6\,\text{cm}$
e) $a = 2{,}9\,\text{cm}$, $h_a = 0{,}083\,\text{m}$

11 Arbeitet zu zweit. Zeichnet mehrere Dreiecke mit dem Flächeninhalt $12\,\text{cm}^2$.
a) Beschreibt, wie ihr vorgegangen seid. Vergleicht eure Vorgehensweise untereinander.
b) Vergleicht den Umfang der Dreiecke. Was fällt euch auf?

Weiterführende Aufgaben

12 Konstruiere das Dreieck *ABC*. Miss die benötigten Längen und berechne Umfang und Flächeninhalt. Konstruiere dann eine Figur, die den doppelten Flächeninhalt besitzt.
a) $b = 3{,}8\,\text{cm}$, $c = 4{,}4\,\text{cm}$, $\alpha = 60°$
b) $a = 4{,}7\,\text{cm}$, $\beta = 22°$, $\gamma = 88°$
c) $a = 3\,\text{cm}$, $b = 4\,\text{cm}$, $c = 5\,\text{cm}$

13 Berechne den Inhalt der roten Fläche im Dreieck. (Zwei Kästchen sind 1 cm lang.) Beschreibe deine Vorgehensweise.

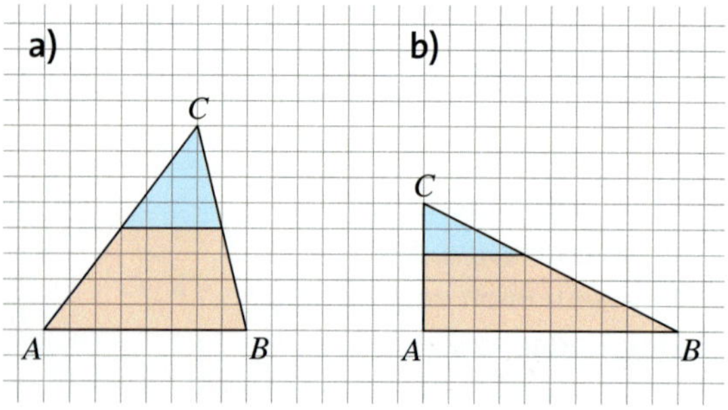

14 Zeichne ein Dreieck mit einem Flächeninhalt von $18\,\text{cm}^2$ und einer Seite, die 5 cm lang ist.

15 Von den Dreiecken sind der Flächeninhalt und entweder die Höhe oder die Länge der Grundseite bekannt.
a) Berechne die fehlende Höhe bzw. die fehlende Länge der Grundseite.
① $A = 12\,\text{cm}^2$, $h_g = 4\,\text{cm}$
② $A = 6\,\text{cm}^2$, $h_g = 3\,\text{cm}$
③ $A = 40\,\text{m}^2$, $g = 50\,\text{dm}$
b) Beschreibe, wie du vorgegangen bist.
c) Stelle die Formel zur Flächenberechnung eines Dreiecks entsprechend um.

16 Zeichne das stumpfwinklige Dreieck so wie unten abgebildet ins Heft.

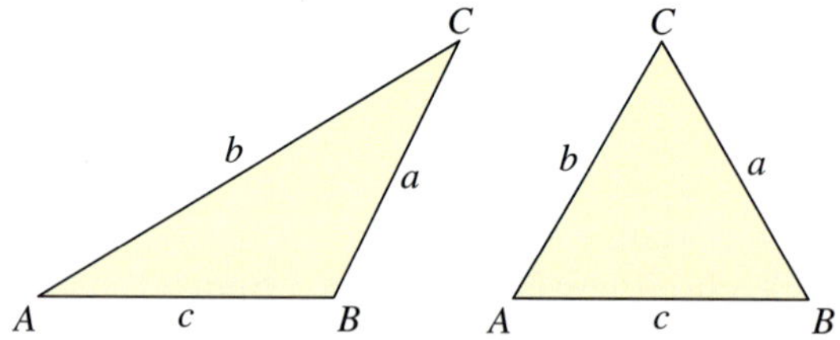

a) Wie berechnet sich sein Flächeninhalt von der Grundseite *c* aus? Stelle eine Vermutung auf. Begründe anhand der beiden Zeichnungen.
b) Überprüfe deine Vermutung: Berechne dazu den Flächeninhalt des Dreiecks von einer anderen Grundseite aus.

17 Ein Haus soll vor der Erstellung eines Energiepasses wärmegedämmt werden. Wie viele Quadratmeter Dämmstoff werden für das Haus inklusive Dach benötigt?

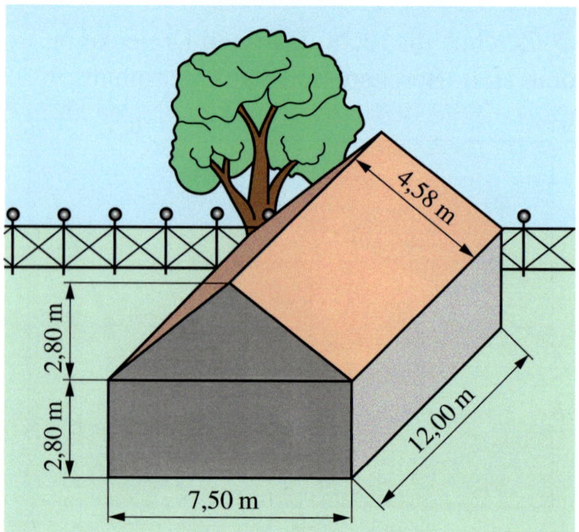

Besondere Vierecke (Wiederholung)

Erforschen und Entdecken

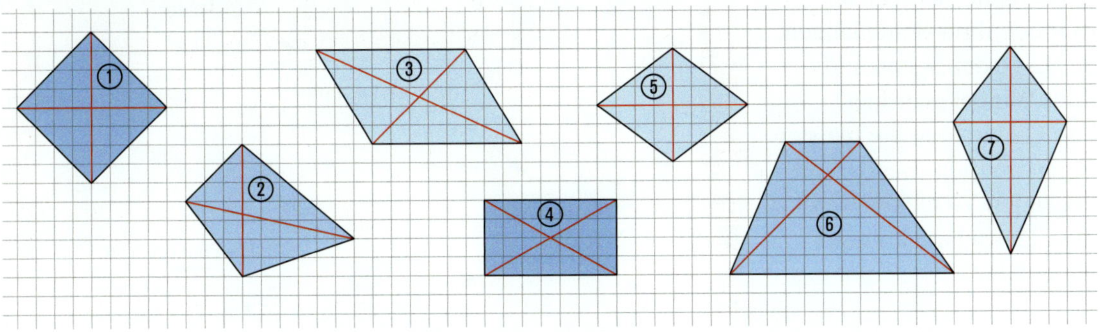

1 Übertrage die Vierecke mit ihren Nummern und die Tabelle in dein Heft.

	①	②	③	④	⑤	⑥	⑦
Benachbarte Seiten stehen senkrecht aufeinander.							
Gegenüberliegende Seiten sind parallel zueinander.							
Gegenüberliegende Seiten sind gleich lang.							
Benachbarte Seiten sind gleich lang.							
Alle Seiten sind gleich lang.							
Die Diagonalen stehen senkrecht aufeinander.							
Die Diagonalen halbieren sich.							
Bezeichnung des Vierecks							

a) Kreuze die zutreffenden Eigenschaften der Vierecke an.
b) Für welche Vierecke treffen besonders viele bzw. besonders wenige Eigenschaften zu?
c) Ordne die Bezeichnungen der Vierecke richtig zu und trage sie in deine Tabelle ein:

Raute   Parallelogramm   Trapez
Rechteck   Quadrat
Drachen   unregelmäßiges Viereck

2 Zeichne ein Viereck von jeder Vierecksart in dein Heft. Du kannst dich an der Abbildung oben orientieren (ohne Diagonalen).
a) Zeichne sämtliche Symmetrieachsen ein, falls es welche gibt.
b) Überprüfe alle Vierecke auf Punktsymmetrie. Markiere den oder die Drehpunkte und gib an, um wie viel Grad gedreht werden kann.
c) Übertrage die Tabelle in dein Heft und trage die Bezeichnungen der Vierecke an entsprechender Stelle ein.

achsensymmetrisch	punktsymmetrisch	ohne Symmetrie

d) Welche Vierecke sind sowohl achsen- als auch punktsymmetrisch?

Lesen und Verstehen

Im Haus der Vierecke werden die Vierecke hinsichtlich ihrer Seitenlängen, der Lage der Seiten und ihrer Winkel geordnet. Das Quadrat hat die meisten Eigenschaften. Bei darunterliegenden Vierecken werden die Eigenschaften immer allgemeiner.

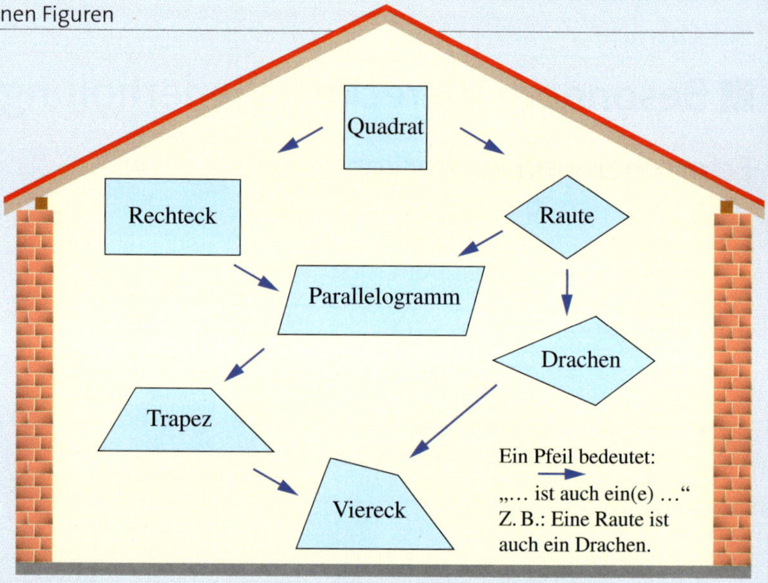

Ein Viereck wird wie folgt bezeichnet:

- Die Ecken werden gegen den Uhrzeigersinn mit A, B, C und D bezeichnet.
- Als Seite a wird die Strecke $\overline{AB}$, als Seite b die Strecke $\overline{BC}$, … bezeichnet.
- Die Diagonale $\overline{AC}$ wird mit e, die Diagonale $\overline{BD}$ wird mit f bezeichnet.

Ein **Quadrat** hat vier gleich lange Seiten. Alle Winkel sind rechte Winkel.

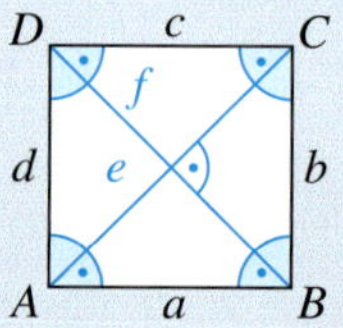

Die Diagonalen in einem Quadrat halbieren einander, sie sind gleich lang und stehen senkrecht aufeinander.

Bei einem **Rechteck** sind gegenüberliegende Seiten gleich lang und parallel. Alle Winkel sind rechte Winkel.

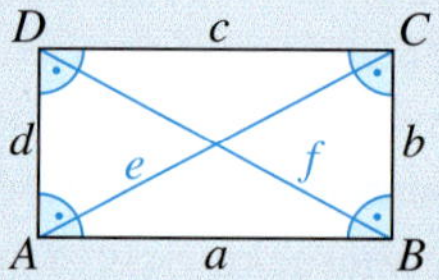

Bei Rechtecken halbieren die Diagonalen einander und sind gleich lang.

Bei einer **Raute (Rhombus)** sind alle Seiten gleich lang. Gegenüberliegende Winkel sind gleich groß.

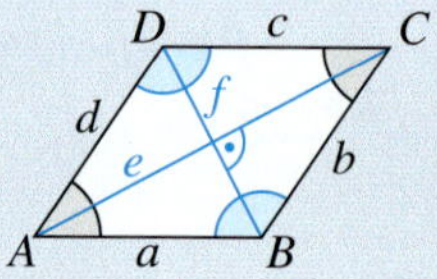

Die Diagonalen in einer Raute halbieren einander und stehen senkrecht aufeinander.

Bei einem **Parallelogramm** sind gegenüberliegende Seiten gleich lang und gegenüberliegende Winkel gleich groß.

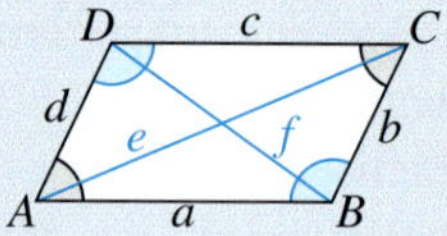

Bei Parallelogrammen halbieren die Diagonalen einander.

Ein **Trapez** hat zwei zueinander parallele Seiten.

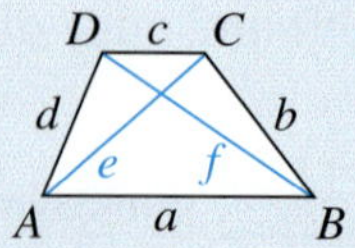

Sonderfall: Bei einem gleichschenkligen Trapez sind zusätzlich die nicht parallelen Seiten gleich lang.

Ein **Drachen** hat zwei Paar gleich langer Nachbarseiten. Ein Paar gegenüberliegender Winkel ist gleich groß.

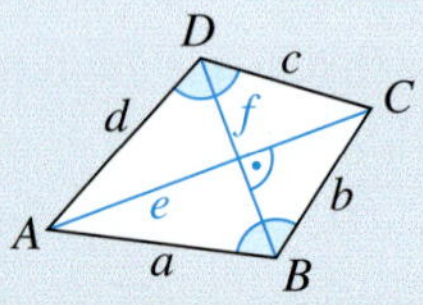

Bei einem Drachen stehen die Diagonalen senkrecht aufeinander. Eine Diagonale wird halbiert.

Basisaufgaben

1 Wo findest du in deiner Umgebung Quadrate, Rechtecke, Rauten, Parallelogramme, Drachen oder Trapeze?

2 Gib jeweils alle Drachen, alle Quadrate, alle Rechtecke und alle Rauten an. Begründe deine Auswahl.

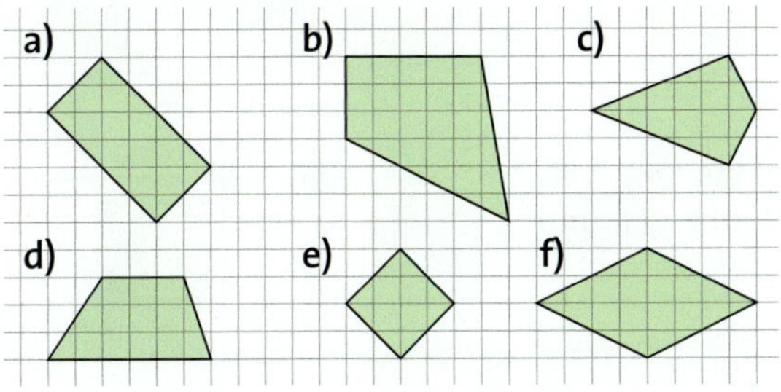

3 Für welche Vierecke gilt die Aussage immer? Gibt es mehrere Möglichkeiten?

a) Die Diagonalen sind gleich lang und stehen senkrecht aufeinander.
b) Mindestens zwei Seiten des Vierecks sind gleich lang.
c) Genau drei Seiten sind gleich lang.
d) Mindestens zwei gegenüberliegende Winkel sind gleich groß.
e) Benachbarte Seiten sind gleich lang.
f) Mindestens zwei gegenüberliegende Seiten sind parallel zueinander.

4 Welche zwei Antworten sind richtig?

Jedes Rechteck ist ein Trapez

Peinlicher Fehler in Jauchs Show „Wer wird Millionär"

In Günther Jauchs beliebter Fernsehsendung „Wer wird Millionär" verließ am Freitagabend Kandidatin Astrid mit 8000 Euro Gewinnsumme das Studio. Kein ungewöhnlicher Vorgang.

Doch tatsächlich war die Frau an einer Quiz-Frage gescheitert, die regelwidrig gestellt worden war: Von den vier Vorschlägen waren nämlich zwei richtig – nicht nur einer. Verblüffender noch, dass bis heute offenbar niemand die Panne bemerkt zu haben scheint. Selbst auf der entsprechenden Homepage von RTL konnte man noch gestern lesen, welche Antwort hier angeblich die einzig richtige war.

Die 16 000-Euro-Frage lautete:

Jedes Rechteck ist ein/eine …?

A: Raute	B: Quadrat
C: Trapez	D: Parallelogramm

(Berliner Morgenpost, 03. 02. 2003)

5 Schaue dir das Haus der Vierecke an. Überlege dir Sätze wie diesen: „Ein Quadrat ist auch ein Parallelogramm." Tragt eure Sätze in der Klasse zusammen.

Weiterführende Aufgaben

6 Übertrage die gegebenen Seiten eines Vierecks mehrmals in dein Heft. Ergänze jeweils durch zwei weitere Seiten zu möglichst vielen verschiedenen Vierecken.

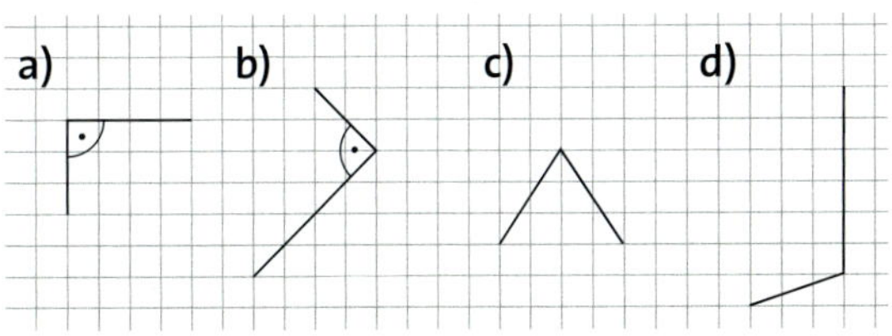

7 Zeichne drei Trapeze, zwei Parallelogramme und einen Drachen. Wie viele Vierecke musst du mindestens zeichnen? Begründe.

8 Stellt die Zeichnung einen Drachen dar? Begründe.

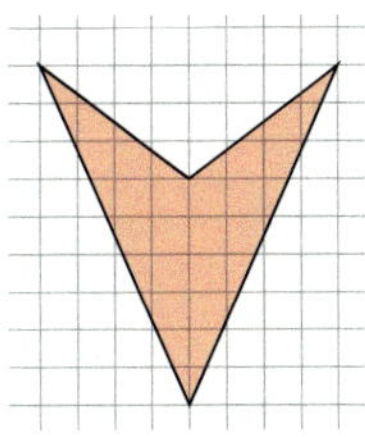

9 Welche Vierecke sind gemeint? Findest du mehrere Möglichkeiten?

a) Ein Viereck mit genau zwei Symmetrieachsen ist □.
b) Ein punktsymmetrisches Viereck, das um 90°, um 180° und um 270° gedreht werden kann, ist □.
c) Ein achsen- und punktsymmetrisches Viereck ist □.

Methode: Besondere Vierecke konstruieren

Was muss gegeben sein, um ein spezielles Viereck, z. B. eine Raute, konstruieren zu können? Je nach Art des Vierecks benötigt man für eine eindeutige Konstruktion eine unterschiedliche Anzahl an Informationen über Seitenlängen oder Winkelgrößen. Dabei wird bei der Konstruktion von Vierecken auf die verschiedenen Konstruktionstypen beim Dreieck (meistens *SWS*) zurückgegriffen. Für den Überblick ist es immer sinnvoll, zuerst eine Planfigur anzufertigen.

Konstruktion eines Quadrats

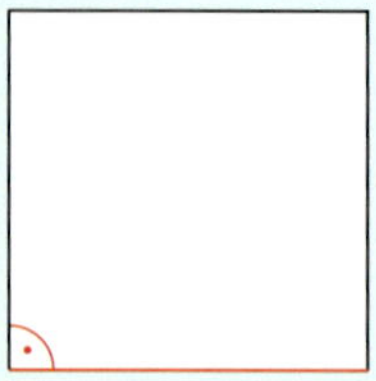

Schon mit der Angabe einer Seitenlänge kann man ein Quadrat konstruieren. Alle weiteren Eigenschaften der Seitenlängen und Winkelgrößen kennt man.

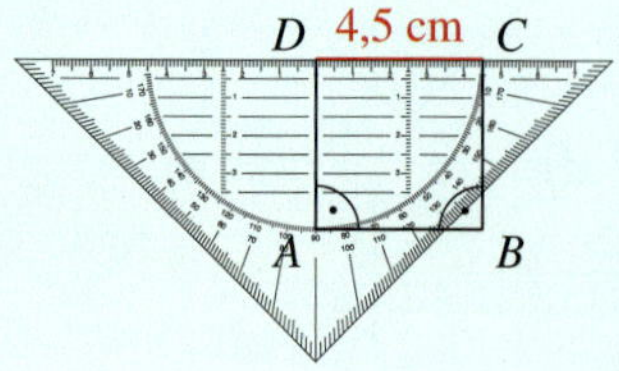

gegeben: $a = 4{,}5\,\text{cm}$

Konstruktion von Rechteck oder Raute

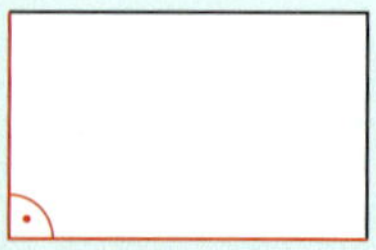

Für die **Konstruktion eines Rechtecks** genügt die Angabe zweier Seitenlängen, da man alle weiteren Eigenschaften der Seitenlängen und Winkelgrößen kennt.

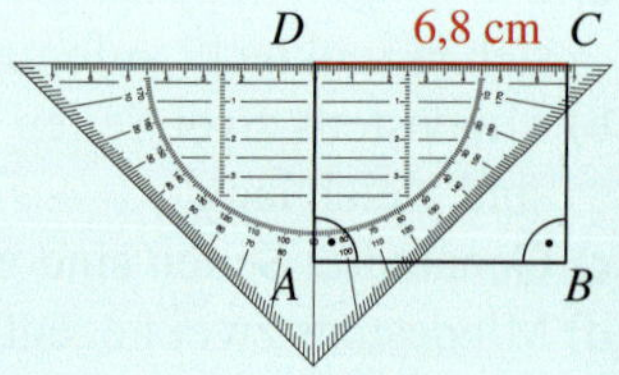

gegeben: $a = 6{,}8\,\text{cm}$, $b = 5{,}3\,\text{cm}$

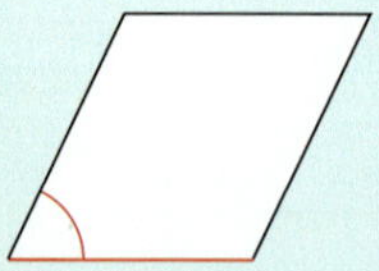

Konstruktion einer Raute (1)
Für die Konstruktion einer Raute genügen zwei Angaben: eine Seitenlänge und eine Winkelgröße, da man weiß, dass alle Seiten gleich lang sind, gegenüberliegende Seiten parallel zueinander sind und gegenüberliegende Winkel gleich groß sind.

gegeben: $a = 1{,}8\,\text{cm}$, $\alpha = 30°$

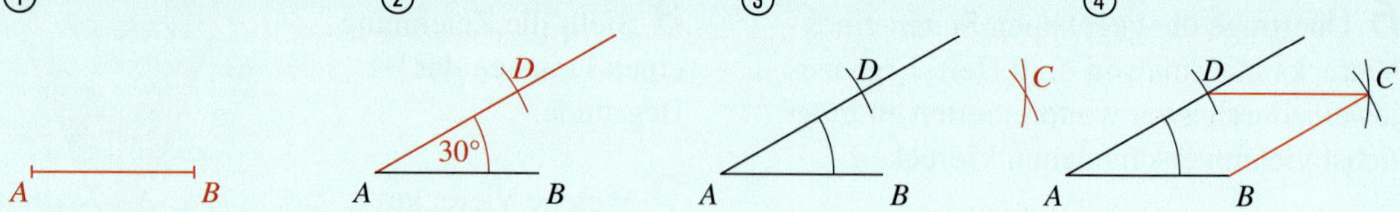

Bei den Schritten ③ und ④ können die letzten beiden Seiten mit dem Zirkel oder durch eine Parallelverschiebung mit dem Geodreieck konstruiert werden.

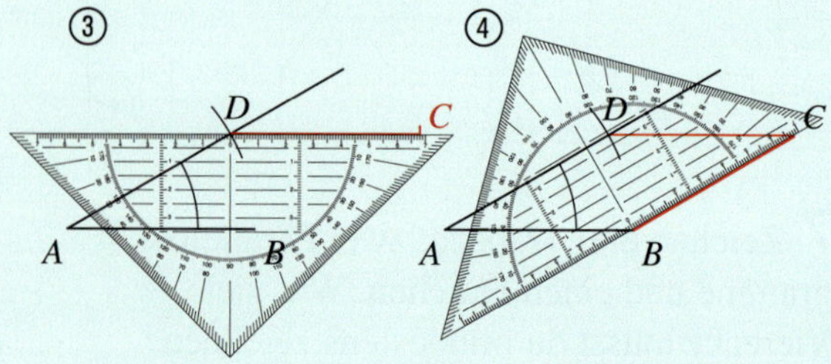

Konstruktion einer Raute (2)

Eine Raute kann auch über die Angaben ihrer Diagonalen konstruiert werden, da diese senkrecht aufeinander stehen und sich halbieren.

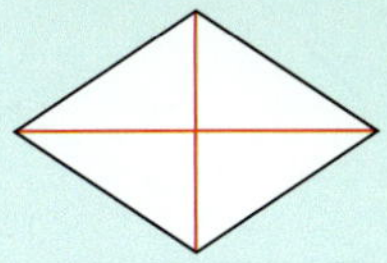

gegeben: $e = 2{,}4\,\text{cm}$, $f = 1{,}8\,\text{cm}$

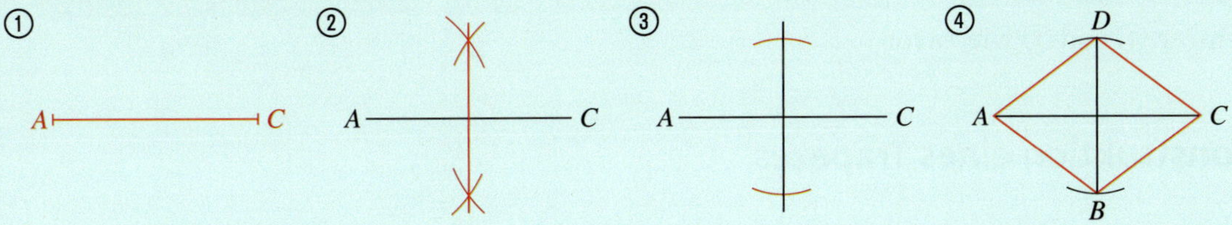

BEACHTE
Bei Schritt ③ beträgt der Radius die Hälfte der Diagonale e, also $\frac{e}{2}$ (im Beispiel somit 1,2 cm).

Konstruktion von Parallelogramm oder Drachen

Konstruktion eines Parallelogramms

Für die Konstruktion eines Parallelogramms benötigt man drei Angaben: zwei Seitenlängen und eine Winkelgröße, da gegenüberliegende Seiten gleich lang sind sowie parallel zueinander liegen und gegenüberliegende Winkel gleich groß sind.

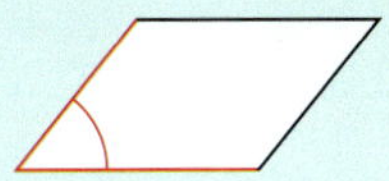

gegeben: $a = 1{,}7\,\text{cm}$, $b = 1{,}25\,\text{cm}$, $\alpha = 60°$

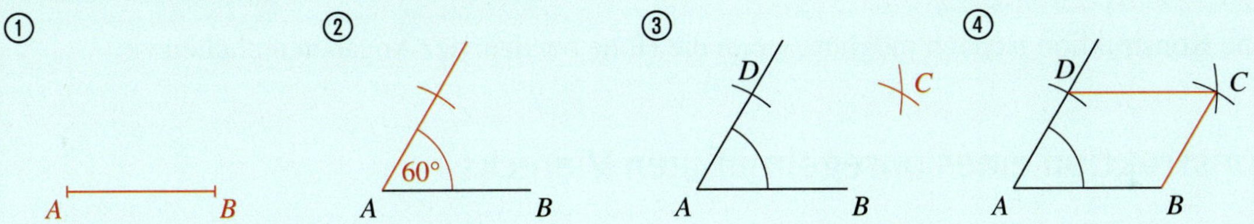

Die letzten beiden Seiten können mit dem Zirkel (siehe Zeichnung) oder durch eine Parallelverschiebung mit dem Geodreieck konstruiert werden (wie bei der Raute).

Konstruktion eines Drachens (1)

Für die Konstruktion eines Drachens benötigt man drei Angaben: zwei Seitenlängen und eine Winkelgröße, da man weiß, dass je zwei benachbarte Seiten gleich lang sind und ein Paar gegenüberliegender Winkel gleich groß ist.

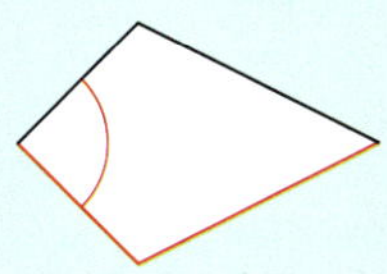

gegeben: $a = 1\,\text{cm}$, $b = 1{,}2\,\text{cm}$, $\alpha = 60°$

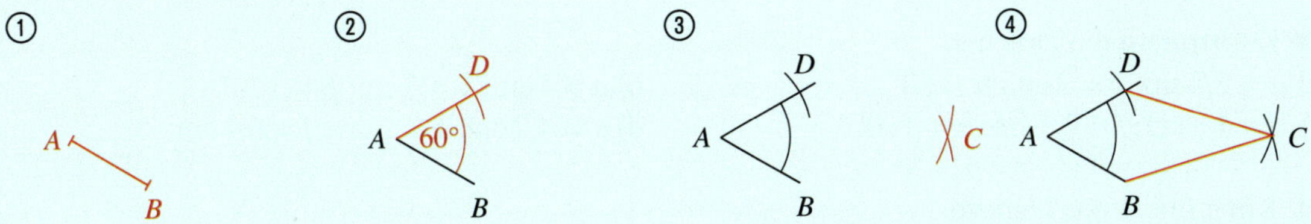

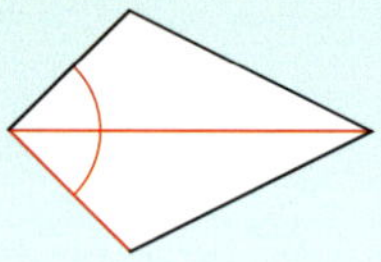

BEACHTE
Es ist auch möglich, einen Drachen eindeutig zu konstruieren, wenn die Seiten a, b und die die Seiten verbindende Diagonale f gegeben sind.

Konstruktion eines Drachens (2)
Ein Drachen kann auch eindeutig konstruiert werden, wenn eine Seitenlänge, eine Diagonale und eine Winkelgröße gegeben sind.

gegeben: $a = 1\,\text{cm}$, $e = 2{,}6\,\text{cm}$, $\alpha = 60°$

Schritte ① und ② wie zuvor

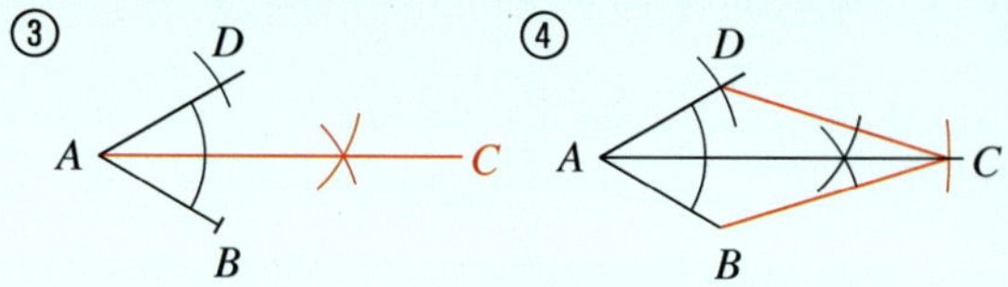

Konstruktion eines Trapezes

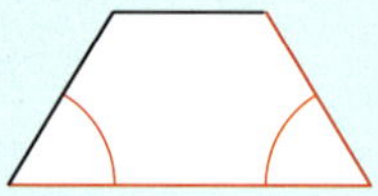

Weiß man, welche gegenüberliegenden Seiten parallel zueinander liegen, benötigt man für die Konstruktion eines Trapezes vier Angaben: zwei Seitenlängen und zwei Winkelgrößen oder drei Seitenlängen und eine Winkelgröße.

gegeben: $a = 2{,}8\,\text{cm}$, $b = 1{,}5\,\text{cm}$, $\alpha = 70°$, $\beta = 55°$; $a \parallel c$

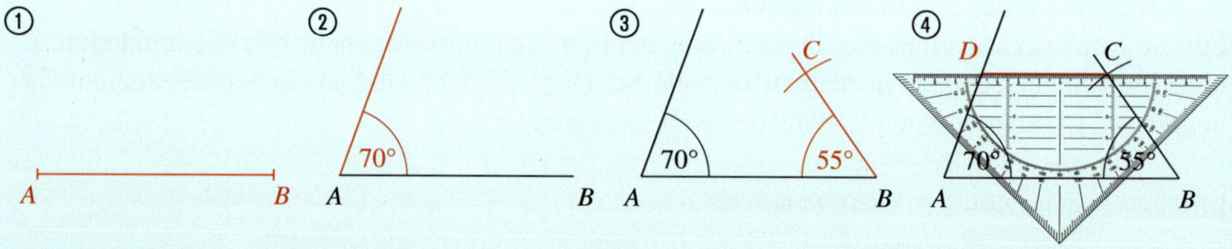

Eine Konstruktion ist auch möglich, wenn die Höhe bei den vier Angaben enthalten ist.

Konstruktion eines unregelmäßigen Vierecks

Für die Konstruktion eines unregelmäßigen Vierecks benötigt man fünf Angaben, z. B. vier Seitenlängen und eine Winkelgröße, da man keine Eigenschaften vorher kennt.

BEACHTE
Du kannst die Konstruktionen auch mit einer dynamischen Geometrie-Software durchführen.

1 Konstruiere die Rauten. Zeichne zuerst eine Planfigur.
a) $a = 5\,\text{cm}$; $\alpha = 50°$ **b)** $a = 2{,}4\,\text{cm}$; $\alpha = 35°$ **c)** $e = 2\,\text{cm}$; $f = 5\,\text{cm}$ **d)** $b = 4\,\text{cm}$; $\delta = 70°$

2 Konstruiere die Parallelogramme mit den angegebenen Maßen.
a) $a = 4\,\text{cm}$; $b = 2{,}6\,\text{cm}$; $\alpha = 55°$
b) $a = 3{,}2\,\text{cm}$; $b = 5{,}3\,\text{cm}$; $\beta = 45°$
c) $c = 7\,\text{cm}$; $d = 2\,\text{cm}$; $\beta = 110°$
d) $a = 5\,\text{cm}$; $h_a = 2\,\text{cm}$; $\alpha = 40°$

3 Konstruiere die Drachen.
a) $a = 5{,}2\,\text{cm}$; $b = 3\,\text{cm}$; $\alpha = 50°$
b) $a = 4\,\text{cm}$; $b = 7\,\text{cm}$; $\beta = 120°$
c) $d = 4{,}8\,\text{cm}$; $f = 7{,}5\,\text{cm}$; $\alpha = 110°$
d) $a = 4{,}2\,\text{cm}$; $b = 3\,\text{cm}$; $f = 6{,}4\,\text{cm}$

4 Konstruiere die Trapeze.
a) $a = 6{,}4\,\text{cm}$; $b = 4{,}3\,\text{cm}$; $\alpha = 55\,°$; $\beta = 64°$
b) $c = 5\,\text{cm}$; $h_c = 2{,}5\,\text{cm}$; $\gamma = 50°$; $\delta = 80°$

5 Konstruiere das unregelmäßige Viereck: $a = 5\,\text{cm}$; $b = 7\,\text{cm}$; $c = 6\,\text{cm}$; $d = 4\,\text{cm}$; $\alpha = 50°$. Konstruiere ein Viereck mit den gleichen Seitenlängen und dem Winkel $\beta = 50°$. Vergleiche.

Umfang und Flächeninhalt von Vierecken

Erforschen und Entdecken

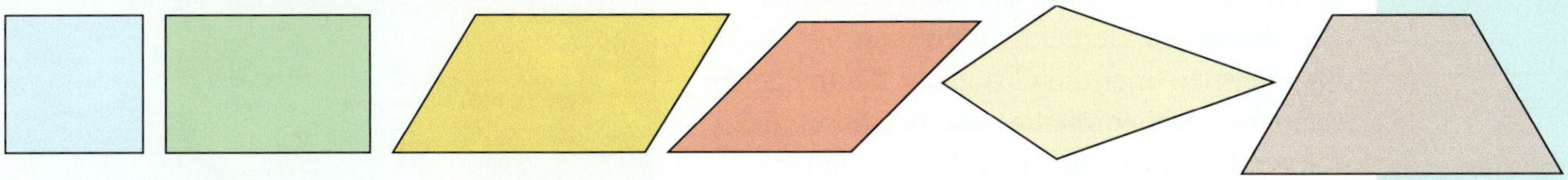

1 Übertrage die Tabelle unten in dein Heft.

a) Miss die Seitenlängen der sechs Vierecke und berechne jeweils den Umfang.

b) Finde möglichst einfache Formeln für den Umfang. Welche Formeln sind gleich?

	Quadrat	Rechteck	Parallelogramm	…	…	…
Seitenlängen	$a = 1{,}5\,\text{cm}$					
Umfang	$u =$					
Formel für den Umfang	$u = a + a + a + a$ $u = 4a$	$u = a + a + b + b$ $u = 2a + 2b$	$u = \ldots$			

2 Nadine hat zu Hause einen Stapel Notizzettel. Seine Fläche vorn ist 4,5 cm breit und 4 cm hoch. Verschiebt sie den Stapel seitlich, ergibt die vordere Fläche ein Parallelogramm. Es besitzt immer noch eine Höhe von 4 cm. Die schrägen Seiten sind nun aber 5 cm lang.

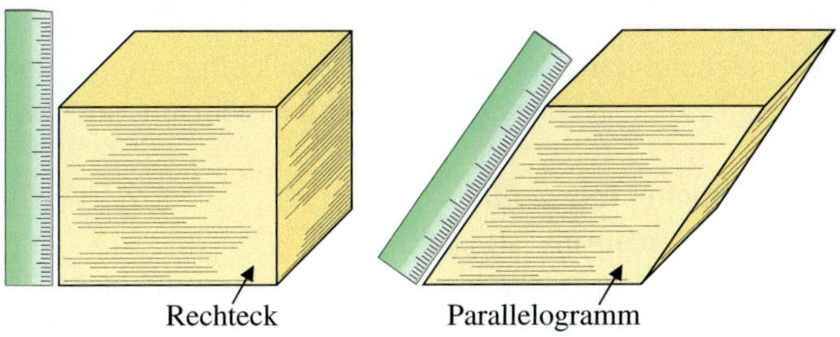

Vergleiche ohne Rechnung die Flächeninhalte der vorderen Fläche des Stapels, wenn er gerade steht und wenn er seitlich verschoben ist. Begründe und berechne nun.

3 Betrachte die beiden Abbildungen rechts in der Randspalte.

a) Gib jeweils den Flächeninhalt der Drachen an.
Berechne den Flächeninhalt des gesamten Rechtecks.
Was fällt dir auf, wenn du ihn mit dem Flächeninhalt der Drachen vergleichst?

b) Beschreibe, wie man den Flächeninhalt eines Drachen berechnen kann, wenn man die Länge der beiden Diagonalen *e* und *f* kennt.

c) Zeichne im Heft ein Rechteck wie in der Randspalte. Zeichne eine Raute, die mit allen vier Ecken auf dem Rand des Rechtecks liegt. Berechne ihren Flächeninhalt.

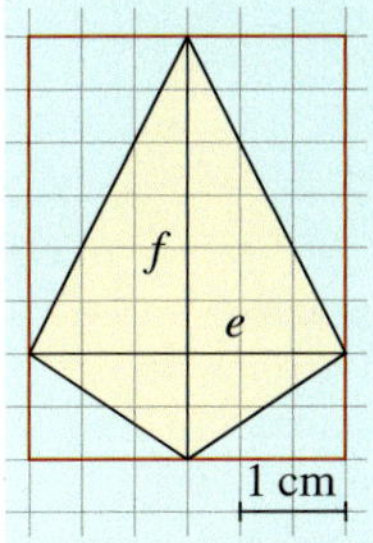

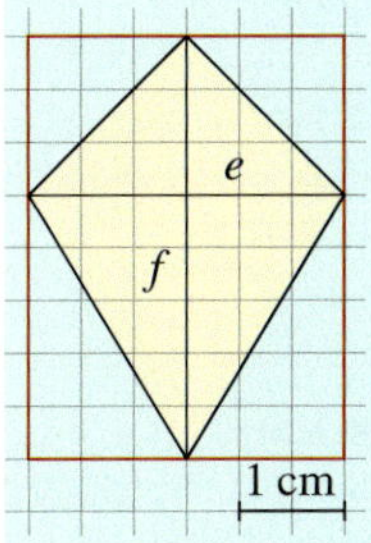

4 In Gruppen- und Besprechungsräumen werden häufig Trapeztische eingesetzt. Ihre Tischfläche stellt ein gleichschenkliges Trapez dar.

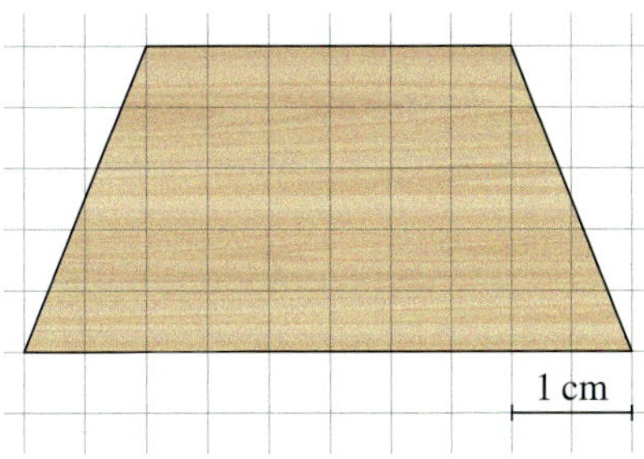

a) Welche Vorteile haben Trapeztische gegenüber rechteckigen Tischen?

b) Skizziere im Heft möglichst viele Möglichkeiten, wie man zwei Trapeztische zusammenstellen kann.

c) Nutze deine Ideen aus Teilaufgabe b), um den Flächeninhalt zweier Trapeze zu berechnen. Bestimme dann auch den Flächeninhalt eines Trapezes.

d) Vergleicht eure Lösungen untereinander.

Lesen und Verstehen

Bauer Poen möchte Land pachten, um dort Kühe zu halten. Er hat die Wahl zwischen verschiedenen viereckigen Formen.
Nun vergleicht er die Größe der Weideflächen (also die Flächeninhalte) und bestimmt die Länge des Zauns, den er aufstellen müsste (also den Umfang).

ERINNERE DICH
1 a = 100 m²

Der **Umfang eines Vierecks** ist die Summe aller Seitenlängen.
$u = a + b + c + d$

Der **Flächeninhalt eines Vierecks** ist die Summe der Flächeninhalte der Dreiecke.
$A = A_1 + A_2$

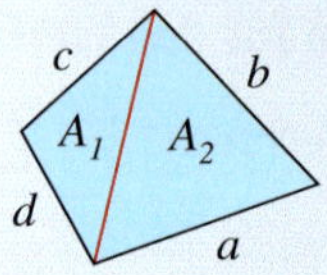

BEISPIEL 1
$a = 32\,\text{m}$; $b = 32\,\text{m}$;
$c = 24\,\text{m}$; $d = 20\,\text{m}$
$u = (32 + 32 + 24 + 20)\,\text{m}$
$u = 108\,\text{m}$
$A_1 = 232\,\text{m}^2$; $A_2 = 468\,\text{m}^2$
$A = (232 + 468)\,\text{m}^2 = 7\,\text{a}$

Die Flächeninhalte spezieller Vierecke kann man mit einer Formel berechnen.
Sie ergibt sich aus der Zerlegung und Ergänzung des Vierecks zu einem Rechteck.

Der **Flächeninhalt eines Parallelogramms** ist das Produkt aus der Grundseite und der darauf stehenden Höhe.
$A_{\text{Parallelogramm}} = g \cdot h_g$

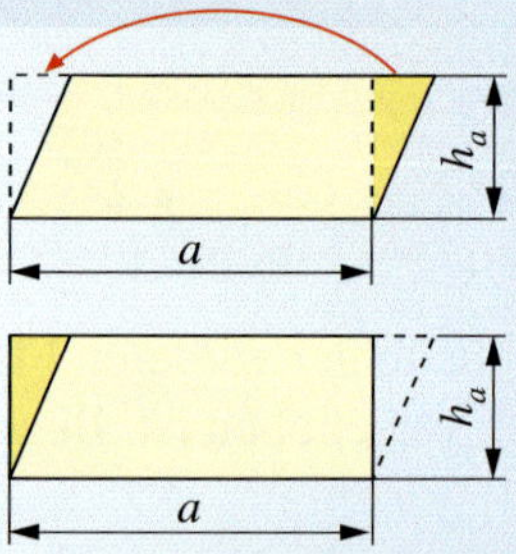

BEISPIEL 2
Es gilt: $g = a$ und $h_g = h_a$
Maße der Pachtfläche:
$a = 60\,\text{m}$, $h_a = 25\,\text{m}$
Ihr Flächeninhalt beträgt
$A = a \cdot h_a$
$A = 60\,\text{m} \cdot 25\,\text{m} = 1500\,\text{m}^2$.

BEACHTE
Die Höhe des Trapezes ist der Abstand der parallelen Seiten.

Der **Flächeninhalt eines Trapezes** wird berechnet, indem man die Summe beider parallelen Seiten durch 2 teilt und das Ergebnis mit der Höhe des Trapezes multipliziert.
$A_{\text{Trapez}} = \frac{(a + c)}{2} \cdot h$

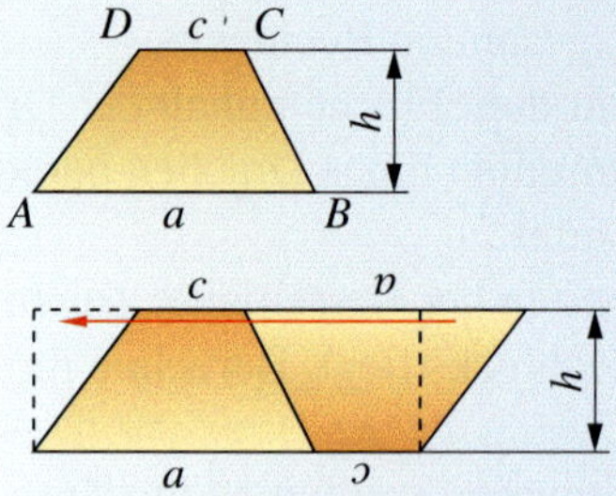

BEISPIEL 3
Maße der Pachtfläche:
$a = 40\,\text{m}$, $c = 16\,\text{m}$,
$h = 55\,\text{m}$

Der Flächeninhalt beträgt
$A = \left(\frac{40 + 16}{2} \cdot 55\right)\text{m}^2$
$A = 1540\,\text{m}^2$.

BEACHTE
Eine Raute ist auch ein spezielles Parallelogramm. Ihr Flächeninhalt kann somit auch mit der Formel für das Parallelogramm berechnet werden.

Der **Flächeninhalt eines Drachens** (oder einer Raute) ist die Hälfte des Produkts der Diagonalen.

$A_{\text{Drachen}} = \frac{e \cdot f}{2}$

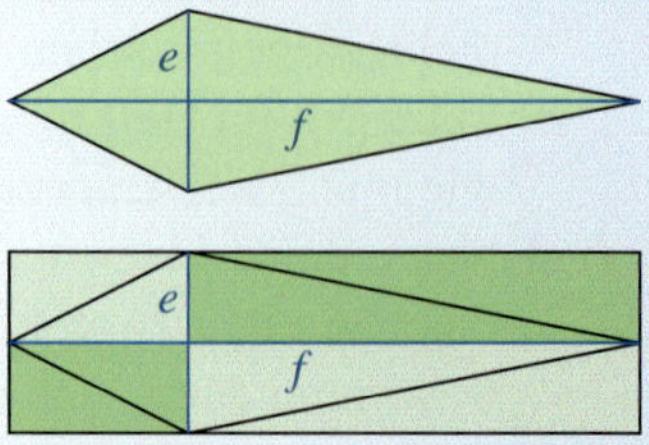

BEISPIEL 4
Maße der Pachtfläche:
$e = 40\,\text{m}$, $f = 60\,\text{m}$

Der Flächeninhalt beträgt
$A = \frac{40 \cdot 60}{2}\,\text{m}^2$
$A = 1200\,\text{m}^2$.

Basisaufgaben

1 Bestimme den Umfang der Rechtecke, soweit es möglich ist.

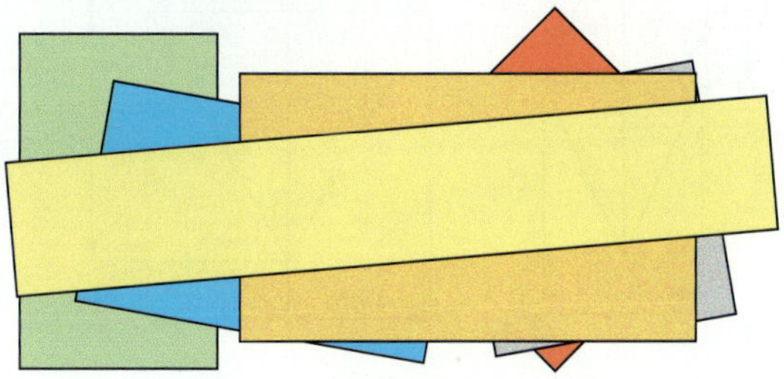

2 Entnimm die Maße aus den abgebildeten Figuren und berechne jeweils ihren Umfang.

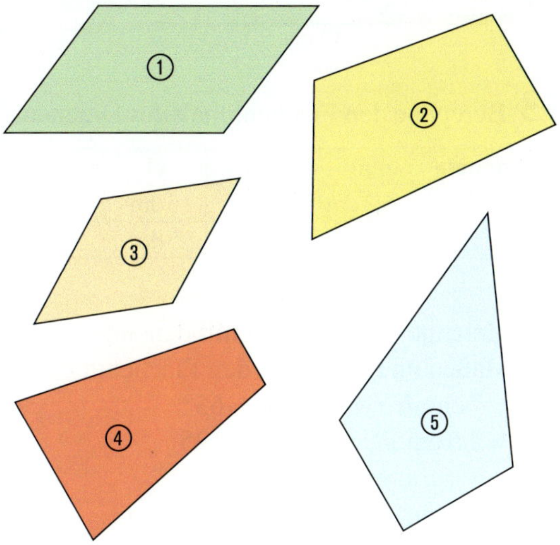

3 Berechne den Umfang der Vierecke.
a) Raute: $a = 3{,}6\,\text{cm}$
b) Parallelogramm: $a = 1{,}1\,\text{cm}$, $b = 3{,}2\,\text{cm}$
c) Trapez: $a = 4{,}7\,\text{cm}$, $b = 2{,}9\,\text{cm}$, $c = 3{,}5\,\text{cm}$, $d = 2{,}1\,\text{cm}$
d) Drachen: $a = 3{,}3\,\text{cm}$, $b = 5{,}6\,\text{cm}$
e) gleichschenkliges Trapez mit $a \| c$: $a = 7{,}1\,\text{cm}$, $b = 4{,}5\,\text{cm}$, $c = 5{,}8\,\text{cm}$

4 Berechne die fehlende Seite des Vierecks.
a) Parallelogramm: $u = 14{,}6\,\text{cm}$, $a = 4{,}9\,\text{cm}$
b) Raute: $u = 22{,}2\,\text{cm}$
c) Trapez: $u = 35\,\text{cm}$, $a = 12\,\text{cm}$, $b = 8{,}5\,\text{cm}$, $c = 7{,}5\,\text{cm}$
d) Drachen: $u = 24\,\text{cm}$, $a = 70\,\text{mm}$
e) Rechteck: $u = 1{,}46\,\text{dm}$, $a = 58\,\text{mm}$

5 Berechne jeweils Umfang und Flächeninhalt der Parallelogramme.

a)

b)

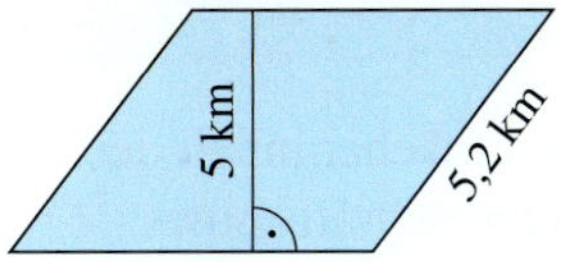

c)

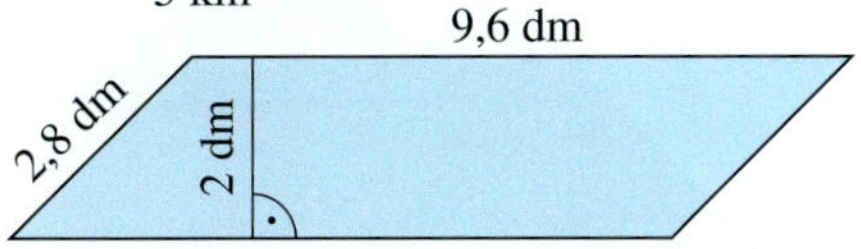

6 Berechne die fehlenden Größen der Parallelogramme:

	a	b	h_a	u	A
a)	2,6 m	1,6 m	1,4 m		
b)	5,3 m	2,2 m			18,55 m²
c)		4,1 m	2,4 m	18,2 m	
d)	3,7 m			12,6 m	6,29 m²
e)		3,5 m		9,6 m	3,96 m²

7 Zeichne das Parallelogramm mit den Angaben $a = 4{,}2\,\text{cm}$, $b = 3{,}1\,\text{cm}$, $\alpha = 55°$. Berechne Umfang und Flächeninhalt.

BEACHTE
Die Lösungen zu Aufgabe 4 ergeben in der richtigen Reihenfolge den Namen einer europäischen Hauptstadt. Zu welchem Land gehört diese Stadt?
1,5 (L); 2,4 (R); 5 (A); 5,5 (V); 7 (E)

8 Berechne die Flächeninhalte der Parallelogramme. Vergleiche und begründe.

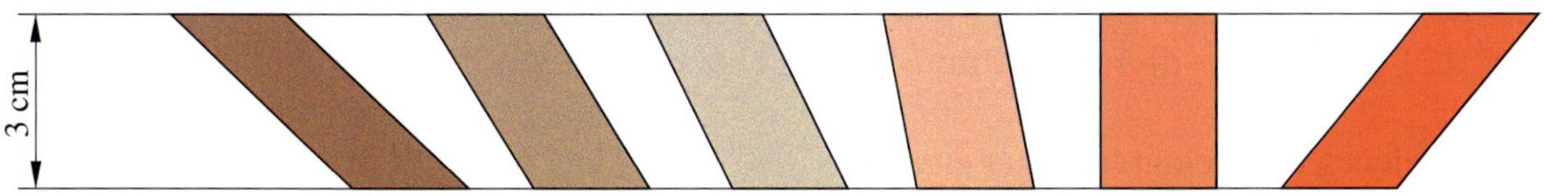

BEACHTE
Das Trapez als Turngerät wird im Bereich der Luftakrobatik eingesetzt.

9 Berechne den Flächeninhalt der Trapeze. Die Zeichnungen sind nicht maßstäblich.

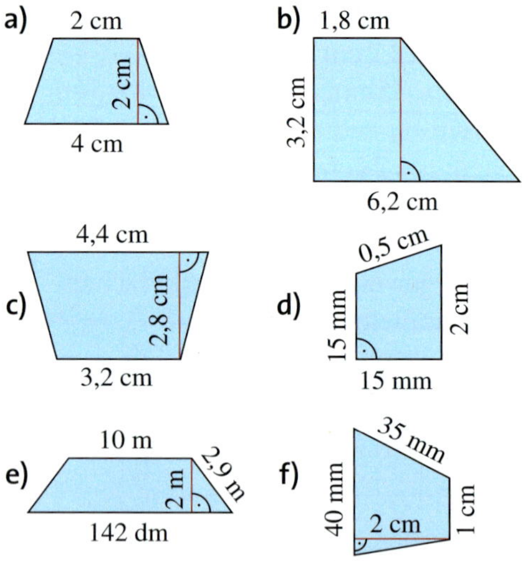

10 Berechne den Flächeninhalt des trapezförmigen Querschnitts eines Bahndammes.

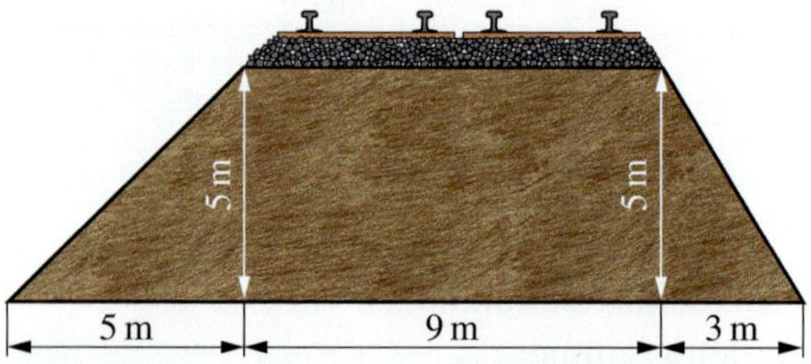

11 Zeichne ein Trapez mit den angegebenen Maßen und berechne den Flächeninhalt.

a) $a = 5\,\text{cm}$, $c = 4\,\text{cm}$, $h = 3\,\text{cm}$
b) $a = 0{,}35\,\text{dm}$, $c = 0{,}56\,\text{dm}$, $h = 0{,}48\,\text{dm}$
c) $a = 74\,\text{mm}$, $c = 0{,}26\,\text{dm}$, $h = 4{,}5\,\text{cm}$
d) $a = 30\,\text{mm}$, $c = 3{,}3\,\text{cm}$, $h = 0{,}33\,\text{dm}$
e) $a = 4{,}5\,\text{cm}$, $c = 0{,}3\,\text{dm}$, $h = 51\,\text{mm}$

BEACHTE
Die Lösungen zu Aufgabe 11 ergeben in der richtigen Reihenfolge den Namen einer europäischen Hauptstadt.
Zu welchem Land gehört diese Stadt?
10,395 (I); 13,5 (S); 19,125 (A); 21,84 (O); 22,5 (F)

12 Berechne den Flächeninhalt der Drachen.

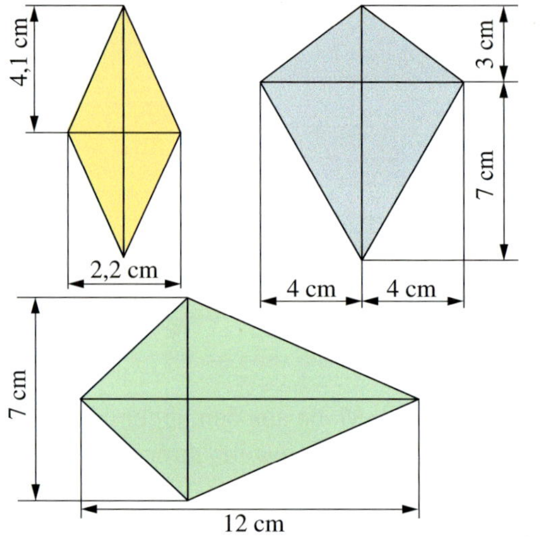

13 Berechne den Flächeninhalt des Drachens.

Diagonale	a)	b)	c)	d)
e	6,3 cm	1,2 m	6 dm	60 cm
f	2,8 cm	4 m	5 dm	4 dm

14 Zeichne den Drachen mit den angegebenen Maßen und berechne den Flächeninhalt.

a) $a = 7\,\text{cm}$, $b = 4{,}5\,\text{cm}$, $\alpha = 65°$
b) $a = 2{,}5\,\text{cm}$, $b = 4\,\text{cm}$, $\beta = 125°$
c) $a = 3{,}4\,\text{cm}$, $e = 5\,\text{cm}$, $\alpha = 58°$
d) $a = 3{,}6\,\text{cm}$, $b = 5{,}1\,\text{cm}$, $e = 4{,}4\,\text{cm}$

15 Rosa bastelt einen Drachen mit $e = 30\,\text{cm}$ und $f = 50\,\text{cm}$. Zeichne ihn.

a) Wie viel Garn benötigt sie für den Umfang? Vergleicht untereinander.
b) Wie viel Papier braucht sie, wenn sie 3 cm Kleberand einplant?

Weiterführende Aufgaben

16 Zeichne je zwei Parallelogramme mit einem Flächeninhalt von …

a) $A = 45\,\text{cm}^2$
b) $A = 66\,\text{cm}^2$
c) $A = 0{,}21\,\text{dm}^2$
d) $A = 1400\,\text{mm}^2$

17 Welches Parallelogramm hat einen möglichst großen Flächeninhalt bei möglichst geringem Umfang? Begründe.

18 Berechne den Flächeninhalt des Parallelogramms.
Zeichne das Parallelogramm, das einen Umfang von $u = 15\,\text{cm}$ hat.

a) $a = 4{,}1\,\text{cm}$, $h_a = 3\,\text{cm}$
b) $b = 2{,}3\,\text{cm}$, $h_b = 1{,}7\,\text{cm}$
c) $g = 59\,\text{mm}$, $h_g = 8\,\text{mm}$
d) $b = 0{,}5\,\text{dm}$, $h_a = 0{,}4\,\text{dm}$, $h_b = 0{,}2\,\text{dm}$

19 Ben hat sich die Formel für den Flächeninhalt eines Trapezes selbst hergeleitet. Seine Formel lautet:

$A_{\text{Trapez}} = m \cdot h = \frac{(a + c)}{2} \cdot h$

Erläutere die Zeichnungen.
Wie ist Ben auf m gekommen?

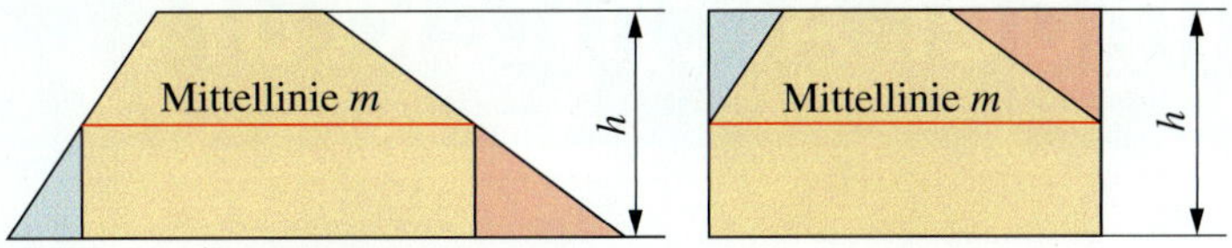

20 Helena soll Umfang und Flächeninhalt eines Trapezes mit $a = 6{,}3\,\text{cm}$, $b = 4{,}8\,\text{cm}$ und $h = 5\,\text{cm}$ berechnen. Ist das möglich? Begründe.

21 Ein Hausdach muss neu gedeckt werden. Der Besitzer möchte sich Kostenvoranschläge einholen. Dafür benötigt er die Größe der Dachfläche.

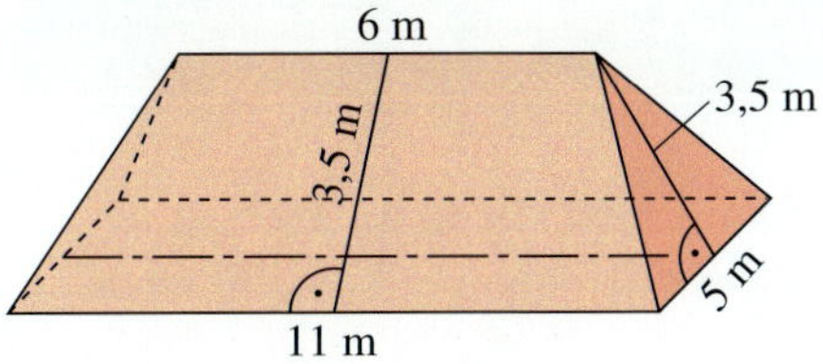

22 Finde Maße für a, c und h in einem Trapez mit einem Flächeninhalt von …

a) $34\,\text{cm}^2$ b) $96\,\text{cm}^2$ c) $4500\,\text{mm}^2$
d) 25 ha e) 330 a f) $2520\,\text{mm}^2$

Nenne je eine Sache mit diesem Flächeninhalt.

23 Gegeben sind der Flächeninhalt eines Drachens und die Länge einer Diagonale. Berechne die Länge der zweiten Diagonale. Notiere, wie du die Flächeninhaltsformel für den Drachen umstellst.

a) $A = 15\,\text{cm}^2$, $e = 5\,\text{cm}$
b) $A = 23\,\text{mm}^2$, $f = 4\,\text{mm}$
c) $A = 8\,\text{dm}^2$, $e = 3{,}2\,\text{dm}$
d) $A = 9{,}5\,\text{dm}^2$, $e = 38\,\text{cm}$

24 Die Diagonalen eines Drachens und einer Raute sind gleich lang. Haben sie dann auch den gleichen Flächeninhalt und den gleichen Umfang? Begründe.

25 Alina meint: „Kenne ich die Seitenlänge und die Höhe einer Raute, dann kann ich ihren Flächeninhalt berechnen.“
Was meinst du dazu? Begründe.

26 Zeichne mit einer dynamischen Geometrie-Software. Berechne Umfang und Flächeninhalt. Entnimm fehlende Maße dem Programm.

a) Parallelogramm mit $a = 5{,}8\,\text{cm}$; $h_a = 3{,}7\,\text{cm}$; $\alpha = 73°$
b) Trapez mit $a = 7{,}4\,\text{cm}$; $b = 4{,}4\,\text{cm}$, $\alpha = 65°$ und $\beta = 48°$
c) Drachen mit $a = 6{,}4\,\text{cm}$, $b = 9{,}0\,\text{cm}$ und $\alpha = 55°$

27 Berechne den Flächeninhalt der farbigen Fläche. Wie bist du vorgegangen?

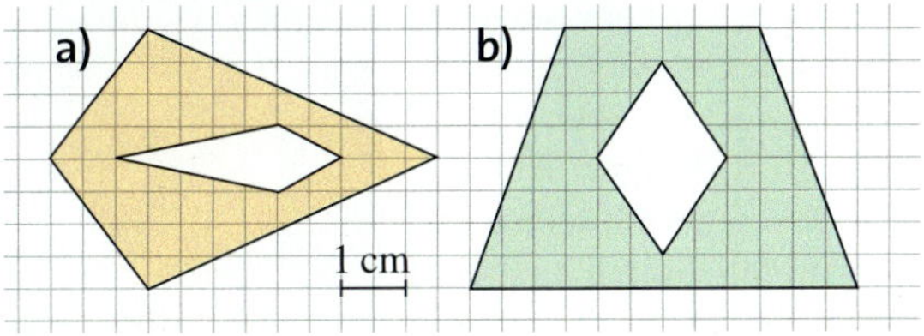

28 Auf einer Dose steht, dass 240 ml Farbe für $2\,\text{m}^2$ reichen. Darin sind 0,75 ℓ Farbe.

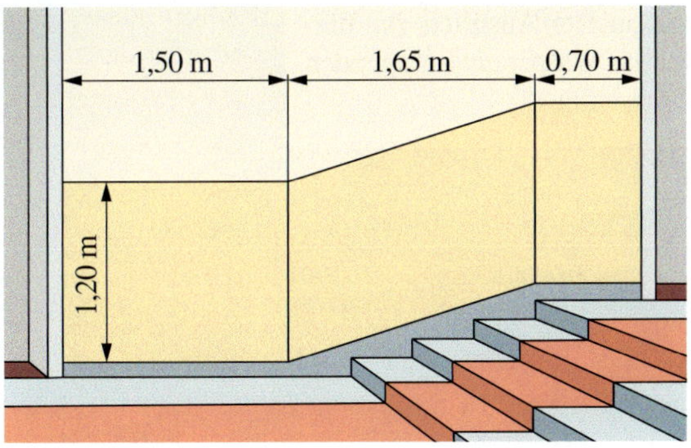

a) Wie viele Dosen werden zum Streichen des dunkelgelben Sockels benötigt?
b) Eine Stufe ist 15 cm hoch. Die Decke ist von der unteren Ebene des Fußbodens 3,40 m hoch und verläuft horizontal. Wie viele Dosen werden zum Streichen der hellgelben Fläche von der Sockelkante bis zur Decke benötigt?

ERINNERE DICH
Hektar
1 ha = 100 m · 100 m = $10\,000\,\text{m}^2$
Ar
1 a = 10 m · 10 m = $100\,\text{m}^2$

Dreiecke und Vierecke in der Architektur

Das „Dockland"

Im Herbst 2005 wurde das Bürohaus „Dockland" an der Elbe in Hamburg fertig gestellt. Dieser mit einem Neigungswinkel von 24° bugförmig herausragende Bau soll den Eindruck erwecken, als ob ein Schiff am Kai angelegt hätte.
Jede der sechs Büro-Etagen ist etwa 700 m² groß. Das Gebäude mit seinen parallelogrammförmigen Seiten erstreckt sich insgesamt über 132 Meter Länge und 20 Meter Breite. Es bietet auf sechs Geschossen eine Geschossfläche von insgesamt 8750 m². Zur Dachterrasse müssen 25 m Höhe überwunden werden – das sind rund 140 Stufen. Der Ausblick von diesem 47 m weit ins Wasser hineinragenden Gebäude ist einmalig.

In der Architektur geht es um den Entwurf und die Gestaltung von Bauwerken. Oft werden dabei auch geometrische Flächen und Körper genutzt.
Häufig verrät die Form etwas über die Funktion des Gebäudes. Zum Beispiel erkennt man Kirchen, Wohnhäuser und Schulen schnell am jeweils typischen Baustil.
In Hamburg wurde direkt am Hafen ein Bürogebäude gebaut, das an ein Schiff erinnert.

1 Arbeitet in kleinen Gruppen. Lest den Zeitungsartikel zum Bürogebäude „Dockland". Fertigt zu dem Gebäude eine Skizze an und überprüft, ob die Längenangaben, Winkel und Quadratmeterzahlen stimmen können. Findet bei Unstimmigkeiten mögliche Gründe.

2 Wie viele Quadratmeter Fensterglas sind ungefähr in der gesamten Hausecke vorhanden?
Arbeitet in Gruppen. Überlegt euch zuerst, wie ihr an die Aufgabe herangehen könnt. Welche Informationen benötigt ihr und wie könnt ihr sie erhalten? Nutzt dazu euer Alltagswissen, z. B. über Größen.
Protokolliert die Voraussetzungen, Annahmen und Vorgehensweisen, von denen ihr ausgeht.
Stellt eure Ergebnisse und Lösungswege in eurer Klasse vor. Wie weit weichen eure Ergebnisse voneinander ab?

NACHGEDACHT
Wie viele Meter Rahmen umfassen die Fenster ungefähr?

3 Entwirf selbst eine Gebäudefront, in der möglichst viele verschiedene Vierecksarten vorkommen. Achte auf einen passenden Maßstab. Berechne den Flächeninhalt.

Name: Der schwarze Diamant
Ort: Kopenhagen, Dänemark
Funktion: Öffentliche Bibliothek
Höhe: 29 m
Fassade: 80 m breit

Name: Hearst Tower
Ort: New York, USA
Funktion: Verlagshaus
Höhe: 182 m
Höhe jedes Dreiecks: 16,5 m

4 Arbeitet zu zweit oder in kleinen Gruppen.
Wählt eines der Gebäude und bearbeitet die unten stehenden Aufgaben dazu gemeinsam.

- Welche geometrischen Flächen gibt es am Gebäude?
- Gibt es an dem Gebäude Symmetrieachsen?
- Gibt es einen Zusammenhang zwischen Aussehen und Nutzung des Gebäudes?
- Zeichnet die Vorderseite des Gebäudes. Achtet auf einen passenden Maßstab.
- Berechnet oder schätzt den Flächeninhalt der Vorderseite des Gebäudes möglichst genau.
- Überschlagt, wie viele Quadratmeter Glas für das gesamte Gebäude verwendet wurde.
- Skizziert oder baut ein Modell des Gebäudes.
- Recherchiert eventuell in der Bibliothek oder im Internet nach weiteren Informationen.
- Gestaltet ein Poster oder eine Folie zu eurem Gebäude.
  Haltet damit eine Präsentation, in der ihr euren Mitschülerinnen und Mitschülern zeigt, was ihr über euer Gebäude herausgefunden habt.

Name: 30 St Mary Axe
Ort: London, Großbritannien
Funktion: Bürogebäude
Grundriss: Kreis
Höhe: 180 m
Umfang am Boden: 82,3 m

Name: La Grande Arche
Ort: Paris, Frankreich
Funktion: Sitz des Handels- und Transportministeriums und der Internationalen Stiftung für Menschenrechte
Höhe: 110,9 m
Breite: 106,9 m
Länge: 112 m
Senkrechte Gebäudeteile: 19 m breit

Vermischte Übungen

BEACHTE
Für ein Sierpiński-Dreieck wird das gleichseitige Dreieck als Ausgangsfigur in vier deckungsgleiche Dreiecke aufgeteilt und das mittlere Dreieck herausgenommen. Dieser Vorgang wird bei jeder Stufe und jedem gefärbten Dreieck wiederholt.

Stufe 0

Stufe 1

Stufe 2

Stufe 3

1 Gib den Flächeninhalt der Dreiecke an.
a) $c = 3{,}4\,\text{cm}$; $h_c = 2{,}8\,\text{cm}$
b) $a = 6\,\text{cm}$; $b = 5{,}8\,\text{cm}$; $h_b = 4{,}5\,\text{cm}$
c) $b = 6{,}7\,\text{cm}$; $h_a = 3{,}6\,\text{cm}$; $h_b = 7\,\text{cm}$
d) $a = 6{,}9\,\text{cm}$; $h_a = 0{,}7\,\text{dm}$

2 Zeichne ein Dreieck mit $a = 6\,\text{cm}$, $c = 4{,}5\,\text{cm}$ und $\beta = 52°$. Gib Umfang und Flächeninhalt des Dreiecks an. Entnimm fehlende Längenangaben deiner Zeichnung.

3 Berechne den Umfang mit einer möglichst einfachen Formel.
a) gleichschenkliges Dreieck mit Basislänge 5,7 cm und Schenkellänge 3,9 cm
b) gleichseitiges Dreieck mit der Seitenlänge $a = 7{,}5\,\text{cm}$

4 Wie viele Dreiecke mit $A = 10\,\text{cm}^2$ und $g = 5\,\text{cm}$ gibt es?
Finde eine Möglichkeit, wie du alle diese Dreiecke ganz einfach zeichnen kannst.

5 Arbeitet zu dritt. Legt mit einer 40 cm langen Schnur verschiedene Dreiecke. Vergleicht ihren Umfang und ihren Flächeninhalt. Was fällt euch auf?

6 Zeichne auf ein DIN-A4-Blatt ein Dreieck mit möglichst großem Flächeninhalt. Welche Maße hat es?

7 Alle Seitenlängen eines Dreiecks werden um $\frac{1}{10}$ verlängert. Vergrößert sich auch der Flächeninhalt um $\frac{1}{10}$? Begründe.

8 Das Sierpiński-Dreieck (siehe Randspalte) ist nach dem polnischen Mathematiker Wacław Sierpiński (1882–1969) benannt.
a) Das Dreieck in Stufe 0 hat eine Seitenlänge von $a = 10\,\text{cm}$. Wie groß ist sein Flächeninhalt? Zeichne das Dreieck. Entnimm die Höhe deiner Zeichnung.
b) Wie groß ist der Flächeninhalt aller gefärbten Dreiecke in Stufe 1 (2, und 3)?
c) Gib die Summe der Umfänge aller Dreiecke in Stufe 1 (2, und 3) an.

9 Welche Eigenschaften unterscheiden …
a) eine Raute von einem Parallelogramm?
b) ein Trapez von einem Parallelogramm?
c) ein Rechteck und ein gleichschenkliges Trapez?
d) Welche Eigenschaften haben ein beliebiges Trapez und eine Raute gemeinsam?

10 Erläutere die Abbildung.

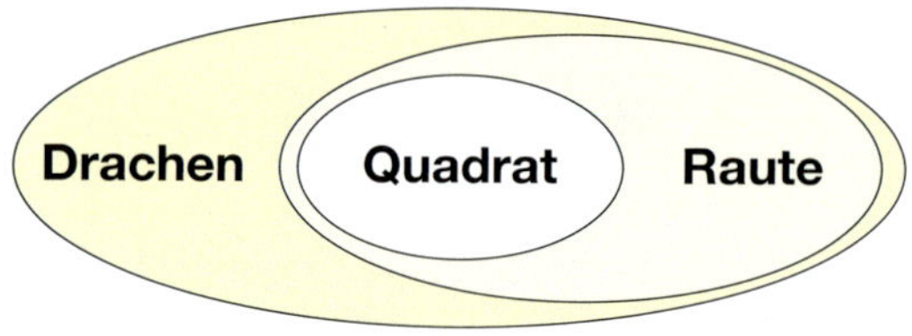

11 Zeichne eine ähnliche Abbildung wie in Aufgabe 10 in dein Heft. Benutze die Begriffe Trapez, Rechteck und Parallelogramm.

12 Ordne das Haus der Vierecke nach anderen Kriterien und vergleiche jeweils. Sortiere nach …
a) der Anzahl der Symmetrieachsen.
b) der Länge und der Teilung der Diagonalen.

13 Zeichne das Parallelogramm. Berechne den Flächeninhalt. Entnimm die fehlenden Maße deiner Zeichnung.
a) $a = 4\,\text{cm}$, $b = 5\,\text{cm}$, $\beta = 135°$
b) $a = 3{,}5\,\text{cm}$, $b = 7{,}4\,\text{cm}$, $\alpha = 50°$

14 Gegeben ist ein Parallelogramm mit $a = 5\,\text{cm}$, $b = 3\,\text{cm}$ und $h_a = 2{,}5\,\text{cm}$. Verändere die gegebenen Größen des Parallelogramms so, dass …
a) der Umfang verdoppelt wird.
b) der Umfang halbiert wird.
c) der Flächeninhalt verdoppelt wird.
d) der Flächeninhalt halbiert wird.
e) der Umfang um $\frac{1}{10}$ kürzer wird.
f) der Flächeninhalt das 1,5-fache des vorherigen einnimmt.

15 Berechne den Flächeninhalt der Trapeze.
a) $a = 4{,}5\,\text{cm}$, $c = 3{,}7\,\text{cm}$, $h = 5{,}1\,\text{cm}$
b) $a + c = 8{,}6\,\text{mm}$, $h = 2{,}2\,\text{mm}$

16 Gegeben ist der Flächeninhalt eines Trapezes.
① $A = 42\,cm^2$ ② $A = 54\,cm^2$ ③ $A = 44\,ha$
Gib zu jedem Flächeninhalt zwei Möglichkeiten an, wie groß a, c und h sein könnten.

17 Berechne den Flächeninhalt der Drachen.
a) $e = 7\,cm$; $f = 3{,}5\,cm$
b) $e = 5{,}4\,dm$; $f = 66\,cm$

18 Bestimme den Flächeninhalt. Miss gegebenenfalls nach.

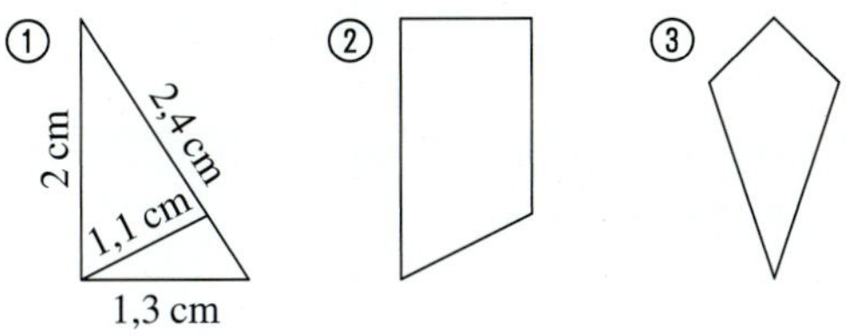

19 Ein Fliesenhandel bietet Mosaik-Fliesen an. Mehrere dieser Mosaik-Fliesen sind entweder auf ein rechteckiges oder auf ein quadratisches Netz geklebt und bilden zusammen ein großes Mosaik.

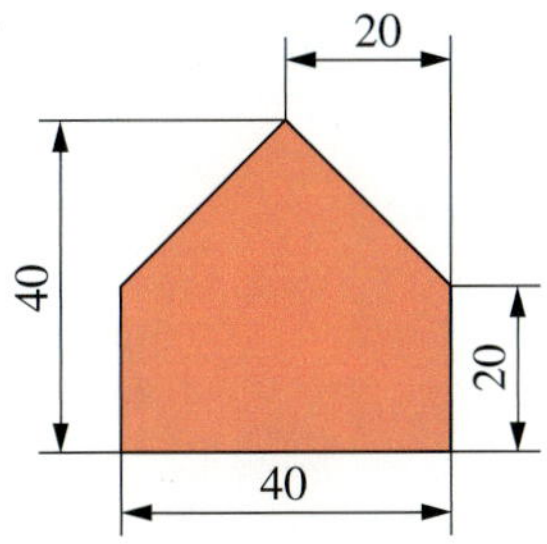

Angaben in mm

a) Berechne den Flächeninhalt einer kleinen Mosaik-Fliese.
b) Skizziere, wie ein großes Mosaik aussehen könnte, wenn dieses aus 10 ganzen und 4 halben Mosaik-Fliesen besteht.
c) Die Mosaike werden in einem Karton verkauft, in den 15 Stück passen. Wie viel m^2 Fliesen enthält ein Karton?

20 Berechne den Flächeninhalt der Figur durch geschicktes Zerlegen in Teilfiguren.

a)
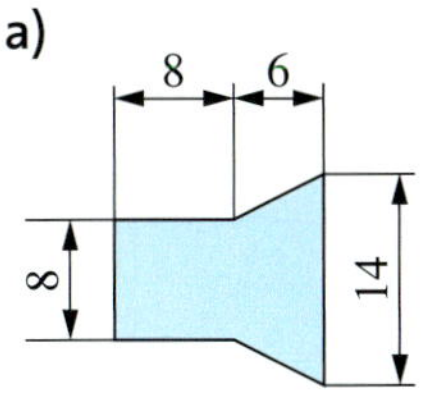

Maße in cm

b)
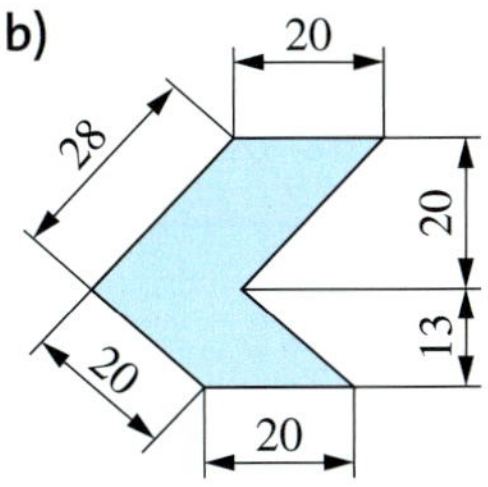

21 Die Grundstücke A bis F werden zum Verkauf angeboten.

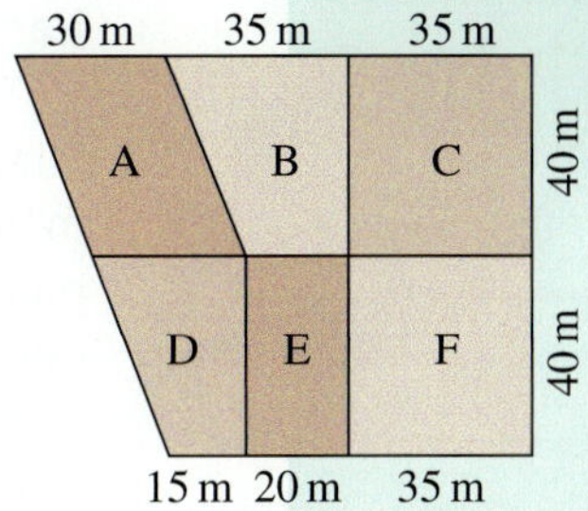

a) Bestimme den Flächeninhalt jedes Grundstücks.
b) Der Grundstückspreis liegt bei 130 € pro m^2. Familie Meier kann maximal 150 000 € für das Grundstück ausgeben. Welche Grundstücke könnte sich die Familie kaufen?
c) Der Besitzer von Grundstück E möchte sein Grundstück vollständig einzäunen. Bestimme die Gesamtlänge des Zauns.
d) Rechts von Grundstück C und F liegt ein 80 m langes rechteckiges Grundstück mit einem Flächeninhalt von 1400 m^2. Wie breit ist es?

22 Übertrage die Zeichnungen in dein Heft. Spiegele die Figuren an der roten Achse g oder am Symmetriepunkt S.

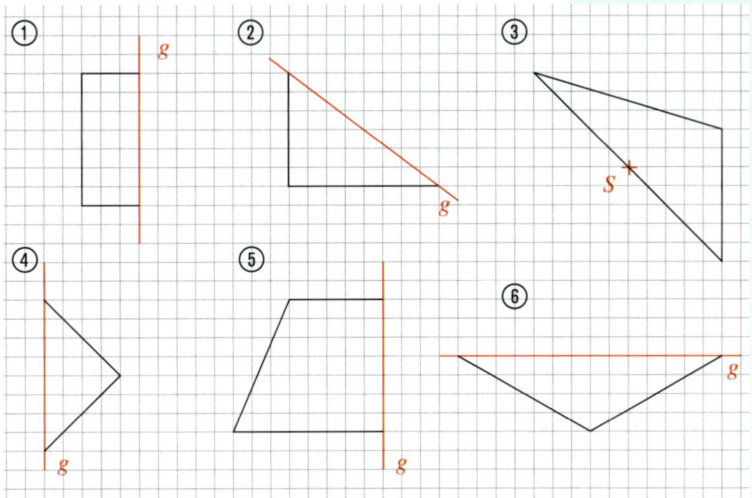

a) Welche Vierecke entstehen?
b) Entnimm die Maße deinen Zeichnungen und berechne Umfang und Flächeninhalt.
c) Welche speziellen Vierecke können grundsätzlich nicht durch Spiegeln entstehen? Probiere und begründe.

23 Konstruiere mit einer dynamischen Geometrie-Software ein Viereck. Verbinde seine Seitenmittelpunkte. Bei welchen Vierecken ist das Mittenviereck ein besonderes Viereck? Welches?

Parkettierungen

Unter einer Parkettierung versteht man eine lückenlose und überlappungsfreie Auslegung einer Fläche durch Teilflächen.
Rechts siehst du einen Parkettboden aus Rauten.

a) Zeichne ein Parkett aus mindestens 20 Rauten. Wähle für $e = 2$ cm und $f = 4$ cm.

b) Auch aus Quadraten lässt sich eine Parkettierung legen.
Eine quadratische Fliese hat einen Flächeninhalt von 225 cm².
Wie lang ist jede ihrer Seiten?

c) Ein rechteckiger Boden mit den Seitenlängen 3,30 m und 4,50 m soll mit quadratischen Fliesen ausgelegt werden. Sie haben eine Seitenlänge von 15 cm.
Wie viele Fliesen werden benötigt?

ERINNERE DICH
Die Konstruktion eines Sechsecks wird auf Seite 62 behandelt.

d) Zeichne mit Hilfe eines Zirkels ein Sechseck mit der Seitenlänge 6 cm. Berechne seinen Flächeninhalt. Entnimm fehlende Maße deiner Zeichnung.

e) Berechne den Flächeninhalt des Ausschnitts aus Sechseckfliesen. Eine Fliese hat eine Seitenlänge von 12 cm und eine Breite von 20,8 cm.

f) Berechne geschickt den Flächeninhalt der Parkettierung aus Dreiecken und Sechsecken. Das Dreieck hat eine Seitenlänge von 3 cm. Beschreibe deinen Lösungsweg und vergleicht untereinander.

---

g) Eine quadratische Fläche von 64 m² soll mit Rauten ausgelegt werden.
Wie viele Rauten mit $e = 8$ cm und $f = 16$ cm werden benötigt?

h) In Gruppen- und Besprechungsräumen werden häufig Trapeztische eingesetzt. Ihre Tischfläche besteht aus einem gleichschenkligen Trapez (siehe rechts).
Welche Möglichkeiten gibt es, die Tische zu stellen?
Wieso wurden die Maße genau so gewählt?

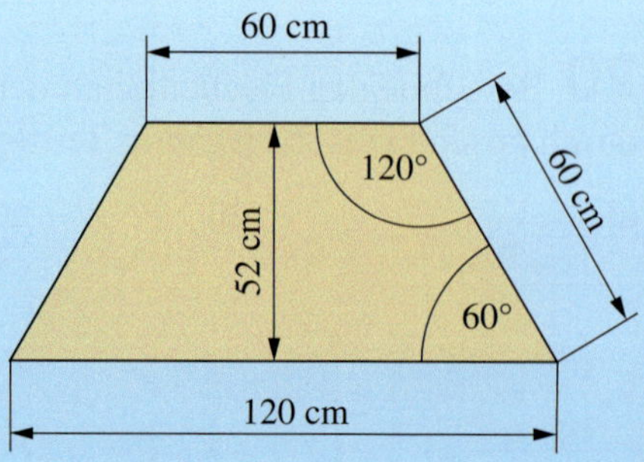

i) Eine Bienenarbeiterin ist etwa 12 mm lang.
Wie viele Bienenwaben werden dann ungefähr auf den Rahmen eines Bienenstocks mit einer Größe von 50 cm × 40 cm gebaut?

Alles klar?

Entscheide, ob die Aussagen richtig oder falsch sind.
Begründe deine Entscheidung im Heft und korrigiere gegebenenfalls.

BEACHTE
Die Lösungen zu den Aufgaben auf dieser Seite sowie dazu passende Trainingsaufgaben findest du ab Seite 230.

1 Umfang und Flächeninhalt von Dreiecken

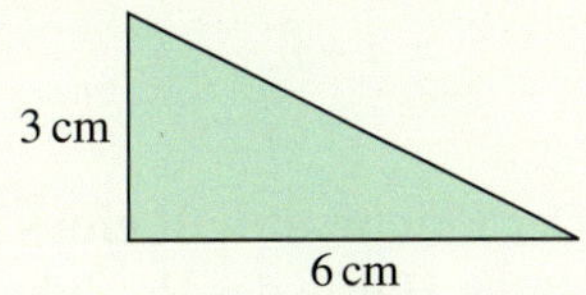

a) Der Umfang eines Dreiecks wird mit $u = a + b + c$ berechnet.

b) Lässt sich der Umfang eines Dreiecks mit $u = 2a + b$ berechnen, so handelt es sich um ein gleichseitiges Dreieck.

c) Beträgt der Umfang eines Dreiecks 36 cm und sind zwei Seiten jeweils 13 cm lang, so beträgt die Länge der dritten Seite 10 cm.

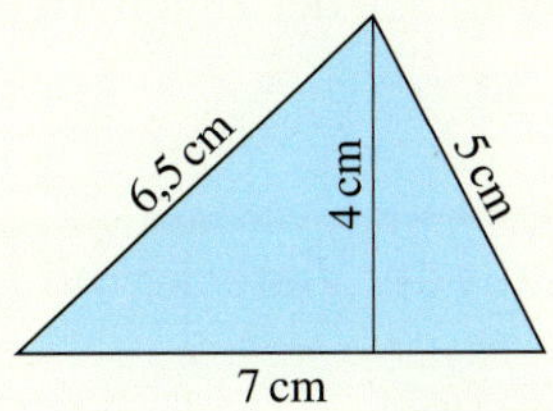

d) Der Flächeninhalt des grünen Dreiecks beträgt $18\,\text{cm}^2$.

e) Der Flächeninhalt des blauen Dreiecks berechnet sich aus $A = \frac{5\,\text{cm} \cdot 4\,\text{cm}}{2} = 10\,\text{cm}^2$.

f) Ist in einem Dreieck $A = 30\,\text{cm}^2$ und $g = 10\,\text{cm}$, so beträgt die Höhe $h_g = 6\,\text{cm}$.

2 Besondere Vierecke

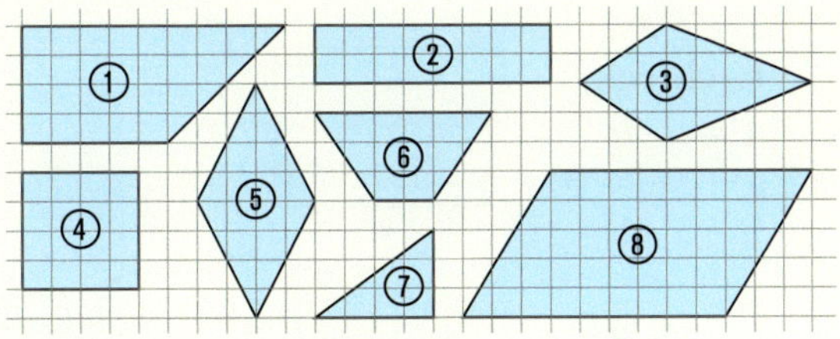

a) In der Abbildung kann man zwei Trapeze, zwei Rauten und zwei Rechtecke finden.

b) Sind alle vier Seiten eines Vierecks gleich lang, so handelt es sich immer um ein Quadrat.

c) Ein Rechteck ist auch ein Parallelogramm.

d) Bei einem Parallelogramm stehen die Diagonalen senkrecht aufeinander.

e) Sind die Längen der Diagonalen e und f bekannt, so lässt sich eine Raute konstruieren.

f) Für die Konstruktion eines Trapezes benötigt man mindestens drei Angaben.

3 Umfang und Flächeninhalt von Vierecken

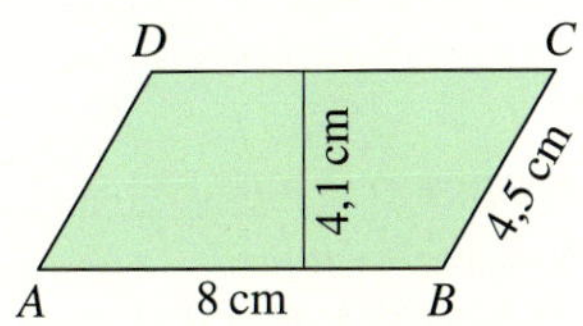

a) Der Umfang des abgebildeten Parallelogramms beträgt 25 cm.

b) Der Flächeninhalt des abgebildeten Parallelogramms beträgt $36\,\text{cm}^2$.

c) Bei einem Parallelogramm betragen $g = 5\,\text{cm}$ und $h_g = 4{,}6\,\text{cm}$. Dann ist $A = 23\,\text{cm}^2$.

d) Der Flächeninhalt eines Trapezes lässt sich über die Diagonalen e und f berechnen.

e) Die Flächeninhalte einer Raute und eines Parallelogramms lassen sich auf die gleiche Weise berechnen.

f) Ein Drachen mit $e = 1\,\text{m}$ und $f = 30\,\text{cm}$ hat einen Flächeninhalt von $3000\,\text{cm}^2$.

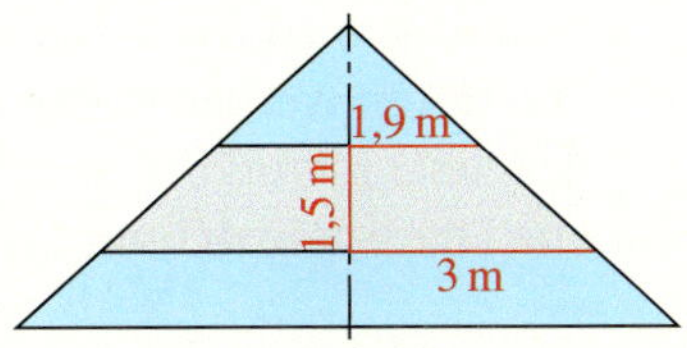

g) Der Inhalt der grau eingezeichneten Fensterfläche in dem gleichschenkligen Giebel beträgt $3{,}675\,\text{m}^2$.

Zusammenfassung

→ Seite 76

Umfang und Flächeninhalt von Dreiecken

Der **Umfang eines Dreiecks** ist die Summe aller Seitenlängen.

$u_{\text{Dreieck}} = a + b + c$

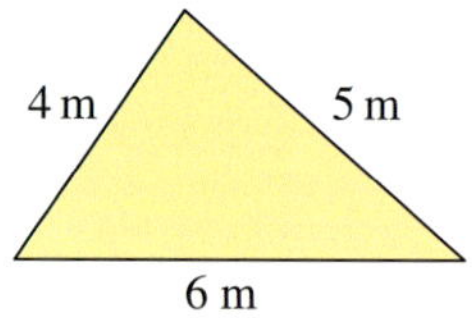

$u_{\text{Dreieck}} = a + b + c$
$u_{\text{Dreieck}} = (4 + 5 + 6)\,\text{m}$
$u_{\text{Dreieck}} = 15\,\text{m}$

Der **Flächeninhalt eines Dreiecks** ist die Hälfte des Produkts aus einer Dreiecksseite (Grundseite g) und der Länge der zugehörigen Höhe h_g.

$A = \frac{g \cdot h_g}{2}$

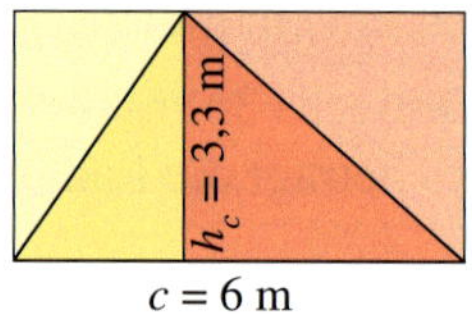

Es gilt: $g = c$ und $h_g = h_c$
$c = 6\,\text{m}$, $h_c = 3{,}3\,\text{m}$

$A = \frac{6 \cdot 3{,}3}{2}\,\text{m}^2 = 9{,}9\,\text{m}^2$

→ Seiten 80, 86

Haus der Vierecke mit Umfang und Flächeninhalt von Vierecken

Der Pfeil ⟶ bedeutet: „… ist auch ein(e) …“

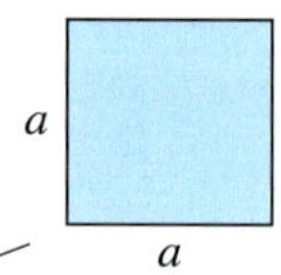

Quadrat
$A = a^2$
$u = 4a$

Rechteck
$A = a \cdot b$
$u = 2(a + b)$

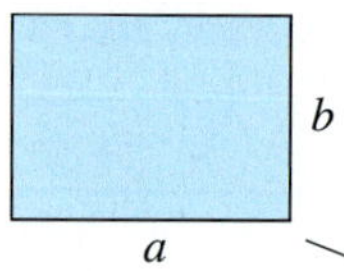

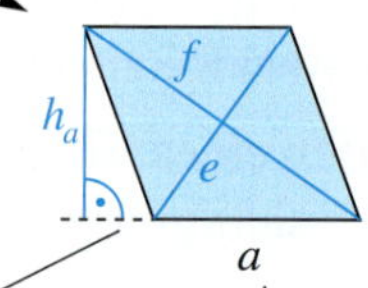

Raute
$A = a \cdot h_a$
oder
$A = \frac{e \cdot f}{2}$
$u = 4a$

Parallelogramm
$A = a \cdot h_a$
$u = 2(a + b)$

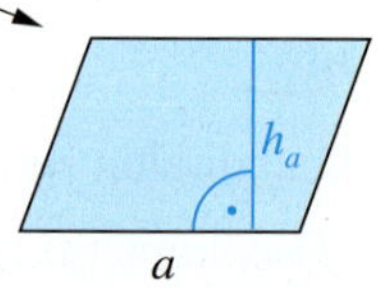

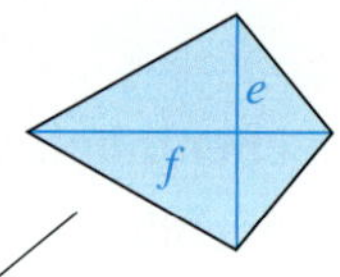

Drachen
$A = \frac{e \cdot f}{2}$
$u = 2(a + b)$

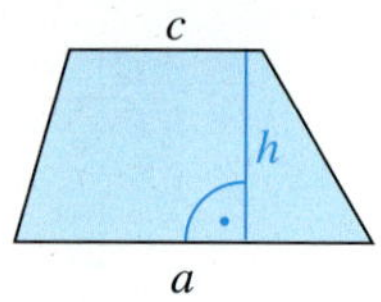

Trapez
$A = \frac{(a + c)}{2} \cdot h$
$u = a + b + c + d$

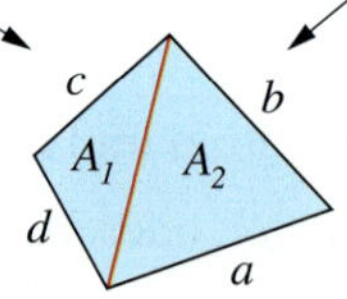

Viereck
$A = A_1 + A_2$
$u = a + b + c + d$

Ein Viereck wird wie folgt bezeichnet:
- Die Ecken werden gegen den Uhrzeigersinn mit A, B, C und D bezeichnet.
- Als Seite a wird die Strecke $\overline{AB}$, als Seite b die Strecke $\overline{BC}$, … bezeichnet.
- Die Diagonale $\overline{AC}$ wird mit e, die Diagonale $\overline{BD}$ wird mit f bezeichnet.

Zuordnungen

In einer Fabrik werden Getränkeflaschen abgefüllt. Eine Abfüllanlage kann in einer Schicht von acht Stunden 192 000 Flaschen abfüllen.

In diesem Kapitel lernst du, wie man mit Hilfe des Dreisatzes berechnet, wie viele Flaschen die Maschine in zwölf Stunden abfüllen kann. Außerdem erfährst du, was proportionale und antiproportionalen Zuordnungen sind, wie man sie unterscheidet und woran man sie in Tabellen und Diagrammen erkennen kann.

Noch fit?

1 Ergänze die Einheiten.

a) Die Entfernung zwischen Dresden und Cottbus beträgt 138 ___.
b) Eileen muss jeden Morgen 800 ___ zur Schule laufen.
c) Lisas Bleistift ist noch 9 ___ lang.
d) Das Fußballfeld hat eine Länge von 105 ___.
e) 15 Blatt Papier haben eine Dicke von 2 ___.
f) Die CD hat einen Durchmesser von 1,2 ___.

2 Gib das Ergebnis jeweils in Kilogramm an.

a) das Dreifache von 656 g
b) das Achtfache von 45 g
c) ein Sechstel von 120 kg 96 g
d) ein Viertel von 28,06 kg

3 Schreibe in der in Klammern angegebenen Einheit.

a) 2 Tage (h)
b) 3 min (s)
c) 180 s (min)
d) 48 h (Tage)
e) 23 min (s)
f) 13 Tage (h)
g) 1 Tag (min)
h) 1 h 1 min (s)
i) 365 Tage (min)
j) 5 h (s)

4 Bestimme die Zeitspanne.

a) Ilona fährt um 18.31 Uhr in Erfurt los und kommt um 22.25 Uhr in Cottbus an.
b) Kolumbus wurde 1451 in Genua geboren und starb 1506 in Valladolid.
c) Die Bauarbeiten begannen am 12. März 2005 und wurden am 24. Mai 2005 beendet.

5 Diagramm

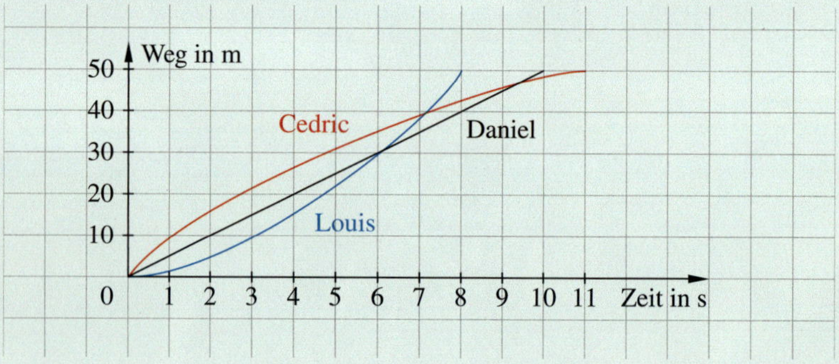

Welche Aussagen sind richtig? Begründe und korrigiere falsche Aussagen.

a) Cedric hat den Lauf gewonnen.
b) Louis lief langsam los und wurde dann schneller.
c) Daniel lief in gleichmäßigem Tempo.
d) Cedric hat Louis nach 40 m überholt.
e) Nach 5 Sekunden führte Cedric.
f) Daniel ist die Strecke in 10 Sekunden gelaufen.

Bunt gemischt

1. Wie viele Tage bist du ungefähr alt?
2. Erkläre die Bedeutung der Vorsätze „Dezi", „Zenti" und „Milli", z. B. bei Längeneinheiten.
3. Ergänze die Lücken. Gibt es mehrere Möglichkeiten?
   a) $6 \cdot 25 = ☐ \cdot 50$
   b) $14 \cdot 20 = 7 \cdot ☐$
   c) $☐ \cdot 8 = ☐ \cdot 4$
   d) $21 : 7 = 42 : ☐$
   e) $120 : 15 = ☐ : 5$
   f) $36 : 6 = ☐ : ☐$
4. In einem Monat wächst ein Kopfhaar etwa 1,2 cm. Wie lang wächst es in einem Jahr?
5. Fünf Flaschen Cola kosten 4,95 €. Wie viel kostet eine Flasche Cola?

Darstellungen von Zuordnungen

Erforschen und Entdecken

1 Ihr benötigt für den Versuch mindestens drei unterschiedlich geformte kleine Vasen mit möglichst gleichem Volumen, einen Messbecher, ein langes Lineal oder einen Zollstock und Wasser.

a) Platziert das Lineal oder den Zollstock in einer der drei Vasen.
Übertragt die folgende Wertetabelle in euer Heft:

Wassermenge (in ml)	0	50	100	150	…
Höhe der Wassersäule (in cm)					

b) Füllt in die Vase mit dem Lineal bzw. Zollstock mit dem Messbecher 50 ml Wasser.
Lest die Füllhöhe ab und tragt sie in die Tabelle ein.
Gießt weitere 50 ml Wasser nach, lest die neue Füllhöhe ab und tragt in die Tabelle ein.
Fahrt so fort, bis die Vase voll ist.

c) Nehmt die weiteren Vasen und verfahrt wie bei Teilaufgabe b).
Zeichnet zu jeder Vase ein Säulendiagramm aus den Werten in der Tabelle.

BEACHTE
Achtet darauf, dass euer Messbecher eine 50-ml-Unterteilung besitzt.

2 Die folgenden Graphen zeigen die Ergebnisse von Füllexperimenten, bei denen Wasser in Vasen unterschiedlicher Formen gefüllt wurde.

BEACHTE
In den nebenstehenden Bildern ①–④ sind die geschwungenen Linien die **Graphen** der Zuordnungen.

①
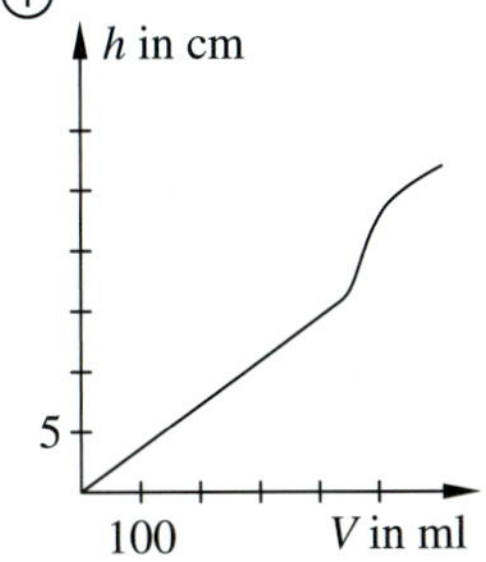

②
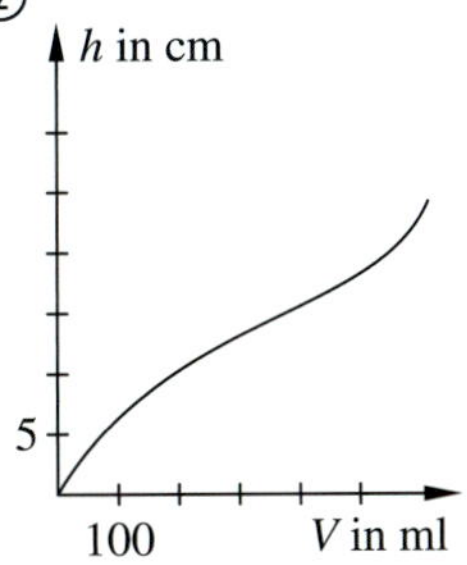

③
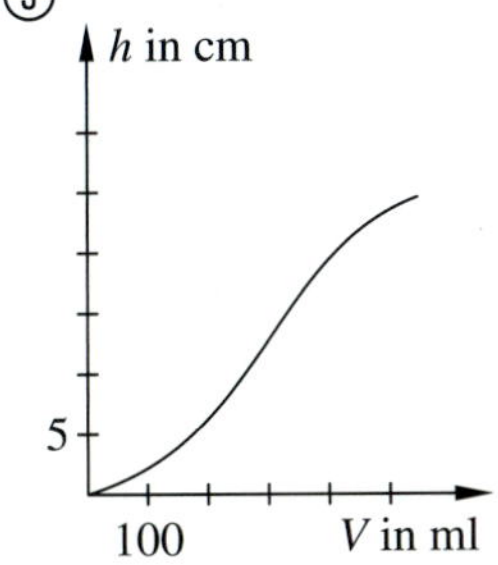

④
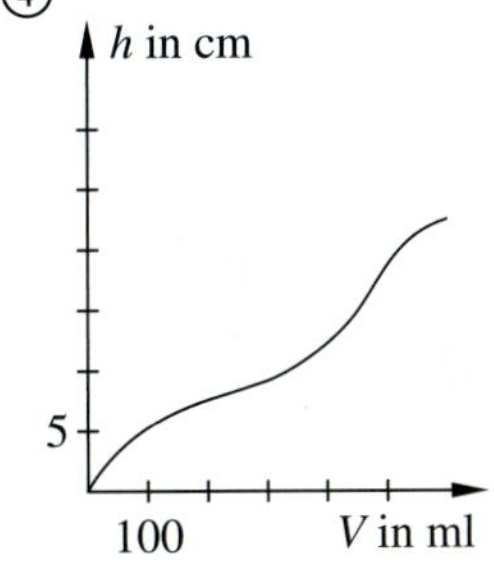

Ⓐ
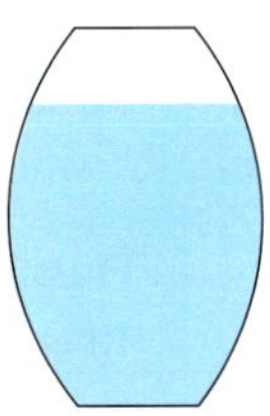

Ⓑ
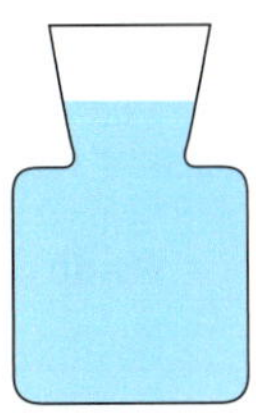

Ⓒ
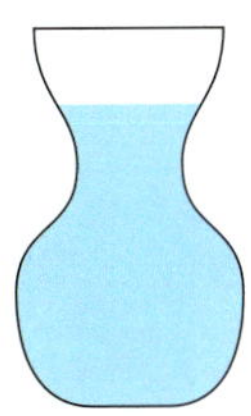

Ⓓ
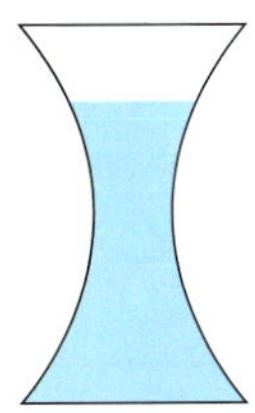

a) Fertige zu den einzelnen Diagrammen Wertetabellen an.
b) Beschreibe die Verläufe der Graphen möglichst kurz und präzise.
c) Was bedeutet es für die Form des Gefäßes, wenn der Graph steiler ansteigt?
d) Ordne den Diagrammen die entsprechenden Vasen zu.
e) Erfinde eigene Gefäße und skizziere dazu die Füllgraphen.

Lesen und Verstehen

Eine Vase hat die Form einer quadratischen Säule. Es werden mehrmals 50 ml Wasser eingefüllt. Die Wassersäule steigt jeweils um 3 cm. Stelle diese Zuordnung auf verschiedene Arten dar.

BEACHTE
Wird jedem Element oder jedem Wert aus einem vorgegebenen Bereich genau ein Element oder Wert aus einem anderen Bereich zugeordnet, so spricht man von einer „eindeutigen Zuordnung". Eine „eindeutige Zuordnung" nennt man in der Mathematik auch „Funktion".

Zuordnungen
Bei Zuordnungen wird jedem Element oder jedem Wert aus einem vorgegebenen Bereich (z. B. der Füllmenge) ein oder mehrere Elemente oder Werte aus einem anderen Bereich (z. B. der Höhe der Wassersäule) zugeordnet.

Eine Zuordnung zwischen zwei Größen wird häufig dargestellt durch (siehe rechts):
- einen **Text**,
- eine **Tabelle** oder
- ein **Diagramm**.

Text
Werden mehrmals 50 ml Wasser in die Vase gefüllt, steigt die Höhe der Wassersäule um jeweils 3 cm.

Tabelle

Füllmenge (in ml)	0	50	100	150
Höhe der Wassersäule (in cm)	0	3	6	9

Diagramm

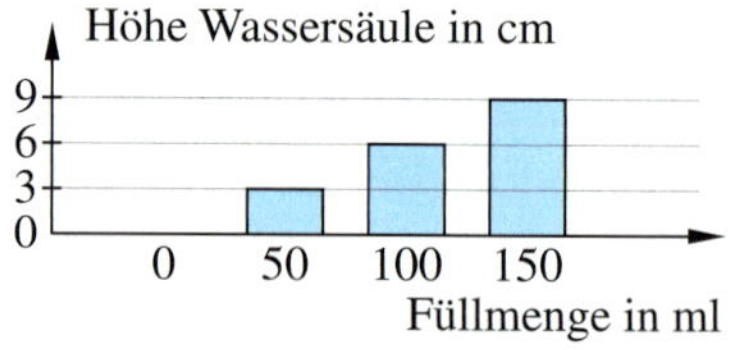

Basisaufgaben

1 Welche Größen sind einander zugeordnet?

a) Über- und Untergewicht werden heute mit dem Körpermassenindex (BMI) erfasst, dem Quotienten aus Körpergewicht (in kg) und Quadrat der Körpergröße (in m).

b) Preise von Telefonanbietern

Mo–Fr	ct	FERN	Sa + So
07–18	2,7	01081	07–20
	< 3	01077	
18–20	2,5	01078	20–07
20–07	1,5	01070	

c) Wettervorhersage

d) Fieberkurve

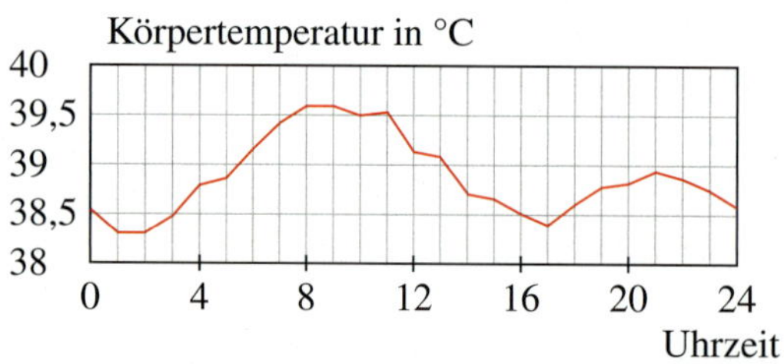

2 Ergänze die folgenden Aussagen. Findest du mehrere Lösungen?

a) Jedem Kind kann … zugeordnet werden.

b) Jedem … kann seine Einwohnerzahl zugeordnet werden.

c) Jedem Auto kann … zugeordnet werden.

d) Jedem … kann seine Höhe zugeordnet werden.

3 Sören, Mona und Lars spielen „Stadt, Land, Fluss". Ihre Ergebnisse bei „R" sind:

	Stadt	Land	Fluss
Sören	Rom	Russland	Rhein
Mona	Remscheid	Rumänien	Ruhr
Lars	Rio de J.	Ruanda	Rhône

a) Handelt es sich bei dem Spiel um eine Zuordnung? Begründe.

b) Ordne jeder Stadt der Tabelle das zugehörige Land und jedem Land der Tabelle seine Hauptstadt zu.

c) Ordne jedem Fluss der Tabelle die Länder zu, durch die er fließt.

Steigende und fallende Zuordnungen

Erforschen und Entdecken

1 Ordne den Texten (1) bis (6) die passenden Wertetabellen (a) bis (f) und die Diagramme I bis VI zu.
Welche Größen sind einander zugeordnet?

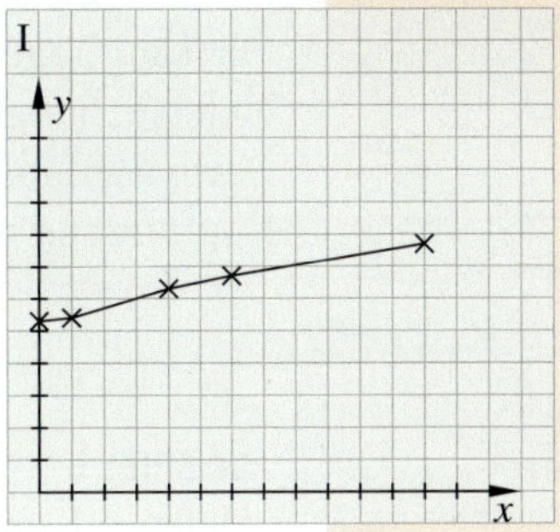

Texte

(1) Frau Bauer erstellt eine Übersicht über die Portokosten bei Briefen.
(2) Eine Pizza Margherita kostet 2 €, für jeden Belag muss 1 € zusätzlich gezahlt werden.
(3) Ein Malermeister überlegt, wie viele Maler er einsetzen soll, um eine Wand zu streichen.
(4) Die Körpergröße eines Kindes wird seit der Geburt in unregelmäßigen Abständen notiert.
(5) Eine leere Badewanne wird mit Wasser gefüllt.
(6) In einer mit Wasser gefüllten Badewanne wird der Wannenstöpsel gezogen.

Wertetabellen

(a)

	0	1	2	3	4
	2	3	4	5	6

(b)

	0	1	4	6	12
	53	54	63	67	77

(c)

	0	1	2	3	4	5
	0	0,58	1,16	1,74	2,32	2,90

(d)

	0	1	2	3	4	5
	0	20	40	60	80	100

(e)

	1	2	3	4	5
	60	30	20	15	12

(f)

	0	1	2	3	4	5
	100	80	60	40	20	0

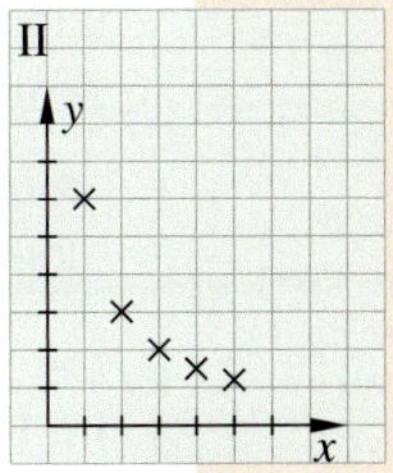

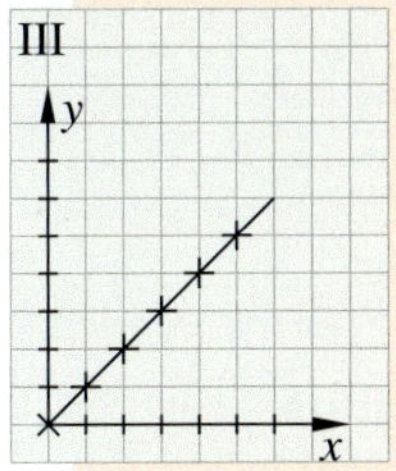

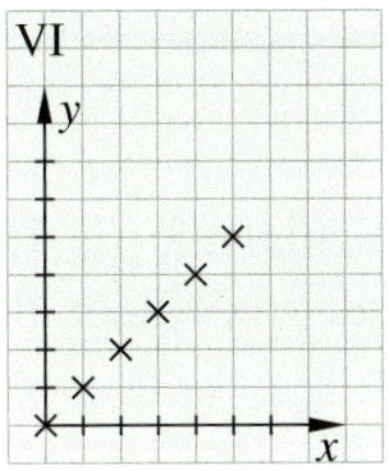

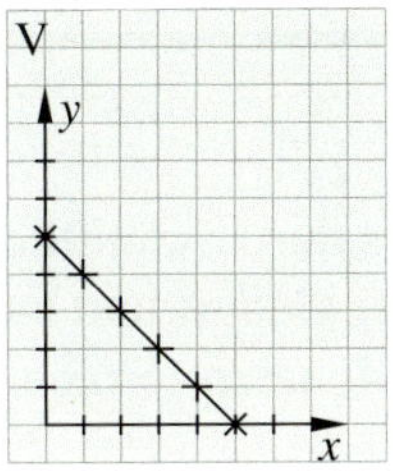

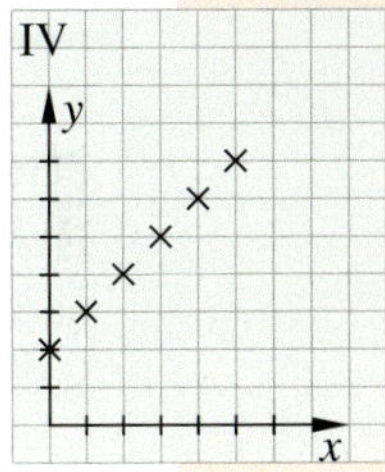

2 Einige Diagramme bestehen nur aus Punkten, andere aus durchgezogenen Linien. Begründe.

3 In der Mathematik unterscheidet man steigende von fallenden Zuordnungen.
a) Welche der abgebildeten Zuordnungen würdest du als steigend, welche als fallend bezeichnen? Übertrage jeweils eine Wertetabelle und ein zugehöriges Diagramm in dein Heft.
b) Ordne steigenden und fallenden Zuordnungen die folgenden Eigenschaften zu: „je mehr, desto mehr"; „je mehr, desto weniger"; „je weniger, desto mehr"; „je weniger, desto weniger".
c) Definiere die Begriffe „steigende Zuordnung" und „fallende Zuordnung" möglichst exakt. Finde weitere Beispiele für steigende und fallende Zuordnungen.

4 Ein Huhn legt pro Woche durchschnittlich 4 Eier.
a) Erstelle eine Wertetabelle für die Anzahl der Eier pro Woche bei 1, 2, 3, 4 und 5 Hühnern. Zeichne ein passendes Diagramm.
b) Handelt es sich um eine steigende oder fallende Zuordnung? Woran erkennt man das?

Lesen und Verstehen

Für Säuglinge und Kleinkinder werden Untersuchungshefte geführt. Darin wird unter anderem der gemessene Kopfumfang notiert.

BEACHTE
Die Punkte im Diagramm zum Kopfumfang dürfen verbunden werden, weil man Helenes Kopfumfang für jedes Alter ungefähr angeben kann.

BEISPIEL 1

Helenes Kopfumfang wurde nach der Geburt und im Alter von einem, drei und sechs Monaten gemessen.

Alter (in Monaten)	0	1	3	6
Kopfumfang (in cm)	33	37	39	43

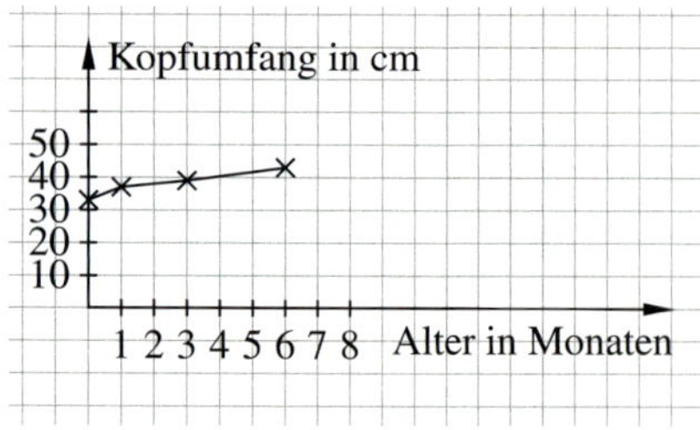

Der x-Wert liegt auf der waagerechten Achse. Im Beispiel gibt er das Alter in Monaten an.
Der y-Wert liegt auf der senkrechten Achse. Im Beispiel gibt er den Kopfumfang in cm an.

Je älter der Säugling, desto größer ist sein Kopfumfang.

Einen solchen Zusammenhang nennt man auch eine **steigende Zuordnung**.

BEACHTE
Steigende Zuordnungen lassen sich mit Sätzen der Art „Je mehr …, desto mehr …" beschreiben.

> Für **steigende Zuordnungen** gilt:
> Eine Vergrößerung des x-Wertes führt zu einer Vergrößerung des y-Wertes.

BEISPIEL 2

Helenes durchschnittliche Schlafzeit pro Tag wurde nach der Geburt und im Alter von einem, drei und sechs Monaten festgehalten.

Alter (in Monaten)	0	1	3	6
Schlafzeit (in h)	18	17	15	12

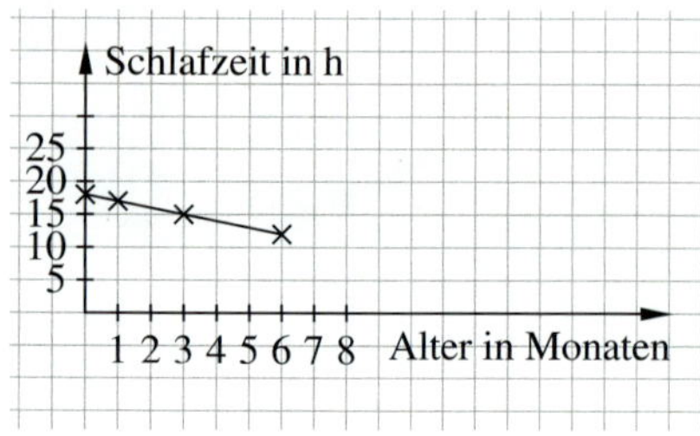

Der x-Wert gibt das Alter in Monaten an und der y-Wert die Schlafzeit in h.

Je älter der Säugling, desto geringer sein Schlafbedarf.

Einen solchen Zusammenhang nennt man auch eine **fallende Zuordnung**.

BEACHTE
Fallende Zuordnungen lassen sich mit Sätzen der Art „Je mehr …, desto weniger …" beschreiben.

> Für **fallende Zuordnungen** gilt:
> Eine Vergrößerung des x-Wertes führt zu einer Verkleinerung des y-Wertes.

Gut zu erkennen sind steigende und fallende Zuordnungen bei grafischen Darstellungen. Ob die Punkte in den grafischen Darstellungen verbunden werden dürfen, hängt vom Sachzusammenhang ab.

Basisaufgaben

1 Entscheide, ob die Wertetabellen zu einer steigenden oder zu einer fallenden Zuordnung gehören.

a)

x	0	1	2	3	4	5
y	37	33	29	25	21	17

b)

x	0	1	2	3	4	5
y	15	21	27	33	39	45

c)

x	0	1	2	3	4	5
y	25	24	29	28	33	32

2 Übertrage die Wertetabelle ins Heft.
Trage die Werte 2; 8; 0 und 5 so ein, dass die Zuordnung steigend ist.

a)

x	1	2	3	4
y				

b)

x				
y	1	2	3	4

c) Fertige zu beiden Wertetabellen grafische Darstellungen an.

3 Übertrage die Wertetabelle ins Heft.
Trage die Werte 3; 7; 1 und 6 so ein, dass die Zuordnung fallend ist.

a)

x	0	1	2	3
y				

b)

x				
y	6	3	2	0

c) Fertige zu beiden Wertetabellen grafische Darstellungen an.

4 Die Wertepaare gehören jeweils zu einer Zuordnung.
Sortiere sie nach der Größe der x-Werte und entscheide, ob es sich um eine steigende oder fallende Zuordnung handelt.

a) (3|13); (5|17); (0|7); (4|15); (2|11); (1|9); (6|19)

b) (4|10); (6|5); (1|40); (3|18); (5|8); (2|25); (7|2)

c) (0|17); (6|39); (3|23); (1|22); (4|28); (5|33); (7|40); (2|25)

5 Ordne den Texten das passende Diagramm zu und entscheide jeweils, ob die Zuordnung *Zeit (in min) → Wassertemperatur (in °C)* steigend oder fallend ist.

(1) Sören erhitzt Wasser in einem Topf.

(2) Sören lässt das Wasser abkühlen.

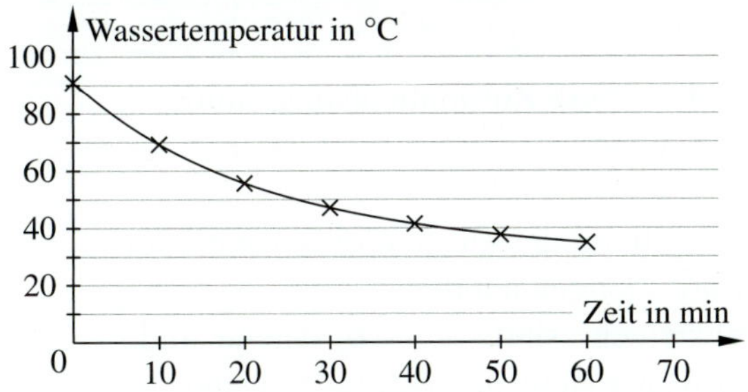

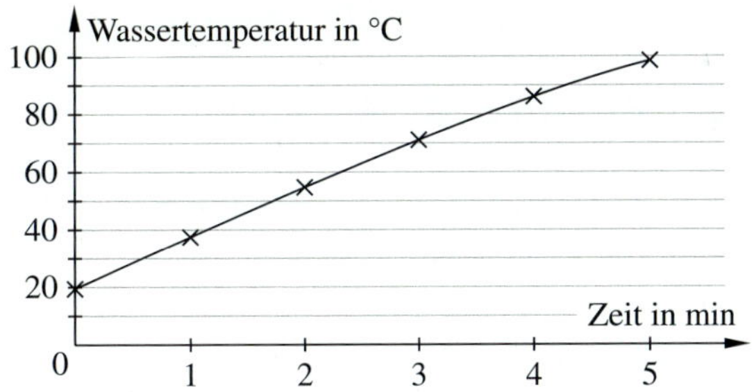

6 Handelt es sich um steigende oder fallende Zuordnungen? Begründe.

a) *Größe der Rasenfläche → Zeit, um den Rasen zu mähen*

b) *Anzahl geschossener Tore → Platz in der Torjägerliste*

c) *Geschwindigkeit eines Autos → Länge des Bremswegs*

d) *Gewicht einer Ware → Preis*

e) *Anzahl der Gärtner → Dauer der Pflege eines Gartens*

f) *Zeitdauer → Wassermenge in der Badewanne*

7 Die Zuordnungen beziehen sich auf ein Formel-1-Rennen. Handelt es sich um steigende oder fallende Zuordnungen? Begründe.

a) *Anzahl der Runden → gefahrene Strecke*

b) *Platzierung im Rennen → Punkte*

c) *Geschwindigkeit → Rundenzeit*

d) *Rundenzeit im Qualifying → Platz in der Startaufstellung*

8 Gib für diesen Ausschnitt der Bundesligatabelle eine steigende und eine fallende Zuordnung an.

Platz	Mannschaft	Punkte	Tore	Tordifferenz
1	Dortmund	15	15:4	+ 11
2	Bayern	13	9:2	+ 7
3	Leverkusen	12	11:6	+ 5
4	Hannover	9	8:7	+ 1

Gelten diese Zusammenhänge immer? Begründe.

9 Gib mindestens je drei Beispiele für Zuordnungen an, die …

a) steigend sind. b) fallend sind.
c) weder steigend noch fallend sind.

10 Das Diagramm zeigt die monatlichen Durchschnittstemperaturen für Berlin.

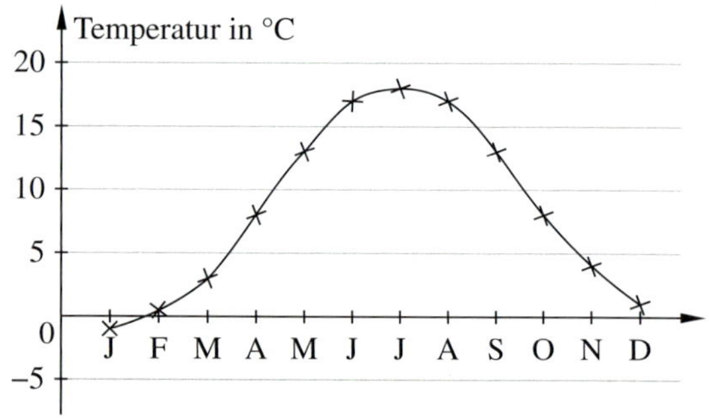

a) Übertrage die Temperaturen in eine Wertetabelle.
b) In welchem Zeitraum ist die Zuordnung *Monat → Temperatur* steigend (fallend)?

Weiterführende Aufgaben

11 Eine Lotto-Tippgemeinschaft hat 180 000 € gewonnen.

a) Übertrage die Tabelle in dein Heft und ergänze die fehlenden Werte.

Anzahl der Mitglieder	1	2	3	4	5	6
Gewinn pro Mitglied	180 000 €					

b) Handelt es sich bei der Zuordnung *Anzahl der Mitglieder → Gewinn pro Mitglied* um eine steigende oder fallende Zuordnung? Begründe.
c) Zeichne ein passendes Diagramm. Dürfen die Punkte im Diagramm verbunden werden? Begründe.

12 Im Jahr 2012 lebten in Deutschland 80,5 Mio. Einwohner. Im Jahr 2010 waren es 81,7 Mio., 2008 dann 82 Mio. und 2006 waren es 82,3 Mio.

a) Stelle die Entwicklung in einer Tabelle und in einem Diagramm dar. Entscheide, ob die Zuordnung *Jahr → Einwohnerzahl* steigend oder fallend ist.
b) Ist es dennoch möglich, dass die Einwohnerentwicklung zwischen 2006 und 2012 weder steigend noch fallend war?

13 Verbrennt eine brennende Kerzenflamme immer gleichmäßig Wachs, so kann man mit Kerzen Zeitspannen messen.

a) Ist die Zuordnung *abgebranntes Kerzenstück → Zeit* steigend oder fallend? Begründe.
b) Handelt es sich bei der Zuordnung *Resthöhe der Kerze → Zeit* um eine steigende oder eine fallende Zuordnung?
c) Eine 5 cm lange Geburtstagskerze ist nach 10 Minuten abgebrannt. Erstelle je eine Wertetabelle und ein Diagramm für die Zuordnung …
① *abgebranntes Kerzenstück → Zeit* bzw.
② *Resthöhe der Kerze → Zeit.*
d) Eine 2 cm dicke und 8 cm lange Kerze ist nach 6 Minuten abgebrannt. Zeichne die Kerze, wie sie nach 5 Minuten aussieht.

Proportionale Zuordnungen

Erforschen und Entdecken

1 Übertrage die Tabelle in dein Heft.

	Länge (in mm)	Breite (in mm)	Länge : Breite
Mathebuch			
großes Foto			
kleines Foto			

a) Miss Länge und Breite deines Mathematikbuches und trage die Werte in die Tabelle ein.
b) Miss Länge und Breite der beiden Fotos und trage die Werte ebenfalls ein.
c) Berechne den Quotienten aus Länge und Breite. Runde das Ergebnis auf die erste Nachkommastelle. Was fällt dir auf?
d) Was geschieht mit dem Bild, wenn der Quotient aus Länge und Breite nicht mit dem Quotienten des Originals übereinstimmt?

2 Bearbeite die Teilaufgaben zunächst alleine. Vergleicht danach untereinander.

Wertetabellen

①

x	0	1	2	3	4	5	6
y	0	$\frac{1}{2}$	1	$1\frac{1}{2}$	2	$2\frac{1}{2}$	3

②

x	0	1	2	3	4	5	6
y	20	18	16	14	12	10	8

③

x	0	1	2	3	4	5	6
y	0	2	4	6	8	10	12

④

x	0	1	2	3	4	5	6
y	2	$3\frac{1}{2}$	5	$6\frac{1}{2}$	8	$9\frac{1}{2}$	11

Graphen

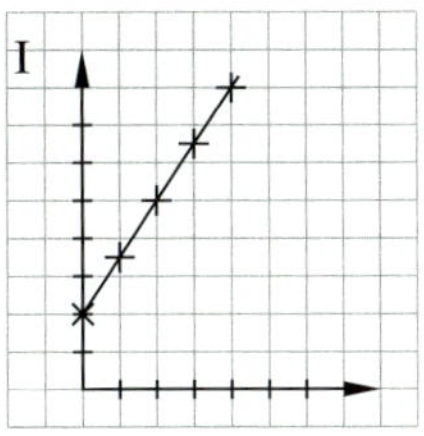

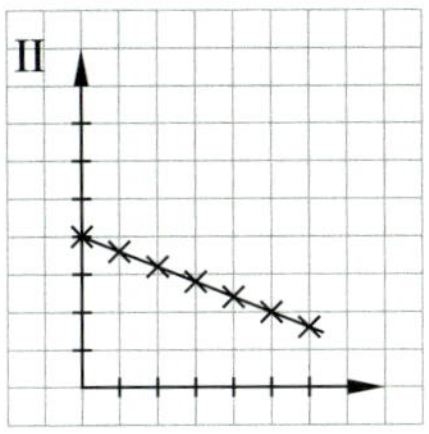

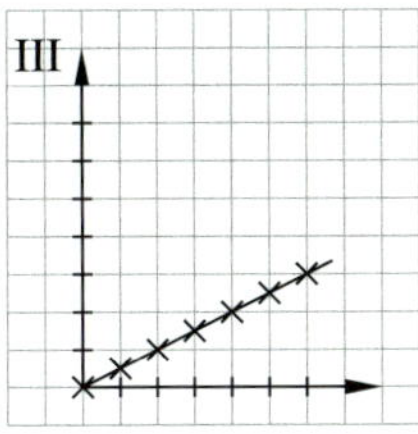

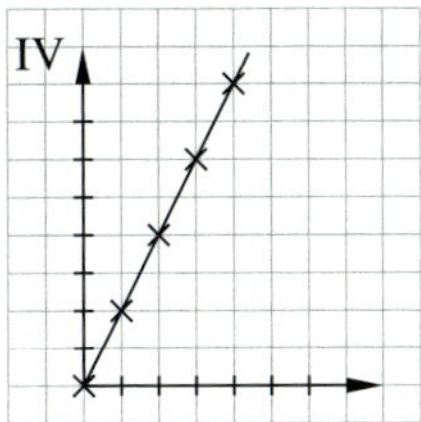

a) Ordne den Graphen die zugehörigen Wertetabellen zu.
b) Nenne Gemeinsamkeiten und Unterschiede der Zuordnungen.
c) Ergänze die Wertetabellen um $x = 0{,}5$ ($x = 2{,}5$; $x = 8$). In welchen Fällen fällt die Berechnung der zugehörigen y-Werte relativ leicht?
d) Berechne für alle Zuordnungen die Ergebnisse der Wertepaare $y : x$ (für alle Wertepaare mit $x \neq 0$). Was fällt dir auf?
e) Überprüfe die folgenden Aussagen und korrigiere falsche Angaben:
Ist der Quotient $y : x$ für alle Wertepaare einer Zuordnung gleich, …
① … so verläuft der Graph durch den Ursprung (0|0) des Koordinatensystems.
② … so führt eine Verdopplung des x-Wertes zu einer Halbierung des y-Wertes.
③ … so steigt der Graph gleichmäßig an.
④ … so ist der Anstieg des Graphen umso steiler, je kleiner dieser Quotient ist.
⑤ … so ist der Quotient $x : y$ für alle Wertepaare ebenfalls gleich.

ERINNERE DICH
Durch 0 zu teilen ist nicht erlaubt!

BEISPIEL
Quotienten der Wertepaare $y : x$ in der Wertetabelle ①
$\frac{1}{2} : 1 = \frac{1}{2}$
$1 : 2 = \frac{1}{2}$
$1\frac{1}{2} : 3 = \ldots$
$2 : 4 = \ldots$

Lesen und Verstehen

In einem Schülercafé kosten alle Getränke 0,80 €.
Als Hilfe für die Abrechnung hängt an der Kasse eine Liste mit der Zuordnung
Anzahl der Getränke → Preis.

Diese Zuordnung hat eine besondere Eigenschaft: Die einander zugeordneten Größen ändern sich im gleichen Verhältnis.

> Führt eine Verdopplung (Verdreifachung, Vervierfachung, …) der vorgegebenen Größe zur Verdopplung (Verdreifachung, Vervierfachung, …) der zugeordneten Größe, so handelt es sich um eine **proportionale Zuordnung**.

Der Quotient aus zugeordnetem Wert y und vorgegebenem Wert x heißt **Proportionalitätsfaktor**. Er ist, abgesehen vom Wertepaar (0|0), immer gleich. Man nennt die Zahlenpaare deshalb **quotientengleich**.

Bei der grafischen Darstellung einer proportionalen Zuordnung liegen alle Punkte auf einem Strahl, der im Punkt (0|0), dem **Ursprung**, beginnt.

BEISPIEL

·3 ·2 ·2

Anzahl der Getränke	1	2	3	4	5	6
Preis (in €)	0,80	1,60	2,40	3,20	4	4,80

·2 ·2 ·3

$\frac{0{,}8}{1} = \frac{1{,}6}{2} = \frac{2{,}4}{3} = \ldots = \frac{4{,}8}{6} = 0{,}8$

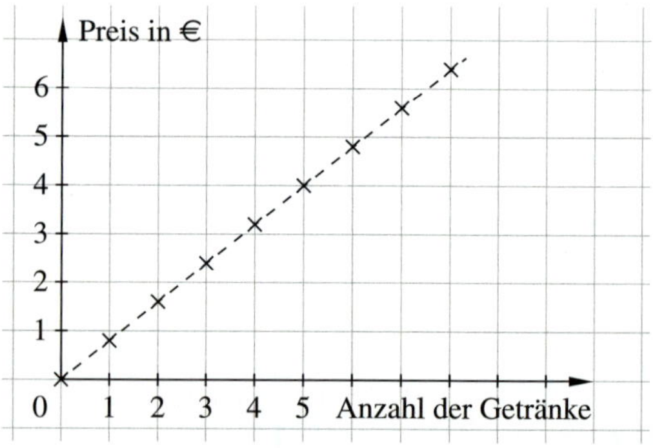

Basisaufgaben

1 Handelt es sich um Diagramme, die zu einer proportionalen Zuordnung gehören? Begründe.

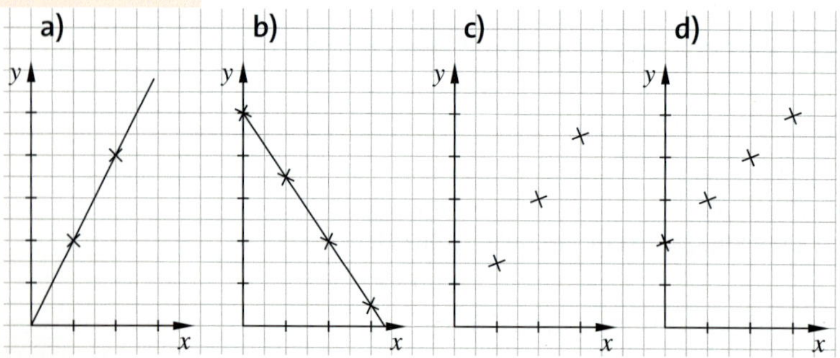

2 Sind die Zuordnungen proportional? Begründe.

a)

x	0	1	2	3
y	0	3	6	9

b)

x	1	2	3	4
y	6	8	12	24

c)

x	1	2	3	4
y	6	12	18	24

d)

x	0	1	2	3
y	4	5	6	7

3 Welche der Zuordnungen sind proportional? Begründe.

a) *Anzahl der Eiskugeln → Preis*
b) *Wassermenge → Gewicht*
c) *Benzinmenge → Preis*
d) *Alter → Körpergröße*
e) *Seitenlänge eines Quadrats → Umfang*
f) *Seitenlänge eines Quadrats → Flächeninhalt*

4 Ergänze die Tabellen so im Heft, dass eine proportionale Zuordnung vorliegt.

a)

x	1	2	3	4	5
y	5	10			

b)

x	1	2	3	4	5
y	12	24			

c)

x	1	2	3	4	5
y	0,6	1,2			

d)

x	1	2	3	4	5
y	$1\frac{1}{2}$	3			

e)

x	1	2	3	4	5
y	$2\frac{1}{4}$				

5 Bestimme den Proportionalitätsfaktor für die proportionalen Zuordnungen.

a)

x	1	2	3	4
y	7	14	21	28

b)

x	0	1	2	3
y	0	1,8	3,6	5,4

c)
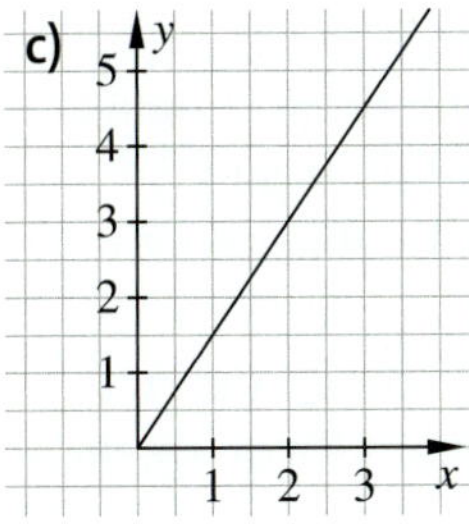

d)
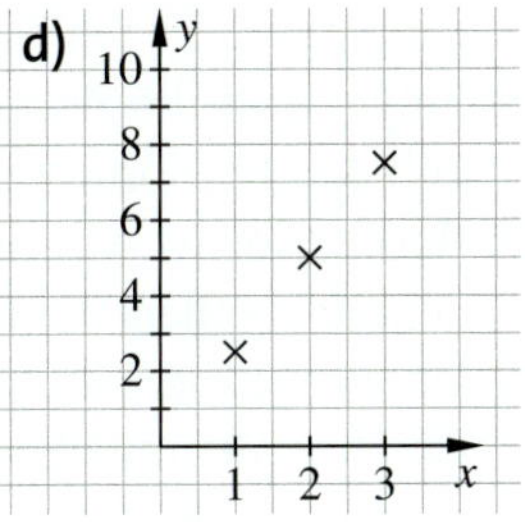

6 Ist die Zuordnung *Anzahl der Brötchen → Preis* proportional? Begründe.

Weiterführende Aufgaben

7 Ein 1-Euro-Stück wiegt 7,5 g.

a) Fülle die Tabelle im Heft aus.

Anzahl Münzen	1	2	3	4	5	6	7	8	9	10
Masse (in g)	7,5									

b) Zeichne ein passendes Diagramm. Warum sollte man die Punkte nicht miteinander verbinden?

8 In Großbritannien bezahlt man mit britischen Pfund (£). 1 £ ist etwa 1,20 € wert. Erstelle eine Tabelle, in der du die Eurobeträge für 1, 2, …, 10, 20 und 30 £ angibst. Berechne mit Hilfe der Tabelle die Beträge in Euro: 15 £; 60 £; 28 £; 100 £; 99 £; 85 £
Erkläre, wie du vorgegangen bist.

9 Unter welchen Bedingungen sind diese Zuordnungen proportional?

a) *Anzahl der Tomaten → Gesamtgewicht*
b) *Sparguthaben → Zinsen in einem Jahr*
c) *Anzahl der Gäste → Menge an Essen*
d) *Anzahl der Bäume → Größe der Waldfläche*

10 Die Klasse 7 c möchte ihren Klassenraum streichen. Ein 10-ℓ-Eimer Wandfarbe reicht für eine Wandfläche von 50 m² und kostet im Baumarkt 35 €.

a) Unter welchen Bedingungen sind die Zuordnungen ① *Menge → Preis* und ② *Menge → Wandfläche* proportional?
b) Die Klasse 7 c hat eine Wandfläche von 75 m². Wie viele Eimer Farbe müssen sie kaufen? Wie viel Farbe bleibt übrig? Erläutere deinen Rechenweg.

11 Maximilian betrachtet eine proportionale Zuordnung in Tabellenform. Dabei fällt ihm etwas auf.

x	1	3	4	7	11	18
y	17	51	68	119	187	306

(Pfeile über und unter der Tabelle: 1 + 3 = 4, 7 + 11 = 18; 17 + 51 = 68, 119 + 187 = 306)

a) Zeige, dass die Zuordnung proportional ist. Gib den Proportionalitätsfaktor an.

b) Beschreibe Maximilians Beobachtung mit deinen eigenen Worten.

c) Übertrage die Tabellen ① bis ⑤ ins Heft. Ergänze sie mit Maximilians Trick so, dass proportionale Zuordnungen vorliegen.

①

x	1	2	3	5	8	13
y	3	6				39

②

x	2	4	6	9	11	20
y	14	28		63	77	

③

x	3	4	7	10	11	17
y	36	48				

④

x	6	8	14	20	28	48
y	204	272				

⑤

x	3	7	10	17	20	30
y	72	168				

12 Richtig oder falsch? Begründe.

a) Wenn alle Punkte einer Zuordnung auf einer Geraden liegen, ist die Zuordnung proportional.

b) Gehört das Wertepaar (1|5) zu einer proportionalen Zuordnung, so ist der Proportionalitätsfaktor 5.

c) Gehört das Wertepaar (0|4) zu einer Zuordnung, so kann die Zuordnung nicht proportional sein.

d) Gehört das Wertepaar (2|3) zu einer proportionalen Zuordnung, so gehört auch das Wertepaar (3|2) dazu.

e) Füllt man ein leeres, würfelförmiges Aquarium gleichmäßig mit Wasser, so ist die Zuordnung *Wassermenge → Füllhöhe* proportional.

13 Ergänze die Aussagen im Heft.

a) Bei proportionalen Zuordnungen führt eine Verdoppelung des x-Wertes zu …

b) Bei proportionalen Zuordnungen führt eine Halbierung des x-Wertes zu …

c) Um zu überprüfen, ob eine Zuordnung proportional ist, …

d) Jeder Graph einer proportionalen Zuordnung ist …

e) Eine Zuordnung nennt man proportional, wenn …

14 Der Maßstab des Kartenausschnitts beträgt 1 : 4 000 000.

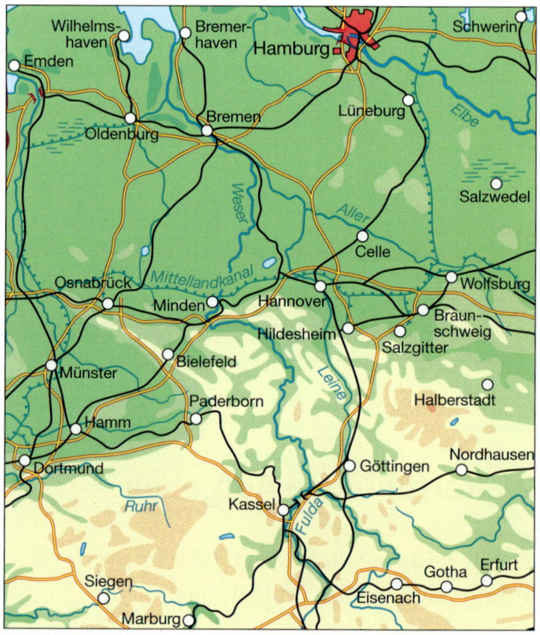

a) Begründe, warum die Zuordnung *Entfernung in der Realität → Entfernung auf der Karte* proportional ist.

b) Begründe oder widerlege:
Der Maßstab eines Kartenausschnittes kann als Proportionalitätsfaktor bezeichnet werden.

c) Miss die Abstände zwischen den folgenden Städten und gib die Entfernung (Luftlinie) in Kilometern an:
1. Dortmund – Hamburg
2. Wilhelmshaven – Marburg
3. Oldenburg – Kassel

d) Zwischen welchen Städten beträgt die Entfernung (Luftlinie) ca. 16 km (200 km)?

Dreisatz bei proportionalen Zuordnungen

Erforschen und Entdecken

1 Für diesen Versuch benötigt ihr eine Haushaltswaage und eine Tüte Gummibärchen.
Wie kann man die Anzahl der Gummibärchen in einer Packung ermitteln, ohne alle Gummibärchen abzuzählen?

a) Entwickelt ein Verfahren, wie man mit Hilfe der Waage die Anzahl der Gummibärchen in einer Tüte möglichst genau ermitteln kann.

b) Berechnet mit Hilfe des entwickelten Verfahrens die Anzahl der Gummibärchen in einer Verpackung und vergleicht eure Ergebnisse mit denen eurer Mitschüler.

2 Der Papierstapel in dem Notizpapierhalter ist 9 cm hoch.

a) Wie viele Notizzettel wurden mit dem Halter ungefähr verkauft? Beschreibe, wie du bei der Lösung des Problems vorgegangen bist. Vergleicht eure Lösungen und Lösungswege.

b) Eine Firma bietet einen Notizpapierhalter mit 400 Blatt Papier an.
Wie hoch ist der Halter etwa?

c) Aus wie vielen Blättern ungefähr besteht ein Papierstapel, der so groß ist wie du?

d) Erstellt in der Klasse eine Tabelle, in der jeder Körpergröße eines Schülers die entsprechende Anzahl Blätter zugeordnet wird.

Notizpapierhalter

3 In einem Kochbuch steht ein Rezept für Erdbeer-Orangen-Grütze.

a) Welche Mengen benötigt man, wenn man für 8 (2; 24) Personen Erdbeer-Orangen-Grütze herstellen möchte?

b) Welche Mengen benötigst du, wenn du die Erdbeer-Orangen-Grütze für dich alleine kochst?

c) Bestimme die notwendigen Mengen, wenn der Nachtisch für 3 (5; 17) Personen gemacht werden soll.
Erkläre dein Vorgehen beim Lösen dieser Aufgabe.

Erdbeer-Orangen-Grütze

Zutaten für 4 Personen

2 Orangen
500 g Erdbeeren
$\frac{3}{4}$ ℓ Orangensaft
75 g Zucker
1 Päckchen Vanillezucker
60 g Speisestärke

Zubereitung

Das Obst waschen und in kleine Stücke schneiden.
Saft, Zucker und Vanillezucker in einen Topf geben und aufkochen lassen.
Obst zufügen und ca. 5 Minuten darin dünsten.
Speisestärke mit wenig kaltem Wasser anrühren und die Grütze damit binden.

Lesen und Verstehen

Zwei Kugeln Eis kosten 1,20 €. Julia hat fünf Kugeln Eis, ihre Freundin Nesrin vier Kugeln. Wie viel hat jede bezahlt?

Aufgaben dieses Typs können mit Hilfe des Dreisatz-Schemas für proportionale Zuordnungen gelöst werden.

Das Dreisatz-Schema für proportionale Zuordnungen

1. Das gegebene Wertepaar aufschreiben
2. Schluss auf die Einheit
3. Schluss auf das Gesuchte

BEISPIEL

	Eiskugeln	Preis (in €)	
	2	1,20	
: 2	1	0,60	: 2
· 5	5	3,00	· 5

auf beiden Seiten die gleiche Rechenoperation

Fünf Kugeln Eis kosten 3 €.

Wenn die gesuchte Größe ein Vielfaches des gegebenen Wertes ist, kann der Schluss auf die Einheit entfallen.

	Eiskugeln	Preis (in €)	
	2	1,20	
· 2	4	2,40	· 2

Vier Kugeln Eis kosten 2,40 €.

Basisaufgaben

1 Übertrage die Tabelle in dein Heft und berechne den fehlenden Wert.

a)

Gewicht (in kg)	Preis (in €)
4	1
20	

b)

Anzahl Orangen	Gewicht (in g)
8	1600
1	

c)

Fläche (in m²)	Anzahl Steine
5	550
1	

d)

Zeit (in min)	Strecke (in km)
60	90
1	

2 Berechne den Preis für 1 kg jeder Obstsorte.

a) 4 kg Birnen kosten 10 €.
b) 6 kg Pflaumen kosten 12,60 €.
c) 2 kg Äpfel kosten 3,78 €.
d) 3 kg Orangen kosten 5,97 €.
e) 500 g Trauben kosten 2,99 €.
f) 250 g Erdbeeren kosten 1,29 €.

3 Berechne.

a) Ein Heft kostet 0,24 €.
Wie viel kosten 8 Hefte?
b) Eine Packung Bleistifte kostet 1,75 €.
Wie viel kosten 3 Packungen?
c) Ein Radiergummi kostet 0,89 €.
Wie viel kosten 10 Radiergummis?
Wie viel kosten 5 Radiergummis?

4 Berechne im Kopf.

a) Drei Gläser Marmelade kosten 6 €.
Dann kosten zwei Gläser …
b) Zwei Dosen Limo kosten 1,60 €.
Dann kosten drei Dosen …

5 Wie viel kosten je 500 g der Gewürze?

a) 50 g Curry 0,80 €
b) 250 g Pfeffer 12,50 €
c) 125 g Muskat 8,00 €
d) 1 kg Paprika 16,00 €

BEACHTE
Die Lösungen zu Aufgabe 2 ergeben in der richtigen Reihenfolge den Namen einer europäischen Hauptstadt. Zu welchem Land gehört die Stadt?
1,89 (S); 1,99 (K)
2,10 (O); 2,50 (M)
5,16 (U); 5,98 (A)

6 Vervollständige die Tabellen im Heft. Die Zuordnungen sind proportional.

a)

Gewicht (in kg)	Preis (in €)
2	4
1	
5	

b)

Anzahl	Preis (in €)
3	4,50
1	
10	

c)

Länge (in m)	Preis (in €)
3	24
1	
5	

d)

Anzahl	Masse (in g)
7	245
1	
5	

7 Zwei Brötchen kosten 0,52 €. Wie teuer sind fünf Brötchen? Nutze den Dreisatz.

Anzahl Brötchen	Preis (in €)
2	0,52
1	
5	

8 Zum Belegen einer Fläche von $4\,m^2$ benötigt ein Fliesenleger 20 Platten. Wie viele Platten benötigt er für $25\,m^2$? Berechne mit dem Dreisatz.

Fläche (in m^2)	Anzahl der Platten
4	
1	
25	

9 Familie Eckardt zahlt für ihre 60-m^2-Wohnung 360 € Miete. Familie Moustafa zahlt für ihre 75-m^2-Wohnung den gleichen Quadratmeterpreis. Wie hoch ist ihre Miete?

Fläche (in m^2)	Miete in €
60	
…	

10 Drei Schalen Erdbeeren kosten 4,50 €. Wie teuer sind zwei Schalen Erdbeeren?

11 Jona hat in den Sommerferien drei Wochen in einer Gärtnerei ausgeholfen und dafür 459 € erhalten.

a) Wie viel Geld bekam er pro Woche?

b) Jonas Bruder Luca hat zwei Wochen in der gleichen Gärtnerei ausgeholfen. Welche Bedingungen müssen gelten, damit man seinen Verdienst ausrechnen kann? Wie viel Geld hat er dann bekommen?

12 Um fünf Eier hart zu kochen, benötigt man zehn Minuten. Wie lange benötigt man für zwei Eier?

13 Übertrage die Tabelle in dein Heft. Vervollständige sie so, dass eine proportionale Zuordnung vorliegt.

a)

x	1	5	6	7	13
y		35			

b)

x	1	2	3	4	7
y			39		

c)

x	1	3	5	8	11
y			7		

d)

x	$\frac{1}{4}$	1	$2\frac{1}{2}$	$3\frac{3}{4}$	$5\frac{1}{8}$
y	2				

e)

x	0,5	1	1,5	2	2,5
y		0,3			

14 Fünf Tafeln Schokolade kosten 2,75 €. Maja kauft drei Tafeln. Wie viel muss sie bezahlen?

15 Julia hat 50 € für ihren Urlaub in England umgetauscht. Sie erhielt 59 £. Julias Freundin Nele hat 80 € getauscht, Melissa möchte 150 £ mitnehmen. Wie viel haben sie jeweils erhalten bzw. gezahlt? Runde sinnvoll.

16 In einer Stunde legt ein Wanderer 4,8 km zurück.

a) Unter welcher Bedingung ist die Zuordnung *Zeit* → *Strecke* proportional?

b) Wie weit läuft der Wanderer in drei Stunden?

c) Wie weit geht er in 25 Minuten?

d) Wie viel Kilometer legt der Wanderer in 3 Stunden und 25 Minuten zurück?

17 Messing besteht aus Kupfer und Zink. Für die Herstellung von 100 kg Messing benötigt man 60 kg Kupfer und 40 kg Zink.

a) Wie viel Kupfer und Zink sind zur Herstellung von 50 kg Messing notwendig?

b) Berechne die Menge an Kupfer und Zink, die zur Herstellung von 250 kg Messing benötigt werden.

BEACHTE
KJ (Kilojoule) ist die Einheit der Energie von Nahrung.

18 Milch hat hat durchschnittlich 289 kJ pro 100 ml. Müsli hat durchschnittlich 1450 kJ pro 100 g. Wie viel Kilojoule enthält eine Mahlzeit aus 30 g Müsli und 125 ml Milch?

19 Formuliere selbst Aufgaben.

20 Wenn sie 10 m Anlauf nimmt, springt Svenja 3,40 m weit.

a) Wie weit springt sie mit 5 m Anlauf?

b) Wie weit springt sie mit 7 m Anlauf?

c) Bricht Svenja den Weltrekord von 7,52 m, wenn sie 25 m Anlauf nimmt?

Weiterführende Aufgaben

21 Übertrage in dein Heft und berechne mit dem Dreisatz.

a)

Arbeitszeit (in h)	Lohn (in €)
8	132
1	
35	

b)

Masse (in kg)	Preis (in €)
2,5	2
1	
3	

c)

Zeit (in min)	Strecke (in km)
30	12
1	
45	

d)

Länge (in m)	Preis (in €)
1,6	4,48
1	
5	

22 Ein Bauplatz von 625 m² kostet 146 875 €. Wie teuer wäre ein Bauplatz der Größe 725 m² bei gleichem Quadratmeterpreis?

23 In einem Haus wohnen vier Familien. Die Miete pro Quadratmeter ist in jeder Wohnung gleich. Ergänze die Tabelle.

Familie	Größe der Wohnung (in m²)	Miete (in €)
Diehl	72	446,40
Heps	117	
Klein	89	
Luther		589

24 Aus 50 kg Äpfel lassen sich 30 Liter Apfelsaft pressen. Familie Hüsch hat eine Obstwiese mit 15 Apfelbäumen. Jeder Baum trägt ungefähr 23 kg Äpfel.
Wie viel Apfelsaft kann Familie Hüsch etwa herstellen?

25 Kannst du die Tabellen zu proportionalen Zuordnungen ergänzen, ohne auf die Einheit zu schließen?

a)

x	2	4	10	14	20
y	3,50				

b)

x	4	5	9	13	14
y	9	11,25			

c)

x	3	7	10	13	14
y		$16\frac{1}{3}$	$23\frac{1}{3}$		

26 Jonathan ist jetzt 24 Monate alt und 86 cm groß. Wie groß wird er an seinem vierten Geburtstag sein?

27 Ganz schön haarig!
Barthaare wachsen in einer Woche ca. 3 mm, das Kopfhaar wächst etwa 12 cm im Jahr.

a) Bestimme das Barthaarwachstum an einem Tag (in einem Monat; in einem Jahr).
b) Berechne das Wachstum des Kopfhaares an einem Tag (in einer Woche; in einem Monat).
c) Hans Langseth aus Norwegen hatte eine Bartlänge von 5,33 m.
Wie lange dauerte es, bis der Bart diese Länge erreicht hatte?
d) Swami Pandarasandhi aus Indien soll Berichten zufolge Kopfhaar mit einer Länge von 7,93 m besessen haben.
Ist das möglich?
e) Suche im Guinness-Buch der Rekorde oder im Internet nach „haarigen Rekorden". Berechne jeweils, wie lange man benötigt, bis die Haare so lang gewachsen sind.

28 Bei einem Download wird angezeigt, dass das Laden einer 120 MB großen Datei 2 Minuten 24 Sekunden braucht.
Wie lange dauert der Download einer 1000 MB (etwa ein 1 GB) großen Datei?

29 In einer Photovoltaik-Anlage wird mit Hilfe von Solarzellen Sonnenstrahlung in elektrische Energie umgewandelt. Die Anlage von Familie Sommer ist 72 m² groß und erzeugt jährlich 9000 kWh Strom.

a) Unter welchen Bedingungen ist die Zuordnung *Fläche* → *Strommenge* proportional?
b) Die Anlage von Familie Kirchberg ist 11,5 m lang und 7,5 m breit.
Wie viel Strom kann Familie Kirchberg jährlich produzieren?
c) Ein 4-Personen-Haushalt verbraucht etwa 5000 kWh Strom im Jahr.
Wie groß muss die Fläche einer Photovoltaik-Anlage sein, die diesen Strom erzeugen kann?

30 Überprüfe, welches Angebot günstiger ist.
a) Haselnusswaffeln: 200 g für 1,79 € oder 300 g für 2,99 €
b) Kekse: 100 g für 0,89 € oder 150 g für 1,19 €
c) Spinat: 750 g für 1,49 € oder 1 kg für 1,79 €
d) Wasser: 1,5 ℓ für 0,89 € oder 1,75 ℓ für 0,97 €
e) Pralinen: 125 g für 0,89 € oder 400 g für 2,99 €

31 Eine 10-tägige Reise kostet für fünf Personen 7500 €.
a) Unter welchen Umständen sind die Zuordnungen *Anzahl der Personen* → *Reisepreis* und *Reisedauer* → *Reisepreis* proportional?
b) Berechne den Preis, den eine achtköpfige Gruppe dann für eine 14-tägige Reise bezahlen muss.

Antiproportionale Zuordnungen

Erforschen und Entdecken

1 „Pflasterarbeiten"

Vorbereitung:

Zeichne in dein Heft ein großes Rechteck mit den Seitenlängen 10 cm × 12 cm.
Schneide aus unterschiedlich farbigem Papier:
je 30 Rechtecke mit den Seitenlängen 2 cm × 2 cm; 2 cm × 2,5 cm; 2 cm × 3 cm
je 15 Rechtecke mit den Seitenlängen 2 cm × 4 cm; 2 cm × 5 cm
je 10 Rechtecke mit den Seitenlängen 3 cm × 4 cm; 3 cm × 5 cm; 4 cm × 5 cm

a) *Durchführung:*
Lege das große Rechteck nacheinander vollständig mit Rechtecken einer Größe aus. Gib jeweils deren Anzahl an und ergänze die Tabellen in deinem Heft.

Rechteck	Fläche eines Rechtecks	Anzahl
2 cm × 2 cm	4 cm²	
2 cm × 2,5 cm		
2 cm × 3 cm		
2 cm × 4 cm		

Rechteck	Fläche eines Rechtecks	Anzahl
2 cm × 5 cm		
3 cm × 4 cm		
3 cm × 5 cm		
4 cm × 5 cm		

b) Stelle die Zuordnung *Fläche eines Rechtecks* → *Anzahl der Rechtecke* grafisch dar.

c) Wie viele Rechtecke der Größe 5 cm × 6 cm $\left(6\,\text{cm} \times 10\,\text{cm}; \frac{1}{2}\,\text{cm} \times \frac{1}{2}\,\text{cm}\right)$ wären notwendig gewesen, um das Rechteck vollständig zu „pflastern"?

d) Ergänze die folgenden Sätze: Verdoppelt sich der Flächeninhalt der Rechtecke, so …
Halbiert sich der Flächeninhalt der Rechtecke, so …

2 Kreise kann man in gleich große „Tortenstücke" unterteilen, so genannte Kreissegmente.

a) Bestimme die Größe der Winkel am Kreismittelpunkt bei einer Unterteilung in zwei (drei, …, zehn) Kreissegmente.
Ergänze dazu die Tabelle in deinem Heft.

Anzahl	2	3	4	5	6	7	8	9	10
Winkelgröße	180°								

b) Stelle die Zuordnung *Anzahl der Kreissegmente* → *Winkelgröße* grafisch dar.

c) Multipliziere die einander zugeordneten Werte. Was fällt dir auf?

3 Öffne an einem Computer ein Schreibprogramm, zum Beispiel Word. Wähle als Schriftart „Arial“. Im Menü „Seitenlayout“ findest du unter unter „Seitenränder“ als letztes den Punkt „Benutzerdefinierte Seitenränder…“

Richte die Seite wie folgt ein:
Rand oben: 2,5 cm
Rand unten: 1,8 cm
Hochformat

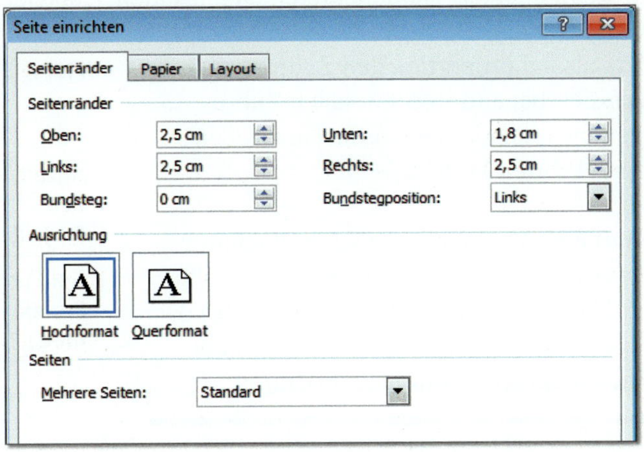

Stelle im Menü „Start“ mit Hilfe des Symbols  den Zeilenabstand auf „Einfach“.

Arbeite ohne die „Enter“-Taste am Zeilenende.

a) Wie viele Zeilen lassen sich auf einer Seite schreiben, wenn man die Schriftgröße 12 (16; 24; 26; 48) wählt?
b) Stelle die Zuordnung *Schriftgröße* → *Anzahl der Zeilen* grafisch dar.
c) Überlege, wie viele Zeilen bei Schriftgröße 10 (14; 18; 20; 36) auf eine Seite passen.

4 In die 7 a gehen 23 Schülerinnen und Schüler. Ihr Klassenraum soll gestrichen werden. Die Klassenlehrerin meint, dass sie ungefähr 12 Stunden benötigt, wenn sie den Raum alleine streicht.

a) Erstelle für die Zuordnung *Anzahl der Personen* → *Zeit* eine Wertetabelle.
b) Unter welchen Voraussetzungen hat die in Aufgabenteil a) angefertigte Tabelle nur Gültigkeit?
c) Stelle die Zuordnung grafisch dar. Dürfen die Punkte miteinander verbunden werden? Begründe.
d) Wie stehst du zu dem Vorschlag, dass die ganze Klasse beim Streichen helfen sollte?

Lesen und Verstehen

Bei einem Schulfest wurde ein Gewinn von 600 € erzielt. Der Erlös soll gespendet werden. Die Schülervertretung überlegt nun, wie viel Geld für die einzelnen Projekte zur Verfügung steht, wenn man das Geld mehreren Organisationen spendet.

BEACHTE
Antiproportional bedeutet soviel wie umgekehrt proportional und wird auch indirekt proportional genannt.

Anders als bei proportionalen Zuordnungen ändern sich bei antiproportionalen Zuordnungen die einander zugeordneten Größen im umgekehrten Verhältnis.

> Führt eine Verdopplung (Verdreifachung; Vervierfachung) der vorgegebenen Größe zur Halbierung (Drittelung; Viertelung) der zugeordneten Größe, handelt es sich um eine **antiproportionale Zuordnung**.

BEISPIEL

$\cdot 3$ $\cdot 2$ $\cdot 2$

Anzahl der Projekte	1	2	3	4	5	6
Geld pro Projekt (in €)	600	300	200	150	120	100

$: 2$ $: 2$ $: 3$

$1 \cdot 600 = 2 \cdot 300 = \ldots = 6 \cdot 100 = 600$

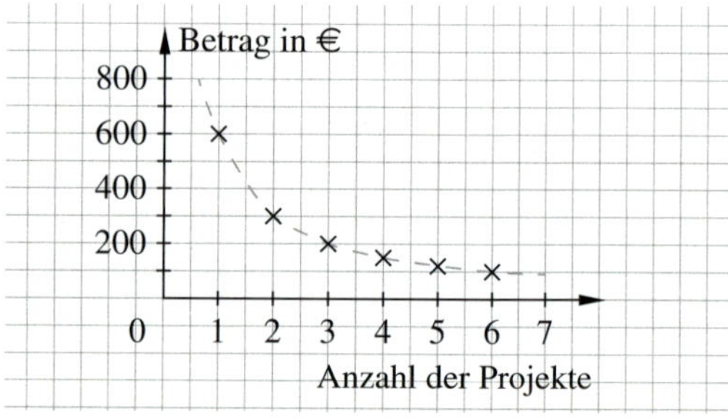

Das Produkt aus zugeordnetem Wert und vorgegebenem Wert ist immer gleich. Man nennt die Zahlenpaare deshalb **produktgleich**.

BEACHTE
Die fallende Kurve wird auch **Hyperbel** genannt.

Bei der grafischen Darstellung einer antiproportionalen Zuordnung liegen alle Punkte auf einer fallenden Kurve.

Basisaufgaben

BEACHTE
Die proportionale Zuordnung kann man mit „je mehr, desto mehr" oder „je weniger, desto weniger" beschreiben. Die antiproportionale Zuordnung kann man dagegen mit „je mehr, desto weniger" oder „je weniger, desto mehr" beschreiben.

1 Handelt es sich um Diagramme, die zu einer antiproportionalen Zuordnung gehören? Begründe.

a)
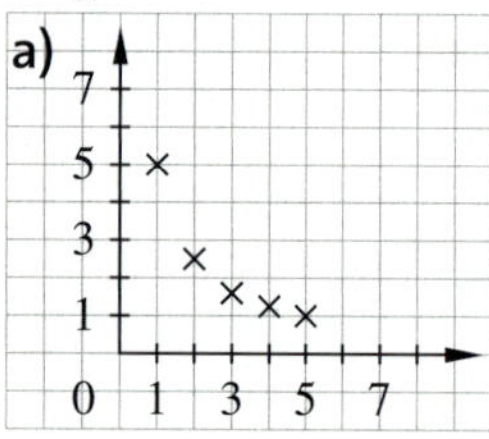

b)
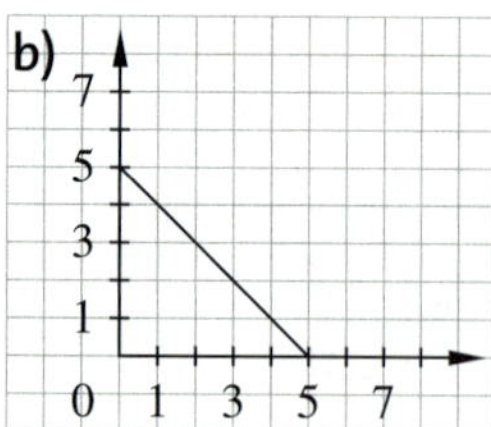

c)
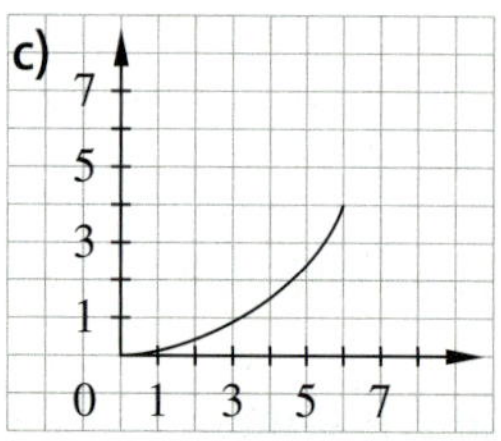

d)
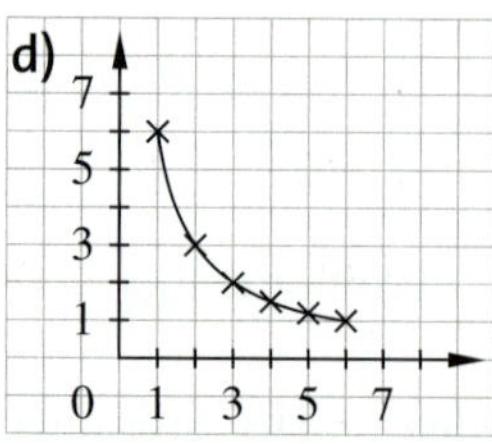

2 Sind die Zuordnungen antiproportional? Begründe.

a)

x	1	2	3	4
y	60	30	20	15

b)

x	1	2	3	4
y	12	6	4	3

c)

x	1	2	3	4
y	80	60	40	20

d)

x	1	2	3	4
y	18	9	6	4,5

e)

x	0	1	2	3
y	10	7	4	1

3 Zeichne die antiproportionalen Zuordnungen als Diagramme.

a)

x	1	2	3	5	6
y	30	15	10	6	5

b)

x	1	2	3	4	6
y	24	12	8	6	4

4 Die Aufführung eines Hobby-Zauberers kostet 240 €. Wie viel muss jeder zahlen, wenn 60 (64; 75; 80; 100) Kinder zuschauen?

5 Um den Schulhof zu fegen, brauchen 3 Schülerinnen und Schüler 30 Minuten. Wie lange brauchen 5 fleißige Helfer?

6 Ergänze die Tabellen so, dass eine antiproportionale Zuordnung vorliegt.

a)

x	1	2	3	4	5
y	60	30			

b)

x	1	2	3	4	5
y	360				

c)

x	1	2	3	4	5
y	1200				

d)

x	1	2	3	4	5
y	1				

e)

x	$\frac{1}{4}$	$\frac{1}{2}$	1	$1\frac{1}{2}$	2
y			18		

Weiterführende Aufgaben

7 Welche der Zuordnungen können antiproportional sein? Begründe und gib gegebenenfalls notwendige Bedingungen an.

a) *Anzahl der Lkw → Zeit, um 50 m³ Sand zu liefern*
b) *Alter eines Computers → Preis*
c) *Anzahl der Pumpen → Dauer, bis ein Teich leer gepumpt ist*
d) *Anzahl der Rasenmäher → Zeit, um die Rasenplätze von Hertha BSC zu mähen*
e) *Höhe eines Baumes → Anzahl der Blätter*
f) *Größe der Pflastersteine → Anzahl der Pflastersteine, um einen Weg zu pflastern*
g) *Fliesengröße → Anzahl der Fliesen, um ein Bad zu fliesen*

8 Für dem Download einer 20 MB großen Datei braucht man bei einer Geschwindigkeit von 2 Mbit pro Sekunde 1 min 24 s.

a) Gib an, welche der Zuordnungen antiproportional ist:
Dateigröße → Downloadzeit oder *Downloadgeschwindigkeit → Downloadzeit*
b) Wie lange dauert der Download einer 20 MB großen Datei bei einer Geschwindigkeit von 8 Mbit (0,5 Mbit) pro Sekunde?

9 Ein Betrag von 2 € soll mit nur einer Art von Münzen bezahlt werden.

a) Vervollständige die Tabelle im Heft.

Münzart	10 ct	20 ct	50 ct	1 €	2 €
Anzahl der Münzen	20				

b) Zeichne ein passendes Diagramm.
c) Selina behauptet: „Wenn ich die Punkte zu Rechtecken ergänze, haben alle Rechtecke den gleichen Flächeninhalt." Zeige und begründe, dass Selinas Aussage richtig ist.

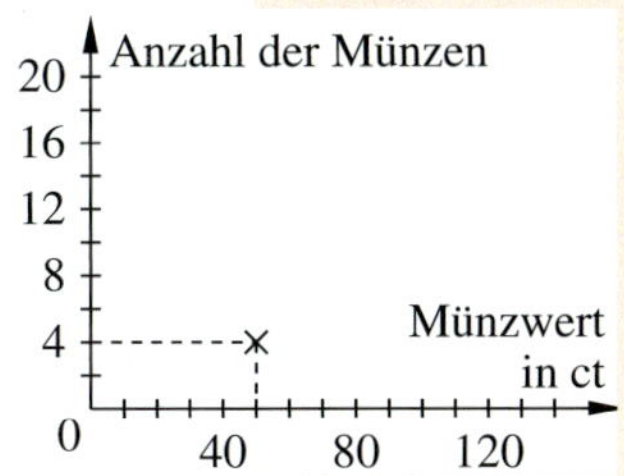

10 Vervollständige im Heft die Tabelle so, dass die Zuordnung antiproportional ist.

a) *Anzahl der Arbeiter → Zeit in h*

Anzahl Arbeiter	4	1	2	5	6	8
Zeit (in h)	6					

b) *Anzahl der Mitfahrer → Kosten pro Person bei festem Buspreis*

Anzahl Mitfahrer	20	10	30	15	40	50
Preis (in €)	30					

11 Ein Flughafen wird ausgebaut und erweitert. Setzt man 6 Walzen an den Flugzeuglandebahnen ein, können die Arbeiten in 30 Tagen abgeschlossen sein.

Wie viele Tage würden 3 (2, 1, 5 oder 4) Walzen benötigen?
Ergänze die Tabelle im Heft.

Anzahl der Walzen	6	3	2	1	5	4
Anzahl der Tage	30					

12 Der Schotter für den Grund eines Teilstücks einer Startbahn wurde mit 4 Lkws in 24 Fahrten gebracht. Wie oft hätte man mit anderen Anzahlen von Lkws fahren müssen? Vervollständige dazu die Tabelle im Heft.

Anzahl der Lkws	4	2	1	3	6	8
Anzahl der Fahrten	24					

13 In der Baugrube für die neue Eingangshalle hat sich Sickerwasser angesammelt. Vier Pumpen mit gleicher Leistung leeren die Baugrube in drei Stunden. Vervollständige die Tabellen im Heft.

Anzahl der Pumpen	1	2	3	4	6	8
Zeit (in h)				3		

Zeit (in h)	1	2	3	4	6	8
Anzahl der Pumpen			4			

14 Je höher der Benzinverbrauch eines Fahrzeugs ist, desto kürzer ist die Strecke, die mit einer Tankfüllung gefahren werden kann. Ein Auto hat ein Tankvolumen von 50 ℓ.

a) Wie weit kann das Auto fahren, wenn es 5 ℓ pro 100 km verbraucht?

b) Vervollständige die Tabelle im Heft.

Verbrauch (in ℓ auf 100 km)	maximale Fahrtstrecke (in km)
10	500
5	
1	
4	
6	

c) Eine Angabe in der Tabelle ist nicht realistisch. Welche ist es? Warum wurde der Wert dennoch berechnet?

d) Zeichne einen Graphen, der die Zuordnung *Verbrauch → maximale Fahrtstrecke* darstellt.

15 Ergänze die Aussagen.

a) Bei antiproportionalen Zuordnungen führt eine Verdopplung des x-Werts zu …

b) Bei antiproportionalen Zuordnungen führt eine Halbierung des x-Werts zu ….

c) Um zu überprüfen, ob eine Zuordnung antiproportional ist, …

d) Jeder Graph einer antiproportionalen Zuordnung ist …

16 Richtig oder falsch? Begründe.

a) Verläuft der Graph durch den Ursprung, kann die Zuordnung nicht antiproportional sein.

b) Gehört das Wertepaar $(5|6)$ zu einer antiproportionalen Zuordnung, dann gehört auch das Wertepaar $(6|5)$ dazu.

c) Antiproportionale Zuordnungen sind quotientengleich.

d) Wenn der x-Wert um 10 ansteigt und der y-Wert um 10 fällt, ist die Zuordnung antiproportional.

e) Lässt man aus einem vollen, würfelförmigen Aquarium gleichmäßig das Wasser ablaufen, so ist die Zuordnung *Wassermenge → Füllhöhe* antiproportional.

Dreisatz bei antiproportionalen Zuordnungen

Erforschen und Entdecken

1 Bildet Gruppen zu je vier Personen.
Jede Gruppe benötigt
- vier Strohhalme,
- ein großes Glas,
- genügend Wasser oder Saft, um das Glas drei Mal füllen zu können,
- und eine Stoppuhr.

Füllt das Glas genau bis zu einer markierten Höhe mit dem Getränk.
Drei Personen trinken das Glas gleichzeitig mit Strohhalmen vollständig aus.
Die vierte Person der Gruppe stoppt die Zeit.

a) Wie lange würden zwei (vier) Personen benötigen, um das Glas auszutrinken?
b) Legt eine Wertetabelle an und zeichnet einen Graphen, der den Zusammenhang *Anzahl der Personen* → *Zeit* darstellt.
c) Erläutert, wie ihr bei den Berechnungen vorgegangen seid.
d) Überprüft eure Berechnungen, indem zwei (vier) Personen das Glas mit Strohhalmen trinken. Gibt es Abweichungen? Wie könnte man sie erklären?
e) Präsentiert eure Überlegungen und vergleicht sie mit denen eurer Mitschülerinnen und Mitschüler.

2 Züge erreichen immer höhere Geschwindigkeiten und ermöglichen dadurch immer kürzere Reisezeiten. Für die 80 km lange Strecke von Berlin nach Lübbenau benötigt ein Zug, der mit einer durchschnittlichen Geschwindigkeit von $80\,\frac{\text{km}}{\text{h}}$ fährt, eine Stunde.

a) Die Tabelle zeigt den Zusammenhang zwischen der Geschwindigkeit des Zuges und der benötigten Zeit für die Strecke Berlin – Lübbenau. Ergänze sie in deinem Heft.

Geschwindigkeit (in $\frac{\text{km}}{\text{h}}$)	80	10	120	160	200
Zeit (in min)	60	480			

b) Welches Wertepaar in der Tabelle ist unrealistisch? Warum wurde es dennoch berechnet?
c) Hochgeschwindigkeitszüge fahren mit einer Geschwindigkeit von bis zu $300\,\frac{\text{km}}{\text{h}}$. Die Magnetschwebebahn „Transrapid“ erreicht sogar Geschwindigkeiten bis zu $500\,\frac{\text{km}}{\text{h}}$. Berechne, wie lange ein Hochgeschwindigkeitszug und ein Transrapid für die Strecke Berlin – Lübbenau benötigen würden. Erkläre, wie du vorgegangen bist.

Lesen und Verstehen

Christina betreut drei Pferde.
Der Futtervorrat reicht für die drei Pferde noch 20 Tage. Wie lange reicht der Futtervorrat, wenn sie ein zusätzliches Pferd betreuen muss?

Aufgaben dieses Typs kann man mit Hilfe des Dreisatz-Schemas für antiproportionale Zuordnungen wie folgt lösen.

Das Dreisatz-Schema für antiproportionale Zuordnungen

1. Das gegebene Wertepaar aufschreiben
2. Schluss auf die Einheit
3. Schluss auf das Gesuchte

Es ist sehr wichtig, vor der Anwendung des Dreisatzes zu überlegen, ob eine proportionale oder antiproportionale Zuordnung vorliegt.

Wenn die gesuchte Größe ein Vielfaches des gegebenen Wertes ist, kann der Schluss auf die Einheit entfallen.

BEISPIEL

	Pferde	Tage	
	3	20	
: 3	1	60	· 3
· 4	4	15	: 4

Umkehroperation

Der Futtervorrat reicht für 15 Tage.

Wie lange reicht der Vorrat für 6 Pferde?

	Pferde	Tage	
	3	20	
· 2	6	10	: 2

Bei 6 Pferden reicht der Vorrat 10 Tage.

Basisaufgaben

BEACHTE
Die Lösungen zu Aufgabe 2 ergeben in der richtigen Reihenfolge den Namen einer europäischen Hauptstadt. Zu welchem Land gehört die Stadt?
6 h (A); 14 h (A); 17 h 30 min (R); 25 h 30 min(A); 10 T. (N); 10 W. (K)

1 Übertrage die Tabellen in dein Heft und berechne den fehlenden Wert mit Hilfe der Zuordnungstabellen.

a)

Anzahl der Lkws	Zeit (in h)
4	3
1	

b)

Anzahl der Arbeiter	Zeit (in h)
3	5
1	

c)

Anzahl Pumpen	Zeit (in h)
5	2
1	

d)

Anzahl der Lkws	Fahrten pro Lkw
10	5
1	

e)

Anzahl Reihen	Karten pro Reihe
6	6
1	

f)

Anzahl Kinder	Preis pro Kind
15	3 €

2 Wie lange benötigt ein Arbeiter, wenn er die Arbeit alleine erledigen muss?
a) 3 Arbeiter benötigen 2 Stunden.
b) 5 Arbeiter benötigen 2 Tage.
c) 10 Arbeiter benötigen 1 Woche.
d) 4 Arbeiter benötigen 3,5 Stunden.
e) 2 Arbeiter benötigen 8 h 45 min.
f) 6 Arbeiter benötigen 4 h 15 min.

3 Berechne im Kopf.
a) Für 8 Pferde reicht ein Futtervorrat 5 Tage. Dann reicht er für 4 Pferde …
b) 8 Mitarbeiter benötigen für eine Arbeit 5 Stunden. Dann benötigen 4 Mitarbeiter …
c) 4 Lkws müssen je 12-mal fahren, um eine bestimmte Menge Kies abzutransportieren. Dann müssen 16 Lkws …

4 Übertrage die Tabellen in dein Heft und vervollständige sie. Die Zuordnungen sind antiproportional.

a)

Anzahl der Lkws	Zeit (in h)
6	10
1	
5	

b)

Anzahl der Arbeiter	Zeit (in min)
8	150
1	
12	

c)

Geschwindigkeit (in $\frac{km}{h}$)	Zeit (in h)
20	5
1	
25	

d)

Münzwert (in ct)	Anzahl Münzen
20	15
1	
50	

5 Übertrage die Tabellen in dein Heft und ergänze sie so, dass eine antiproportionale Zuordnung vorliegt.

a)

x	1	2	3	4	5
y	36	18			

b)

x	1	2	3	4	5
y	60				

c)

x	1	2	4	5	8
y				16	

d)

x	1	2	3	6	12
y					1

e)

x	1	2	4	6	8
y				8	

f)

x	1	4	5	8	10
y		$2\frac{1}{2}$			

g)

x	$\frac{1}{4}$	$\frac{1}{2}$	1	$1\frac{3}{4}$	$2\frac{1}{2}$
y	2				

Weiterführende Aufgaben

6 Kannst du die Tabellen zu antiproportionalen Zuordnungen ergänzen, ohne auf die Einheit zu schließen?

a)

x	2	4	6	16	24
y	96				

b)

x	$1\frac{1}{4}$	$2\frac{1}{2}$	5	10	50
y			20		

c)

x	$\frac{1}{4}$	$\frac{3}{4}$	$1\frac{1}{2}$	3	6
y					3

7 Bauunternehmer Reichelt hat für den Ausbau einer Straße die Arbeitszeit berechnet:
18 Arbeiter brauchen 30 Tage. Nun werden zu Beginn der Arbeit 3 Arbeiter für eine andere Baustelle gebraucht.
Wie lange brauchen die restlichen Arbeiter jetzt, um die Straße fertigzustellen?

8 Herr Hansen will eine Wand mit Holz verkleiden. Wenn er Bretter mit 15 cm Breite benutzt, benötigt er 28 Bretter. Im Baumarkt sind 21 cm breite Bretter im Angebot.
Wie viele benötigt er davon?

9 An das Löschfahrzeug der Feuerwehr wird zum Löschen das C-Rohr angeschlossen und die Spritzdüse so eingestellt, dass pro Minute 100 Liter Wasser durch das Rohr strömen.
So kann aus dem Wassertank 24 Minuten lang gelöscht werden.
Wie lange reicht der Wasservorrat, wenn die Spritzdüse auf 120 Liter pro Minute eingestellt ist?

10 Ein Landwirt hat 8 Säcke mit Futter für seine Schweine. Nach Angaben des Herstellers reicht ein Sack Futter für 20 Schweine 15 Tage. Der Landwirt hat 90 Schweine.
Wie lange kommt er mit dem Vorrat aus?

Im Sommerurlaub auf Mallorca

BEACHTE
Mallorca ist eine Insel, die zu Spanien gehört. In jedem Jahr fahren ungefähr 4 Millionen Deutsche in den Urlaub nach Mallorca.

Bis zu 850 Personen können in unserem Hotel ihren Urlaub genießen. Die Zimmer, alle ausgestattet mit Kühlschrank, Klimaanlage und Farbfernsehgerät, werden von unseren zwölf Reinigungskräften an sechs Tagen in der Woche gereinigt. Sechs Waschmaschinen sind täglich zwölf Stunden im Einsatz, damit Ihre Wäsche ebenso strahlt wie Sie.

Um die Außenanlagen kümmern sich unsere beiden Gärtner, die zusammen 48 Stunden in der Woche benötigen, um die großen Außenflächen des Hotels zu pflegen.
Unsere acht Animateure sind außer sonntags täglich für Sie da. Neben Spiel, Spaß und Spannung im Hotelbereich werden für Sie auch Wanderungen und Schiffstouren angeboten.

Noch ein Wort zu unserem kulinarischen Angebot:
Unser Küchenchef verarbeitet in der Hauptsaison pro Woche 4000 kg Obst, 2500 kg Gemüse, 10 000 Eier, 1000 kg Fleisch und 600 kg Fisch, um Sie in unseren Restaurants verwöhnen zu können. In den Hotelbars schenken wir täglich bis zu 900 Liter Getränke aus.

Der Prospekt hat Familie Wencker gut gefallen, deshalb buchten sie eine Reise nach Mallorca.

1 Familie Wencker fliegt von Berlin nach Mallorca.
Die Reisegeschwindigkeit einer Boeing 737-800 beträgt $850\,\frac{\text{km}}{\text{h}}$, die einer Boeing 737-400 liegt bei $900\,\frac{\text{km}}{\text{h}}$. In welcher Zeit kann die Familie das Flugziel Palma de Mallorca von Berlin aus im schnellstmöglichen Fall erreichen (Flugentfernung Berlin – Palma: 1700 km)?

2 Während des Urlaubs von Familie Wencker ist das Hotel „Playa“ voll belegt.
a) Wie viel Obst verbrauchen die Gäste des Hotels in einem Monat (30 Tage), wenn das Hotel ausgebucht ist?
b) In der Nebensaison wird das Hotel lediglich von 500 Gästen besucht. Bestimme die Obst-, Gemüse-, Eier-, Fleisch-, Fisch- und Getränkemenge, die dann pro Woche benötigt wird.

3 Lena Wencker liest jeden Tag am Strand in einem langen Roman. Nach 7 Tagen hat sie schon 210 Seiten gelesen. Wie viele Seiten hat sie nach 10 Tagen gelesen, wenn sie jeden Tag gleich viel liest?

4 Arbeit im Hotel
a) Die Zimmer sollen in Zukunft täglich gereinigt werden. Wie viele Reinigungskräfte müssen zusätzlich eingestellt werden, damit für die bisher angestellten Reinigungskräfte keine Mehrarbeit entsteht?
b) Wie lange müssen die Waschmaschinen täglich laufen, wenn eine Waschmaschine ausfällt?
c) Wie lange benötigen drei Gärtner, um die Außenflächen zu pflegen?

5 Ausflüge und Unterhaltung
a) Die Animateure bieten jeden Freitag einen Marktbesuch an. In der vergangenen Woche wurde das Angebot von 25 Gästen angenommen. Die Wanderung vom Hotel zum Marktplatz dauerte an diesem Tag 50 Minuten. Heute nehmen 30 Gäste am Marktbesuch teil. Wie lange wird die Wanderung dauern?
b) Neben dem Ausflug zum Markt bietet der Reiseanbieter auch Schiffstouren an. Für eine dreiköpfige Familie kostet der halbtägige Ausflug 117 €. Unter welchen Bedingungen ist die Zuordnung *Anzahl der Personen → Preis* proportional?
Wie teuer ist in diesem Fall der Ausflug für die vierköpfige Familie Wencker?

Vermischte Übungen

1 Entscheide, ob die Wertetabellen zu einer proportionalen, einer antiproportionalen Zuordnung oder zu keinem von beiden gehören.

a)

x	1	2	3	4	5
y	60	30	20	15	12

b)

x	1	2	3	4	5
y	32	16	8	4	2

c)

x	1	2	3	4	5
y	4	8	12	16	20

d)

x	1	2	3	4	5
y	6	8	10	12	14

e)

x	1	2	6	9	10
y	90	45	15	10	9

2 Ergänze so, dass die Zuordnung …

a) proportional ist.

x	1	2	3	4	5
y	1,40				

b) antiproportional ist.

x	1	2	3	4	5
y	30				

c) proportional ist.

x	1	2	3	5	7
y			$4\frac{1}{2}$		

d) antiproportional ist.

x	1	2	4	6	10
y			12		

3 In den Tabellen sollen proportionale Zuordnungen stehen, aber je ein *y*-Wert ist falsch. Finde und berichtige ihn.

a)

x	1	2	3	4	5
y	9	18	27	38	45

b)

x	1	2	3	4	5
y	0,7	1,4	2,1	2,8	3,7

c)

x	1	2	4	9	16
y	$\frac{3}{4}$	1,5	3	6	12

4 Stelle fest, ob die Wertetabelle zu einer proportionalen oder antiproportionalen Zuordnung gehört. Ergänze dann die fehlenden Werte im Heft.

a)

x	1	2	3	4	5
y		60		30	

b)

x	1	2	3	4	5
y		30	45		

c)

x	3	4	6	7	8
y		14	21		

5 Entscheide, ob die Diagramme zu einer proportionalen oder antiproportionalen Zuordnung gehören.

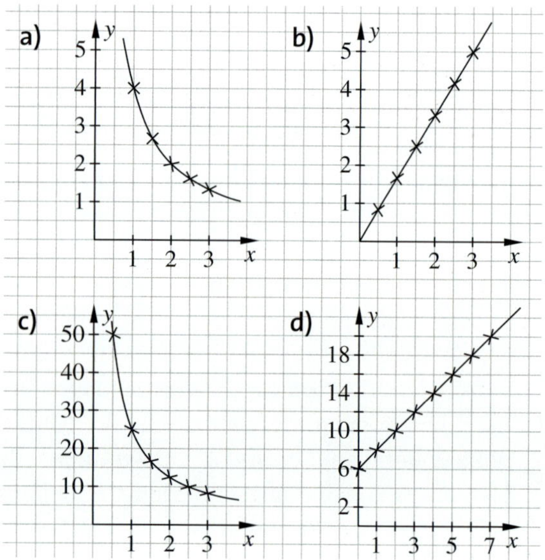

6 Übertrage die Diagramme in dein Heft. Ergänze sie so, dass Diagramm ① zu einer proportionalen und ② zu einer antiproportionalen Zuordnung gehört.

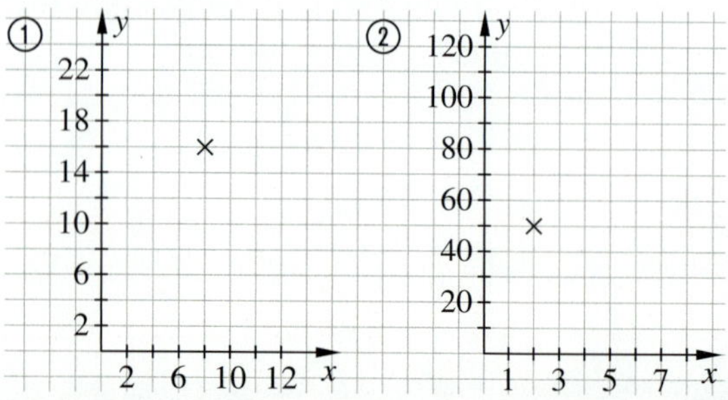

7 Entscheide zuerst, ob Proportionalität oder Antiproportionalität vorliegt, und löse dann die Aufgabe.

a) 5 Flaschen Saft kosten 4,95 €.
Wie teuer sind 3 Flaschen?

b) Bei einer Feuerwehrübung wurde ein Teich mit 4 Pumpen in 150 min leer gepumpt. Wie lange hätte dies mit 5 Pumpen gedauert?

c) Finn kauft 9 Briefmarken zu je 1,45 €. Wie viele Briefmarken zu 0,45 € kann er zum gleichen Gesamtpreis erhalten?

d) 15 kg Hundefutter kosten 39 €.
Wie teuer sind 50 kg des Hundefutters?

e) 750 g Tomaten kosten 1,35 €.
Wie viel kosten 100 g?

f) 1,5 kg Äpfel kosten 2,97 €.
Wie viel kostet 1 kg Äpfel?

8 Alina und Dennis haben 450 g Paprika gekauft und dafür 1,71 € bezahlt.
Wie viel kostet 1 kg Paprika?

9 3 kg Weintrauben kosten 7,77 €.
Wie viel kosten 2 kg (1,4 kg; 1,2 kg; 0,5 kg) Weintrauben derselben Sorte?
Runde, wenn nötig.

10 Für 5 Eierkuchen mit Pilzfüllung benötigt man 4 Eier, $\frac{1}{8}$ ℓ Milch, 100 g Mehl, 500 g Champignons, eine Zwiebel und 150 g Schinken (und außerdem Salz, Pfeffer, Butter und Öl).
Berechne die Mengen, wenn 2 (8, 10, 12, 15) Eierkuchen gebacken werden sollen.
Runde sinnvoll.

11 Um Bauschutt von einer Baustelle abzufahren, müssen 8 Lkw fünfmal fahren. Wie oft müssen 5 Lkw fahren?

12 Drei Tulpen kosten 1,65 €.
Wie viel kosten 13 Tulpen?
Lukas überlegt: Die Anzahl der Tulpen ist um 10 größer, also muss auch der Preis um 10 größer sein. 13 Tulpen kosten also 11,65 €.
Was meinst du dazu?

13 Für einen Verlag sollen 15 000 Bücher verschickt werden. Welche Möglichkeiten gibt es, die 15 000 Bücher gleichmäßig auf Transporter zu verteilen?
Erstelle eine Wertetabelle für einen bis sechs Transporter.

14 Die Arbeitszeit beträgt in einer Woche 40 Stunden. Wie viel wird jeweils pro Woche hergestellt?

a) In einer Kerzenfabrik stellt eine Gießmaschine in drei Stunden etwa 30 000 Kerzen her.

b) Mit einer Maschine für Eis am Stiel können in drei Stunden 108 000 Stück hergestellt werden.

c) Zuckerwattemaschinen können in drei Stunden etwa 1110 Portionen Zuckerwatte herstellen.

15 Ein Industrieroboter arbeitet durchgehend Tag und Nacht. Er benötigt für die Fertigung von 100 Werkstücken 50 Tage.

a) Wie viele Stunden benötigt ein Industrieroboter, um 100 Werkstücke zu fertigen?

b) Übertrage die Tabelle in dein Heft und berechne die fehlenden Zeitangaben für die Herstellung von 100 Werkstücken.

Anzahl der Roboter	1	2	3	4	5	6
Zeit (in h)						

c) Übertrage die Tabelle ebenfalls in dein Heft und berechne die Anzahl der benötigten Roboter für die angegebene Zeit zur Herstellung von 100 Werkstücken.

Zeit (in h)	1200	150	120	100	80	75
Anzahl der Roboter						

16 Ein Hausbesitzer musste für den Verbrauch von 4967 kWh Strom im Jahr 645,71 € bezahlen. Im nächsten Jahr hatte er einen Verbrauch von 5638 kWh.
Wie viel Geld musste er dafür bezahlen?

17 Ein alter Kühlschrank hat einen jährlichen Energieverbrauch von 370 kWh. Dadurch entstehen Stromkosten von 66,60 € pro Jahr. Neugeräte haben lediglich einen Stromverbrauch von 240 kWh.

a) Berechne die Stromkosten für ein Neugerät.
b) Wie viel Geld lässt sich durch die Neuanschaffung eines Kühlschranks pro Jahr einsparen? Finde verschiedene Rechenwege und präsentiere sie.
c) Ein alter Fernseher hat einen Energieverbrauch von 170 kWh, ein neuer Fernseher benötigt lediglich 100 kWh. Wie groß sind die Einsparmöglichkeiten hier?
d) Recherchiere den Energieverbrauch von Elektrogeräten. Wie hoch sind die jährlichen Energiekosten für die Geräte?

18 Der Fußboden eines Zimmers soll mit Teppichboden belegt werden. Wählt man Teppichboden von 2 m Breite, braucht man 22,5 m. Wie viel Meter braucht man, wenn der Teppichboden nur 1,5 m breit ist und zerschnitten werden darf?

19 Herr Zimmer benötigt für seine Küche zwei verschiedene Arbeitsplatten von je 60 cm Breite aus dem gleichen Material. Für eine Platte von 2,70 m Länge bezahlt er im Baumarkt 79,65 €.
Wie viel kostet eine 1,30 m lange Platte (eine 2 m lange Platte)?

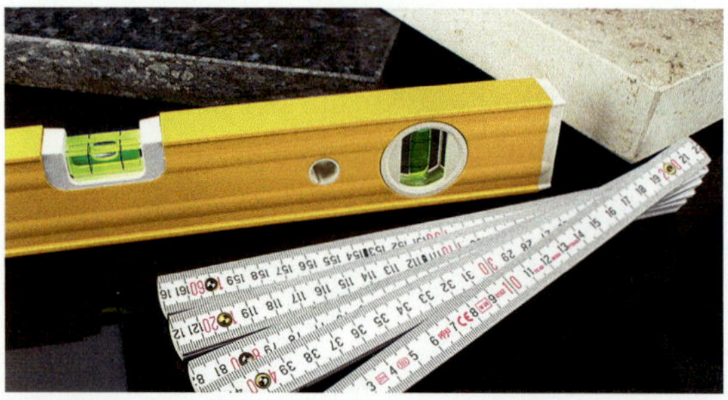

20 Herr Kaltenhof hat 16 m² Wandfläche in seinem Bad gekachelt und dafür insgesamt 720 Kacheln benötigt. In der Küche möchte er auf einer insgesamt 2,4 m² großen Wandfläche die gleiche Kachelsorte verwenden.
Finde die Fragestellung und beantworte sie.

21 Ein Mieter muss für seinen Verbrauch von 20 m³ Wasser 42,20 € bezahlen.

a) Wie viel zahlt ein anderer Hausbewohner für 22 m³ Wasser?
b) Wie viel Wasser hat ein Mieter verbraucht, der 63,30 € bezahlen muss?

22 „Ki-Ba" besteht aus Kirsch- und Bananensaft. Für 100 ml Ki-Ba sind 60 ml Kirsch- und 40 ml Bananensaft notwendig.

a) Wie viel Kirsch- und Bananensaft sind zur Herstellung von 150 ml Ki-Ba notwendig?
b) Wie viel benötigt man für 66,5 ml Ki-Ba?

23 An einem Februartag wurde um 6 Uhr eine Temperatur von 3 °C gemessen.
Bis 8 Uhr stieg die Temperatur auf 4 °C.

a) Bestimme die Temperatur um 12 Uhr.
b) Bestimme die Temperatur um 22 Uhr.

24 Auf einer Wanderkarte ist eine Strecke 64 mm lang. In Wirklichkeit ist die Strecke 320 m lang.

a) Eine andere Strecke ist in der Zeichnung 175 mm lang. Wie lang ist sie in Wirklichkeit?
b) Wie lang ist eine Strecke auf der Karte, die in Wirklichkeit 515 m misst?

25 Jana hat auf der Klassenfahrt Fotos gemacht, die ihre Mitschüler jetzt bei ihr bestellen können. Für 36 Abzüge hat sie 2,88 € bezahlt. Wie viel kosten die Bestellungen der Mitschüler?

Name	Anzahl der Bilder	Preis in €
Martin	13	
Tim	7	
Hanna	10	
Nils	4	
Line	14	

BEACHTE
Die Lösungen zu Aufgabe 25 ergeben in der richtigen Reihenfolge den Namen einer europäischen Hauptstadt. Zu welchem Land gehört die Stadt?
0,32 (I); 0,56 (A); 0,80 (R); 1,04 (P); 1,12 (S)

26 Max überlegt, wie er sein Taschengeld für eine Radtour so einteilen kann, dass er jeden Tag den gleichen Betrag zur Verfügung hat. Ist er 12 Tage unterwegs, kann er 11 € pro Tag ausgeben.

a) Wie viel Taschengeld hat Max?

b) Vervollständige die Tabelle im Heft.

Anzahl der Tage	12	10	15	6	8	16
Geld pro Tag (in €)	11					

27 Tippgemeinschaften erhalten ihren Lottogewinn gemeinsam ausgezahlt. Ergänze die Tabelle in deinem Heft. Die Gewinnsumme beträgt 18 144 €.

Anzahl der Mitglieder	4	7	9	15
Gewinnsumme pro Mitglied				

28 Auf einem Rummel steht ein Fahrgeschäft.

a) Du erhältst von deinen Eltern 8 € (10 €, 11 €, 12 €).
Wie oft kannst du maximal fahren?

b) Deine Eltern erlauben dir, fünfmal zu fahren. Kannst du sie davon überzeugen, dich öfter fahren zu lassen?

c) Bewerte die Preisgestaltung und entwickle Verbesserungsvorschläge.

29 Gib Beispiele aus dem Alltag an.

a) Je größer …, desto größer …

b) Je größer …, desto kleiner …

c) Verdoppelt sich …, so verdoppelt sich …

d) Wenn sich … halbiert, so verdoppelt sich …

30 Eine Fähre braucht bei einer durchschnittlichen Geschwindigkeit von $20\,\frac{km}{h}$ für eine Überfahrt 55 Minuten.
Wie lange braucht eine Fähre mit einer Geschwindigkeit von $25\ (22)\,\frac{km}{h}$?

31 Die Sonne ist rund 150 Mio. km von der Erde entfernt. Ein Lichtstrahl benötigt für diese Entfernung 8 min 20 s.

a) Zum Planeten Mars braucht ein Lichtstrahl von der Sonne bereits etwa 12 min 40 s. Wie viele Kilometer ist der Mars ungefähr von der Sonne entfernt?

b) Zum Jupiter benötigt das Sonnenlicht etwa 43 min 13 s. Wie groß ist seine Entfernung zur Sonne?

32 Ordne die folgenden Eigenschaften und Beispiele und erstelle daraus eine Mindmap zum Thema „Proportionale und antiproportionale Zuordnungen". Präsentiere deine Mindmap vor der Klasse.

produktgleich

Dem Doppelten der Ausgangsgröße wird die Hälfte der zugeordneten Größe zugeordnet.

Punkte auf einer Kurve

x	1	2	5
y	2	4	10

quotientengleich

x	1	2	5
y	10	5	2

Dem Doppelten der Ausgangsgröße wird das Doppelte der zugeordneten Größe zugeordnet.

Strahl durch den Ursprung

20 Pflücker benötigen zusammen 8 Stunden, um ein Erdbeerfeld abzuernten.

500 g Erdbeeren kosten 1,95 €.

Im Schwimmbad

In einem Schwimmbad zahlen Erwachsene einen Eintrittspreis von 3,90 €.
Für Kinder soll gerade ein neuer Eintrittspreis festgelegt werden. Der Geschäftsführer schlägt folgende Regelung vor:

Anzahl Kinder	1	2	3	4	5
Gruppenpreis (in €)	2,70	5,20	7,50	9,60	11,50

a) Vervollständige die Tabelle im Heft. Zeichne ein Diagramm, das die Zuordnung *Anzahl der Erwachsenen → Eintrittspreis* darstellt.
Begründe anhand der Wertetabelle und anhand des gezeichneten Diagramms, warum die Zuordnung *Anzahl Erwachsene → Eintrittspreis* eine proportionale Zuordnung ist.

Anzahl Erwachsene	1	2	3	4	5
Eintrittspreis (in €)					

b) Nach Schließung des Schwimmbads putzen 6 Reinigungskräfte das Bad. Die Reinigungsarbeiten dauern 4 Stunden.
Vervollständige die Tabelle im Heft.
Zeichne ein Diagramm, das die Zuordnung *Anzahl der Reinigungskräfte → Reinigungszeit* darstellt.
Begründe anhand der Wertetabelle und anhand des gezeichneten Diagramms, warum die Zuordnung *Anzahl der Reinigungskräfte → Reinigungszeit* antiproportional ist.

Anzahl Reinigungskräfte	2	3	6	8	12
Reinigungszeit (in h)			4		

c) In den Ferien arbeitet Clara als Aufsicht im Schwimmbad. Sie erhält 31,50 € für 5 Stunden Aufsicht. In den vergangenen Ferien hat sie 56 Stunden gearbeitet. Wie viel Geld hatte sie dafür erhalten?

d) Clara schwimmt im Verein. Ihre Bestzeit auf 25 m liegt bei 30 Sekunden. Berechne mit diesen Angaben Claras Bestzeit auf 1000 m. Hältst du diese Zeit für realistisch?

e) Bei der Grundreinigung setzte der Betreiber bisher 2 Pumpen ein und benötigte 6 Stunden, um das Becken zu leeren. Nun wurden 3 weitere Pumpen hinzugekauft. Berechne die Zeit, die jetzt für das Leerpumpen des Beckens benötigt wird.

f) Ergänze in der Tabelle des Geschäftsführers die Preise für eine 6er-Gruppe (10er-Gruppe) von Kindern, wenn der Rabatt entsprechend fortgesetzt wird.

g) Der Geschäftsführer bittet dich um deine Meinung zur Preisgestaltung. Hältst du seine Preisgestaltung für sinnvoll? Begründe deine Meinung.

Alles klar?

Entscheide, ob die Aussagen richtig oder falsch sind.
Begründe deine Entscheidung im Heft und korrigiere gegebenenfalls.

1 Steigende und fallende Zuordnungen

a) Diagramm 1 zeigt eine steigende Zuordnung.

b) Diagramm 2 stellt eine fallende Zuordnung dar.

c) Die Zuordnung *Zeit → zurückgelegte Wegstrecke* ist für einen Läufer bei einem Langstreckenlauf fallend, wenn das Tempo immer langsamer wird.

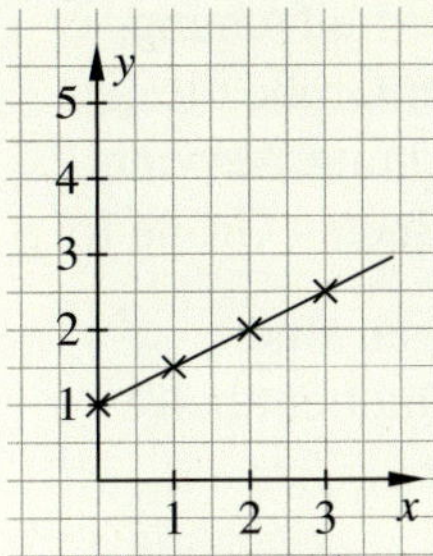

Diagramm 1

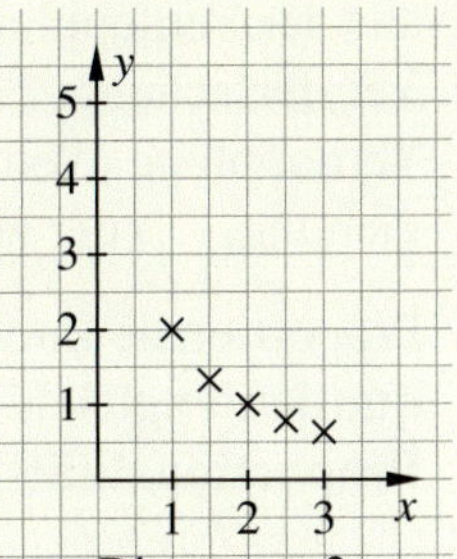

Diagramm 2

BEACHTE
Die Lösungen zu den Aufgaben auf dieser Seite sowie dazu passende Trainingsaufgaben findest du ab Seite 232.

2 Proportionale Zuordnungen

a) Diagramm 1 stellt eine proportionale Zuordnung dar.

b) Die Zuordnung *Zeit → zurückgelegte Wegstrecke* ist proportional, wenn die Geschwindigkeit gleichbleibend ist.

c) Die Zuordnung *Briefgewicht → Portokosten* ist proportional.

d) Führt eine Halbierung des x-Wertes zu einer Verkleinerung des y-Wertes, so ist die Zuordnung proportional.

3 Dreisatz bei proportionalen Zuordnungen

a) Beim Dreisatz muss immer auf die Einheit geschlossen werden.

b) Legt ein Läufer in drei Minuten 600 m zurück, so legt er in vier Minuten 800 m zurück, wenn er sein Tempo beibehält.

c) Ein dreijähriges Mädchen ist 96 cm groß. Mit 6 Jahren wird es doppelt so groß sein.

4 Antiproportionale Zuordnungen

a) Bei gleicher Treppenhöhe ist die Zuordnung *Anzahl der Stufen → Höhe einer Stufe* antiproportional.

b) Diagramm 2 oben stellt eine antiproportionale Zuordnung dar.

c) Die Wertetabelle rechts gehört zu einer antiproportionalen Zuordnung.

d) Antiproportionale Zuordnungen sind quotientengleich.

x	1	2	3
y	6	3	2

5 Dreisatz bei antiproportionalen Zuordnungen

a) Brauchen 4 Arbeiter 5 Stunden, so benötigen 6 Arbeiter 4 Stunden.

b) Wenn 6 Lkws jeweils 10-mal fahren müssen, so müssen 5 Lkws 12-mal fahren.

Zusammenfassung

→ Seite 106

Proportionale Zuordnungen

Eine Zuordnung ist **proportional**, wenn aus der Verdopplung (Verdreifachung, Vervierfachung, …) einer Größe die Verdopplung (Verdreifachung, Vervierfachung, …) der zugeordneten Größe folgt.

Proportionale Zuordnungen sind **quotientengleich**. Der Quotient heißt **Proportionalitätsfaktor**.

Alle Punkte liegen auf einem Strahl, der im Ursprung beginnt.

· 2 · 2

x	0	1	2	3	4	5
y	0	2	4	6	8	10

· 2 · 2

$1 : 2 = 2 : 4 = 3 : 6 = 4 : 8 = 5 : 10 = 0{,}5$

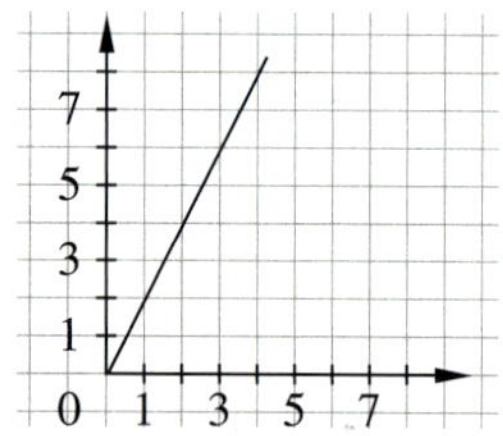

→ Seite 110

Das Dreisatz-Schema für proportionale Zuordnungen

1. Gegebenes Wertepaar aufschreiben
2. Schluss auf die Einheit
3. Schluss auf das Gesuchte

Anzahl der CDs	Preis (in €)
5	64,95
1	12,99
6	77,94

: 5 · 6 (links) : 5 · 6 (rechts)

→ Seite 116

Antiproportionale Zuordnungen

Eine Zuordnung ist **antiproportional**, wenn aus der Verdopplung (Verdreifachung, Vervierfachung, …) einer Größe die Halbierung (Drittelung, Viertelung, …) der zugeordneten Größe folgt.

Antiproportionale Zuordnungen sind **produktgleich**.

Alle Punkte liegen auf einer fallenden Kurve.

· 2 · 2

x	1	2	3	4	5
y	6	3	2	1,5	1,2

: 2 : 2

$1 \cdot 6 = 2 \cdot 3 = 3 \cdot 2 = 4 \cdot 1{,}5 = 5 \cdot 1{,}2 = 6$

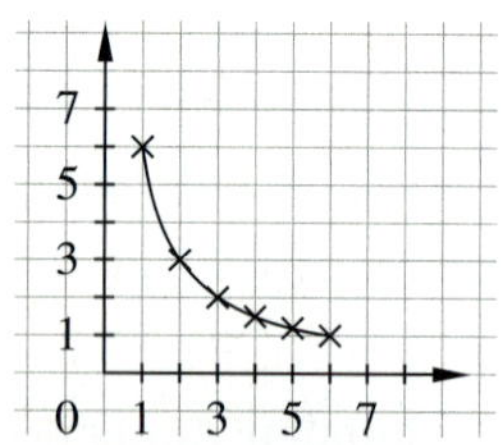

→ Seite 120

Das Dreisatz-Schema für antiproportionale Zuordnungen

1. Gegebenes Wertepaar aufschreiben
2. Schluss auf die Einheit
3. Schluss auf das Gesuchte

Anzahl der Arbeiter	Zeit (in h)
5	64,95
1	12,99
6	77,94

: 3 · 4 (links) · 3 : 4 (rechts)

Prozentrechnung

Beim Einkaufen wird häufig mit Prozentangaben geworben. Das Wort „Prozent“ kommt vom italienischen „pro cento“ (von Hundert) und wurde später abgekürzt mit cto. Daraus entstand mit der Zeit die Schreibweise %.

cento → cto → c/to → c/o → o/o → %

In diesem Kapitel lernst du zu berechnen, wie viel Geld du bei reduzierter Ware weniger zahlen musst. Du lernst die Begriffe Grundwert, Prozentwert und Prozentsatz zu unterscheiden. Außerdem erfährst du, wie du von jeder beliebigen Größe Anteile in Prozent bestimmen kannst.

Noch fit?

1 Addiere schriftlich. Überprüfe deine Ergebnisse mit Hilfe einer Überschlagsrechnung.
a) 1244 + 1708 + 1928 + 1804 + 2004 **b)** 3067 + 4809 + 5340 + 1324 + 47
c) 8197 + 3241 + 5674 + 2001 + 347 **d)** 5768 + 5009 + 4758 + 3847 + 3070

2 Subtrahiere schriftlich. Schätze vorher, welche Teilaufgabe das größte Ergebnis hat.
a) 40 856 – 5263 – 593 **b)** 5698 – 562 – 136 **c)** 78 953 – 7410 – 543
d) 3698 – 369 – 329 – 345 **e)** 63 980 – 24 001 – 979 **f)** 2587 – 258 – 329 – 111

3 Rechne schriftlich. Überschlage vorher das Ergebnis.
a) 756 · 26 **b)** 35 · 921 **c)** 517 · 309 **d)** 1195 · 36
e) 4082 · 339 **f)** 5781 · 6068 **g)** 28 495 · 19 **h)** 20 487 · 6984

4 Überschlage, dividiere schriftlich und mache die Probe.
a) 4104 : 6 **b)** 4795 : 7 **c)** 2058 : 3 **d)** 6183 : 9
e) 66 660 : 12 **f)** 48 884 : 11 **g)** 74 070 : 6 **h)** 79 008 : 8

5 Ordne die Tunnel nach ihrer Länge und stelle dies in einem Säulendiagramm dar.

Simplon-Tunnel (Verbindung Schweiz–Italien)	19 804 m
Arlberg-Tunnel in Österreich	10 250 m
Gleisberg-Tunnel bei Glashütte in Thüringen	539 m
Tauern-Tunnel in Österreich	8600 m
St.-Gotthard-Tunnel (Schweiz)	14 984 m
Brandleite-Tunnel bei Oberhof in Thüringen	3039 m
Seikan-Tunnel (Japan, Unterwassertunnel)	rd. 54 000 m

6 Rechne in die in Klammern angegebene Einheit um.
a) 5 cm (mm) **b)** 700 mm (cm) **c)** 8 m (cm) **d)** 10 000 m (km)
e) 3 kg (g) **f)** 5 t (kg) **g)** 6500 g (kg) **h)** 500 kg (t)
i) 2,35 € (ct) **j)** 12 345 ct (€) **k)** 3 h (min) **l)** 30 min (h)

7 Zeichne drei Rechtecke mit den Seitenlängen 3 cm und 5 cm.
Färbe im ersten Rechteck die Hälfte, im zweiten $\frac{3}{4}$ und im dritten $\frac{1}{10}$ der Fläche ein.

8 Gib den Anteil der rot und der blau gefärbten Fläche als Bruch an.
a) 
b) 
c) 
d) 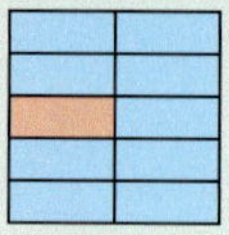
e) 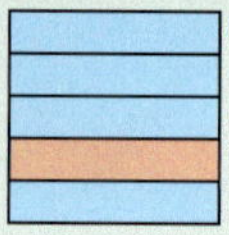
f) 

9 Multipliziere.
a) $\frac{2}{10}$ mit 2; 5 und 10 **b)** $\frac{15}{3}$ mit 7; 21 und 45 **c)** $2\frac{3}{4}$ mit 2; 5 und 10

Bunt gemischt

1. Die Winkelsumme im Dreieck beträgt …
2. Wie viele Minuten sind 1:27 h?
3. Von ihren 16 € Taschengeld hat Lena schon $\frac{7}{10}$ ausgegeben. Wie viel bleibt ihr noch?

Anteile

Erforschen und Entdecken

1 Lara sagt zu Jacob:
„Unsere Klasse war beim Sportfest besser. Wir haben 18 Urkunden geholt, aber ihr nur 16.“
Jacob antwortet ihr:
„Wir sind ja auch weniger Schülerinnen und Schüler als ihr.“

Welche Klasse war wirklich besser?

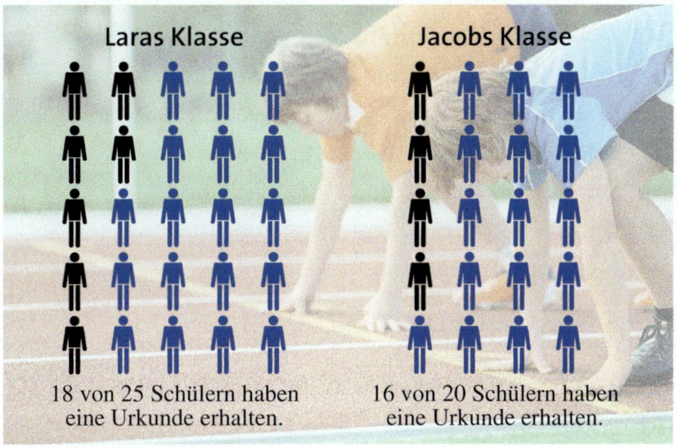

2 An welchem Losstand würdest du deine Lose kaufen?
Erkläre, auf welche Weise du die Angebote vergleichst.

3 Anke, Peter und Felix stehen zur Wahl als Klassensprecher. In einer Strichliste wurden ihre Ergebnisse festgehalten.
a) Wer wird Klassensprecher?
b) Insgesamt haben 30 Schüler ihre Stimme abgegeben. Gib die Anteile der Stimmen als Bruch an.

4 Von 100 Erwachsenen in Deutschland haben 77 Zugang zum Internet. Das sind 77 %. Unter den jungen Erwachsenen bis 25 Jahre haben sogar 97 von 100, also 97 % Zugang zum Internet.
a) Was bedeutet das Zeichen % (sprich: Prozent)?
b) Klingen die 77 % und 97 % für dich nach viel oder wenig?
c) Wo hast du das Zeichen % schon einmal gesehen?

5 Arbeitet in kleinen Gruppen von 2 bis 4 Personen.
Ihr braucht für jede Person eine (ältere) Tageszeitung.
a) Sucht Artikel heraus, in denen Anteile vorkommen.
b) Sortiert die Angaben nach gemeinen Brüchen, Dezimalbrüchen und Prozentzahlen.
c) Stellt eure Ergebnisse der Klasse vor.

NACHGEDACHT
Was bedeuten die Prozentzahlen hier?

Lesen und Verstehen

ERINNERE DICH
$0{,}3 = \frac{3}{10}$
$0{,}41 = \frac{41}{100}$
$0{,}934 = \frac{934}{1000}$
Die erste Stelle hinter dem Komma entspricht Zehnteln, die zweite entspricht Hundertsteln, die dritte Tausendsteln und so weiter.

Wer soll beim Fußballspiel der Heine-Schule gegen die Lessingschule im Tor stehen?
Olga hat im Training 8 von 20 Schüssen gehalten, Jakob hat 9 von 25 Schüssen gehalten.
Um ihre Leistungen vergleichen zu können, vergleicht man die Anteile der gehaltenen Schüsse miteinander.

Olga: $\frac{8}{20} = \frac{40}{100} = 40\,\%$

Jakob: $\frac{9}{25} = \frac{36}{100} = 36\,\%$.

Olga hat 40 % der Bälle gehalten, Jakob 36 %. Olga sollte besser im Tor stehen.

Um Anteile zu vergleichen, braucht man eine gemeinsame Grundlage.
Man kann den gemeinsamen Nenner 100 verwenden.

Anteile gibt man häufig in Prozent an. Das Zeichen % bedeutet „pro hundert".

1 % von etwas ist 1 Hundertstel davon: $1\,\% = \frac{1}{100}$.

p % von etwas ist p Hundertstel davon: $p\,\% = \frac{p}{100}$.

BEISPIEL 1

$25\,\% = \frac{25}{100} = \frac{1}{4}$

$8\,\% = \frac{8}{100} = \frac{2}{25}$

In Prozent angegebene Anteile lassen sich leicht vergleichen.

Alle **Prozentangaben** kann man als **gemeine Brüche** oder als **Dezimalbrüche** schreiben.

BEISPIEL 2

$38\,\% = \frac{38}{100} = 0{,}38$

$70\,\% = \frac{70}{100} = 0{,}7$

Für Überschläge, Schätzungen und das Kopfrechnen sind die häufig auftretenden bequemen Prozentsätze wie 10 % oder 25 % sehr nützlich.

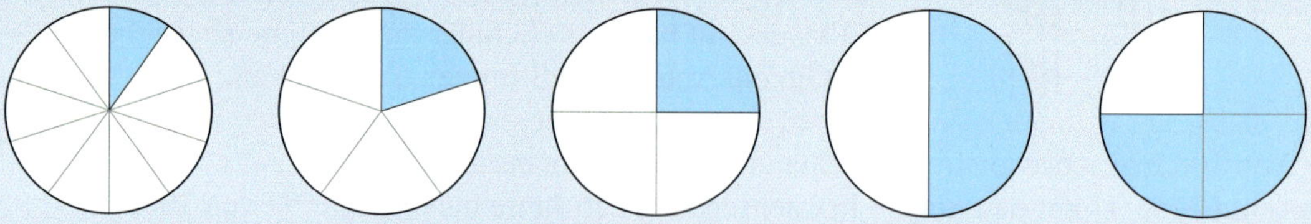

$\frac{1}{10} = \frac{10}{100} = 0{,}1 = 10\,\%$

$\frac{1}{5} = \frac{20}{100} = 0{,}2 = 20\,\%$

$\frac{1}{4} = \frac{25}{100} = 0{,}25 = 25\,\%$

$\frac{1}{2} = \frac{50}{100} = 0{,}5 = 50\,\%$

$\frac{3}{4} = \frac{75}{100} = 0{,}75 = 75\,\%$

Diese **bequemen Prozentsätze** solltest du dir einprägen.

Prozentsatz p	1 %	10 %	20 %	25 %	$33\frac{1}{3}$ %	50 %	$66\frac{2}{3}$ %	75 %	100 %
Bruch	$\frac{1}{100}$	$\frac{1}{10}$	$\frac{1}{5}$	$\frac{1}{4}$	$\frac{1}{3}$	$\frac{1}{2}$	$\frac{2}{3}$	$\frac{3}{4}$	1

Basisaufgaben

1 Gib die Anteile in Prozent an.

a) $\frac{1}{100}$; $\frac{12}{100}$; $\frac{35}{100}$; $\frac{60}{100}$; $\frac{85}{100}$

b) $\frac{52}{100}$; $\frac{59}{100}$; $\frac{73}{100}$; $\frac{84}{100}$; $\frac{99}{100}$

c) $\frac{1}{2}$; $\frac{1}{10}$; $\frac{1}{4}$; $\frac{1}{5}$; $\frac{3}{5}$; $\frac{7}{20}$; $\frac{25}{50}$; $\frac{14}{50}$

d) $\frac{3}{4}$; $\frac{3}{25}$; $\frac{8}{40}$; $\frac{15}{60}$; $\frac{6}{20}$; $\frac{4}{25}$; $\frac{3}{75}$

2 Gib den Prozentsatz jeweils als (gekürzten) Bruch und als Dezimalbruch an.

a) 23 % b) 11 % c) 50 %
d) 75 % e) 30 % f) 19 %
g) 8 % h) 99 % i) 15 %
j) 3 % k) 80 % l) 25 %

3 Gib den Anteil der gefärbten Fläche an der Gesamtfläche in Prozent an.

a) 
b) 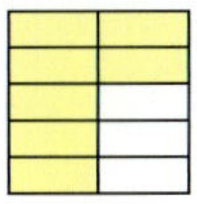
c) 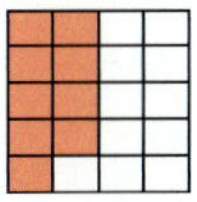
d) 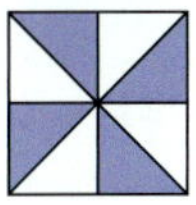
e) 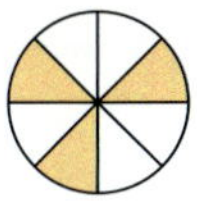
f) 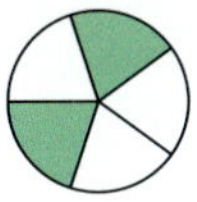

4 Wandle in Prozentsätze um.

a) 0,37 b) 0,5 c) 0,59
d) 0,61 e) 0,7 f) 0,07
g) 0,63 h) 0,27 i) 0,1
j) 0,01 k) 0,25 l) 1,24

5 Ergänze die Tabelle im Heft.

	Prozentsatz $p\,\%$	Gemeiner Bruch	Dezimalbruch
a)	33 %		
b)		$\frac{47}{100}$	
c)	60 %		
d)		$\frac{31}{100}$	
e)		$\frac{1}{4}$	
f)			0,45
g)	77 %		
h)	$33\frac{1}{3}\,\%$		
i)			0,62
j)		$\frac{1}{5}$	

6 Auf einem Rummel gibt es eine Losbude. Alina hat 20 Lose gekauft. Darunter waren 3 Gewinne. Jasmin hat 25 Lose gekauft und 4 Gewinne gezogen.
Wer hat den größeren Anteil an Gewinnen? Gib als Bruch und als Prozentzahl an.

7 In einem Fernsehquiz raten 3 Kandidaten gegeneinander. Frau Schilling hat 68 % der Fragen richtig beantwortet, Frau Penny hat von 50 Fragen 33 richtig beantwortet und Herr Thaler hat $\frac{3}{5}$ richtige Antworten gegeben. Wer hat gewonnen?

NACHGEDACHT
In einem Fernsehquiz wurde folgende Frage gestellt: „Sortieren Sie folgende Länder nach ihrer Fläche, beginnend mit dem kleinsten.
a) Russland
b) Luxemburg
c) Deutschland
d) Brasilien"
Findest du die Lösung?

Weiterführende Aufgaben

8 Schreibe den Anteil der gefärbten Flächen als Prozentzahl.

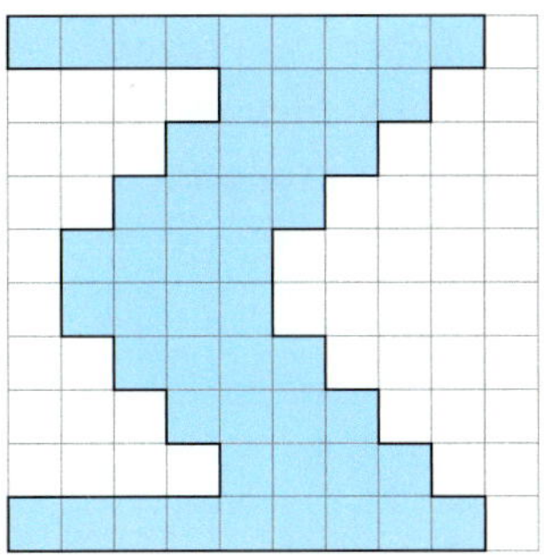
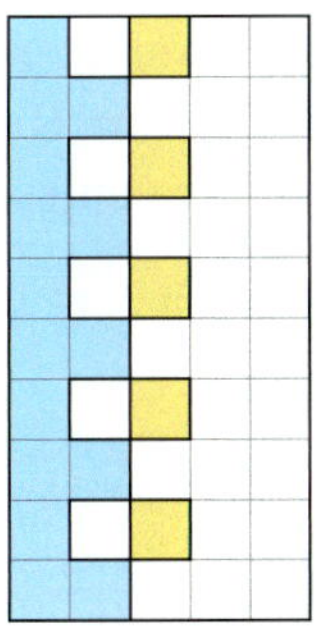

9 Wie viel Prozent der Fläche ist blau eingefärbt?

a) 
b) 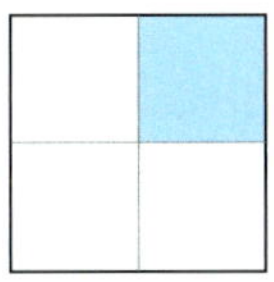
c) 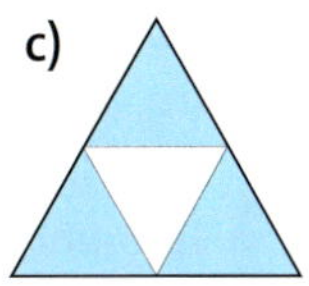
d) 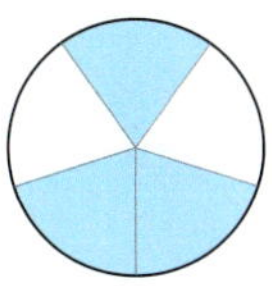
e) 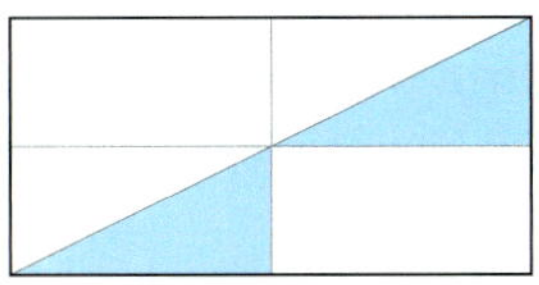

10 Erweitere oder kürze die Brüche auf den Nenner 100. Schreibe sie dann als Prozentzahl.

a) $\frac{3}{4}; \frac{9}{20}; \frac{7}{50}; \frac{3}{25}; \frac{3}{10}; \frac{1}{4}; \frac{4}{5}$

b) $\frac{21}{25}; \frac{154}{200}; \frac{81}{900}; \frac{2}{5}; \frac{480}{600}$

c) $\frac{13}{50}; \frac{7}{20}; \frac{3}{5}; \frac{9}{10}; \frac{45}{300}; \frac{75}{150}$

d) $\frac{2}{5}; \frac{1}{2}; \frac{7}{10}; \frac{10}{10}; \frac{16}{300}; \frac{7}{100}$

e) $\frac{0}{4}; \frac{17}{17}; \frac{130}{1300}; \frac{13}{1300}; \frac{4}{8}$

11 Welcher Anteil ist gefärbt? Schätze die Prozentzahl.

a) 

b) 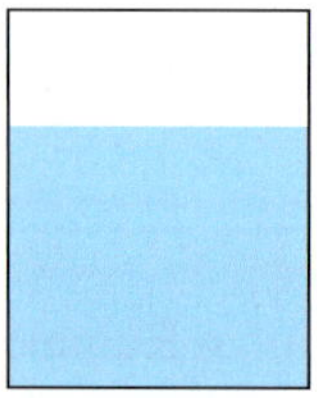

c) 

d) 

12 Zeichne ein Quadrat aus 10 mal 10 Kästchen. Markiere darin farbig

a) 10 % b) 20 % c) 50 %
d) 60 % e) 25 % f) 75 %
g) 90 % h) 12,5 % i) 1 %
j) 45 % k) 30 % l) 15 %.

13 Zeichne mit einem Zirkel einen Kreis mit dem Radius 4 cm.
Wie kannst du darin 25 % rot und 10 % blau markieren?
Erkläre, wie du vorgehst.

14 In einer Klassenarbeit werden 20 Vokabeln abgefragt. An wie viel Prozent der Vokabeln erinnern sich die Schüler?

a) Katrin weiß noch 17 Vokabeln.
b) Paul kann sich an 15 Übersetzungen erinnern.
c) Cedric kann 12 Vokabeln übersetzen.
d) Lea erinnert sich an 9 Vokabeln.

15 Bei einem Basketballspiel erzielte Lukas mit 10 Würfen 4 Treffer, Amelie mit 20 Würfen 9 Treffer und Kevin mit 25 Würfen 11 Treffer.
Wer hat den größten, wer den kleinsten Trefferanteil?
Gib den Trefferanteil als Bruch und als Prozentsatz an.

16 Welchem prozentualen Anteil entspricht das?

a) Von 200 Teilnehmern eines Marathonlaufs gaben 28 vor Erreichen des Zieles auf.
b) Von den 200 Teilnehmern erreichten 6 das Ziel in weniger als 3 Stunden.

17 Immer zwei Angaben gehören zusammen. Es ergibt sich ein Lösungswort.

a) 25 %
b) 33 %
c) 70 %
d) 75 %
e) 8 %
f) 20 %
g) 47 %

0,2 L | 0,08 I | 0,33 N | 0,47 E | 0,7 T | $\frac{1}{4}$ A | $\frac{3}{4}$ E

18 Um eine Regierung bilden zu können, brauchen Parteien mehr als 50 % der Sitze im Parlament. Meistens schließen sich mehrere Parteien zusammen, sie bilden eine Koalition.
Welche der Parteien A, B, C und D haben zusammen mehr als 50 % der Sitze?

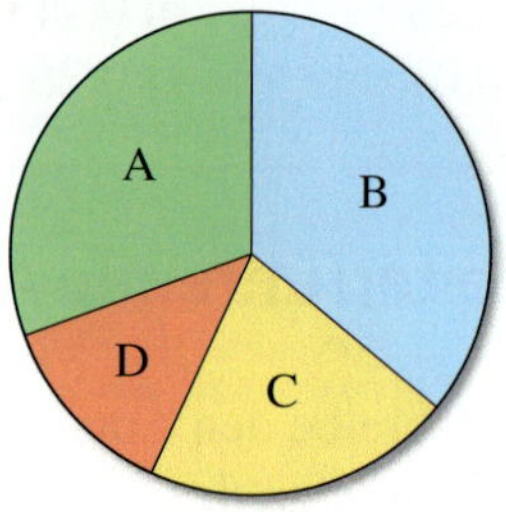

19 Wandle auch diese Brüche in Prozentzahlen um. Runde auf zwei Stellen nach dem Komma und schreibe dann in Prozent.

BEISPIEL $\frac{1}{3} = 1 : 3 = 0,\overline{3} \approx 0,33 = 33\,\%$

a) $\frac{2}{3}; \frac{1}{6}; \frac{2}{6}$ b) $\frac{1}{8}; \frac{3}{8}; \frac{5}{8}$

c) $\frac{1}{9}; \frac{2}{9}; \frac{5}{9}$ d) $\frac{1}{7}; \frac{3}{7}; \frac{4}{7}$

e) $\frac{1}{12}; \frac{7}{12}; \frac{11}{12}$ f) $\frac{2}{15}; \frac{7}{15}; \frac{11}{15}$

Prozentsatz und Prozentwert

Erforschen und Entdecken

1 Zeichne im Heft fünf Quadrate mit jeweils 10 × 10 Kästchen Länge.
Berechne den Flächeninhalt eines Quadrats in Quadratzentimetern.

a) Färbe in je einem Quadrat den angegebenen Anteil:
① 50 % ② 25 % ③ 10 % ④ 30 % ⑤ 22,5 %

b) Übertrage die Tabelle rechts ins Heft und fülle sie aus. Ermittle dazu den Flächeninhalt jedes gefärbten Anteils.

c) Erweitere die Tabelle um die Angaben 1 %; 15 % und 67,4 % und ergänze ebenfalls den Flächeninhalt. Wie bist du vorgegangen?

Anteil (Prozentsatz)	Flächeninhalt in cm^2
10 %	
22,5 %	
25 %	
30 %	
50 %	

2 Stelle dir ein Hunderterfeld mit Schälchen vor.
In den Schälchen liegen gleichmäßig verteilt 360 €.

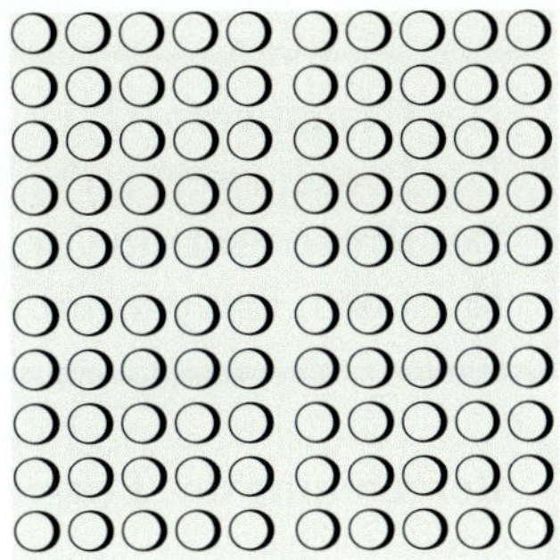

a) Wie viel Geld liegt in einem Schälchen? Wie viel Prozent des gesamten Betrags sind das?

b) Wie viel Geld enthalten 12 Schälchen? Wie viel Prozent von den 360 € sind das?

c) Wie viel Geld sind 40 % des Gesamtbetrags? Erkläre, wie du beim Berechnen vorgegangen bist.

d) Wie viel Geld sind 23,7 % des Gesamtbetrags?

3 Mit dieser Zuordnungstabelle kann man Prozentwerte berechnen.

a) Von 1200 Schülerinnen und Schülern lernen 45 % eine zweite Fremdsprache.
Das sind 540 Schülerinnen und Schüler.
Ordne die einzelnen Angaben den Werten in der Tabelle zu. Erkläre dann, wie mit der Tabelle gerechnet wurde.

	Anteil	Anzahl der Schüler	
	100 %	1200	
: 100	1 %	$\frac{1200}{100} = 12$	: 100
· 45	45 %	540	· 45

b) Löse ebenso:
① In einer Schule sind 900 Schülerinnen und Schüler. 35 % von ihnen lernen zwei Fremdsprachen. Wie viele sind das?
② 80 % der 12 € Taschengeld wurden für Süßigkeiten ausgegeben. Wie viel Geld ist das?

4 Mit einer Zuordnungstabelle ist es auch möglich, den Prozentsatz zu berechnen.

a) Von 1200 Schülerinnen und Schülern wohnen 750 direkt am Schulort.
Das entspricht einem Anteil von 62,5 %.
Ordne die Angaben aus dem Text den Werten in der Tabelle zu. Erkläre dann, wie mit der Tabelle gerechnet wurde.

	Anzahl der Schüler	Anteil	
	1200	100 %	
: 1200	1	$\frac{100}{1200}$ %	: 1200
· 750	750	62,5 %	· 750

b) Beschreibe Gemeinsamkeiten und Unterschiede zu der Tabelle aus Aufgabe 3.

c) Bestimme den Prozentsatz:
① Von den 200 € für ihr neues Saxophon zahlte Lara 36 € selbst.
② In der letzten Mathematikarbeit erhielt Björn 45 von 55 Punkten.

Lesen und Verstehen

In der Klasse 7 b sind 25 Schülerinnen und Schüler. 12 von ihnen tragen Jeans. Blonde Haare haben 32 % der Jugendlichen.

12 von den 25 Mädchen und Jungen tragen Jeans. Das sind 48 %.
Prozentwert *W* — Grundwert *G* — Prozentsatz *p* %

BEACHTE
Prozentsatz und Prozentwert sind proportional zueinander.

Der **Grundwert (*G*)** ist die Bezugsgröße, das Ganze. Er entspricht 100 %.
Der **Prozentwert (*W*)** ist ein Teil der Gesamtmenge, also ein Teil des Grundwertes.
Der **Prozentsatz (*p* %)** gibt den Anteil am Grundwert in Prozentschreibweise an. Er ist dem Prozentwert zugeordnet.

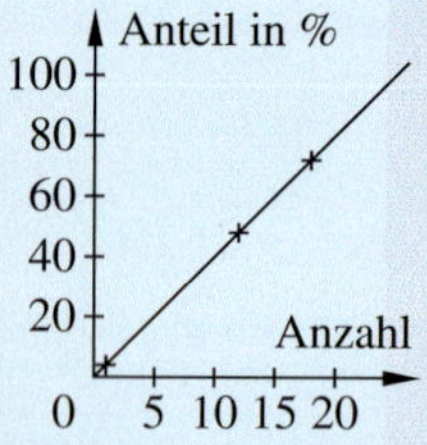

Berechnung des Prozentsatzes

Sind Grundwert und Prozentwert gegeben, teilt man zunächst 100 % durch den Grundwert.
Anschließend multipliziert man das Ergebnis mit dem Prozentwert und erhält den Prozentsatz.

BEISPIEL 1

	Anzahl	Anteil	
: 25	25	100 %	: 25
	1	4 %	
· 12	12	48 %	· 12

48 % der Jugendlichen tragen Jeans.

BEACHTE
Der Grundwert *G* entspricht 100 % und der Prozentwert *W* entspricht dem Prozentsatz *p*. Es kann eine **Verhältnisgleichung** $\frac{G}{W} = \frac{100}{p}$ aufgestellt werden.

Man kann den Prozentsatz auch wie einen Anteil berechnen.
Das Ergebnis muss man dann in Prozentschreibweise umwandeln.

BEISPIEL 2
$p\% = \frac{12}{25} = \frac{48}{100} = 48\,\%$ oder
$p\% = \frac{12}{25} = 12 : 25 = 48\,\%$

32 % der 25 Mädchen und Jungen haben blonde Haare. Wie viele sind das?
Prozentsatz *p* % — Grundwert *G*

Berechnung des Prozentwertes

Sind Grundwert und Prozentsatz gegeben, teilt man zunächst den Grundwert durch 100.
Anschließend multipliziert man das Ergebnis mit dem *p* aus dem Prozentsatz und erhält den Prozentwert.

BEISPIEL 3

	Anteil	Anzahl	
: 100	100 %	25	: 100
	1 %	0,25	
· 32	32 %	8	· 32

8 Jugendliche haben blonde Haare.

Basisaufgaben

1 Ordne die Begriffe Prozentsatz, Prozentwert und Grundwert zu.
- **a)** 315 der 500 Angestellten sind unter 40 Jahre alt. Das sind 63 %.
- **b)** Von 260 Liegestühlen sind 35 %, also 91, nach der Saison defekt.
- **c)** 2 % von 600 Autos sind lila gespritzt.
- **d)** Bei fünfmal Würfeln habe ich zweimal eine Sechs gewürfelt.
- **e)** Bei einem Krankenstand von 4 % in der Firma sind 5 Mitarbeiter krank.

2 Gib die jeweiligen Prozentsätze an.
- **a)** 37 von 100
- **b)** 18 von 200
- **c)** 27 von 50
- **d)** 7 von 10
- **e)** 39 von 300
- **f)** 15 von 25

3 Übersetze in Prozentangaben.
BEISPIEL ein Zwanzigstel ist $\frac{1}{20}$ = 5 %
- **a)** die Hälfte
- **b)** ein Viertel
- **c)** drei Viertel
- **d)** das Doppelte
- **e)** der fünfte Teil
- **f)** der zehnte Teil

4 Ergänze die Sätze im Heft.
- **a)** Entspricht 1 € gleich 5 %, dann entsprechen 16 € gleich ___ %.
- **b)** Sind 100 % gleich 25 €, dann entspricht 1 € gleich ___ %.
- **c)** Entspricht 1 kg gleich 2,5 %, dann entsprechen 18 kg gleich ___ %.
- **d)** Entspricht 1 m gleich $\frac{100}{75}$ %, dann entsprechen 9 m gleich ___ %.
- **e)** Sind 100 % gleich 2 Stunden, dann entsprechen 90 Minuten gleich ___ %.

5 Ordne Prozentwert und Grundwert zu. Berechne.
- **a)** Wie viel Prozent von 560 t sind 28 t?
- **b)** Wie viel Prozent sind 27 kg von 450 kg?
- **c)** Wie viel Prozent sind 6 € von 200 €?
- **d)** Wie viel Prozent sind 1 cm von 1 m?

6 Berechne den Prozentsatz.
Der Grundwert beträgt 40 €.

	a)	b)	c)	d)	e)
Prozentwert	4 €	10 €	25 €	50 €	80 €

7 Betrachte die unterschiedlichen Möglichkeiten 24 von 40 als Prozentsatz zu berechnen.

① **Tabelle**

	Prozentwert	Prozentsatz	
:40	40	100 %	:40
	1	2,5 %	
·24	24	60 %	·24

② **Bruch** $\frac{24}{40} = \frac{6}{10} = \frac{60}{100} = 60\,\%$

③ **Division** $24 : 40 = 0{,}6 = 60\,\%$

④ **Verhältnisgleichung**

$\frac{p}{100} = \frac{24}{40} \quad | \cdot 100$

$p = \frac{24}{40} \cdot 100$

$p = \frac{2400}{40} = 60$

$p\,\% = 60\,\%$

- **a)** Beschreibe die vier Vorgehensweisen.
- **b)** Berechne jeweils auf alle vier Arten:
  11 von 25 56 von 70 18 von 48
- **c)** Welche Vorgehensweise gefällt dir?

8 Wie viel Prozent sind …
- **a)** 498 t von 8300 t,
- **b)** 17,5 g von 437,5 g,
- **c)** 99,9 ℓ von 555 ℓ,
- **d)** 28 m von 112 m,
- **e)** 638 € von 1305 €,
- **f)** 24 cm von 3 dm?

9 Berechne den Prozentsatz.

a)

5 € von				
10 €	20 €	50 €	100 €	200 €

b)

6 min von				
1 h	2 h	4 h	5 h	10 h

c)

5 cm von				
5 cm	8 cm	50 cm	80 cm	100 cm

10 Um in die Lise-Meitner-Schule zu kommen, gehen von den insgesamt 720 Schülerinnen und Schülern 144 zu Fuß, 180 nutzen den Bus, 324 das Fahrrad und die restlichen die Straßenbahn.
- **a)** Wie viele Schülerinnen und Schüler fahren mit der Straßenbahn zur Schule?
- **b)** Wie viel Prozent fahren jeweils mit Bus, Fahrrad oder Straßenbahn zur Schule?

BEACHTE
Die Lösungen zu Aufgabe 2 ergeben in der richtigen Reihenfolge den Namen einer europäischen Hauptstadt. Zu welchem Land gehört die Stadt?
9 (O); 13 (C); 37 (M); 54 (N); 60 (O); 70 (A)

11 Berechne 1 % (25 %, 12,5 %) von …

a) 50 €, 80 €, 150 €, 200 €, 500 €
b) 75 m, 98 m, 112 m, 156 m, 210 m
c) 12 kg, 54 kg, 612 kg, 305 kg, 440 kg
d) 16 ℓ, 68 ℓ, 108 ℓ, 255 ℓ, 375 ℓ

12 Ergänze die Sätze im Heft.

a) Sind 100 % gleich 45 €, dann ist 1 % gleich □.
b) Entsprechen 60 Cent gleich 1 %, dann entsprechen □ Cent gleich 70 %.
c) Sind 100 % gleich 72 kg, dann ist 1 % gleich □ kg. Somit sind 15 % gleich □ kg.
d) Entsprechen 128 kg gleich 100 %, dann entsprechen □ kg gleich 1 %. Somit entsprechen □ kg gleich 65 %.
e) Sind 100 % gleich 3 Stunden, dann sind 75 % gleich □ Minuten.

13 Berechne den Prozentwert.

a) 6 % von 50 kg
b) 9 % von 100 kg
c) 5 % von 80 ℓ
d) 4 % von 75 ℓ
e) 25 % von 98 m
f) 60 % von 90 cm
g) 75 % von 12 cm
h) 12 % von 3 km
i) 45 % von 85 m
j) 89 % von 720 km

14 Berechne den Prozentwert aus einem Prozentsatz des linken Kastens und einem Grundwert aus dem rechten Kasten.

20 %, 50 %, 40 %, 25 %, 30 %, 80 %

64 €, 90 €, 75 €, 50 €, 250 €, 120 €

15 Erkläre, wie hier der Wert für 17 % ermittelt wurde:

Prozentsatz	Prozentwert
7 %	14 Euro
10 %	20 Euro
17 %	34 Euro

Übertrage die untere Tabelle in dein Heft. Nutze dann die ausgefüllten Felder der Tabelle, um die Lücken zu füllen.

1 %	2 %	5 %	10 %	12 %	20 %	50 %	62 %	67 %
4 €		20 €				200 €		

16 Berechne den Prozentwert.

a)

10 %	20 %	25 %	50 %	40 %	75 %
von 400 m					

b)

1 %	2 %	5 %	9 %	15 %	45 %
von 60 €					

c)

1 %	11 %	23 %	56 %	81 %	99 %
von 800 kg					

17 Zeichne vier identische Quadrate mit der Seitenlänge 4 cm, also mit $A = 16\,\text{cm}^2$. Schraffiere folgende Flächen: 25 %, 50 %, 75 % und 100 %.
Berechne, wie viel Quadratzentimeter die schraffierte Fläche einnimmt.

18 Für ihre 150 Euro auf dem Sparbuch bekommt Lena 2 % Zinsen im Jahr.

a) Wie hoch sind die Zinsen in Euro?
b) Wie viel Geld hat Lena dann nach einem Jahr auf dem Konto?

19 Ein Paar Turnschuhe kostet 69 €. Vereinsmitglieder erhalten 15 % Preisnachlass.

a) Wie viel Euro beträgt der Preisnachlass?
b) Wie viel Euro müsste ein Vereinsmitglied für dieses Paar Turnschuhe zahlen?

20 Ein Pulli kostet 25 €. Sein Preis wird um 30 % auf 70 % reduziert.
Wie viel kostet er jetzt?

21 Ein Sportverein zählt 640 Mitglieder.
20 % aller Mitglieder gehören der Fußballabteilung an,
30 % gehören der Basketballabteilung an,
40 % sind Leichtathleten und
10 % sind Schwimmer.

a) Berechne die Anzahl der Mitglieder in jeder Abteilung.
b) Zeichne ein Kreisdiagramm.

Weiterführende Aufgaben

22 Ordne jeweils passend zu.

Grundwert		
56 €	5000 €	180 €
710 €	33 €	850 €

Prozentwert		
8,50 €	5,60 €	142 €
90 €	100 €	9,90 €

Prozentsatz					
2 %	20 %	50 %	30 %	10 %	1 %

23 Leon und Tine vergleichen ihre Rechenwege.

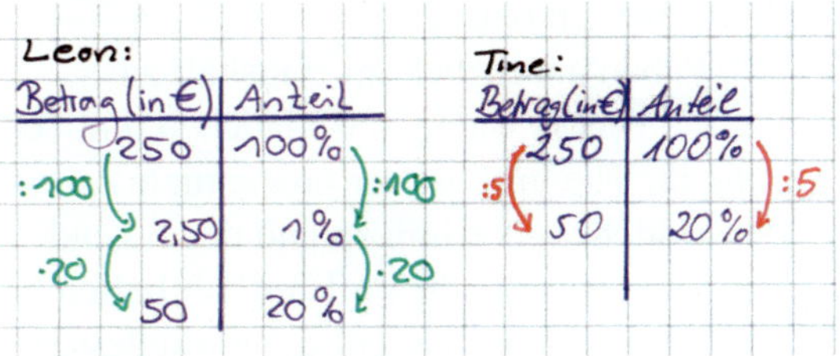

a) Erkläre die Unterschiede. Wann ist es sinnvoll, wie Tine zu rechnen?
b) Wie viel Prozent sind 9 € von 36 €?
c) Wie viel Prozent sind12 ℓ von 96 ℓ?

24 Schau dir die verschiedenen Methoden von Jana und Max an. Beide berechnen verschiedene Prozentwerte vom gleichen Grundwert.

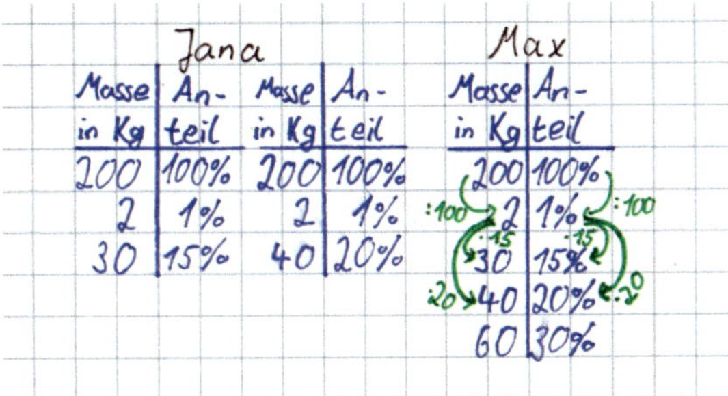

a) Beschreibe die Unterschiede.
b) Berechne 15 %, 20 % und 30 % von 200 kg.
c) Berechne 17 %, 26 % und 57 % von 450 kg.

25 Kartoffeln bestehen zu 76 % aus Wasser, zu 21 % aus Kohlenhydraten und zu 3 % aus anderen Bestandteilen.
Tom isst zum Mittag 250 g Kartoffeln.
Wie viel Gramm der einzelnen Bestandteile sind darin enthalten?

26 Zum Frühstück isst Marissa anderthalb Brötchen mit Schinken.

a) Ein Brötchen wiegt 45 g und enthält 7,8 % Eiweiß, 1,4 % Fett und 50,7 % Kohlenhydrate.
Wie viel Gramm nimmt Marissa allein mit dem Brötchen von jedem Nährstoff zu sich?
b) Marissa isst insgesamt 60 g Schinken.
Darin sind 2,9 g Eiweiß, 2,3 g Fett und 0,5 g Kohlenhydrate enthalten.
Welchen Prozentsätzen entsprechen die Angaben?
c) Wie viel Gramm sind von jedem Nährstoff in den anderthalb Brötchen mit Schinken enthalten?
Wie viel Prozent entsprechen die Grammangaben?

27 Ein ausgewachsener Elefant wiegt ungefähr 6 t. Ein gerade geborenes Elefantenbaby wiegt ca. 100 kg.

a) Wie viel Prozent nimmt das Gewicht eines Elefantenbabys im Verhältnis zum Gewicht der Elefantenmutter ein?
b) Bearbeitet zu zweit: In welchem Verhältnis steht bei Menschen das Gewicht eines Babys zur Mutter?

28 Ein Aquarium ist 60 cm lang, 20 cm breit und 30 cm hoch.

a) Es wurden 27 ℓ Wasser eingefüllt. Welcher Prozentsatz des Gesamtvolumens ist das?
b) Ein Aquarium soll immer zu 80 % des Gesamtvolumens mit Wasser gefüllt werden. Wie viel ℓ Wasser fehlen also noch?

ERINNERE DICH
1 ℓ = 1000 cm^3

29 Die Klassenarbeit in Mathematik ist in der 7 a und 7 b wie folgt ausgefallen:

	1	2	3	4	5	6
7 a	1	4	8	6	5	3

	1	2	3	4	5	6
7 b	5	8	12	3	2	2

a) Berechne die Prozentsätze der Noten 1 bis 6 für beide Klassen und runde dabei sinnvoll. Vergleiche dann die Klassen miteinander.
b) In welcher Klasse war der Prozentsatz für die Note 3 größer?
c) Wie viel Prozent haben jeweils eine Note schlechter als 4 bekommen?

30 Ausverkauf!

SALE!
Alle Waren um 30 % reduziert.

Überlege, welchem Prozentsatz die neuen Preise entsprechen müssen.
Wurden die Angebote richtig reduziert?
a) Herrenanzug von 499,00 € auf 349,30 €
b) T-Shirt: bisher 39,00 €, jetzt 29,99 €
c) Freizeitjacke von 199,00 € auf 139,30 €
d) Turnschuhe: bisher 159,00 €, jetzt 90 €

31 Die Einwohnerzahl eines Ortes stieg in den letzten 5 Jahren von 8250 auf 8415 Einwohner.
Wie viel Prozent Zuwachs hatte der Ort zu verzeichnen?

32 Im Juli 2015 lebten auf der Erde insgesamt 7,32 Mrd. Menschen. In China lebten zu dieser Zeit 1,37 Mrd. Menschen.
a) Wie groß ist der Anteil der Chinesen an der Weltbevölkerung?
b) Wie viele Menschen lebten zu der Zeit in Deutschland, wenn ihr Anteil an der Weltbevölkerung 1,1079 % betrug?
c) Recherchiere die aktuellen Zahlen und beantworte damit die Fragen erneut.

33 Eine Fabrik zum Färben von Ostereiern besprüht täglich 650 000 Eier. Zum Einsatz kommen vier Farben, die sich dann auf den Eiern vermischen.
10 % der Eier sind dreifarbig,
35 % sind zweifarbig,
292 500 Eier haben nur eine Farbe.
Wie viele Eier sind vier- und mehrfarbig?

34 In einer Umfrage wurden 400 Mädchen und 400 Jungen befragt:
a) 520 gaben an, täglich im Haushalt zu helfen. Davon waren 360 Mädchen und 160 Jungen. Wie groß ist der prozentuale Anteil der Mädchen, der Jungen und der Jugendlichen insgesamt, die im Haushalt helfen?
b) 77,5 % sagten, sie hätten schon mindestens einmal in ihrem Leben Alkohol probiert. Wie viele Jugendliche haben laut eigener Aussage noch nie Alkohol probiert?
c) Bei der Nachfrage nach ihrem Computerkonsum (in Stunden pro Woche) gab es folgende Angaben:
- bis 5 Stunden: 114
- von 6 bis 10 Stunden: 234
- von 11 bis 15 Stunden: 312
- über 15 Stunden: 140

Berechne jeweils den prozentualen Anteil.

35 Jule sagt: „Wenn eine Jacke zwei mal um 50 % reduziert wird, kostet sie danach nichts mehr. Das ist ja cool.“
Nimm Stellung zu Jules Aussage.

36 Nico meint: „Das ist ja sinnlos, wenn man einen Preis um 100 % erhöht und dann wieder um 100 % reduziert. Das ist doch dann wieder der alte Preis.“
Was meinst du?

37 Im Mai 2014 lag die Jugendarbeitslosigkeit in Spanien bei 54 %, in Polen dagegen bei 24 %. „Ist doch klar“, meint Irina, „in Polen wohnen auch weniger Jugendliche.“
Nimm Stellung zu ihrer Aussage.

Grundwert

Erforschen und Entdecken

1 Übertrage die Vielecke in dein Heft und ergänze sie, bis 100 % erreicht sind. Vergleicht eure Zeichnungen untereinander.

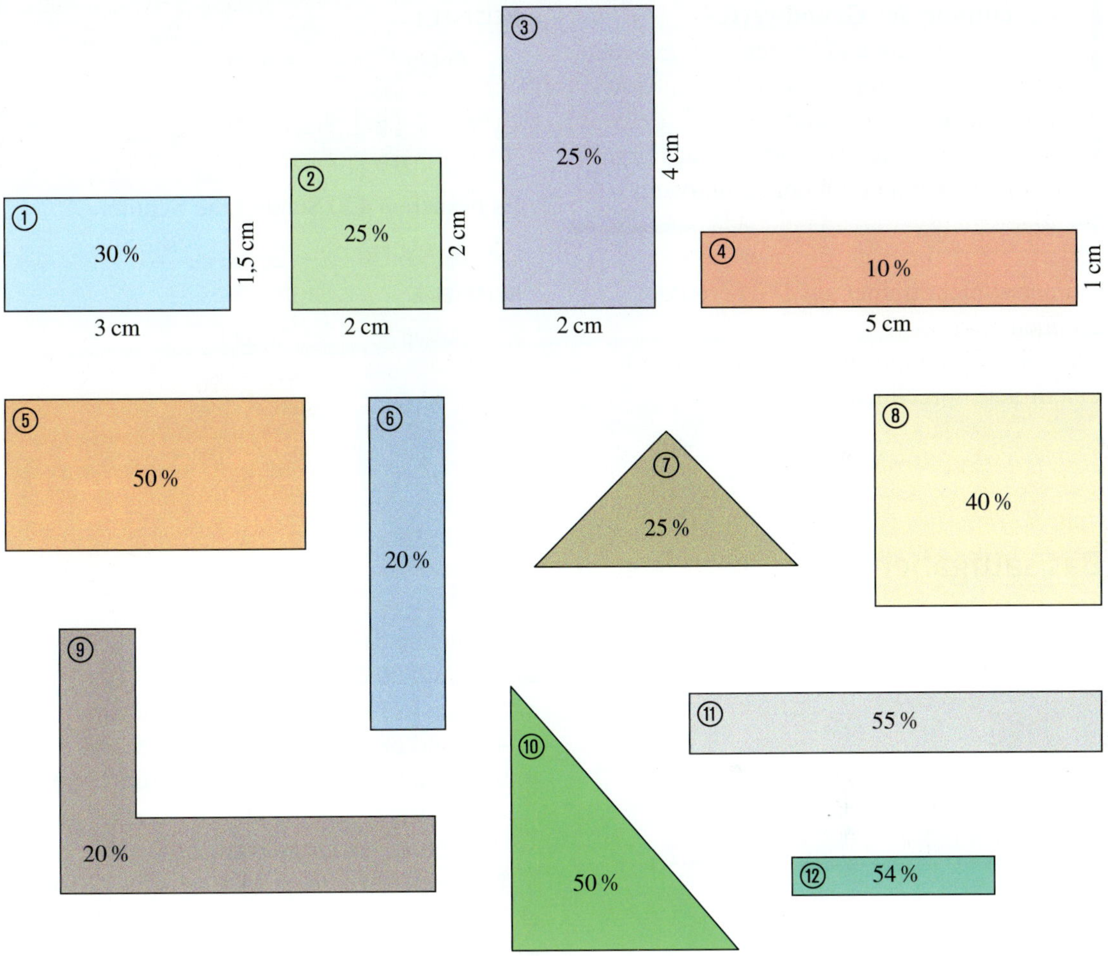

2 Bei der folgenden Aufgabe ist der Grundwert nicht bekannt.
30 der befragten Schülerinnen und Schüler gaben an, für die Hausaufgaben weniger als 60 Minuten zu benötigen. Das entspricht einem Prozentsatz von 15 %.

a) Warum muss dem Grundwert der Prozentsatz 100 % zugeordnet werden?

b) Die Zuordnungstabelle rechts passt zur Aufgabe. Ordne sie so um, dass damit der Grundwert berechnet werden kann.
Wie bist du vorgegangen?

c) Überprüfe deine Anordnung aus b), indem du folgende Aufgabe rechnest:
70 der befragten Schülerinnen und Schüler gaben an, für die Hausaufgaben durchschnittlich 60 Minuten zu benötigen. Das entspricht einem Prozentsatz von 35 %.

	Anteil	Anzahl der Schüler	
	100 %	200	
: 100			: 100
	1 %	2	
· 15			· 15
	15 %	30	

Lesen und Verstehen

Am Montagmorgen fängt der Schulleiter vor der Schule die Schülerinnen und Schüler ab, die zu spät zum Unterricht kommen. 21 hat er erwischt. In seine Notizen schreibt er, dass 5 % zu spät kamen. Wie viele Schülerinnen und Schüler gehen auf die Schule?

Berechnung des Grundwertes
Sind Prozentsatz und Prozentwert gegeben, dann teilt man zunächst den Prozentwert durch das *p* vom Prozentsatz.
Anschließend multipliziert man das Ergebnis mit 100 und erhält den Grundwert.

BEISPIEL 1

	Anteil	Anzahl	
:5 ↓	5 %	21	↓ :5
·100 ↓	1 %	$\frac{21}{5} = 4{,}2$	↓ ·100
	100 %	420	

Es besuchen 420 Schüler die Schule.

Du musst nicht immer auf 1 % herunterrechnen.
Sind die Zahlen günstig, kann man auch in einem Schritt rechnen.

BEISPIEL 2

	Anteil	Anzahl	
·20 ↓	5 %	21	↓ ·20
	100 %	420	

Basisaufgaben

1 Zeichne den passenden 100%-Streifen in dein Heft.

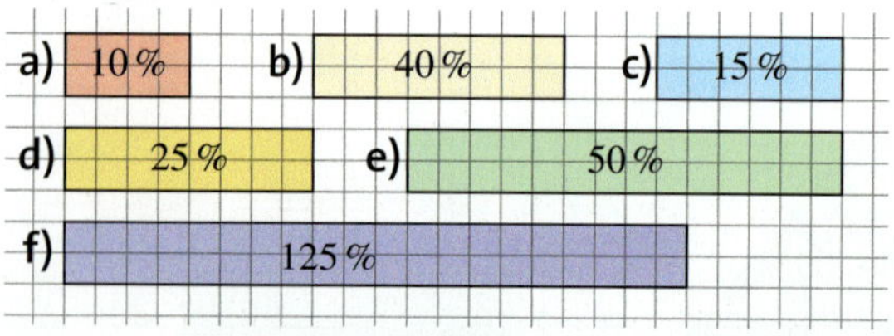

2 Ergänze die Sätze im Heft.

a) Ist 1 % gleich 5 g, dann ist der Grundwert gleich □ g.
b) Entsprechen 14 Hasen gleich 7 %, dann entsprechen □ Hasen gleich 1 %. Damit sind 100 % gleich □ Hasen.
c) Sind 5 % gleich 70 €, dann ist 1 % gleich □ €. Somit sind 100 % gleich □ €.
d) Entsprechen 120 m² gleich 20 %, dann entsprechen □ m² gleich 1 %. Somit sind 100 % gleich □ m².
e) Entsprechen 0,6 km gleich 3 %, dann entsprechen □ km gleich 1 %. Somit sind 100 % gleich □ km.
f) Sind 36 % gleich 90 Autos, dann ist der Grundwert gleich □ Autos.

3 Berechne den Grundwert.

a) 1 % sind 20 €
b) 3 % sind 12 t
c) 5 % sind 15 kg
d) 2 % sind 6 m
e) 4 % sind 68 g
f) 6 % sind 24 €
g) 9 % sind 9 ℓ
h) 12 % sind 42 km

4 Berechne den Grundwert im Kopf.

a) 1 % sind 40 g
b) 50 % sind 120 ha
c) 25 % sind 16 s
d) 10 % sind 60 m
e) 2 % sind 12 km
f) 5 % sind 25 Tage
g) 12,5 % sind 50 €
h) 30 % sind 90 h
i) 75 % sind 150 g
j) 99 % sind 2,97 cm

5 Berechne den Grundwert.

a)

Prozentsatz	5 %	10 %	20 %	50 %
Prozentwert (in €)	30	86	35	230

b)

Prozentsatz	15 %	32 %	55 %	90 %
Prozentwert (in €)	123	45	67	62

6 Lisa ist schon 3 km gegangen und hat damit 75 % ihres Weges zurückgelegt. Wie weit ist ihr Weg insgesamt?

7 Von Jennys Praktikum sind 8 Tage vorbei. Das entspricht einem Anteil von 40 %. Wie viele Tage dauert die gesamte Praktikumszeit?

8 Tina fährt seit 3 Stunden im Zug. Sie ist froh, dass sie schon 60 % ihres Weges zurückgelegt hat.
Wie viele Stunden muss sie insgesamt fahren?

9 Lillis Eltern haben eine Mieterhöhung um 4 % erhalten. Sie zahlen jetzt 34 € mehr.

a) Wie hoch war die alte Miete?

b) Wie viel müssen sie jetzt bezahlen?

10 Timos großer Bruder hat sich eine Stereoanlage gekauft, die er über einen Kredit – also geliehenes Geld – bezahlt. Dafür muss er 8 % mehr als den ursprünglichen Kaufpreis bezahlen. Das kostet ihn 46,40 Euro mehr.
Wie hoch war der ursprüngliche Preis für die Anlage?

11 An einer Schule überprüfte die Polizei die Verkehrssicherheit der Fahrräder.
Nicht verkehrssicher waren 74 Fahrräder, das sind 20 % der untersuchten Räder.
Wie viele Fahrräder wurden durch die Polizei überprüft?

12 Bei der Landtagswahl 2014 in Brandenburg bekam die SPD die meisten Stimmen. 315 202 Wähler gaben ihr ihre Stimme.
Das entspricht in etwa 31,9 % der Wähler insgesamt. Wie viele Millionen Menschen haben ungefähr gewählt?

13 Hier sind die Werte aus zwei Zuordnungstabellen durcheinandergeraten.
Sortiere die Werte und erstelle daraus die beiden Zuordnungstabellen.
Berechne dann den fehlenden Grundwert.

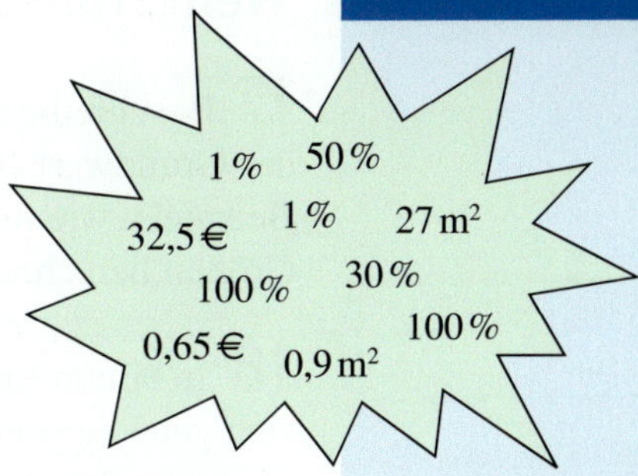

14 An einer Losbude stehen zwei große Schilder:

a) Wie viele Lose gibt es insgesamt?

b) Wie viele Nieten sind vorhanden?

15 Melissas Klasse führt eine Befragung zum Fernsehverhalten und zur Computernutzung in ihrer Klasse durch.
Von den Befragten gaben 7 (das sind 28 %) an, dass sie nicht täglich fernsehen. 19 gaben an, dass sie täglich den Computer nutzen.

a) Wie viele Schülerinnen und Schüler sind in Melissas Klasse?

b) Bestimme den Anteil derjenigen, die täglich den Computer nutzen.

16 Welcher Grundwert liegt den jeweiligen Kreisdiagrammen zu Grunde?

a) 120 Teilnehmer

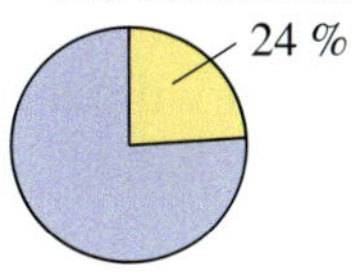

b) 7930 km^2

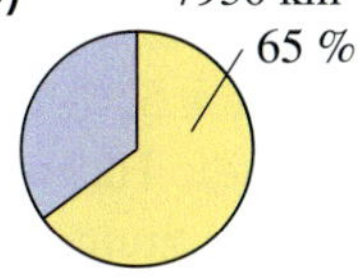

c) 18612 Jugendliche

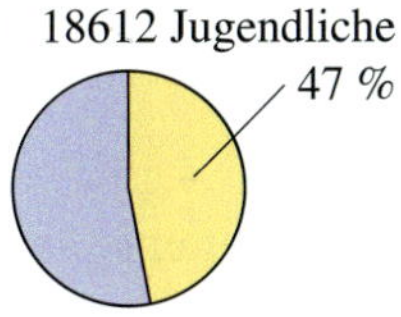

Weiterführende Aufgaben

17 Beschreibe mit deinen Worten, was der Grundwert ist. Erkläre mit Hilfe eines Beispiels, wie man ihn aus gegebenen Größen berechnet.

18 In einem Einkaufszentrum befinden sich ganz verschiedene Geschäfte:
56 % von ihnen verkaufen Mode (das sind 28 Geschäfte), 8 % verkaufen Schuhe und Lederwaren, 14 % Haushaltswaren und 22 % Elektroartikel.

a) Berechne die Zahl der Geschäfte jeder Art sowie die Gesamtzahl aller Geschäfte im Einkaufszentrum.
b) Stelle die Aufteilung der Geschäfte im Einkaufszentrum grafisch dar.

19 Lies folgende Angaben:
① 345 Schüler sind 30 %.
② 42,5 g sind 17 %.
③ 155 km sind 25 %.
④ 78 Frauen sind 52 %.

a) Berechne jeweils den Grundwert und erfinde einen Sachzusammenhang.
b) Zu welcher der vier Angaben gehört dieses Diagramm? Erkläre dann den blauen Anteil.

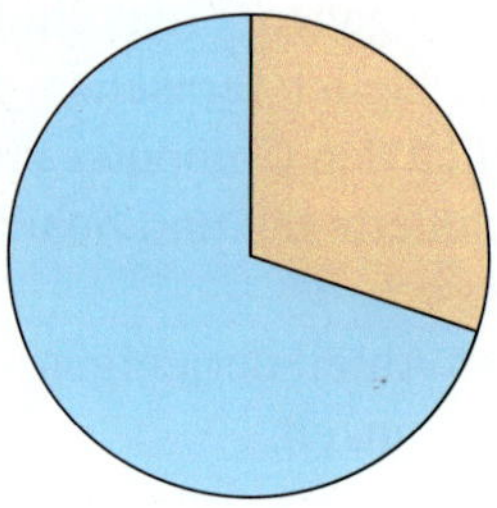

c) Stelle zwei weitere Zusammenhänge jeweils graphisch dar.

20 In der Zeitung steht, dass bei einem Zugunglück 57 Menschen verletzt wurden. Mehr als die Hälfte der Reisenden hatten keine Verletzungen.
Wie viele Menschen befanden sich mindestens im Zug?

21 Salami enthält 20,4 g Eiweiß, das sind 17 %. Wie viel Prozent entspricht 48 g Fett, das in einer Salami enthalten ist?

22 Familie Franken hat sich für ein neues Auto entschieden. Zwei Händler bieten das gleiche Modell an.
Händler A reduziert den Preis um 1500 € auf 95 % des Listenpreises.
Händler B bietet einen Preisabschlag von 2400 € an und verlangt 92,5 % des Listenpreises.

a) Wie teuer wären die beiden Autos ohne Preisnachlass?
b) Für welchen Händler sollten sie sich entscheiden?

23 Frau Heinrichs möchte einen Werbeprospekt mit einem Foto ihres Hotels erstellen. Dafür hat sie die Seitenlängen eines Fotos auf 70 % verkleinert, damit es nur noch 10,5 cm breit und 7 cm hoch ist.

a) Wie groß ist das Ursprungsfoto?
b) Ein anderes Foto (20 cm hoch, 30 cm breit) soll auf dieselbe Größe verkleinert werden. Ist das möglich? Wenn ja: auf wie viel Prozent wird es verkleinert? Wenn nein: warum geht das nicht?

24 Von allen Schülerinnen und Schülern eines Jahrgangs besitzen 112 ein Smartphone und 56 ein anderes Handy.
16 davon haben sowohl ein Smartphone als auch ein Handy.
Neben den Handys besitzen 64 der Schülerinnen und Schüler noch eine extra Kamera. Dieser Anteil entspricht 40 %.
Wie viele Schülerinnen und Schüler haben weder ein Handy noch ein Smartphone?

25 Sortiere in der richtigen Reihenfolge nebeneinander. Fülle die beiden Lücken.
BEISPIEL 5 % von 980 sind 49.

Prozentwert	Prozentsatz	Grundwert
98,6	5 %	900
198	17 %	
287	33 %	980
882	45 %	
49	70 %	600
90	98 %	580

Vermehrter und verminderter Grundwert

Erforschen und Entdecken

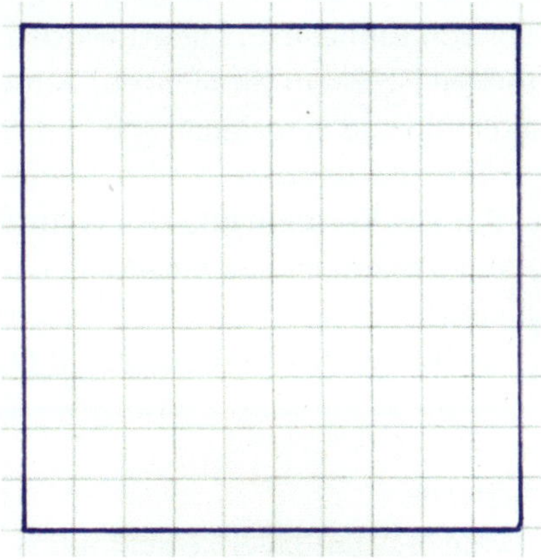

1 Zeichne untereinander fünf Quadrate mit jeweils 10×10 Kästchen Länge. Erweitere das erste Quadrat um 20 Kästchen, das zweite um 30 Kästchen, das dritte um 78 Kästchen, das vierte um 130 Kästchen und das fünfte um $22\frac{1}{2}$ Kästchen.

a) Übertrage die Tabelle in dein Heft und fülle sie dort aus.

Anzahl der Kästchen	Flächeninhalt (in cm²)	in %
100	25	100 %
120		
...		

b) Tina hat ihr Ursprungsquadrat so ergänzt, dass das neu entstandene Rechteck nun einen Flächeninhalt von 35 cm² besitzt. Wie viel Prozent sind das? Wie hast du das berechnet?

c) Tom meint, die Größe seines neu entstandenen Rechtecks beträgt 32 cm² und somit 160 %. Kann das stimmen?

2 Um Kunden zu werben, locken Geschäfte oft mit Preisnachlässen. Eine Hörbuchausgabe von Tintenherz wird z. B. bei einer Internetbuchhandlung folgendermaßen angeboten:

Tintenherz (Limitierte Sonderausgabe)
von Rainer Strecker und Cornelia Funke (2005) – Box-Set

Unverb. Preisempfehlung ~~34,40 Euro~~
Preis 24,08 Euro
Sie sparen 10,32 Euro (30 %)

a) Klärt untereinander die Angaben, die ihr nicht versteht.

b) Helena und Alina wollen überprüfen, ob beim neuen Preis wirklich um 30 % reduziert wurde.
Mache verschiedene Vorschläge, wie sie vorgehen könnten.

c) Helena hat mit einer Tabelle gearbeitet, um den Preis zu überprüfen. Alina sagt, dass Helena nicht den neuen Preis gleich 100 % setzen kann. Warum nicht?

Betrag (in €)	Anteil
24,08	100 %
0,2408	1 %
7,22	30 %

24,08 + 7,22 = 31,30

3 Ein Fahrrad kostet im Laden 500 €. Stefan und Sabina bekommen 15 % Rabatt. Sie berechnen auf unterschiedliche Weise den neuen Preis.

a) Erkläre bei beiden, wie sie vorgegangen sind. Wo sind die Unterschiede?

b) Wie würdest du vorgehen? Begründe.

Stefan:

	Anteil	Betrag (in €)	
	100 %	500	
: 100	1 %	5	: 100
· 15	15 %	75	· 15

500 € – 75 € = 425 €

Sabina:

	Anteil	Betrag (in €)	
	100 %	500	
: 100	1 %	5	: 100
· 85	85 %	425	· 85

Lesen und Verstehen

Mehrwertsteuer wird auf Waren erhoben. Für die meisten Waren liegt sie bei 19 %. Mit den Einnahmen daraus werden allgemeine Ausgaben in Deutschland finanziert, zum Beispiel der Straßenbau, Schwimmbäder, Spielplätze und Turnhallen. Arne möchte berechnen, wie viel sein DVD-Player ohne Mehrwertsteuer kostet.

> Bei der **Vermehrung des Grundwerts** wird eine Größe um p % erhöht und entspricht dann einer Größe von mehr als 100 %.
> Die Größe wird **vermehrt** auf $(100 + p)$ %.

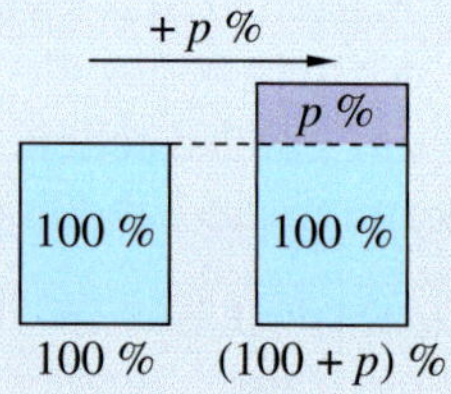

BEACHTE
Der Nettopreis ist ein Preis ohne Mehrwertsteuer. Der Bruttopreis ist ein Preis, der die Mehrwertsteuer enthält.

BEISPIEL 1
Arnes DVD-Player kostet inklusive 19 % Mehrwertsteuer 33,50 €. Der Nettopreis (100 %) wurde um 19 % erhöht auf (100 + 19) % = 119 %. Die 33,50 € entsprechen dem vermehrten Grundwert von 119 %.
Der Nettopreis beträgt 28,15 €.

Anteil	Preis (in €)
119 %	33,50
1 %	0,2815
100 %	28,15

BEISPIEL 2
Umgekehrt kann man auch in einem Schritt berechnen, wie hoch der Preis (119 %) des DVD-Players inklusive Mehrwertsteuer ist, wenn man den Nettopreis (100 %) kennt.

Anteil	Preis (in €)
100 %	28,15
1 %	0,2815
119 %	33,50

> Bei der **Verminderung des Grundwerts** wird eine Größe um p % reduziert und entspricht dann einer Größe von weniger als 100 %.
> Die Größe wird **vermindert** auf $(100 - p)$ %.

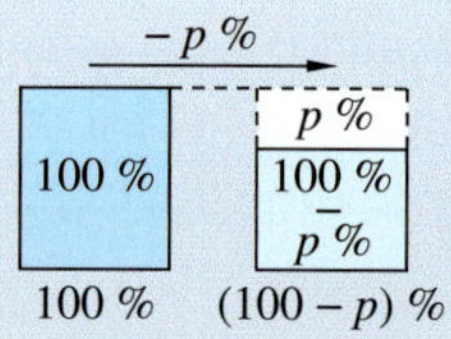

BEISPIEL 3
Arne hat sich auch in anderen Geschäften nach DVD-Playern umgesehen. In einem Geschäft war der gleiche DVD-Player um 30 % reduziert und kostete nun noch 28 €.
Der DVD-Player wurde um 30 % reduziert auf 28 €.
Der Grundwert wurde vermindert: (100 – 30) % = 70 %
28 € entsprechen nur noch 70 % des Grundpreises.
Vorher kostete der DVD-Player also 40 € (100 %).

Anteil	Preis (in €)
70 %	28
1 %	0,4
100 %	40

BEISPIEL 4
Auch hier lässt sich in einem Schritt der reduzierte Preis (70 %) des DVD-Players in einem Schritt berechnen, wenn man den alten Preis (100 %) kennt.

Anteil	Preis (in €)
100 %	40
1 %	0,4
70 %	28

Basisaufgaben

1 Berechne den Grundwert.

a) 120 % entsprechen 60 €.
100 % entsprechen ■ €.

b) 130 % entsprechen 910 km.
100 % entsprechen ■ km.

c) 60 % entsprechen 90 m.
100 % entsprechen ■ m.

d) 85 % entsprechen 170 €.
100 % entsprechen ■ €.

2 Übertrage die Tabellen in dein Heft und fülle sie dort aus.

a)

Anteil	Preis (in €)
119 %	357
1 %	
100 %	

b)

Anteil	Preis (in €)
119 %	416,50
1 %	
100 %	

3 Ergänze die Sätze.
Alle Preise wurden um 20 % reduziert.
Ein Toaster kostet jetzt 18 €. Das sind (100 % – ■ %) = ■ % des alten Preises.
Man teilt die 18 € durch ■, um auf 1 % zu schließen. Anschließend multipliziert man mit 100 und erhält den alten Preis von ■ €.

4 Ermittle den alten Preis.
Runde sinnvoll.

	a)	b)	c)	d)
neuer Preis	675 €	460 €	1200 €	81,25 €
Erhöhung	20 %	15 %	28 %	25 %

5 Ermittle den neuen Preis.

	a)	b)	c)	d)
neuer Preis	675 €	460 €	1200 €	81,25 €
Rabatt	30 %	15 %	12,5 %	32 %

6 Die Mitgliederzahl des Basketballvereins ist in diesem Jahr um 12 % gestiegen.
Es gibt nun 1232 Mitglieder.
Wie viele waren letztes Jahr im Verein?

7 Die Mitgliederzahl des Fußballvereins ist um 10 % auf 288 gesunken.
Wie viele Mitglieder waren es vorher?

8 Der Preis für einen Blu-ray-Player ist um 10 % gestiegen und kostet im Kaufhaus jetzt 242 €. Wie hoch war der alte Preis?

9 In dieser Saison wurde eine Tageskarte im Skigebiet um 4 % teurer und kostet nun 44,20 €. Wie viel zahlte man letzte Saison?

10 Eine Rose kostet nur noch 1,70 €.
Sie wurde um 15 % reduziert.
a) Wie viel kostete sie vorher?
b) Um wie viel Prozent reduzierte sich der Gesamtpreis, wenn man 4 Rosen kauft?

11 Kurz vor den Sommerferien wurden 35 € teure Badehosen im Preis reduziert.
a) Wie viel kosten die Badehosen, wenn sie um 40 % reduziert wurden?
b) Um wie viel Prozent wurden die Badehosen reduziert, wenn sie nur noch 26,25 € kosten?

12 Eine Schulbibliothek plant ihr Sortiment für das nächste Jahr.
a) Der Bestand von 720 Büchern soll um 1,5 % wachsen.
Wie viele Bücher gibt es dann?
b) Durch Zukäufe sollen statt bisher 75 dann 96 Spiele vorhanden sein.
Auf wie viel Prozent der ursprünglichen Anzahl wird der Bestand an Spielen steigen?
c) Um wie viel Prozent stieg der Bestand an Büchern und Spielen insgesamt?

13 Lina meint, „um 35 % reduziert" heißt genau das gleiche wie „auf 65 % reduziert".
Erkläre genauer mit deinen Worten, was Lina meint. Begründe.

Weiterführende Aufgaben

14 Die Zeichnungen unten stehen jeweils für eine Aufgabe.

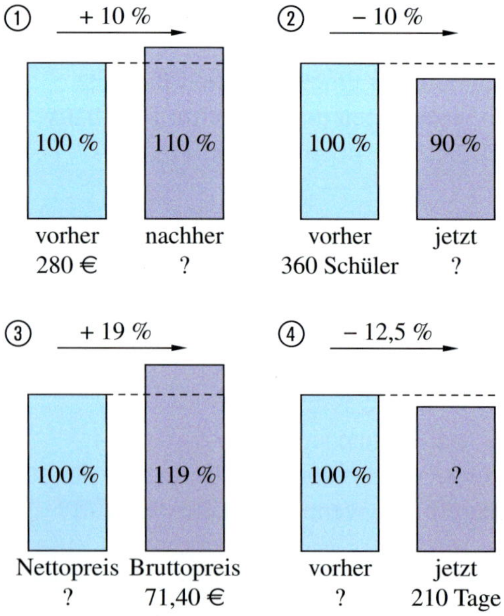

a) Finde je eine passende Fragestellung und löse dann deine Aufgabe.
b) Vergleicht eure Aufgaben untereinander.

15 Erläutere die Unterschiede zwischen den beiden Aufgaben. Handelt es sich am Ende der beiden Rechnungen um den gleichen Preis? Begründe.
① Die Hose kostete 45 € und wird um 25 % reduziert.
Wie viel kostet sie jetzt?
② Die Hose wird um 25 % teurer und kostet dann 45 €.
Wie viel kostete sie vorher?

16 Zu Beginn des Jahres 2007 wurde die Mehrwertsteuer von 16 % auf 19 % erhöht. Sind damit die Preise um 3 % gestiegen? Diskutiert und argumentiert in der Klasse.

17 Till soll von einem Preis von 83,30 € den Nettopreis bestimmen, also 19 % Mehrwertsteuer abrechnen.
Er meint: „Der gegebene Preis entspricht dem Bruttopreis von 119 %. Also muss ich von 83,30 € 19 % abziehen.“
Hat Till Recht? Begründe.

18 Merle hat von ihrer Oma 2000 € geerbt. Für ein Festgeldkonto erhält sie 1,4 % Zinsen pro Jahr, wenn sie ihr Geld dort für ein Jahr liegen lässt.
a) Wie viel Geld hat sie nach einem Jahr, wenn sie sich für so ein Konto entscheidet?
b) Merle lässt ihr Geld insgesamt 5 Jahre auf diesem Konto und hebt auch die Zinsen nicht ab. Wie viel Geld hat sie dann nach 5 Jahren?

19 Wegen einer Geschäftsaufgabe sind alle Artikel um 30 % reduziert worden.
In den letzten Tagen werden alle Waren noch einmal um 40 % reduziert.
a) Berechne den Preisnachlass für einen Teppich von ursprünglich 1250 €.
b) Nimm Stellung zu Gülays Erklärung: „Wenn etwas um 30 % und dann noch einmal um 40 % reduziert wurde, dann wurde es insgesamt um 70 % reduziert.“

20 Stimmen die Rechnungen? Wie kommt man auf die Zahlen 1,19; 0,65 und 0,85?
a) Nettopreis 42 €
Bruttopreis?
$42 \cdot 1{,}19 = 49{,}98$
b) Bruttopreis 5,95 €
Nettopreis?
$5{,}95 : 1{,}19 = 5$
c) Preis 40 €
reduziert auf 65 %
$40 \cdot 0{,}65 = 26$
d) Preis 32 €
Rabatt von 15 %
$32 \cdot 0{,}85 = 27{,}20$

21 Berechne die fehlenden Werte in einem Schritt wie in der vorherigen Aufgabe.
a) Der Preis 75 € wird reduziert auf 55 %.
b) Die Anzahl 2400 wird reduziert um 12 %.
c) Die Strecke 8 km wird verlängert auf 115 %.
d) Das Kapital 2350 € wird erhöht um 3,5 %.
e) 90 min werden verlängert um 30 %.

22 Aus einer offenen 0,7-ℓ-Flasche Wasser verdunsten jeden Tag 10 % des vorhandenen Wassers.
a) Berechne, nach wie vielen Tagen die Flasche leer ist.
b) Stelle den Vorgang in einem Diagramm dar. Was fällt dir auf? Wie erklärst du das?

Methode: Vom Dreisatz zur Formel

Um den Prozentwert, den Prozentsatz oder den Grundwert zu berechnen, kann man auch auf Formeln zurückgreifen.

Dazu werden die Begriffe durch folgende Variablen ersetzt:

Prozentwert	→	W
Grundwert	→	G
Prozentsatz	→	$p\,\%$

BEACHTE
Manchmal werden andere Buchstaben als Variablen benutzt. Informiere dich daher immer erst nach den Variablen, bevor du eine Formel benutzt.

Die Jahrgangsstufe 7 umfasst 150 Schülerinnen und Schüler. 70 % der Schülerinnen und Schüler finden das Nachmittagsangebot ihrer Schule attraktiv. Wie viele sind das?
Gegeben sind also $G = 150$ und $p = 70$. Gesucht ist W.

Die Zuordnungstabelle zur konkreten Aufgabe sieht so aus:

	Anteil	Anzahl	
	100 %	150	
: 100 ↓	1 %	1,5	↓ : 100
· 70 ↓	70 %	105	↓ · 70

Nun ersetzt man die Zahlenwerte durch die Variablen:

	Anteil	Anzahl	
	100 %	G	
: 100 ↓	1 %	$\frac{G}{100}$	↓ : 100
$\cdot p$ ↓	$p\,\%$	$W = p \cdot \frac{G}{100} = \frac{p \cdot G}{100}$	↓ $\cdot p$

In der rechten Tabelle erkennt man die Formel $W = \frac{p \cdot G}{100}$.

1 Erläutere die einzelnen Schritte in der rechten Zuordnungstabelle.

2 Bei einer Befragung gaben 68 von 80 Jugendlichen an, noch nie geraucht zu haben.
a) Berechne den Prozentsatz zunächst mit einer Zuordnungstabelle.
Leite dann mit Hilfe dieser Tabelle her, wie sich p mit Hilfe einer Formel berechnen lässt.
b) Leite ebenfalls her, wie sich G mit Hilfe einer Formel berechnen lässt.
c) Vergleiche alle drei Formeln. Erkläre Gemeinsamkeiten und Unterschiede.

In den Tabellen oben stehen die erste und die dritte Zeile jeweils im gleichen Verhältnis.

Mit Zahlen: $\frac{100\,\%}{70\,\%} = \frac{150}{105}$

Mit Variablen: $\frac{100\,\%}{p\,\%} = \frac{G}{W}$

Man nennt diese Gleichungen auch Verhältnisgleichungen.

3 Nutze deine Tabellen aus Aufgabe 2 für die Berechnung von Prozentsatz und Grundwert, und stelle die dazugehörigen Verhältnisgleichungen auf.

4 Suche Aufgaben aus diesem Kapitel, bei denen du dir sicher bist, dass das Ergebnis stimmt.
a) Berechne sie nun mit Hilfe der Formel und vergleiche die Ergebnisse.
b) Rechnest du lieber mit der Formel oder mit Hilfe einer Zuordnungstabelle? Begründe.

Diagramme

Prozentangaben werden häufig durch Diagramme veranschaulicht. Die Daten ordnet man meistens zuerst in einer Tabelle. Dann erstellt man daraus Diagramme.
Es gibt verschiedene Arten von Diagrammen, zum Beispiel Balkendiagramme, Säulendiagramme, Streifendiagramme und Kreisdiagramme.

Im Kreisdiagramm werden die prozentualen Anteile so angegeben:
- 100 % entsprechen im Kreisdiagramm 360°.
- 1 % entspricht somit im Kreisdiagramm 3,6°.
- Möchte man zum Beispiel 23 % darstellen, rechnet man $23 \cdot 3{,}6° = 82{,}8° \approx 83°$.
  Man markiert dann 83° des Kreises.
- Hat man ein Kreisdiagramm gegeben, so bestimmt man die Prozentangabe, indem man den Winkel durch 360 teilt und das Ergebnis in Prozent umwandelt.

  BEISPIEL Winkel von 72°; $\frac{72}{360} = 0{,}2 = 20\,\%$

1 Die Schülerinnen und Schüler einer Schule wurden zu zwei Zeitpunkten gefragt, mit welchem Verkehrsmittel sie in die Schule gekommen sind.

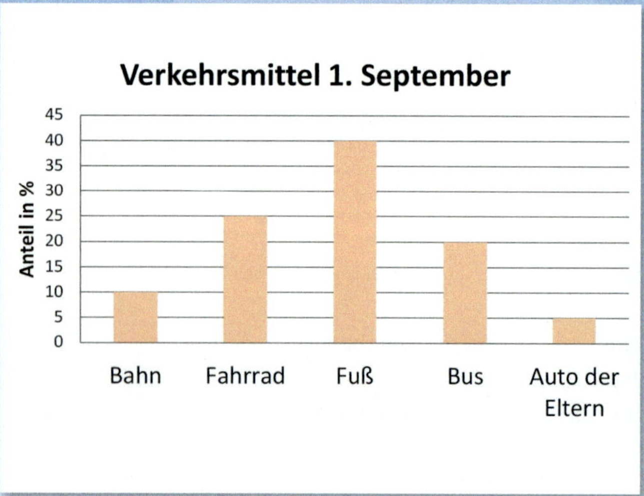

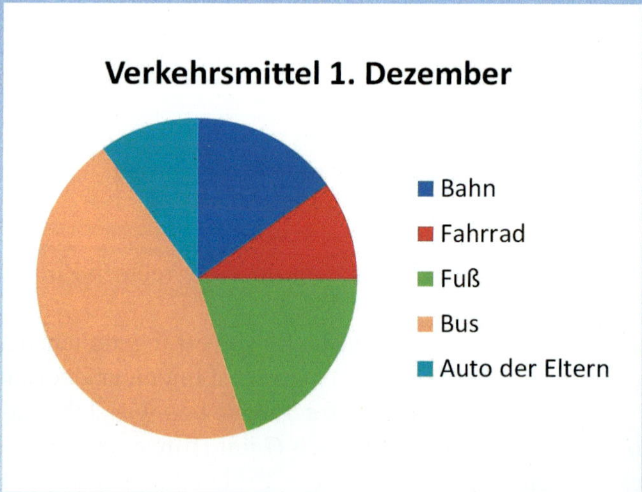

a) Welches Verkehrsmittel wurde am häufigsten am 1. September (1. Dezember) genutzt?
b) Welches Verkehrsmittel wurde am 1. September (1. Dezember) am seltensten genutzt?
c) Lies aus dem Säulendiagramm für jedes Verkehrsmittel ab, wie viel Prozent der Schüler sich ungefähr für es entschieden haben.
d) Ermittle aus dem Kreisdiagramm die Prozentsätze für die jeweiligen Verkehrsmittel. Übertrage dazu das Kreisdiagramm auf Transparentpapier. Verlängere die Schenkel, damit du die Winkel mit dem Geodreieck messen kannst. Berechne die Anteile der farbigen Flächen in Prozent.
e) Diskutiert über Vor- und Nachteile der beiden Diagrammarten.
f) Nennt mögliche Gründe, warum sich die Zahlen in den Umfragen so verändert haben könnten.

2 Für die Schülerzeitung einer Schule wurde in einer Umfrage nach den Lieblingsarten von PC- und Konsolenspielen der Schülerinnen und Schüler gefragt.

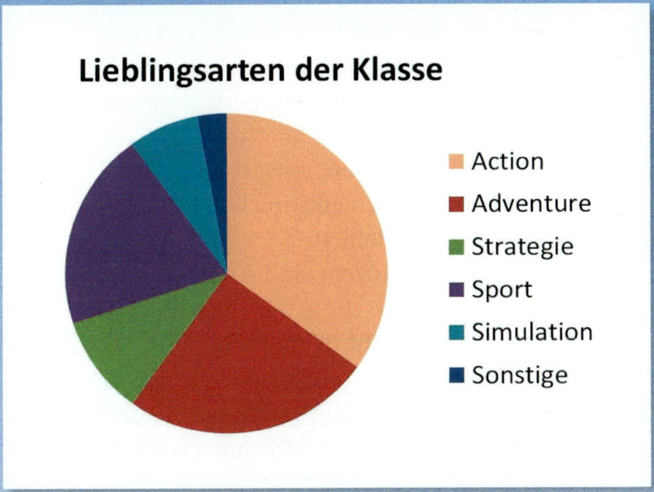

a) Welche Art haben die meisten Schülerinnen und Schüler als Lieblingsart gewählt?
b) Miss die Winkelgrößen und berechne den jeweiligen prozentualen Anteil der Arten an allen Lieblingsarten.
c) Macht selbst eine Umfrage an eurer Schule und erstellt jeweils ein Kreisdiagramm. Rechnet dazu die prozentualen Anteile der Antworten aus und berechnet die Winkelgröße im Kreisdiagramm.
d) Ihr könnt in eurer Umfrage auch andere Fragen stellen, Anregungen findet ihr in den Kästchen.

Wie viele Mitschüler mögen das Fach Mathematik sehr gern; gern; weniger gern oder überhaupt nicht?

Wie viele Mitschüler würden am liebsten einmal nach Nordamerika; nach Südamerika; nach Afrika; nach Australien oder nach Asien reisen?

Welche Lieblingseissorte haben die Mitschüler an unserer Schule?

Wie viele Mitschüler brauchen für ihren Schulweg weniger als 10 min; 10 min bis 30 min; 30 min bis 60 min oder mehr als 60 min?

Wie viele Mitschüler finden den Controller auf dem Foto uralt; lustig; praktisch; unbenutzbar; hässlich; unhandlich; benutzerfreundlich; …?

e) Schreibe für die Schülerzeitung einen kurzen Bericht über die Umfrage.
BEISPIEL „Die meistgewählte Lieblingsart von Spielen ist…"; „Action ist die Lieblingsart von … % der Schüler unserer Schule."; „Als Lieblingsart gar nicht genannt wurde …"
f) Wird sich das Ergebnis eurer Umfrage wesentlich ändern, wenn ihr sie in einem (fünf, zehn) Jahr(en) nochmals durchführt? Begründet.

Vermischte Übungen

1 Welche Zahlen sind gleich?

64 % | $\frac{16}{25}$ | $\frac{7}{50}$ | 0,5 | $\frac{6}{5}$ | 0,85 | 14 % | 0,7 | 25 % | 50 % | 0,25 | $\frac{1}{2}$ | 0,64 | $\frac{175}{250}$ | $\frac{17}{20}$ | 120 % | 70 % | $\frac{12}{48}$ | 0,14 | 1,2 | 85 %

2 Fülle die Lücken.

a) 25 % von 400 € sind □.
b) 6 % von 500 € sind □.
c) 20 % von □ sind 40 €.
d) 50 % von □ sind 260 €.
e) Von 25 Schülerinnen und Schülern kommen 3 zu Fuß. Das sind □ %.
f) 36 von 200 Autos sind rot. Das sind □ %.

3 Fülle die Tabelle im Heft aus.

	Grundwert	Prozentsatz	Prozentwert
a)	1100	35 %	
b)		72 %	153
c)	820		451
d)	3	66 %	
e)		12 %	45
f)	8		0,08

4 Was ist größer? Schätze zuerst und überprüfe dann.

a) 13 % von 200 oder 13 % von 300
b) 10 % von 1020 oder 20 % von 750
c) 65 % von 112 oder 112 % von 65
d) 3,5 % von 560 oder 35 % von 55
e) 110 % von 700 oder 90 % von 800

5 Wie viel Prozent sind …

a) 28 t von 560 t?
b) 6 Stunden von 24 Stunden?
c) 27 Minuten von einer Stunde?
d) 120 kg von 1,5 t?
e) 31,50 € von 84 €?
f) 60 cm von 5 m?

BEACHTE
Die Lösungen zu Aufgabe 5 ergeben in der richtigen Reihenfolge den Namen einer europäischen Hauptstadt. Zu welchem Land gehört die Stadt?
5 (M); 8 (R); 12 (D); 25 (A); 37,5 (I); 45 (D)

6 Zeichne ein Koordinatensystem und ordne dort dem Prozentwert den Prozentsatz zu. 10 € sollen 40 % entsprechen. Wähle folgende Einteilung: 1 cm auf der x-Achse soll 2 € entsprechen und 1 cm auf der y-Achse soll 10 % entsprechen.
Lies dann folgende Werte im Koordinatensystem ab:

a) Wie viel Prozent entsprechen 25 €?
b) Wie viel Euro entsprechen 60 %?
c) Was entspricht 16 %?
d) Wie viel Prozent sind 17,50 €?

7 Beim Einkauf in einem Elektrogroßhandel sind zusätzlich zum angegebenen Preis 19 % Mehrwertsteuer zu zahlen. Berechne die Mehrwertsteuer bei folgenden Artikeln:

a) Staubsauger 140 €
b) Radio 101 €
c) Blu-ray-Player 199 €
d) DVD-Player 152 €

8 Fülle die Lücken.

a) Kostet eine Jacke inklusive 19 % Mehrwertsteuer 238 €, so kostet sie ohne Mehrwertsteuer □ €.
b) Wird ein 30 € teures Hemd um 20 % reduziert, so kostet es noch □ €.
c) Wird der Preis für eine 100 € teure Hose zunächst um 10 % erhöht und dann um 20 % gesenkt, so kostet sie □ €.

9 Frau Seiler kauft eine Waschmaschine mit Lackschäden. Sie erhält 20 % Rabatt und zahlt 572 €.
Wie hoch war der Preis vorher?

10 Die Stadt A hat 25 000 Einwohner, die Stadt B 45 000 Einwohner.
In Stadt A fahren täglich 7000 Menschen mit dem Auto zur Arbeitsstätte, in Stadt B 12 000.

a) In welcher Stadt fährt ein höherer Prozentsatz mit dem Auto zur Arbeit?
b) Wie viele Einwohner leben in 5 Jahren in A und B, wenn die Einwohnerzahl in A um 3 % und die von B um 7 % pro Jahr zunimmt?

11 Eine Stereoanlage kostete 299,00 €. Sie wurde um 20 % reduziert und später nochmals um 35 %.
Wird die Ware bar bezahlt, kann der Kunde 2 % Skonto abziehen.

a) Wie viel müsste Paul für die Anlage jetzt bezahlen, wenn er bar zahlen würde?
b) Um wie viel Prozent hat Paul sie insgesamt günstiger bekommen?

12 Gib jeweils die gegebenen und die gesuchten Größen an. Berechne die fehlende Größe.

a) Die Fußballmannschaft verlor in der vergangenen Saison von 34 Spielen 12 Spiele. Berechne den Anteil in Prozent.
b) Ein Motorroller wurde für 1902 € weiterverkauft. Das waren 60 % seines Neuwerts. Wie viel kostete der Motorroller neu?
c) Herr Wirt legte letzte Woche mit seinem Auto 183,8 km zurück. 41,5 % davon waren Dienstweg. Wie viele Kilometer waren das?
d) Die Kalkschale eines Hühnereis wiegt 7,15 g, das sind 11 % seines Gesamtgewichts. Wie schwer ist das Ei?

13 Im neuen Schuljahr kommen 198 Schülerinnen und Schüler an eine Schule im Aufbau neu hinzu. Das sind 22,5 %.
Wie viele Schülerinnen und Schüler gehen nun auf die Schule?

14 Wie viel Prozent beträgt die Leistungssteigerung gegenüber dem Vorjahr?

a) Tim wirft bei den Bundesjugendspielen den Schlagball 44,1 m weit. Er verbesserte damit seine Leistung des Vorjahres um 5,51 m.
b) Lena läuft die 100-m-Strecke in 13,2 s. Damit verbesserte sie ihre Zeit aus dem Vorjahr um 0,4 s.

c) Saskia springt 4,76 m. Im Vorjahr waren es noch 4,23 m.

15 Vervollständige die Rechnung im Heft. Berechne auch den Preis bei Barzahlung.

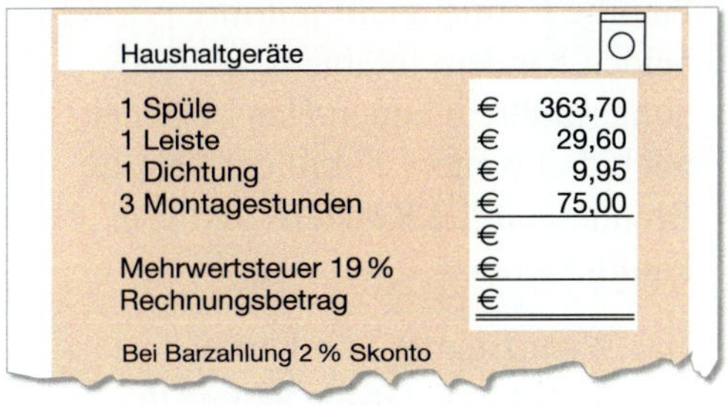

Haushaltgeräte

1 Spüle	€	363,70
1 Leiste	€	29,60
1 Dichtung	€	9,95
3 Montagestunden	€	75,00
	€	
Mehrwertsteuer 19 %	€	
Rechnungsbetrag	€	

Bei Barzahlung 2 % Skonto

16 Ein Hartkäse enthält 33,6 % Fett.

a) Frau Meyer isst davon ein 55 g schweres Stück. Wie viel Gramm Fett hat sie zu sich genommen?
b) In der Empfehlung der Deutsche Gesellschaft für Ernährung heißt es, dass täglich nur etwa 1 g Fett pro Kilogramm Körpergewicht aufgenommen werden sollen. Frau Meyer wiegt 60 kg. Welchen prozentualen Anteil der empfohlenen Menge hat sie mit dem Stück Käse zu sich genommen?
c) Mit einem Big Tasty Bacon hat Frau Meyer schon 90 % ihres Tagesbedarfs an Fett verzehrt. Wie viel Fett enthält einer?

17 Der deutsche Käseexport betrug 2012 knapp 1 120 000 t, das sind 6 % mehr als 2011. Wie viele Tonnen wurden demnach 2011 exportiert?

18 Familie Werner bewohnt eine der insgesamt 11 856 000 Wohnungen in Deutschland, die mit Öl beheizt werden.

Verteilung der Energieversorgung in Deutschland

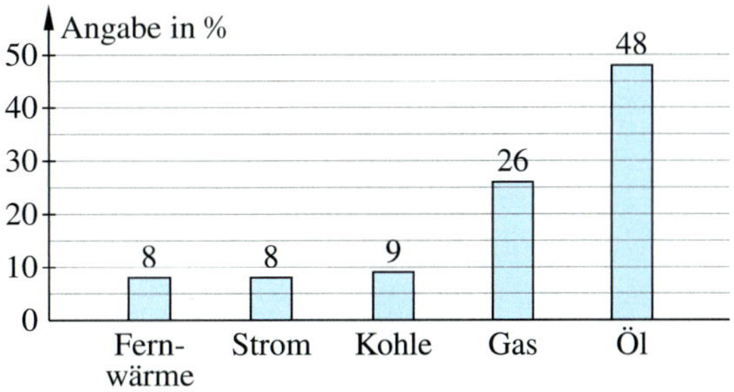

a) Berechne die Anzahl aller in Deutschland vorhandenen Wohnungen.
b) Wie viele Wohnungen werden mit Kohle beheizt?

BEACHTE
Skonto ist ein Preisnachlass auf den Rechnungsbetrag oder bei Barzahlung. Die Höhe beträgt üblicherweise 2–3 %. Skonto wird gewährt, wenn der Kunde in einer bestimmten Frist bezahlt.

Die Reimers ziehen um

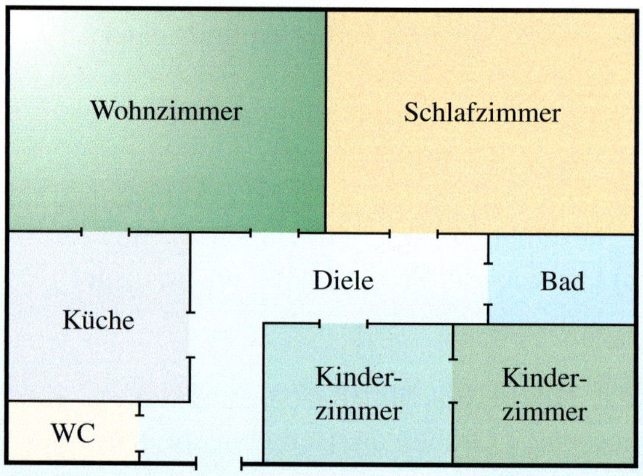

Familie Reimer zieht mit ihren beiden Kindern in eine neue Wohnung. In ihrem neuen Haus wohnen noch drei weitere Familien: Familie Brandt, Familie Kerstens und Familie Kraus.

a) Das Wohnzimmer von Familie Reimer hat eine Größe von $32\,m^2$. Das sind 25 % der gesamten Wohnfläche. Wie groß ist die Wohnfläche?

b) Familie Brandt wohnt direkt nebenan und hat eine $112\,m^2$ große Wohnung. Das Bad bei ihnen ist $5{,}5\,m^2$ groß. Welchen Anteil der Gesamtfläche nimmt es ein?

c) Bei den Kerstens sind 11 % der gesamten Wohnfläche Diele. Wie groß ist diese, wenn die Wohnung insgesamt $126\,m^2$ groß ist?

d) Für neue Schlafzimmermöbel nehmen die Reimers folgenden Kredit in Anspruch: Sie müssen erst in einem halben Jahr zahlen, allerdings berechnet ihnen das Möbelhaus dann 8 % zusätzlich. Ursprünglich kosteten die Möbel 859 €.
Wie viel muss Familie Reimer nun für die Möbel zahlen?

---

e) Bei Familie Kraus ist die Fläche des einen Kinderzimmers 10 % größer als die des anderen Kinderzimmers. Das größere Kinderzimmer hat eine Größe von $23\,m^2$.
Wie groß ist das kleinere Zimmer?

f) Die Brandts zahlen für ihre $112\,m^2$ große Wohnung 828,80 € Miete.
Wie viel Miete zahlen dann die Kerstens für ihre $126\,m^2$, wenn der gleiche Quadratmeterpreis zu Grunde liegt?
Und welchem Anteil der Miete der Brandts entspricht das?

g) Für ihre $128\,m^2$ muss Familie Reimer 870,40 € zahlen. Welchen Anteil der Miete zahlt Familie Kraus, die 686,80 € bezahlt? Auf wie vielen Quadratmetern wohnt Familie Kraus, wenn sie den gleichen Quadratmeterpreis zahlen?

---

h) Familie Reimer hat sich eine neue Küche gekauft, die ohne Kredit 2760 € kosten soll. Sie hat die Küche über einen Kredit finanziert und muss deswegen monatlich 246,10 € bezahlen.
In einem Jahr hat Familie Reimer dann die Küche bezahlt. Wie viel Prozent muss sie letztendlich mehr bezahlen, als wenn sie die Küche gleich gekauft hätte?

i) Nico Reimer möchte sein Zimmer ($3{,}20\,m \times 4{,}80\,m \times 2{,}40\,m$) tapezieren. Die Zimmertür ist 1 m breit und 2 m hoch. Die beiden Fenster sind je 0,80 m breit und 1,20 m hoch.
Er findet noch eine alte Tapetenrolle, die 60 cm breit und 10 m lang ist.
Welchen Anteil seiner Zimmerwände (ohne Decke) kann er damit bekleben?
Den Verschnitt kannst du vernachlässigen.

Alles klar?

Entscheide, ob die Aussagen richtig oder falsch sind.
Begründe deine Entscheidung im Heft und korrigiere gegebenenfalls.

1 Anteile

a) $5\,\% = \frac{1}{5}$

b) $0{,}19 = 19\,\%$

c) $\frac{5}{4} = \frac{125}{100} = 125\,\%$

d) Der orange Anteil beträgt 60 %.

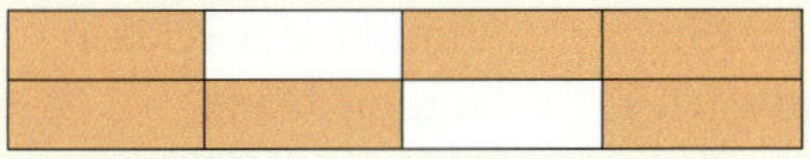

2 Prozentsatz und Prozentwert

In einer Schule sind 2136 Schülerinnen und Schüler. Davon sind 1066 Mädchen. Das entspricht 49,9 %.

a) In dem Text rechts entsprechen die 2136 Schülerinnen und Schüler 100 %.

b) Die 1066 Mädchen aus dem Text sind der Prozentsatz.

c) 520 € entsprechen 100 %, dann gilt: 130 € sind 30 %.

d) 60 % von 25 Personen haben braune Haare. Das sind 18 Personen.

e) Die drei Werte passen als Grundwert, Prozentwert und Prozentsatz zusammen: 120 cm; 78 cm; 65 %.

f) Die Tabelle rechts wurde richtig ausgefüllt.

Anteil	Betrag (in €)
100 %	812,00
1 %	8,12
40 %	324,80

3 Grundwert

a) Die Tabelle rechts muss nur von unten nach oben gelesen werden, dann kann man den Grundwert berechnen.

b) Wenn 30 % von 500 Autos gesucht werden, dann wird nach dem Grundwert gefragt.

c) Sind 25 % von etwas angegeben, so muss man den zugehörigen Prozentwert nur mal 4 rechnen, dann hat man den Grundwert.

d) 60 % entsprechen 66 kg. Der Grundwert ist 120 kg.

e) Wenn Miriam schon 40 % ihres Weges geschafft hat und das 10 km sind, dann ist ihr Weg insgesamt 28 km lang.

f) Der orangefarbene Teil des Diagramms zeigt den Anteil an Teilnehmern an einer Schulolympiade. Es sind 125 Schülerinnen und Schüler. Der ganze Kreis entspricht also einem Wert von 500 Schülerinnen und Schülern.

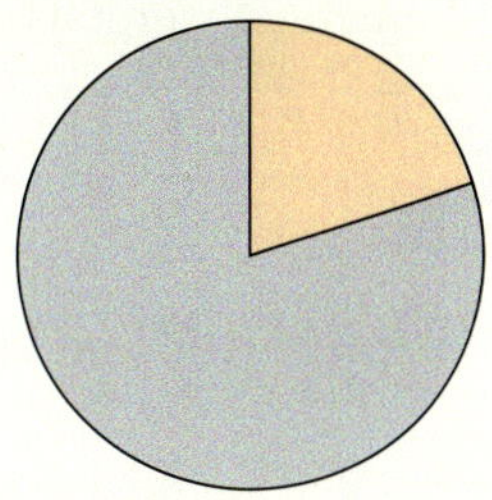

4 Vermehrter und verminderter Grundwert

a) Wird ein Kleidungsstück um 30 % reduziert, dann entspricht der neue Preis 70 % des alten.

b) Soll der Nettopreis ohne 19 % Mehrwertsteuer berechnet werden, so entspricht dieser 81 % des angegebenen Preises.

c) In der Tabelle wird berechnet, wie viel eine Jacke vor einer Reduzierung um 20 % gekostet hat.

Betrag (in €)	Anteil
45,60	80 %
0,57	1 %
57,00	100 %

d) Bei einer Umfrage unter Jugendlichen gaben 165 an, schon einmal Alkohol getrunken zu haben. Das sind 10 % mehr als im Vorjahr. Da waren es also 150.

BEACHTE
Die Lösungen zu den Aufgaben auf dieser Seite sowie dazu passende Trainingsaufgaben findest du ab Seite 234.

Zusammenfassung

→ Seite 134, 138

Anteile und Begriffe der Prozentrechnung

Anteile gibt man häufig in Prozent an.
$p\,\%$ von etwas ist p Hundertstel davon.
Der **Grundwert (*G*)** ist die Bezugsgröße, das Ganze. Er entspricht 100 %.
Der **Prozentwert (*W*)** ist ein Teil der Gesamtmenge, also ein Teil des Grundwertes.
Der **Prozentsatz (*p* %)** gibt den Anteil am Grundwert in Prozentschreibweise an.

$25\,\% = \frac{25}{100} = \frac{1}{4}$

12 von den 25 Mädchen und Jungen der Klasse tragen Jeans.
Das sind 48 %.

Prozentwert *W*
Grundwert *G*
Prozentsatz *p* %

→ Seiten 138, 144

Berechnung von Prozentsatz, Prozentwert und Grundwert

Berechnung des Prozentsatzes
Sind Grundwert und Prozentwert bekannt, kann der Prozentsatz mit dem Dreisatz berechnet werden oder mit der Formel:
$p = \frac{W \cdot 100}{G}$

12 von 25 Schülern der Klasse tragen Jeans. Wie viel Prozent sind das?

	Anzahl	Anteil	
: 25	25	100 %	: 25
· 12	1	4 %	· 12
	12	48 %	

Es sind 48 %.

Berechnung des Prozentwerts
Sind Grundwert und Prozentsatz bekannt, kann der Prozentwert über eine Zuordnungstabelle berechnet werden oder mit der Formel: $W = \frac{G \cdot p}{100}$

32 % der 25 Schüler haben blonde Haare. Wie viele sind das?

	Anteil	Anzahl	
: 100	100 %	25	: 100
· 32	1 %	0,25	· 32
	32 %	8	

Es sind 8 Schüler.

Berechnung des Grundwerts
Sind Prozentsatz und Prozentwert bekannt, kann der Grundwert über den Dreisatz berechnet werden oder mit der Formel:
$G = \frac{W \cdot 100}{p}$

21 Schüler, also 5 %, kamen zu spät zur Schule. Wie viele Schüler sind es insgesamt?

	Anteil	Anzahl	
: 5	5 %	21	: 5
· 100	1 %	$\frac{21}{5} = 4{,}2$	· 100
	100 %	420	

420 Schüler kamen zu spät.

→ Seite 148

Vermehrter und verminderter Grundwert

Bei der **Vermehrung des Grundwerts** wird eine Größe um $p\,\%$ erhöht und entspricht dann einer Größe von mehr als 100 %. Die Größe wird vermehrt auf $(100 + p)\,\%$.

53,55 € enthalten 19 % Mehrwertsteuer. Wie hoch ist der Nettopreis?

	Anteil	Preis (in €)	
: 119	119 %	53,55	: 119
· 100	1 %	0,45	· 100
	100 %	45,00	

Der Nettopreis beträgt 45 €.

Bei der **Verminderung des Grundwerts** wird eine Größe um $p\,\%$ reduziert und entspricht dann einer Größe von weniger als 100 %. Die Größe wird vermindert auf $(100 - p)\,\%$.

Schuhe wurden um 30 % reduziert auf 53,55 €. Wie viel kosteten sie vorher?

	Anteil	Preis (in €)	
: 7	70 %	53,55	: 7
· 10	10 %	7,65	· 10
	100 %	76,50	

Sie kosteten 76,50 €.

Kreise

Das derzeit größte Riesenrad der Welt ist der „Las Vegas High Roller“ in den USA. Die Gondeln des Riesenrads bewegen sich auf einer Kreisbahn, die einen Durchmesser von 158 m besitzt. Für eine Umrundung benötigt das Rad etwa eine halbe Stunde.

In diesem Kapitel erfährst du, wie man die Länge des Weges berechnet, den eine Gondel bei einer Umdrehung zurücklegt, und mit welcher Geschwindigkeit sich das Rad des „Las Vegas High Rollers“ dreht. Du lernst außerdem, welchen Einfluss die Kreiszahl Pi, kurz π, bei der Berechnung des Kreisumfangs hat und wie man den Flächeninhalt von Kreisen bestimmt.

Noch fit?

1 Gib in der Einheit an, die in Klammern steht.

a) 30 mm (cm) **b)** 4 m (dm) **c)** 5 km (m) **d)** 78 cm (dm)
e) 0,6 cm (mm) **f)** 250 mm (dm) **g)** 0,8 km (m) **h)** 25 cm (m)
i) 3 dm 7 cm (cm) **j)** 2 m 9 cm (cm) **k)** 5 cm 4 mm (cm) **l)** 4 m 6 cm (m)

2 Gib in der Einheit an, die in Klammern steht.

a) 500 mm^2 (cm^2) **b)** 4000 cm^2 (dm^2) **c)** 3 m^2 (dm^2)
d) 2 ha (m^2) **e)** 4,8 dm^2 (cm^2) **f)** 0,25 cm^2 (mm^2)
g) 0,5 km^2 (ha) **h)** 4 cm^2 20 mm^2 (mm^2) **i)** 8 dm^2 25 cm^2 (dm^2)

3 Berechne schriftlich.

a) $17 \cdot 6$ **b)** $245 \cdot 8$ **c)** $2094 \cdot 7$ **d)** $25 \cdot 16$ **e)** $83 \cdot 350$
f) $269 \cdot 907$ **g)** $208 \cdot 603$ **h)** 28^2 **i)** $1764 : 3$ **j)** $3152 : 4$
k) $4584 : 6$ **l)** $2156 : 7$ **m)** $46\,592 : 8$ **n)** $45\,549 : 9$ **o)** $42\,144 : 12$

4 Ergänze die Tabellen im Heft.

Anzahl	0	1	2	3	4	
Preis (in €)		8				40

Seitenlänge eines Quadrats (in m)	0,5	1	1,5	2	2,5	3
Umfang (in m)			6			

5 Übertrage die Figuren in dein Heft. Konstruiere dann …

a) die Seitenhalbierende der Seite c (für Figur ①).
b) die Winkelhalbierende des Winkels α.
c) die Mittelsenkrechte zwischen der Strecke $\overline{AC}$.

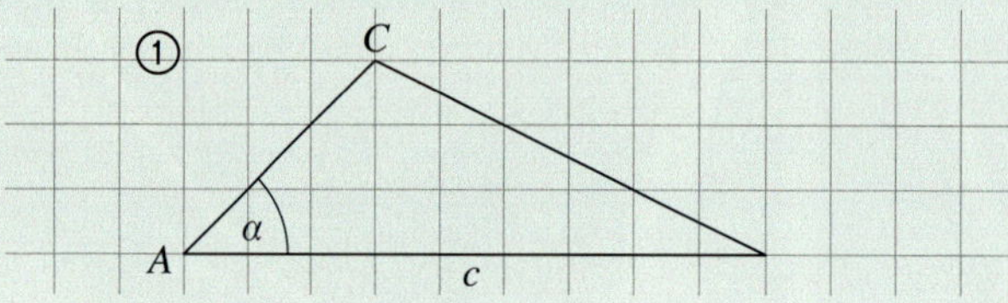

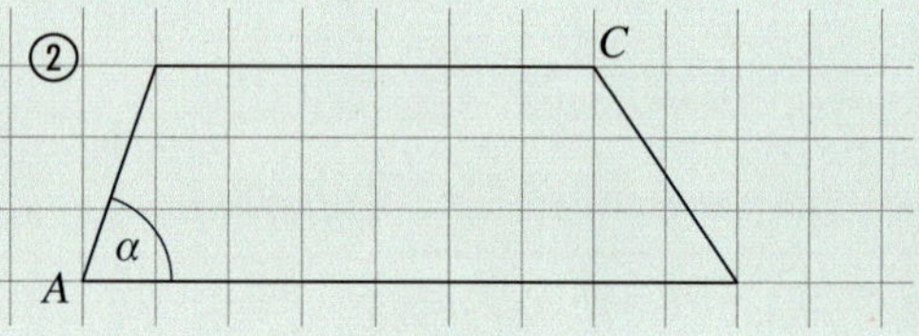

Bunt gemischt

1. Berechne den Flächeninhalt eines Dreiecks mit $c = 8$ cm und $h_c = 5$ cm.
2. In einer Klasse sind 8 von 24 Schülern Mädchen. Wie viel Prozent der Schüler sind Mädchen?
3. Berechne: $6 - 9 \cdot 3$ und $(6 - 9) \cdot 3$
4. Richtig oder falsch? Haben zwei Rechtecke den gleichen Umfang, so haben sie auch den gleichen Flächeninhalt.
5. Die Entfernung zwischen Eberswalde und Lübben auf einer Landkarte beträgt 10 cm. Der Maßstab ist 1: 1 000 000. Wie groß ist die Entfernung im Original?
6. Berechne 50 % von 300 € und 2 % von 800 €.
7. Gib 50 $\frac{km}{h}$ in $\frac{m}{s}$ an.
8. Bei einem gleichschenkligen Dreieck sind …

Kreisumfang

Erforschen und Entdecken

1 Miss an mindestens fünf verschiedenen kreisförmigen Gegenständen (z. B. DVD, Münze) zunächst den Durchmesser d. Bestimme dann mit Hilfe eines Maßbandes oder eines Fadens, der um den Gegenstand gespannt wird, den Umfang u. Trage die Messergebnisse in eine Tabelle ein und berechne den Quotienten $u : d$.
Was fällt dir auf? Diskutiere mit deinem Nachbarn.

Gegenstand	DVD	…
Durchmesser		
Umfang		
$u : d$		

2 Zeichnet in kleinen Gruppen Kreise mit einem Radius von 1,5 cm (2 cm; 2,5 cm; …; 5 cm) auf Pappe und schneidet sie aus. Markiert je eine Stelle am Rand der Pappkreise und rollt die Kreise auf einem nicht zu glatten Untergrund ab.

a) Messt die Strecke, die bei einer Umdrehung des Kreises zurückgelegt wird und ergänzt die Tabelle in eurem Heft.

Radius r des Kreises	**Durchmesser d des Kreises**	**Umfang u des Kreises**	**Quotient $u : d$**
$r = 1{,}5\,\text{cm}$	$d = 3\,\text{cm}$	$u =$	
$r = 2\,\text{cm}$	$d =$		
$r = 2{,}5\,\text{cm}$			
$r = 3\,\text{cm}$			
$r = 3{,}5\,\text{cm}$			
$r = 4\,\text{cm}$			
$r = 4{,}5\,\text{cm}$			
$r = 5\,\text{cm}$			

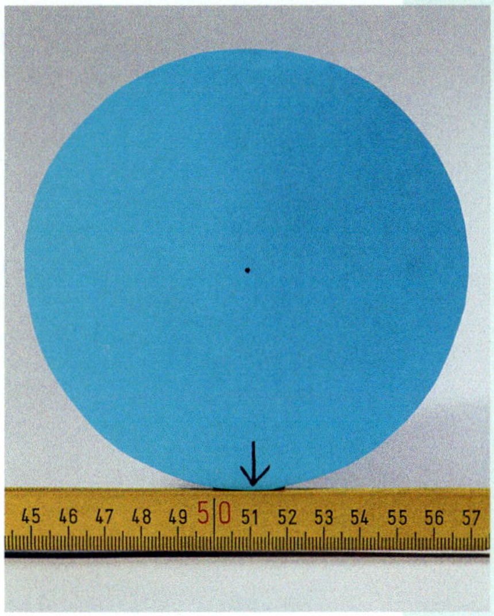

b) Was fällt euch an den Werten in der Tabelle auf?

c) Wie groß ist der Umfang eines Kreises mit $r = 1\,\text{cm}$ ($r = 6\,\text{cm}$)? Begründet.

d) Entwickelt eine Formel für die Berechnung des Kreisumfangs. Vergleicht eure Ergebnisse in der Klasse.

3 Von Archimedes (282 v. Chr. – 212 v. Chr.) ist das folgende Verfahren zur Bestimmung des Kreisumfanges bekannt. Es beruht auf der Betrachtung von regelmäßigen Vielecken, die dem Kreis einbeschrieben und umbeschrieben werden.

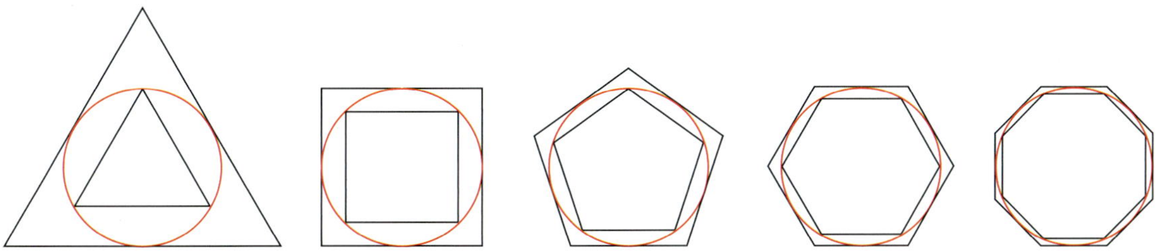

a) Maja meint, dass der Kreisumfang größer als der Umfang des einbeschriebenen Vielecks und kleiner als der Umfang des umbeschriebenen Vielecks ist. Hat Maja Recht?

b) Zeichne einen Kreis mit $r = 3\,\text{cm}$. Konstruiere ein umbeschriebenes und ein einbeschriebenes Quadrat (Sechseck, Vieleck deiner Wahl mit möglichst vielen Ecken). Miss jeweils eine Seite der beiden Quadrate (Sechsecke, Vielecke) und bestimme deren Umfänge.
Was bedeutet dies für den Umfang des Kreises?

Lesen und Verstehen

BEACHTE
Der Taschenrechner besitzt eine Taste π und rechnet mit dem Näherungswert 3,141592654.

Jakob möchte um eine zylinderförmige Geschenkverpackung eine Schleife binden. Die Dose hat einen Durchmesser von $d = 11{,}5\,\text{cm}$. Jakob hat noch ein Reststück Schleifenband, das 35 cm lang ist. Reicht das Schleifenband aus?

Für jeden Kreis ist das Verhältnis des Umfangs zu seinem Durchmesser gleich (konstant). Diese Konstante heißt **Kreiszahl** und wird mit dem kleinen griechischen Buchstaben π (lies „Pi“) bezeichnet. Es gilt: $\frac{u}{d} = \pi$

> Der **Umfang *u* eines Kreises** lässt sich mit Hilfe des Radius *r* oder des Durchmessers *d* berechnen. Es gilt:
> $u = \pi \cdot d$ bzw. $u = 2 \cdot \pi \cdot r$

BEISPIEL
Durchmesser $d = 11{,}5\,\text{cm}$
$u = \pi \cdot d$
$u = \pi \cdot 11{,}5\,\text{cm}$
$u \approx 36{,}1\,\text{cm}$

Das Schleifenband reicht nicht für die Geschenkverpackung aus.

Für Berechnungen verwendet man einen sinnvollen Näherungswert für π,

z. B.: 3,14 oder 3,141 592 oder $\frac{22}{7}$.

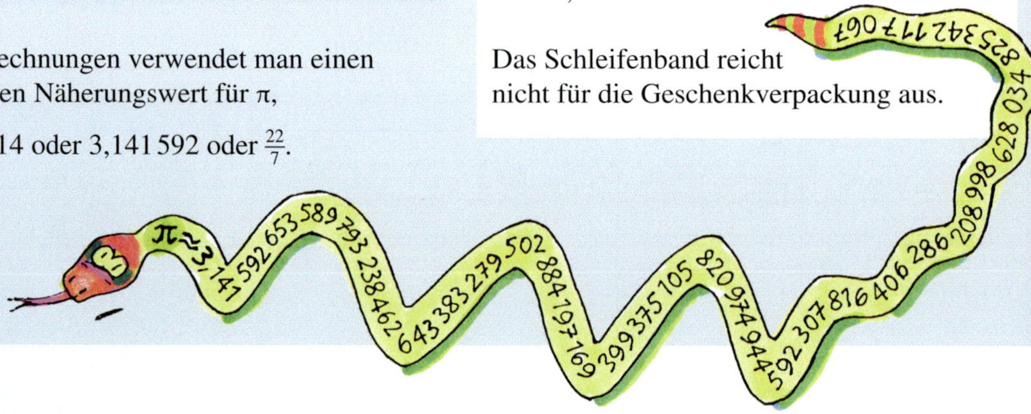

Basisaufgaben

1 Berechne den Umfang des Kreises.

a) $d = 2\,\text{cm}$ b) $d = 10\,\text{km}$ c) $d = 6\,\text{mm}$
d) $d = 2{,}5\,\text{m}$ e) $d = 1{,}7\,\text{m}$ f) $d = 14{,}2\,\text{cm}$
g) $r = 2\,\text{cm}$ h) $r = 3\,\text{m}$ i) $r = 2{,}5\,\text{km}$
j) $r = 6{,}5\,\text{mm}$ k) $r = 3{,}8\,\text{m}$ l) $r = 9{,}35\,\text{dm}$

2 Berechne den Umfang der Kreise.

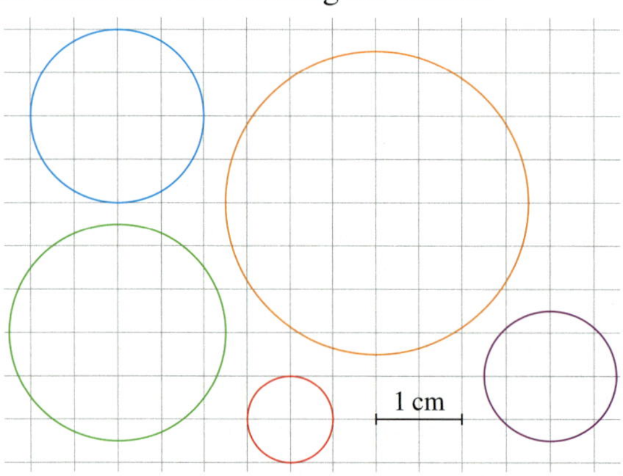

3 Milan sagt: „Wenn ich den Umfang eines Kreises kenne, dann muss ich ihn durch π teilen, um den Durchmesser zu erhalten.“ Hat Milan Recht? Begründe.

4 Berechne den Durchmesser des Kreises. Runde das Ergebnis auf die zweite Nachkommastelle.

a) $u = 11\,\text{mm}$ b) $u = 25{,}13\,\text{cm}$
c) $u = 86{,}4\,\text{cm}$ d) $u = 8{,}8\,\text{km}$
e) $u = 118{,}91\,\text{m}$ f) $u = 390\,\text{dm}$

5 Welchen Radius haben die Gegenstände? Runde das Ergebnis auf die erste Nachkommastelle.

a) Ring am Basketballkorb: $u = 141{,}4\,\text{cm}$
b) Bierdeckel: $u = 36{,}12\,\text{cm}$
c) Erde: $u = 40\,074\,\text{km}$
d) Mond: $u = 10\,920\,\text{km}$

6 Ergänze die folgende Tabelle im Heft.

	r	*d*	*u*
a)	3 cm		
b)	4,8 dm		
c)		3 m	
d)			175,9 m
e)			22 mm
f)		5,9 km	
g)			1 km

7 Berechne die Äquatorlängen der Planeten anhand der Durchmesser am Äquator.

8 Berechne den minimalen und den maximalen Durchmesser, beziehungsweise Umfang der folgenden Bälle.

Ball	Umfang	Durchmesser
Volleyball	65 – 67 cm	
Tennisball		6,35 – 6,67 cm
Fußball	68 – 70 cm	
Basketball	75 – 78 cm	
Handball		17,2 – 19,1 cm

9 Ein Kreisverkehr soll neu angelegt werden. Zur Einfassung werden Bordsteine von 1 m Länge gesetzt. Der Kreisverkehr erhält einen Durchmesser von 40 m. Wie viele Bordsteine müssen gesetzt werden?

10 Erkläre anhand eines Beispiels, wie man den Umfang eines Halbkreises (Viertelkreises) berechnet.

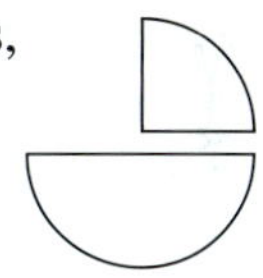

Weiterführende Aufgaben

11 Baumrekorde

a) Bestimme den Stammumfang der Zypresse „El Arbol del Tule“.
b) Wie viele Menschen benötigt man ungefähr, damit diese den Baum Hand in Hand umringen?
c) Bestimme den Durchmesser eines Affenbrotbaums.
d) Recherchiere im Internet nach den üblichen Durchmessern und Umfängen von Baumarten und erstelle Sachaufgaben.

12 Um einen Fußballplatz soll eine Laufbahn errichtet werden.

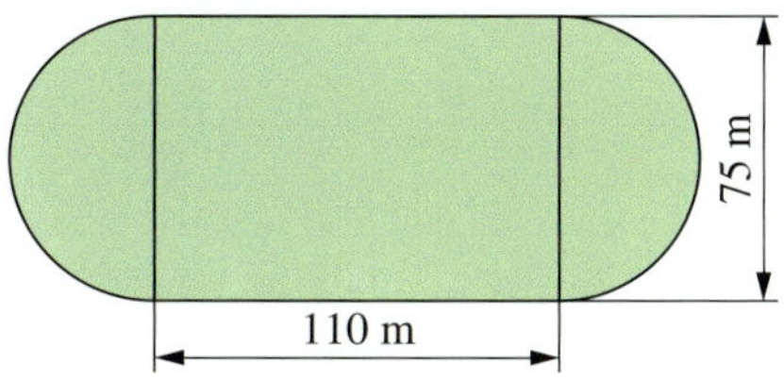

a) Bestimme die Länge der Innenbahn.
b) Welche Abmessungen könnte der Fußballplatz haben, wenn die Innenbahn eine Länge von 400 m besitzen soll? Findest du mehrere Möglichkeiten?

13 Für eine Lichtshow soll ein Gebäude ringsherum mit Strahlern angeleuchtet werden. Dazu werden auf einem gedachten Kreis von 150 m Durchmesser gleichmäßig 200 Strahler verteilt.
a) Berechne den Umfang des Kreises.
b) In welchem Abstand sind die Strahler auf dem Kreis angebracht?

14 Das Riesenrad im Prater in Wien hat einen Durchmesser von 61 m.

a) Bestimme die Strecke, die eine Gondel bei einer Umdrehung zurücklegt.

b) Das Riesenrad befördert 15 Gondeln. Bestimme den Abstand zwischen den Aufhängungen der Gondeln.

c) Fertige eine maßstäbliche Zeichnung des Riesenrads an.

d) Das Riesenrad bewegt sich mit einer Geschwindigkeit von $2{,}7\,\frac{\text{km}}{\text{h}}$. Wie lange dauert eine Runde mit dem Riesenrad?

e) Mit welcher Geschwindigkeit dreht sich der „Las Vegas High Roller" (S. 159)?

15 Die Spirale ist durch die Aneinanderreihung von Halbkreisen entstanden. Dabei hat sich der Kreisradius stets verdoppelt. Der kleinste Halbkreis soll einen Durchmesser von 1 cm haben. Zeichne die Spirale ins Heft und berechne ihre Länge.

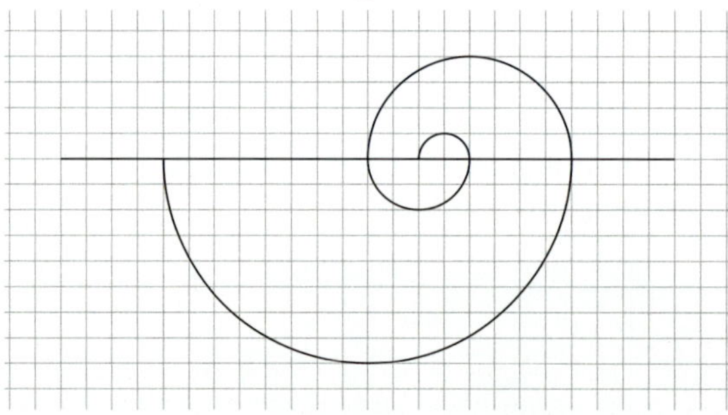

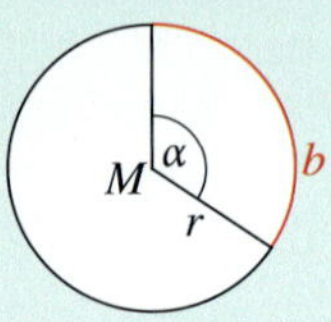

16 Angelina möchte die Länge des Kreisbogens b ausrechnen. Sie behauptet, dass für die Länge des **Kreisbogens b** folgende Formel gilt:

$$b = \frac{\alpha}{360°} \cdot 2 \cdot \pi \cdot r$$

Begründe, warum Angelinas Formel richtig ist, indem du die grün und blau gefärbten Teile der Gleichung näher erläuterst.

BEACHTE
Schneidet man einen Teil eines Kreises ähnlich einem Tortenstück aus, bezeichnet man diesen als **Kreisausschnitt** oder **Kreissektor**.

17 Welche Bogenlänge (Länge des Kreisbogens) hat der Kreisausschnitt?

a) $r = 2\,\text{cm}$; $\alpha = 70°$

b) $r = 4{,}6\,\text{cm}$; $\alpha = 113°$

c) $r = 7{,}2\,\text{cm}$; $\alpha = 190°$

d) $d = 5{,}8\,\text{cm}$; $\alpha = 99°$

18 Berechne die fehlenden Größen.

	r	α	b
a)		210°	25 cm
b)	7,5 dm		30 dm
c)	10 cm		10 cm
d)		78°	1 m

19 Zeichne die folgenden Muster in dein Heft und berechne die Umfänge der rot eingefärbten Figuren. Die Seitenlänge der Quadrate soll jeweils 8 cm betragen.

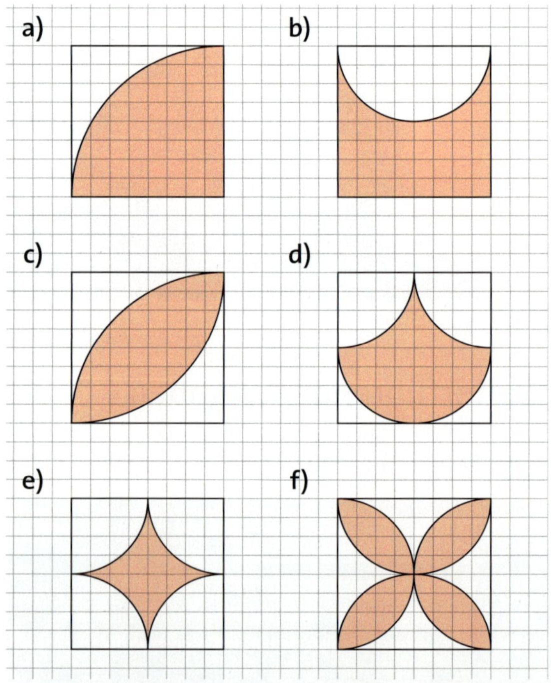

20 Die größte Uhr der Welt ist die Turmuhr des Abraj Al Bait Towers in Mekka. Der Stundenzeiger ist 17 m lang, der Minutenzeiger 22 m.

a) Welche Strecke legt die Spitze des Minutenzeigers in einer Stunde zurück?

b) Welche Strecke legt die Spitze des Minutenzeigers in 15 Minuten (20 min; 7 min) zurück?

c) Welche Strecke legt die Spitze des Stundenzeigers in 12 Stunden (6 h; 3 h; einer Stunde) zurück?

d) Wie viel Zeit vergeht, bis die Spitze des Minutenzeigers (des Stundenzeigers) 10 m zurückgelegt hat?

Flächeninhalt des Kreises

Erforschen und Entdecken

1 Zeichne auf kariertem Papier einen Kreis mit dem Radius $r = 5$ cm. Markiere alle Kästchen, die vollständig in dem Kreis liegen, mit einem roten Punkt und alle Kästchen, die sowohl innerhalb als auch außerhalb des Kreises liegen, mit einem blauen Punkt. Schätze nun den Inhalt der Kreisfläche ab. Erkläre deinem Nachbarn, wie du vorgegangen bist.

2 Für den folgenden Versuch benötigst du:

- eine Brief- oder Haushaltswaage
- Knete oder Teig
- runde Formen zum Ausstechen
- Geodreieck und Messer

Walze zunächst die Knete oder den Teig gleichmäßig aus.
Stich danach verschiedene Kreise aus und bestimme die Größe des Durchmessers und des Radius.
Schneide mit Hilfe des Geodreiecks zu jedem Kreis ein Quadrat aus, dessen Seitenlänge gleich dem Radius des Kreises ist. Wiege nun den Kreis und das zugehörige Quadrat.

BEACHTE
Statt Knete oder Teig können die Kreise und Quadrate auch aus dicker Pappe geschnitten werden.

a) Übertrage die Messergebnisse in die folgende Tabelle und berechne den Quotienten Masse des Kreises durch Masse des Quadrats.
Was fällt dir auf?

Radius des Kreises bzw. Seitenlänge des Quadrats	Masse des Kreises (m_K)	Masse des Quadrats (m_Q)	$m_K : m_Q$

b) Die Massen verhalten sich genauso wie die Flächeninhalte.
Deshalb kannst du deine Erkenntnisse nutzen, um eine Formel für die Berechnung der Kreisfläche aufzustellen. Überprüfe deine Formel mit Hilfe von Aufgabe 1.

3 Zeichne einen Kreis mit Radius $r = 5$ cm. Unterteile den Kreis in zwölf gleich große Kreisausschnitte und male je sechs Ausschnitte in der gleichen Farbe aus. Schneide nun die zwölf Kreisausschnitte aus und lege sie wie rechts gezeigt zusammen.

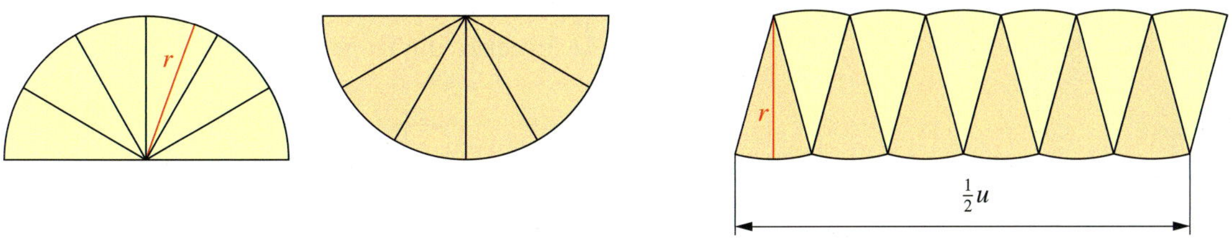

a) Welches Viereck ist annähernd entstanden?
b) Berechne den Flächeninhalt des entstandenen Vierecks.
c) Entwickle eine Formel für die Berechnung der Kreisfläche.
Darin sollen nur r und π vorkommen.
Überprüfe deine Formel mit Hilfe von Aufgabe 1.

Lesen und Verstehen

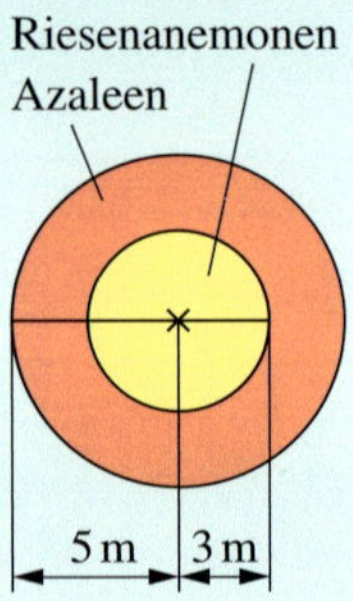

Ein Gärtner möchte ein kreisrundes Blumenbeet mit Riesenanemonen bepflanzen. Das Blumenbeet hat einen Radius von 3 m.
Für wie viel m² muss er Blumen kaufen?

Der Flächeninhalt eines Kreises lässt sich mit Hilfe des Radius r berechnen.

Flächeninhalt des Kreises: $A = \pi \cdot r^2$

BEISPIEL 1
Radius $r = 3\,\text{m}$
$A = \pi \cdot (3\,\text{m})^2 \approx 28{,}3\,\text{m}^2$
Das Blumenbeet ist $28{,}3\,\text{m}^2$ groß.

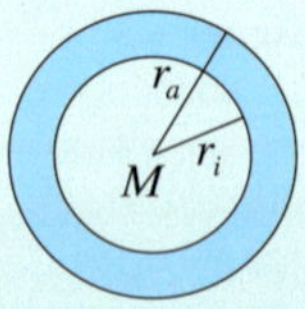

r_a = Radius außen
r_i = Radius innen

Der Gärtner möchte nun um den Anemonenkreis einen zwei Meter breiten Kreisring mit Azaleen pflanzen (siehe Randspalte).
Wie groß ist der Azaleenring?

Für den **Flächeninhalt eines Kreisrings** gilt:
$A = \pi \cdot r_a^2 - \pi \cdot r_i^2 = \pi \cdot (r_a^2 - r_i^2)$

BEISPIEL 2
Radius $r_i = 3\,\text{m}$; $r_a = 5\,\text{m}$
$A = \pi \cdot [(5\,\text{m})^2 - (3\,\text{m})^2] \approx 50{,}3\,\text{m}^2$
Der Azaleenring ist $50{,}3\,\text{m}^2$ groß.

Basisaufgaben

BEACHTE
Wie erhalte ich r, wenn r^2 gegeben ist?
Dazu hilft das Wurzelzeichen √ des Taschenrechners.
√ 9 = 3,
denn 3 · 3 = 9

BEISPIEL
$A = 81\,\text{cm}^2$
$81 = \pi \cdot r^2 \quad |:\pi$
$25{,}78 \approx r^2 \quad |\sqrt{\ }$
$5{,}1\,\text{cm} \approx r$

1 Berechne den Flächeninhalt des Kreises.
a) $r = 5\,\text{cm}$ b) $r = 8\,\text{km}$ c) $r = 0{,}5\,\text{m}$
d) $r = 1{,}3\,\text{dm}$ e) $r = 4{,}7\,\text{m}$ f) $r = 1{,}25\,\text{cm}$

2 Berechne den Flächeninhalt des Kreises.
a) $d = 6\,\text{cm}$ b) $d = 4\,\text{m}$ c) $d = 2{,}6\,\text{dm}$
d) $d = 3{,}4\,\text{cm}$ e) $d = 2{,}9\,\text{m}$ f) $d = 3{,}7\,\text{m}$

3 Berechne den Flächeninhalt der folgenden Kreise.

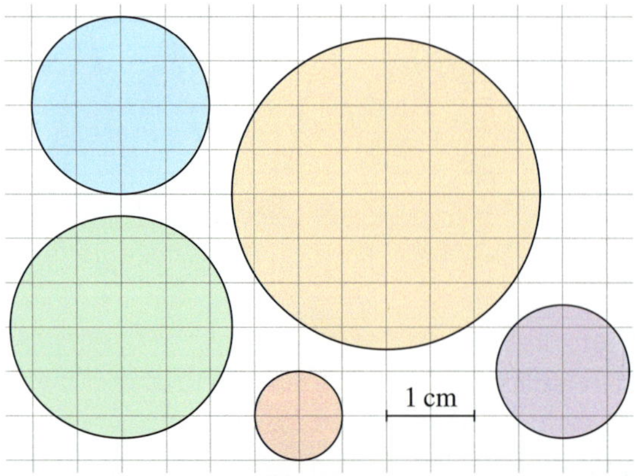

4 Berechne den Radius des Kreises.
a) $A = 18\,\text{cm}^2$ b) $A = 0{,}94\,\text{m}^2$
c) $A = 6{,}6\,\text{dm}^2$ d) $A = 4{,}98\,\text{km}^2$
e) $A = 38{,}48\,\text{cm}^2$ f) $A = 113{,}09\,\text{m}^2$
g) $A = 27\,\text{a}$ h) $A = 2\,\text{ha}$

5 Zeichne einen Kreis mit folgendem Flächeninhalt.
a) $A = 50{,}3\,\text{cm}^2$ b) $A = 25\,\text{cm}^2$
c) $A = 2800\,\text{mm}^2$ d) $A = 3{,}5\,\text{dm}^2$

6 Ergänze die folgende Tabelle im Heft.

	r	d	u	A
a)	3 cm			
b)		4,6 dm		
c)		3,9 km		
d)				78,5 m²
e)			53,4 mm	
f)			1,88 cm	
g)				1 ha
h)				8,4 a

7 Berechne den Radius und den Durchmesser des Kreises. Runde auf die erste Nachkommastelle.

a) $A = 28{,}3\,dm^2$ (Verkehrszeichen)

b) $A = 254{,}5\,cm^2$ (Herdplatte)

c) $A = 63{,}6\,m^2$ (Ringermatte)

d) $A = 520{,}8\,cm^2$ (2-Euro-Münze)

e) $A = 116{,}9\,dm^2$ (Zielscheibe)

8 Ein Kreis K_1 hat einen Radius von $r = 10\,cm$.
Wie groß muss der Radius eines Kreises K_2 sein, dessen Fläche

a) doppelt, b) dreimal,
c) fünfmal, d) halb

so groß ist wie die Fläche des Kreises K_1?

9 Welcher Kreis hat den größeren Flächeninhalt?

a) Ein Kreis mit einem Durchmesser von 5 cm oder ein Kreis mit einem Flächeninhalt von $5\,cm^2$?
b) Ein Kreis mit einem Radius von 5 cm oder ein Kreis mit einem Flächeninhalt von $5\,dm^2$?
c) Ein Kreis mit einem Umfang von 5 cm oder ein Kreis mit einem Flächeninhalt von $5\,cm^2$?
d) Ein Kreis mit einem Radius von 5 cm oder ein Kreis mit einem Umfang von 5 dm?

10 Den Bereich, für den eine Basisstation für Handys zuständig ist, nennt man „Funkzelle“. Die Reichweite einer Empfangsstation liegt bei etwa 1000 m im städtischen und ungefähr 30 km im ländlichen Raum.
Berechne die Größe einer Funkzelle …

a) im städtischen Raum.
b) im ländlichen Raum.
c) Timo behauptet, dass eine Funkzelle im ländlichen Raum 30-mal größer ist als eine Funkzelle im städtischen Raum. Stimmt das?

11 Ein kreisrundes Blumenbeet soll neu bepflanzt werden. Pro Quadratmeter sollen 20 Pflanzen eingesetzt werden. Wie viele Pflanzen braucht man ungefähr bei …

a) $r = 1\,m$ b) $d = 1{,}2\,m$ c) $r = 8\,dm$
d) $d = 240\,cm$ e) $r = 75\,cm$ f) $d = 2{,}7\,m$

12 Ein Herr Franz kauft für sein rundes Fenster, das einen Durchmesser von 0,88 m hat, eine neue Glasscheibe.

a) Bestimme die Größe der Glasfläche.
b) Die Scheibe soll mit einem Bleiband eingefasst werdenn (das heißt ummantelt). Wie viel Bleiband benötigt man?

13 Berechne den Flächeninhalt des Kreisrings.

a) $r_a = 4\,m$ $r_i = 3\,m$
b) $r_a = 10\,cm$ $r_i = 7\,cm$
c) $r_a = 2\,dm$ $r_i = 1{,}5\,dm$
d) $r_a = 6{,}4\,mm$ $r_i = 2{,}9\,mm$
e) $r_a = 7\,m$ $r_i = 8\,dm$
f) $r_a = 1850\,m$ $r_i = 1\,km$

BEACHTE
Die Lösungen zu Aufgabe 13 ergeben in der richtigen Reihenfolge den Namen einer europäischen Hauptstadt. Zu welchem Land gehört die Stadt?
5,5 (R); 7,61 (A); 21,99 (T); 32,55 (A); 151,93 (N); 160,22 (I)

14 Berechne den Flächeninhalt der Kreisringe.

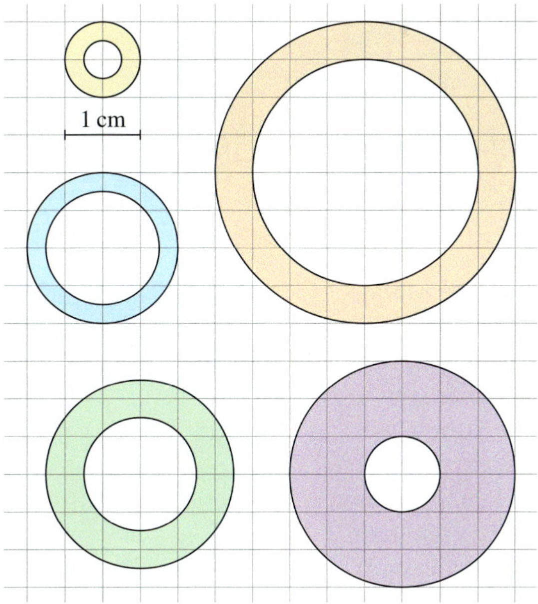

15 Gib eine Formel für die Berechnung des Flächeninhalts eines Viertelkreises mit gegebenem Radius r an.

Weiterführende Aufgaben

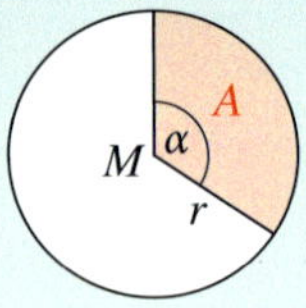

16 Die Pizzeria „*Bella Italia*" bietet Pizzas in zwei verschiedenen Größen an.
Eine kleine „*Pizza Margherita*" mit einem Durchmesser von 24 cm kostet 5,40 €.

a) Bestimme den Flächeninhalt der kleinen *Pizza Margherita.*

b) Jede kleine *Pizza Margherita* hat außen herum eine 1,5 cm breite Randfläche, die nicht belegt ist. Bestimme den Inhalt der belegten Fläche und den Inhalt der nicht belegten Fläche.

c) Der Flächeninhalt der großen Pizza ist doppelt so groß wie bei der kleinen Pizza. Wie groß ist der Durchmesser der großen Pizza?

d) Um den Preis zu vergleichen, möchte Artur den Quotienten von Durchmesser und Preis untersuchen. Alex schlägt vor, den Quotienten von Fläche und Preis zu betrachten. Welches Vorgehen ist sinnvoller? Begründe.

e) Wie viel sollte eine große Pizza Margherita kosten? Begründe.

17 Berechne den Flächeninhalt.

a)

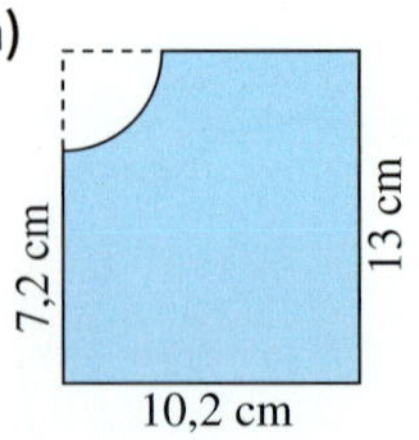

b)

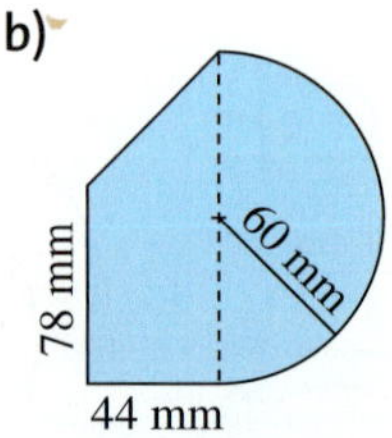

18 Die Marina Towers in Chicago sind zwei 60-stöckige Turmhäuser.
Die Turmhäuser bestehen aus 12 m dicken Stahlbetonkernen mit darin aufgehängten Wohnungen. Der Durchmesser der Türme ist 30 m. Jede Etage kann in 16 gleich große Wohnungen aufgeteilt werden. Berechne die Fläche einer Wohnung.

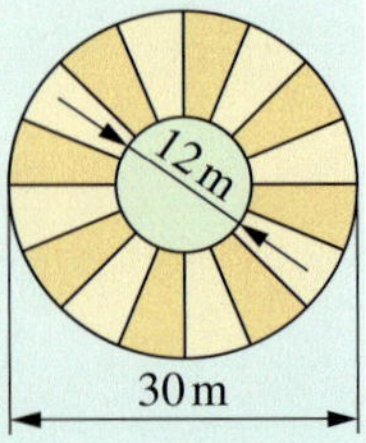

19 Überprüfe die folgenden Aussagen. Beachte die Skizze in der Randspalte.

a) Die Fläche A eines Kreisausschnitts (Kreissektors) ist abhängig vom Radius.

b) Die Fläche eines Kreisausschnitts ist abhängig vom Mittelpunktswinkel α.

c) Bei konstantem Winkel ist der Quotient von Fläche des Kreissektors und Radius konstant.

d) Bei konstantem Winkel ist der Quotient von Fläche des Kreissektors und Mittelpunktswinkel α konstant.

e) Für den Flächeninhalt eines Kreisausschnitts gilt: $A = \frac{\alpha}{360°} \cdot \pi \cdot r^2$

20 Welchen Flächeninhalt hat der Kreisausschnitt?

a) $r = 2\,\text{cm};\ \alpha = 70°$ b) $r = 6\,\text{cm};\ \alpha = 120°$
c) $r = 7{,}2\,\text{cm};\ \alpha = 225°$ d) $r = 9{,}5\,\text{cm};\ \alpha = 160°$

21 Berechne die fehlende Größe des Kreisausschnitts.

	a)	b)	c)	d)
r	7 dm	7 m	100 m	1 km
α	120°			30°
A		25,7 m²	1 ha	

22 Berechne den Flächeninhalt einer roten Fläche im inneren (äußeren) Ring.

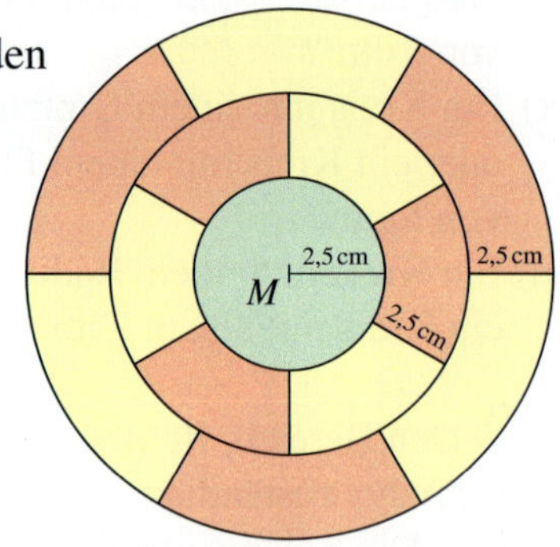

23 Bestimme den Flächeninhalt der Figuren. Die Seitenlänge der Quadrate soll jeweils 4 cm betragen.

a)

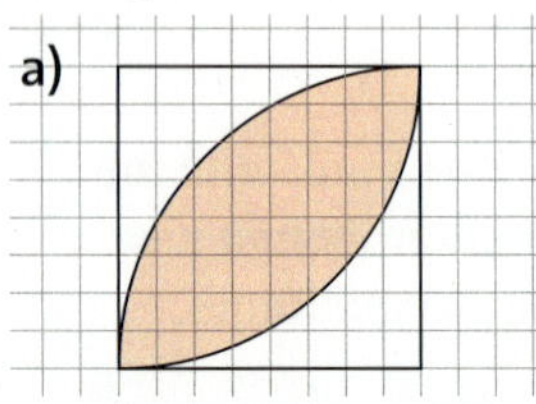

b)

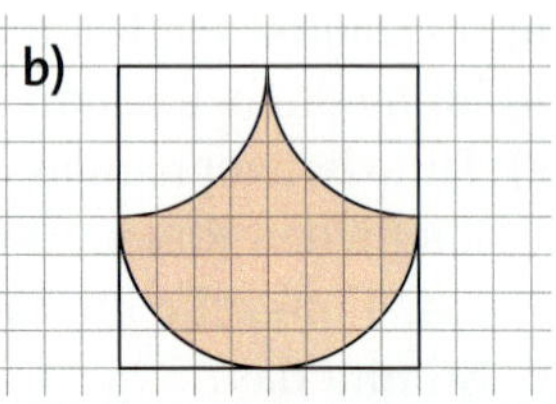

Lagebeziehungen von Kreis und Gerade

Erforschen und Entdecken

1 Betrachte die folgenden Geraden.

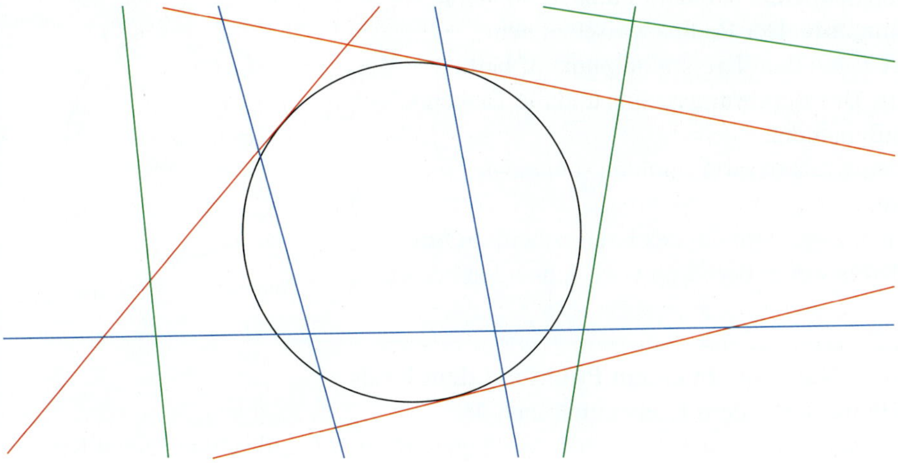

Welche Gemeinsamkeiten haben die roten (grünen, blauen) Geraden?

NACHGEDACHT
Wie würdest du den Durchmesser dieses Kreises messen? Würden dir dabei rote, grüne oder blaue Geraden nützlich sein?

2 Zeichne ein Koordinatensystem mit $0 \leq x \leq 12$ und $0 \leq y \leq 12$.

a) Zeichne um $M(6|5)$ einen Kreis mit Radius $r = 5\,\text{cm}$.
b) Übertrage die folgenden Punkte in das Koordinatensystem: $A(1|7)$; $B(10|10)$; $C(12|0)$ und $D(0|0)$.
c) Zeichne die Geraden durch die Strecken $\overline{AB}$; $\overline{BC}$; $\overline{CD}$; $\overline{AD}$; $\overline{AC}$ und $\overline{BD}$.
d) Betrachte die Lage der Geraden zum Kreis. Kannst du Gemeinsamkeiten entdecken? Vergleicht zu zweit eure Ergebnisse.

3 Zeichne um den Kreismittelpunkt M einen Kreis mit Radius $r = 3\,\text{cm}$ und wähle einen beliebigen Punkt S, der außerhalb des Kreises liegt.

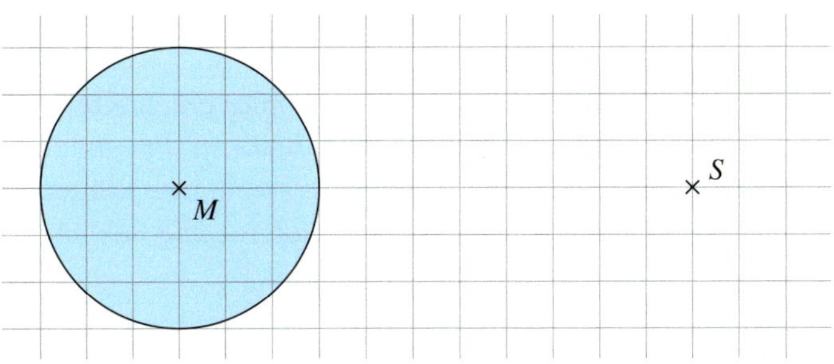

a) Miss die Länge der Strecke $\overline{MS}$ und bestimme den Mittelpunkt P der Strecke $\overline{MS}$.
b) Zeichne um P einen Kreis mit Radius $r = \frac{1}{2} \cdot \overline{MS}$. M und S liegen also auf dessen Kreislinie.
c) Die beiden Kreise schneiden sich in zwei Punkten. Bezeichne die Punkte mit T_1 und T_2.
d) Zeichne die Strecken $\overline{MT_1}$ und $\overline{MT_2}$ sowie die Geraden ST_1 und ST_2.
e) Welche Eigenschaft hat das Dreieck MST_1? Begründe.

Lesen und Verstehen

Geraden unterscheiden sich in ihrer Lage zum Kreis. Wie viele Punkte können ein Kreis und eine Gerade gemeinsam haben?

BEACHTE
Tangente: Berührende
Sekante: Schneidende
Passante: Vorübergehende

Berührt eine Gerade den Kreis in einem Punkt *T*, so nennt man die Gerade **Tangente**. Der Radius zwischen dem **Berührungspunkt** *T* und dem Kreismittelpunkt *M* heißt **Berührungsradius**. Der Berührungsradius und die Tangente stehen senkrecht aufeinander.
Eine Gerade, die den Kreis in zwei Punkten schneidet, nennt man **Sekante**.
Die Strecke zwischen zwei Punkten des Kreises heißt **Sehne**.
Geraden, die den Kreis weder berühren noch schneiden heißen **Passanten.**

BEISPIEL

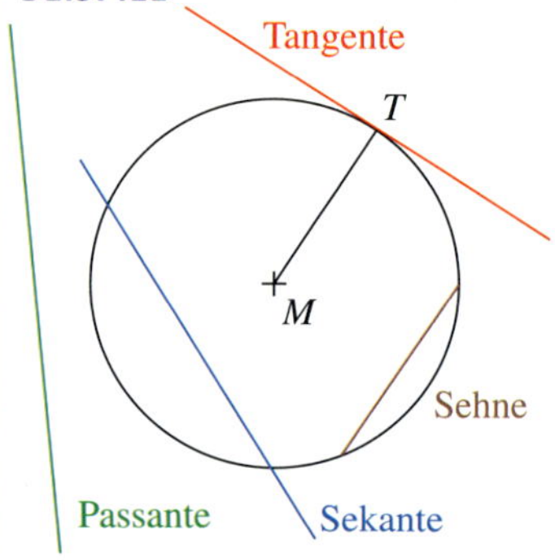

Konstruktion einer Tangente in einem Punkt auf dem Kreis
1. Verbinde den Punkt *T* mit dem Kreismittelpunkt *M*.
2. Konstruiere die Senkrechte zu $\overline{MT}$ durch *T*. Verlängere dazu $\overline{MT}$ und schlage einen Kreis um *T*, der die Gerade in zwei Punkten schneidet. Konstruiere die Mittelsenkrechte dieser beiden Punkte.

Konstruktion einer Tangente von einem Punkt an einen Kreis
1. Verbinde den Punkt *S* mit dem Kreismittelpunkt *M*.
2. Bestimme den Mittelpunkt M_T der Strecke $\overline{MS}$.
3. Zeichne um M_T den Kreis mit dem Radius $\overline{M_TS}$ und markiere die Schnittpunkte der beiden Kreise.
4. Zeichne die Geraden von *S* durch T_1 und von *S* durch T_2.

Da die Geraden ST_1 und ST_2 senkrecht zu den Radien $\overline{MT_1}$ und $\overline{MT_2}$ stehen, sind es Tangenten.

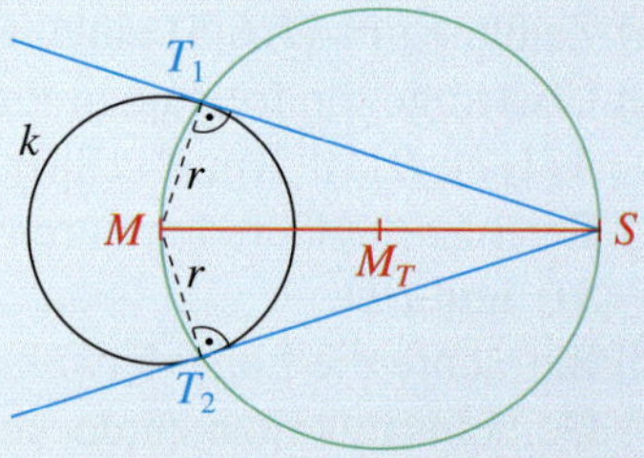

Basisaufgaben

1 Welche der folgenden Geraden sind Tangenten (Sekanten, Passanten)?

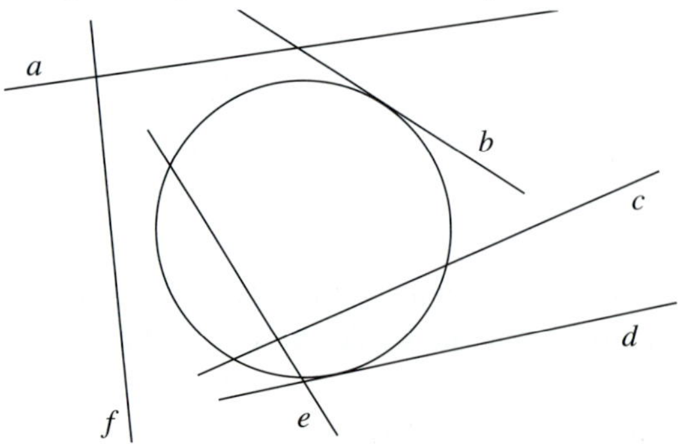

2 Zeichne auf ein Blatt Papier einen Kreis. Zeichne dann mehrere Tangenten, Passanten und Sekanten. Tauscht zu zweit eure Blätter aus. Markiert die Tangenten rot, die Sekanten blau und die Passanten grün.

3 Zeichne einen Kreis mit dem Radius *r*. Wähle auf dem Kreis einen Punkt *T*. Konstruiere die Tangente in *T*.

a) $r = 3\,\text{cm}$ **b)** $r = 4\,\text{cm}$
c) $r = 5\,\text{cm}$ **d)** $r = 5{,}2\,\text{cm}$
e) $r = 2{,}5\,\text{cm}$ **f)** $r = 4{,}7\,\text{cm}$

4 Zeichne den Kreis mit $r = 3\,\text{cm}$. Konstruiere die Tangenten in den markierten Punkten.

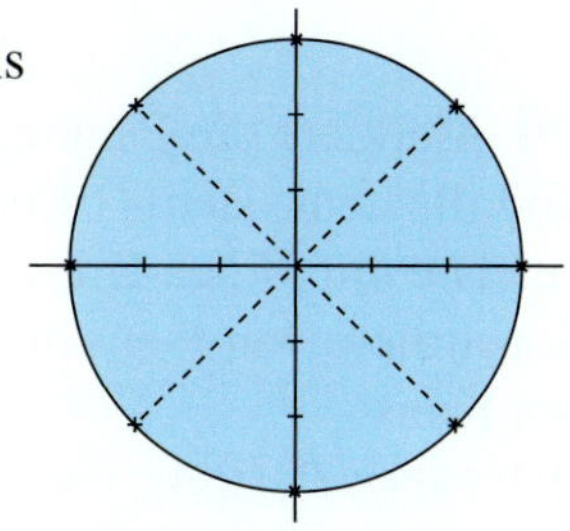

5 Die Tangenten t_1 und t_2 bilden den Winkel α. Zeichne die Tangenten in dein Heft und markiere T_1 und T_2. Bestimme den Mittelpunkt M und zeichne den Kreis. Verwende dabei, dass Tangenten senkrecht auf Radien stehen.

a) $\alpha = 90°$;
$\overline{ST_1} = 5\,\text{cm}$
$\overline{ST_2} = 5\,\text{cm}$

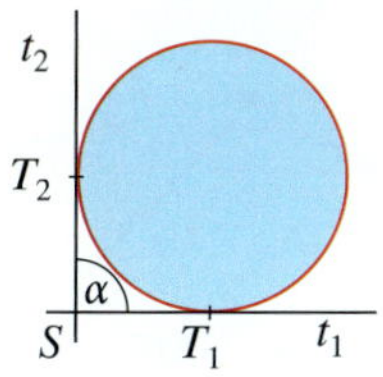

b) $\alpha = 60°$;
$\overline{ST_1} = 5\,\text{cm}$
$\overline{ST_2} = 5\,\text{cm}$

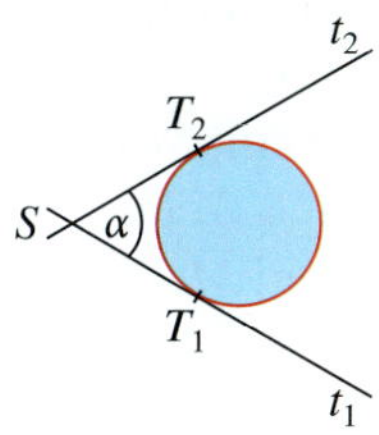

c) Besteht ein Zusammenhang zwischen der Winkelgröße und dem Kreisradius?

6 Übertrage das folgende Koordinatensystem und den Kreis in dein Heft.

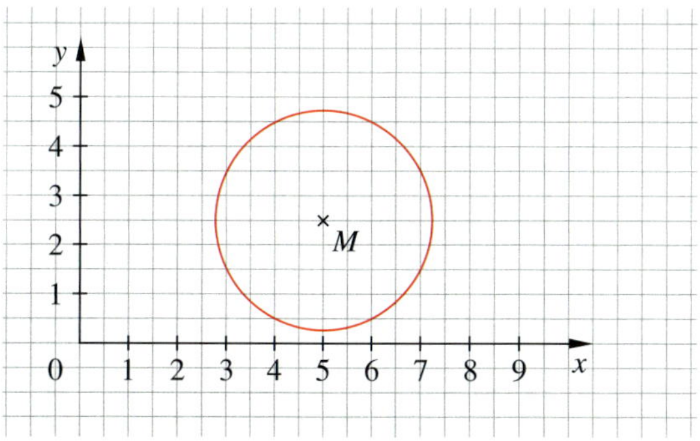

a) Konstruiere die Tangenten in den Kreispunkten $T_1(3|1{,}5)$, $T_2(7|1{,}5)$ und $T_3(3|3{,}5)$.
b) Zeichne in ein anderes Koordinatensystem einen Kreis um $M(2{,}5|2{,}5)$ und konstruiere in den Kreispunkten $T_1(4{,}5|2)$ und $T_2(2|4{,}5)$ die Tangenten an diesen Kreis.

7 Zeichne in ein Koordinatensystem den Kreis um $M(4|2{,}5)$ mit dem Radius $r = 2{,}5\,\text{cm}$.
Konstruiere die Tangenten, die den Kreis in den Punkten $A(2|4)$ und $B(6|4)$ berühren.

8 Zeichne die Tangenten von Punkt P an den Kreis k mit $r = 2{,}2\,\text{cm}$.

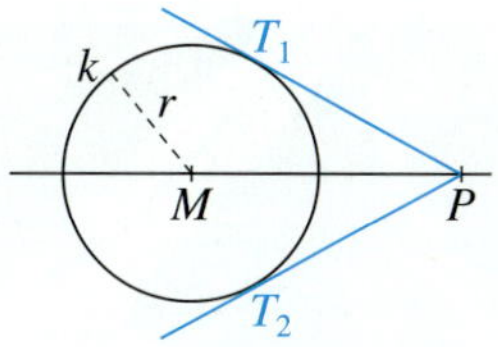

a) $\overline{MP} = 6{,}4\,\text{cm}$
b) $\overline{MP} = 4{,}3\,\text{cm}$
c) $\overline{MP} = 3{,}3\,\text{cm}$

9 Zeichne von den Punkten P und Q die Tangenten an den Kreis mit dem Radius r.

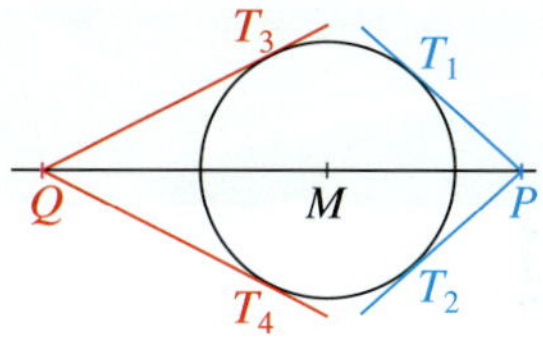

a) $r = 2\,\text{cm}$; $\overline{MP} = 6\,\text{cm}$; $\overline{MQ} = 4\,\text{cm}$
b) $r = 2{,}8\,\text{cm}$; $\overline{MP} = 6{,}3\,\text{cm}$; $\overline{MQ} = 4{,}7\,\text{cm}$
c) $r = 1{,}8\,\text{cm}$; $\overline{MP} = 4{,}9\,\text{cm}$; $\overline{MQ} = 5{,}8\,\text{cm}$
d) $r = 2{,}3\,\text{cm}$; $\overline{MP} = 5\,\text{cm}$; $\overline{MQ} = 5\,\text{cm}$
e) $r = 1{,}5\,\text{cm}$; $\overline{MP} = 3{,}7\,\text{cm}$; $\overline{MQ} = 3{,}7\,\text{cm}$

10 Zeichne einen Kreis mit dem Radius $r = 2{,}6\,\text{cm}$.
Konstruiere an diesen Kreis zwei Tangenten t_1 und t_2 so, dass sie einen Winkel von 30° einschließen.

11 Betrachte die Abbildung rechts.

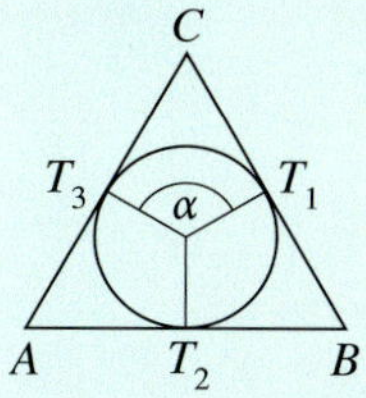

a) Konstruiere ein gleichseitiges Dreieck ABC nach folgender Konstruktionsbeschreibung:
   1. Zeichne einen Kreis mit dem Radius $r = 2{,}5\,\text{cm}$.
   2. Zeichne in den Kreis drei Radien mit einem Zwischenwinkel von $\alpha = 120°$ ein.
   3. Die Radien berühren den Kreis in den Punkten T_1, T_2 und T_3. Konstruiere in diesen Punkten die Tangenten an den Kreis.
   4. Ergänze die Figur zum Dreieck ABC.
b) Konstruiere auf ähnliche Weise ein regelmäßiges Fünfeck (Sechseck) und gib die Konstruktionsbeschreibung an. Vergleiche mit deinem Nachbarn.

Weiterführende Aufgaben

12 An den Kreuzungsstellen der Bundesautobahn wird eine Fahrbahn über die andere hinweggeführt, sodass der unmittelbare Übergang von der einen Fahrbahn zur anderen ausgeschlossen ist.

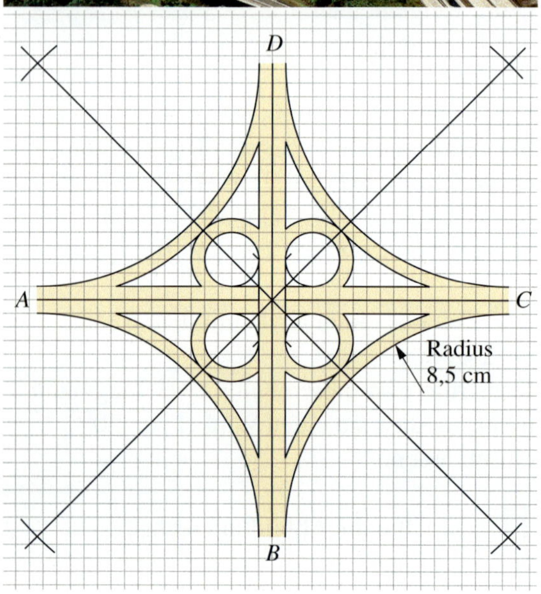

a) Übertrage diese Zeichnung in dein Heft. Beginne mit dem Straßenkreuz.
b) Zeige, wie ein Auto, das von A nach C fährt, in Richtung D (B) wechselt.
c) Zeige, wie das Auto das Autobahnkreuz zum Umkehren benutzen kann.

13 Zeichne einen Kreis mit $r = 2{,}5\,\text{cm}$ und in ihm zwei Radien $\overline{MA}$ und $\overline{MB}$ so, dass sie einen Winkel von 50° einschließen. Konstruiere in den Punkten A und B die Tangenten an den Kreis und bestimme den Winkel, den sie einschließen.

NACHGEDACHT
Zeichne einen Kreis um M und trage einen Durchmesser $\overline{AB}$ ein. Zeichne durch A und B Tangenten an den Kreis. Begründe, dass die beiden Tangenten parallel zueinander sind.

14 Markiere die Punkte M und P in einem Koordinatensystem (1 Einheit = 1 cm). Zeichne um M den Kreis mit dem Radius r. Konstruiere von P aus die Tangenten an den Kreis.
a) $M(4|4)$; $P(10|4)$; $r = 2\,\text{cm}$
b) $M(4|4)$; $P(4|10)$; $r = 2\,\text{cm}$
c) $M(3|3)$; $P(8|8)$; $r = 3\,\text{cm}$
d) $M(5|4)$; $P(12|9)$; $r = 2\,\text{cm}$

15 Konstruiere vom Punkt Q aus die Tangenten an jeden der beiden Kreise.

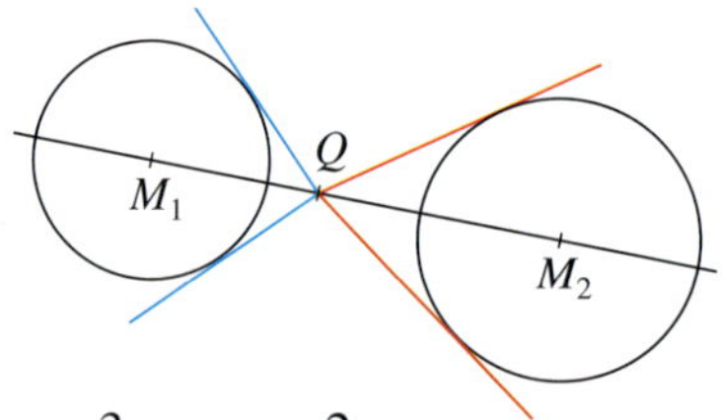

a) $r_1 = 3\,\text{cm}$; $r_2 = 2\,\text{cm}$; $\overline{M_1M_2} = 8\,\text{cm}$; $\overline{M_1Q} = 5\,\text{cm}$
b) $r_1 = 1{,}5\,\text{cm}$; $r_2 = 3{,}5\,\text{cm}$; $\overline{M_1M_2} = 7{,}5\,\text{cm}$; $\overline{M_1Q} = 3\,\text{cm}$
c) $r_1 = 2\,\text{cm}$; $r_2 = 3\,\text{cm}$; $\overline{M_1M_2} = 9\,\text{cm}$; $\overline{M_1Q} = 4{,}5\,\text{cm}$
d) $r_1 = 2{,}5\,\text{cm}$; $r_2 = 2{,}5\,\text{cm}$; $\overline{M_1M_2} = 9\,\text{cm}$; $\overline{M_1Q} = 4{,}5\,\text{cm}$
e) $r_1 = 1\,\text{cm}$; $r_2 = 3{,}5\,\text{cm}$; $\overline{M_1M_2} = 9\,\text{cm}$; $\overline{M_1Q} = 4{,}5\,\text{cm}$

16 In einem Park nähern sich zwei Wege im Winkel von 20°. Ein Weg führt zu einer Akazie A, der andere führt zu einer Birke B. Die Bäume haben 35 m Abstand und sind vom Schnittpunkt der Wegverlängerungen gleich weit entfernt. Von A nach B sollen die Wege mit einem Kreisbogen verbunden werden. Zeichne im Maßstab 1 : 500.

Methode: Beweisen durch logisches Folgern – Satz des Thales

Wer in der Mathematik **Behauptungen** aufstellt, sucht zunächst oft Beispiele, die die Behauptung stützen sollen. Eine Behauptung muss aber noch nicht wahr sein, wenn mehrere zutreffende Beispiele gefunden wurden.
Es muss vielmehr gezeigt werden, dass die Behauptung grundsätzlich richtig ist.
Dies ist der Fall, wenn sie bewiesen werden kann.

BEACHTE
Ein Satz ist in der Mathematik eine neue **Erkenntnis**, die ausgehend von bereits bekannten wahren Aussagen formuliert wird.

Für den **Beweis** werden geeignete Argumente gesucht und in eine logische Reihenfolge gebracht. Dabei wird auf Aussagen zurückgegriffen, die bereits bewiesen sind.

Die Methode „Beweisen durch logisches Folgern" wird im folgenden am Beispiel des „**Satzes des Thales**" näher erläutert:

Satz des Thales:
Konstruiert man ein Dreieck aus den beiden Endpunkten des Durchmessers eines Halbkreises (dem Thaleskreis) und einem weiteren Punkt dieses Halbkreises, so erhält man immer ein rechtwinkliges Dreieck.

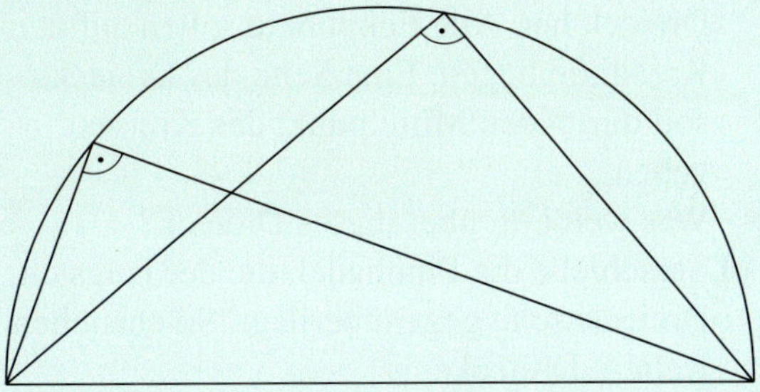

Thales von Milet (624 bis 547 v. Chr.)

Um den Satz des Thales zu beweisen, werden zwei bereits bekannte Sätze benötigt:
1. Die beiden Winkel an der Grundseite (Basiswinkel) eines gleichschenkligen Dreiecks sind gleich groß.
2. Die Innenwinkelsumme im Dreieck beträgt 180°.

Beweis:

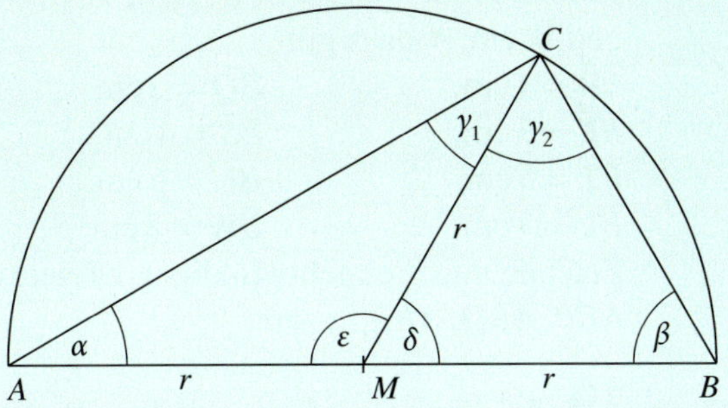

① Um den Satz zu beweisen können, wird zunächst die Hilfslinie $\overline{MC}$ eingezeichnet.
Die Hilfslinie teilt den Winkel γ in ___ und ___.
Es entstehen die beiden Teildreiecke _____ und _____.

② Weil die Strecken _____ und_____ Radien des Kreises sind, ist das Dreieck *AMC* ________________.
Da die Strecken _____ und _____ ebenfalls Radien des Kreises sind, ist das Dreieck *BMC* auch ________________.

③ In ___________ Dreiecken sind die Basiswinkel gleich groß.
Deshalb gilt: _____ = _____ und _____ = _____.

④ Die Innenwinkelsumme eines Dreiecks beträgt ___.
Es gilt deshalb in Dreieck *ABC*: $\alpha + \beta + \gamma_1 + \gamma_2 =$ _____.

⑤ Weil $\alpha =$ _____ und $\beta =$ _____ ist, gilt: $\gamma_1 +$ ___ $+ \gamma_1 + \gamma_2 =$ _____

⑥ Also ist 2 · (_____ + _____) = _______ und somit ist _____ + _____ $= \gamma = 90°$.
Damit ist bewiesen, dass der Winkel γ des Dreiecks *ABC* rechtwinklig ist.

17 Bastle einen Thaleskreis.
Du brauchst
– dicke Pappe
– 1 Gummiring
– 3 Pinnadeln
Zeichne mit dem Zirkel einen Kreis.

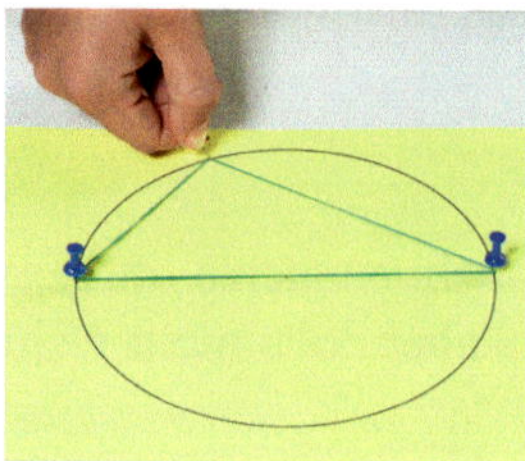

Der Durchmesser des Kreises sollte etwa so lang sein wie dein Gummiring, wenn du ihn locker um Daumen und Zeigefinger spannst. Markiere den Kreismittelpunkt.

a) Stelle mit Gummiring und Pinnadeln ein Dreieck her. Alle Eckpunkte sollen auf der Kreislinie liegen. Eine Seite des Dreiecks soll durch den Mittelpunkt des Kreises gehen.
Was weißt du über dieses Dreieck?

b) Verschiebe die Pinnadel, die der längsten Dreiecksseite gegenüberliegt. So entstehen weitere Dreiecke.
Welche Winkel sind gleich groß?

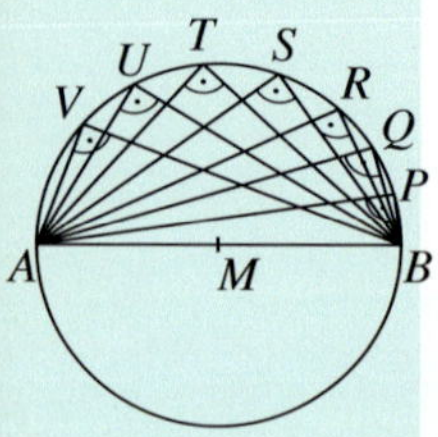

18 Zeichne einen Kreis mit 5 cm Radius. Zeichne den Durchmesser $\overline{AB}$ durch den Kreismittelpunkt M ein. Trage auf der Kreislinie die Punkte P, Q, R, S, T, U, V und W ein, sodass gilt

$\overline{BP} = 1\,\text{cm}$, $\overline{BQ} = 2\,\text{cm}$,
$\overline{BR} = 3\,\text{cm}$, $\overline{BS} = 4\,\text{cm}$,
$\overline{BT} = 5\,\text{cm}$, $\overline{BU} = 6\,\text{cm}$,
$\overline{BV} = 7\,\text{cm}$, $\overline{BW} = 8\,\text{cm}$

Zeichne nun die rechtwinkligen Dreiecke ABP, ABQ, ABR, … ein.

19 Zeichne einen Kreis mit 4 cm Radius. Zeichne in den Kreis ein rechtwinkliges Dreieck. Die längste Seite des Dreiecks soll 8 cm lang sein. Außerdem soll für eine andere Seite gelten:

a) $\overline{BC} = 3\,\text{cm}$
b) $\overline{BC} = 2{,}5\,\text{cm}$
c) $\overline{BC} = 0{,}7\,\text{dm}$
d) $\overline{BC} = 4{,}6\,\text{cm}$
e) $\overline{AC} = 4\,\text{cm}$
f) $\overline{AC} = 6{,}5\,\text{cm}$
g) $\overline{AC} = 10\,\text{cm}$
h) $\overline{AC} = 0{,}55\,\text{dm}$

20 Zeichne mit Hilfe eines Thaleskreises ein rechtwinkliges Dreieck. Die längste Dreiecksseite soll 6,8 cm lang sein, die kürzeste 2,4 cm.

21 Zeichne ein rechtwinkliges Dreieck. Nutze dazu einen Thaleskreis.

a) Die längste Seite des Dreiecks soll 7 cm lang sein. Wie lang muss der Radius des Kreises sein? Konstruiere.
b) Wie viele solcher Dreiecke gibt es? Begründe.
c) Wie viele solcher Dreiecke gibt es, wenn eine weitere Seite 3,7 cm lang sein soll?

22 Zeichne einen Kreis mit 9 cm Durchmesser. Konstruiere ein rechtwinkliges Dreieck wie in der Zeichnung.

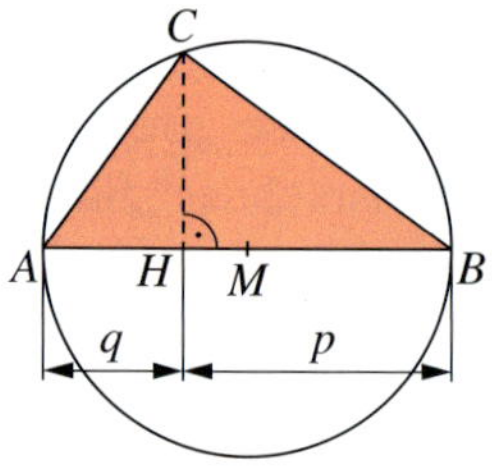

a) $q = 3\,\text{cm}$
b) $q = 5\,\text{cm}$
c) $q = 2{,}9\,\text{cm}$
d) $q = 4{,}5\,\text{cm}$
e) $p = 0{,}4\,\text{dm}$
f) $p = 7\,\text{cm}$
g) $p = 6{,}7\,\text{cm}$
h) $p = 0{,}35\,\text{dm}$

23 Wie groß sind die fehlenden Winkel?
Erinnere dich:
Wie groß ist die Winkelsumme im Dreieck?

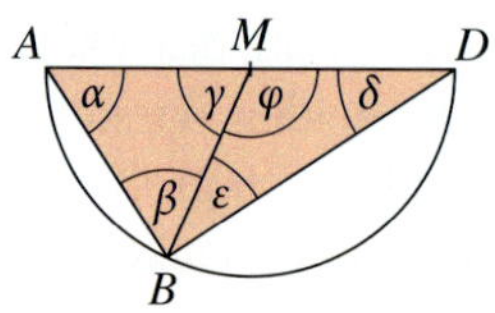

a) $\alpha = 30°$
b) $\beta = 70°$
c) $\gamma = 75°$
d) $\varphi = 50°$
e) $\delta = 25°$
f) $\varepsilon = 20°$

24 Punkt C hat vom Durchmesser c den Abstand h_c. Dieser Abstand wird auch **Höhe** auf c genannt.

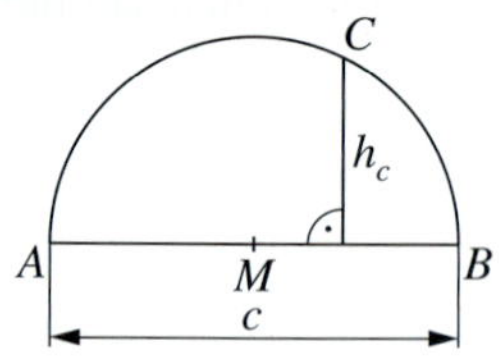

Konstruiere ein rechtwinkliges Dreieck.

a) $c = 10\,\text{cm}$; $h_c = 3\,\text{cm}$
b) $c = 7\,\text{cm}$; $h_c = 3\,\text{cm}$
c) $c = 8{,}6\,\text{cm}$; $h_c = 2{,}5\,\text{cm}$
d) $c = 9{,}2\,\text{cm}$; $h_c = 4{,}6\,\text{cm}$

25 Konstruiere mit Hilfe eines Halbkreises (Durchmesser $\overline{AB} = 8\,\text{cm}$) rechtwinklige Dreiecke. Der dritte Eckpunkt C soll jeweils 2 cm von der Strecke $\overline{AB}$ entfernt sein.

Umkreis und Inkreis

Die Beziehungen von Dreiecken und Kreisen können, wie beim Satz des Thales gesehen, sehr hilfreich sein. Jedes Dreieck besitzt zwei spezielle Kreise. Deren Mittelpunkt hat also denselben Abstand zu Punkten oder Linien. Dies kann man unter anderem dazu benutzen, den Mittelpunkt eines gegebenen Kreises zu bestimmen.

Ein Kreis, der durch alle Eckpunkte eines Dreiecks geht, heißt **Umkreis**.
Den Mittelpunkt *M* des Umkreises erhält man, indem man den Schnittpunkt der **Mittelsenkrechten** bestimmt.
Der Punkt *M* ist gleich weit von jedem der Punkte *A*, *B* und *C* entfernt.

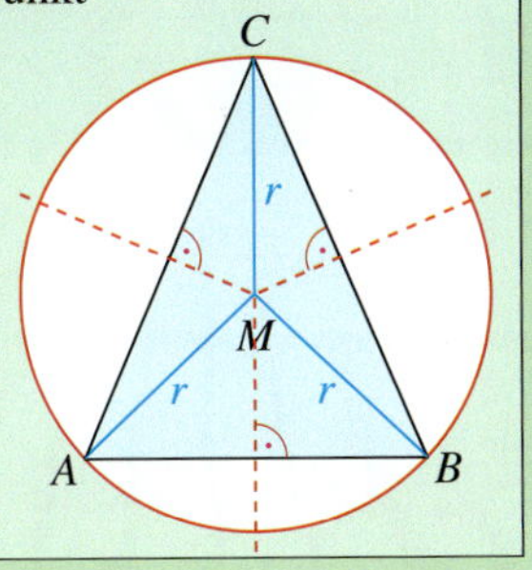

Der Kreis, der alle Seiten eines Dreiecks in einem Punkt berührt, heißt **Inkreis**.
Den Mittelpunkt *M* des Inkreises erhält man, indem man den Schnittpunkt der **Winkelhalbierenden** bestimmt.
Der Punkt *M* ist gleich weit von jeder der Dreiecksseiten entfernt.

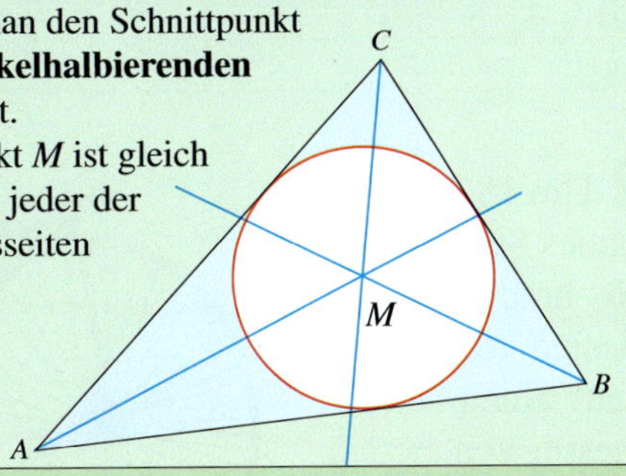

1 Übertrage die Dreiecke ins Heft. Konstruiere alle Mittelsenkrechten und den Umkreis.

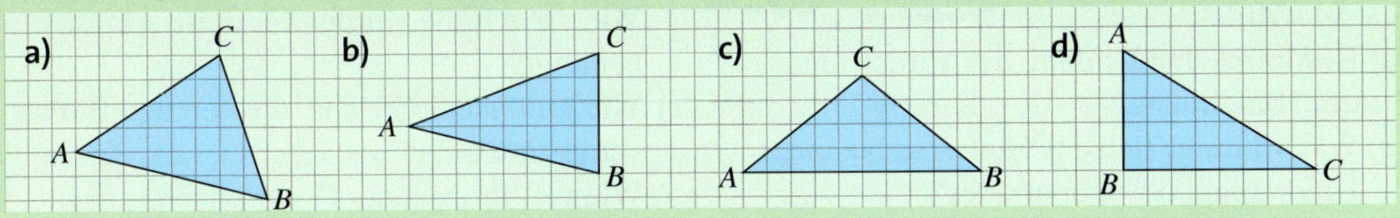

2 Untersuche wo der Umkreismittelpunkt bei spitzwinkligen, bei stumpfwinkligen und bei rechtwinkligen Dreiecken liegt. Erstelle eine Präsentation für die verschiedenen Fälle.

3 Übertrage die Dreiecke ins Heft. Konstruiere alle Winkelhalbierenden und den Inkreis.

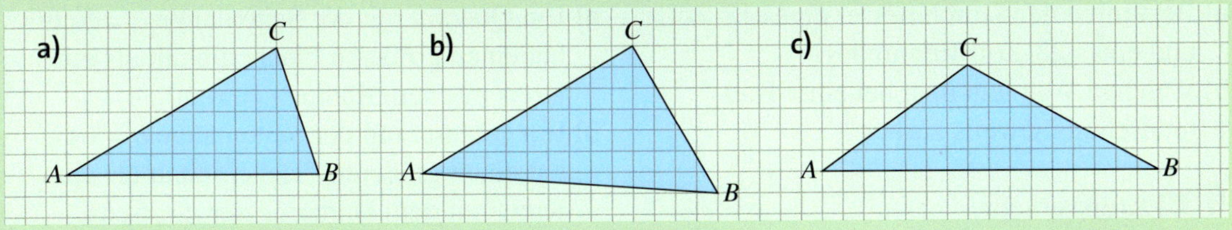

4 Zeichne mit Hilfe eines Glases einen Kreis. Konstruiere nun mit dem Zirkel und einem Lineal den Mittelpunkt des Kreises.
Bestimme dessen Radius. Gehe dabei wie folgt vor:

a) Lege drei Punkte auf dem Kreis fest und verbinde sie zu einem Dreieck. Konstruiere die Mittelsenkrechten. Der Schnittpunkt dieser ist der Mittelpunkt des Umkreises. Warum ist der Umkreis gleich dem Kreis?
b) Zeichne drei Linien um den Kreis, die ihn jeweils in einem Punkt berühren und ein Dreieck bilden. Konstruiere den Inkreis und dessen Mittelpunkt. Wieso ist der Innkreis gleich dem Kreis?
c) Kann man den Mittelpunkt des Kreises auch mit nur zwei Linien bestimmen? Begründe.

Vermischte Übungen

1 Ergänze die folgende Tabelle im Heft.

	r	*d*	*u*	*A*
a)	4 cm			
b)		4 dm		
c)		3,6 m		
d)			10,7 m	
e)			196,35 m	
f)				1075 m^2
g)				2 ha

2 Um 1870 erfand James Starley das Hochrad. Das riesige Vorderrad hatte einen Durchmesser von ca. 2 m, das Hinterrad einen Durchmesser von ca. 50 – 70 cm.

a) Bestimme den Umfang des Vorder- und des Hinterrades.

b) Wie oft dreht sich das Hinterrad bei einer Umdrehung des Vorderrades?

3 Die Größe von Fahrradreifen wird meistens in Zoll angegeben: 1 Zoll = 2,54 cm. Der Reifen eines 12-Zoll-Kinderfahrrads hat einen Durchmesser von ca. 30,5 cm (12 · 2,54 cm).

a) Bestimme den Durchmesser eines 18-Zoll- und eines 28-Zoll-Rennrades.

b) Welchen Weg legt man bei einer Radumdrehung jeweils zurück?

4 Kreisverkehr

Kleine Kreisverkehre haben einen Durchmesser von 26 bis 35 m. Große Kreisverkehre haben Durchmesser von mehr als 40 m. In Ausnahmefällen können sie bis zu 120 m lange Durchmesser aufweisen. In der Schweiz findet man sogar Kreisverkehre auf Autobahnen mit einem Durchmesser von 450 m.

a) Bestimme den Flächeninhalt für jeden der Kreisverkehre.

b) Berechne den Umfang eines Schweizer Kreisverkehrs auf Autobahnen.

5 Der Umfang eines Fußballs beträgt laut Regelwerk zwischen 68 cm und 70 cm.

a) Berechne den Durchmesser eines Fußballs.

b) Im Jahr 2005 wurde das 68 m × 105 m große Spielfeld eines Stadions zu Werbezwecken mit Bällen ausgelegt.

Wie viele Bälle wurden für diese Aktion benötigt?

c) Wie groß ist die Fläche, die von den Bällen verdeckt wurde?
Wie viel Prozent der Gesamtfläche sind das?

d) Wie groß ist die Fläche, die zwischen vier Bällen noch sichtbar ist?

6 Überprüfe die folgenden Aussagen.

a) Ein Quadrat mit der Seitenlänge $a = 5$ cm hat einen größeren Flächeninhalt als ein Kreis mit dem Radius $r = 5$ cm.

b) Ein Quadrat mit der Seitenlänge $a = 6$ cm hat einen größeren Flächeninhalt als ein Kreis mit dem Durchmesser $d = 6$ cm.

7 Zwei 15-jährige Jungen umfassen einen Baumstamm gerade so, dass sich ihre Fingerspitzen berühren.
Welchen Durchmesser hat der Baumstamm an dieser Stelle ungefähr? Überlege vorher genau, welche Angaben benötigt werden.

8 In Kalifornien wurde bei einem Mammutbaum ein Umfang von 24,2 m gemessen. Welchen Durchmesser hatte er an dieser Stelle?

9 Zeichne einen Kreis mit einem Radius von 6 cm auf ein Blatt. Zeichne einen Durchmesser und markiere auf ihm die Punkte im Abstand von 1, 2, …, 6 cm zum Rand. Beginne außen und zeichne um die Punkte einen Kreis mit Radius 1, 2, …, 6 cm. Färbe dann wie im Beispiel.

10 Die Kanten der Quadrate sind jeweils 5 cm lang. Berechne die blaue Fläche.

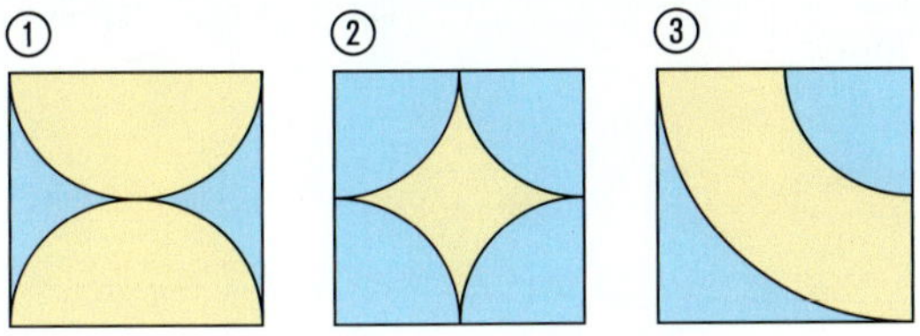

11 Die rechts abgebildete Figur soll gepflastert werden.

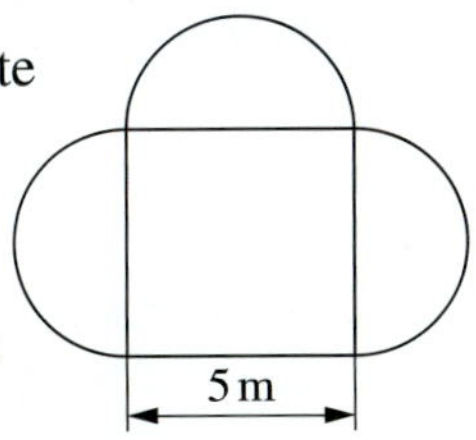

a) Bestimme den Flächeninhalt und den Umfang der Figur.

b) Es sollen Pflastersteine mit einer Länge von 24 cm und einer Breite von 16 cm eingesetzt werden. Wie viele Pflastersteine müssen ungefähr bestellt werden?

c) Für die Pflasterarbeiten liegen zwei Angebote vor:

Angebot	Materialkosten	Arbeitskosten
A	12,50 €/m²	39 €/m²
B	11,95 €/m²	pauschal: 995 €

Welches Angebot ist günstiger?

12 Bestimme die Speicherkapazität dieser DVD in GB pro cm².

13 Auf einer Kochplatte, die einen Durchmesser von 21,5 cm besitzt, steht ein Topf mit einem Durchmesser von 14,5 cm.

a) David meint, dass dies ein Energieverlust von ca. 30 % ist. Wie kommt er darauf?

b) Berechne die Fläche der Kochplatte und des Topfbodens und überprüfe, ob die Behauptung von David richtig ist.

14 Der Radius des Kreises ist $r = 2$ cm. Jeder der Punkte A bis F liegt 4 cm von M entfernt. Konstruiere wie in der Zeichnung alle Tangenten von jedem Punkt an den Kreis.

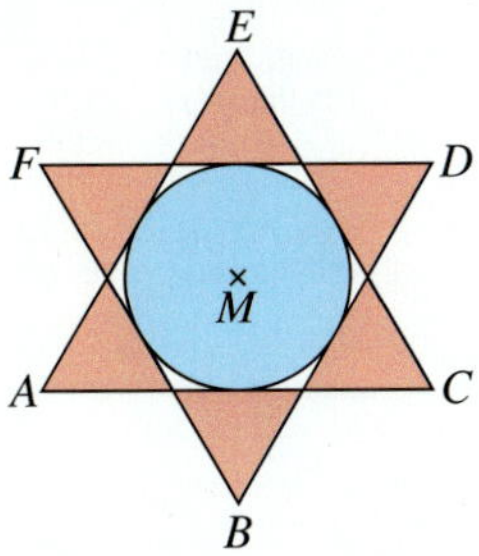

15 Die Erde hat einen Radius von ungefähr 6000 km. In 36 000 km Entfernung befindet sich ein Satellit.

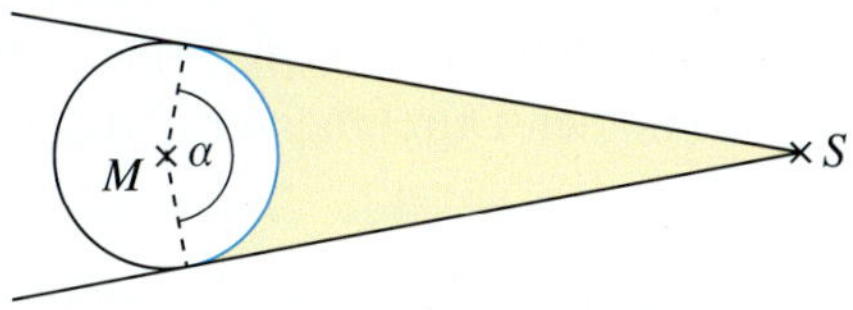

a) Zeichne die Situation im Maßstab 1 : 600 000 000 (1 cm = 6000 km).

b) Trage die Tangenten des Satelliten an den Kreis ab.

c) Miss α ab und bestimme damit die Länge der blauen Linie. Welche Länge des Äquators der Erde kann er mit seinen Funksignal erreichen?

16 Aus einer kreisförmigen Holzplatte mit 45 cm Radius soll ein Quadrat mit 80 cm Seitenlänge ausgeschnitten werden. Ist dies möglich? Begründe.

17 Betrachte folgende Aussage: Bilden drei Punkte auf einem Kreis ein rechtwinkliges Dreieck, dann ist eine Seite des Dreiecks der Durchmesser.

a) Wie unterscheidet sich diese Aussage vom Satz des Thales?

b) Begründe, warum die Aussage gilt.

Beim Darts

Darts ist ein beliebtes Geschicklichkeitsspiel und ein Präzisionssport, bei dem mit Pfeilen auf eine runde Scheibe geworfen wird. Die Scheibe unterteilt sich in 20 Segmente mit der Wertigkeit 1 bis 20 und den Mittelpunkt. Die folgende Abbildung zeigt die Maße einer Dartscheibe (in mm).

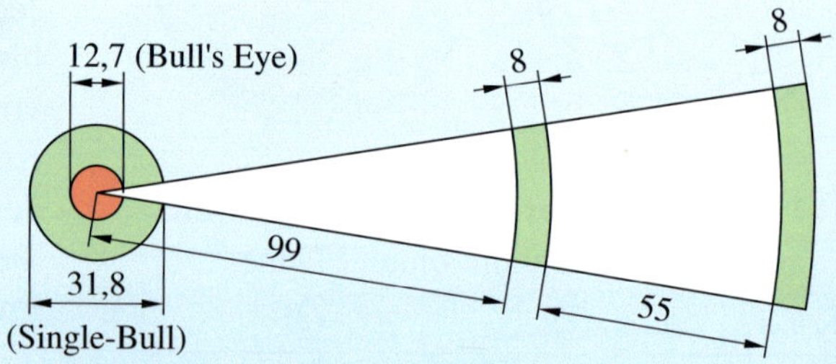

a) Berechne den äußeren Umfang des Single-Bulls.

b) Bestimme den Flächeninhalt des Bull's Eye.

c) Eine komplette Scheibe hat einen Flächeninhalt von 15,9 dm^2. Berechne den Durchmesser und den Radius der Scheibe.

---

d) Berechne den Flächeninhalt des Single-Bulls.

e) Bestimme zunächst den Flächeninhalt des gesamten Dreifach-Ringes und dann den Flächeninhalt eines Dreifach-Ring-Segments (also z.B. die Fläche des Triple-20-Feldes).

f) Berechne die Größe eines kleinen Einzel-Feldes.

g) Kevin behauptet, dass ein großes Einzel-Feld doppelt so groß ist wie ein kleines Einzel-Feld. Ist Kevins Behauptung richtig? Begründe deine Antwort mit einer Rechnung.

---

h) Trifft ein Spieler den Doppel-Ring, so erhält er die doppelte Punktzahl. Trifft ein Spieler den Dreifach-Ring, so erhält er die dreifache Punktzahl. Zeige, dass dies angesichts der Größe der Flächen ungerecht ist.
Gib den Innen- und den Außenradius des Dreifach-Ringes an, wenn die Größe eines Dreifach-Feldes zwei Drittel der Größe des Doppel-Feldes betragen soll.

i) Laura wirft eine dreifache 18 und dann eine einfache 10. Jan wirft eine doppelte 20 und dann eine doppelte 12. Elisa wirft Bull's Eye und dann eine einfache 14. Alle drei haben also 64 Punkte erzielt. Welcher Weg war am leichtesten? Begründe. Wie würdest du vorgehen, wenn du eine gewisse Punktzahl werfen musst?

j) Erfindet eigene Aufgaben und tauscht sie im Klassenverband aus.

Alles klar?

Entscheide, ob die Aussagen richtig oder falsch sind.
Begründe deine Entscheidung im Heft und korrigiere gegebenenfalls.

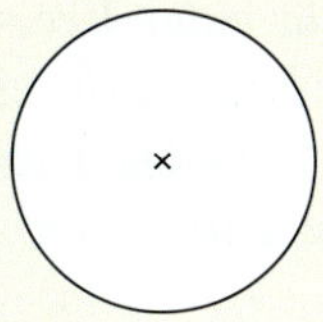

1 Kreisumfang

a) Der Umfang eines Kreises wird mit der Formel $u = 2\pi \cdot r$ berechnet.

b) Der abgebildete Kreis hat einen Umfang von ca. 6,3 cm.

c) Verdoppelt man den Kreisradius, so verdoppelt sich auch der Umfang des Kreises.

d) Die Bogenlänge eines Viertelkreises ist doppelt so groß wie die Bogenlänge eines Halbkreises mit gleichem Radius.

e) Schneidet man aus einem Kreis mit einem Umfang von 6 cm ein Stück mit einem Mittelpunktswinkel von 60°, dann hat dieses Stück eine Bogenlänge von 1 cm.

2 Flächeninhalt des Kreises

a) Der Flächeninhalt eines Kreises wird mit der Formel $A = \pi \cdot r^2$ berechnet.

b) Der oben abgebildete Kreis hat einen Flächeninhalt von ca. 6,3 cm².

c) Verdoppelt man den Kreisradius, so verdoppelt sich auch der Flächeninhalt des Kreises.

d) Der Flächeninhalt eines Viertelkreises ist halb so groß wie der Flächeninhalt eines Halbkreises mit gleichem Radius.

e) Den Flächeninhalt eines Kreisringes mit einem Innenradius von 3 cm und einem Außenradius von 4 cm berechnet man wie folgt: $A = \pi \cdot (4^2 - 3^2)\,\text{cm}^2$

f) Schneidet man aus einem Kreis mit einem Flächeninhalt von 6 cm² ein Stück mit einem Mittelpunktswinkel von 120° aus, dann hat dieses Stück einen Flächeninhalt von 3 cm².

3 Lagebeziehung von Kreis und Gerade

a) Jeder Durchmesser eines Kreises ist eine Sehne.

b) Eine Strecke, die einen Kreis in zwei Punkten schneidet heißt Sekante.

c) Alle Punkte einer Passante sind vom Mittelpunkt des Kreises weiter als der Radius entfernt.

d) Von einem beliebigen Punkt aus kann man immer genau eine Tangente an einen Kreis zeichnen.

e) Jede Tangente ist senkrecht zu einem Radius des Kreises.

4 Satz des Thales

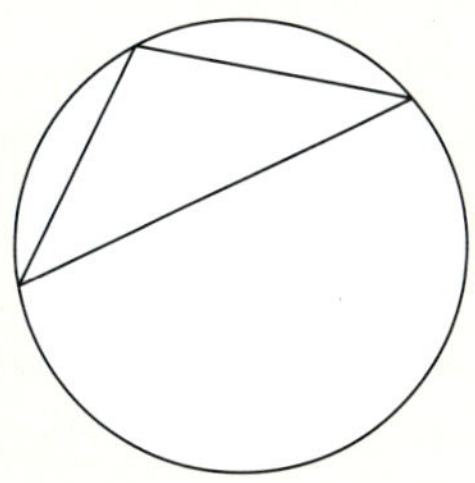

a) Der Satz des Thales sagt aus, dass drei Punkte auf dem Kreis ein rechtwinkliges Dreieck bilden, wenn zwei dieser Punkte auf einem Durchmesser liegen.

b) Für die Strecke $\overline{AB} = 4\,\text{cm}$ hat der Thaleskreis einen Radius von 4 cm.

c) Der Satz des Thales besagt, dass das abgebildete Dreieck ein rechtwinkliges sein muss.

d) Hält man eine Grundseite eines Dreiecks fest und legt alle rechtwinkligen Dreiecke mit dieser Grundseite übereinander, kann man den Bogen eines Halbkreises ausfüllen.

BEACHTE
Die Lösungen zu den Aufgaben auf dieser Seite sowie dazu passende Trainingsaufgaben findest du ab Seite 236.

Zusammenfassung

→ Seite 162

Kreisumfang und Kreisfläche

Für jeden Kreis ist das Verhältnis des Umfangs zu seinem Durchmesser gleich (konstant). Die Konstante nennt man Pi, geschrieben π.

Der **Umfang *u* eines Kreises** lässt sich wie folgt berechnen:
$u = \pi \cdot d$ oder
$u = 2 \cdot \pi \cdot r$

Die kreisrunden Felder haben einen Radius von 200 m.

Für ein Feld ist: $r = 200\,\text{m}$.
$u = 2\,\pi\,r$
$u = 2\,\pi\,200\,\text{m} \approx 1257\,\text{m}$
Ein Feld hat einen Umfang von 1257 m.

→ Seite 166

Kreisfläche

Zur Berechnung des Flächeninhalts benutzt man die folgende Formel:
$A = \pi \cdot r^2$.

Für ein Feld ist: $r = 200\,\text{m}$.
$A = \pi\,r^2$
$A = \pi\,(200\,\text{m})^2 \approx 125\,664\,\text{m}^2$
Ein Feld hat einen Flächeninhalt von $125\,664\,\text{m}^2$, also ca. 12,6 ha.

→ Seite 170

Lagebeziehung von Kreis und Gerade

Eine **Tangente** berührt den Kreis in einem Punkt *T*. Der Radius zwischen Berührungspunkt *T* und Mittelpunkt *M* heißt **Berührungsradius**. Berührungsradius und Tangente stehen senkrecht aufeinander.

Eine Gerade, die den Kreis in zwei Punkten schneidet, heißt **Sekante**. Den innerhalb des Kreises liegenden Abschnitt der Sekante nennt man **Sehne**. Die längste Sehne ist der Durchmesser.

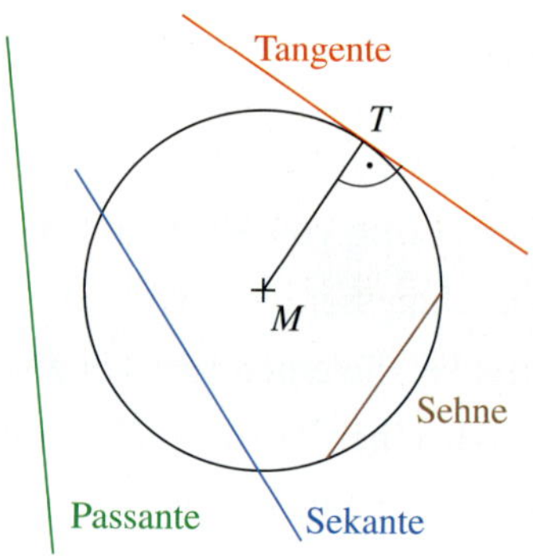

→ Seite 173

Satz des Thales

Konstruiert man ein Dreieck aus den beiden Endpunkten des Durchmessers eines Halbkreises und einem weiteren Punkt dieses Halbkreises, so erhält man immer ein rechtwinkliges Dreieck.

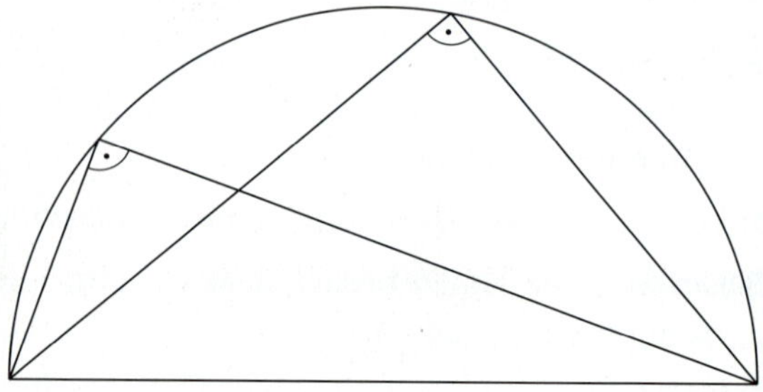

Terme und Gleichungen

In diesem Kapitel lernst du, mathematische Sachverhalte und Aufgabenstellungen mit Hilfe von Variablen, Zahlen und Rechenzeichen darzustellen. So wird manchmal ein langer Text zu einem kurzen Term, mit dem du dann rechnen kannst. Viele Aufgaben in der Mathematik lassen sich in Gleichungen übersetzen. Gleichungen bestehen aus zwei Termen, zwischen denen ein Gleichheitszeichen steht. Das kann man sich vorstellen wie eine Waage, bei der auf beiden Seiten etwas gleich Schweres liegt.

In diesem Kapitel lernst du ein Verfahren kennen, mit dem du Gleichungen lösen kannst.

Noch fit?

1 Berechne. Ordne die Ergebnisse der Größe nach. Beginne mit der kleinsten Zahl.

a) $4 + 2 \cdot 3$ b) $(4 + 2) \cdot 3$ c) $4 \cdot (2 + 3)$ d) $4 : 2 - 1$ e) $(4 + 2 : 1) \cdot 0$
f) $4 : (1 - 2)$ g) $-4 - 2 \cdot (-3)$ h) $-4 : (2 - 3)$ i) $(-4 - 2) : 3$ j) $-4 + 2 - 3$

2 Ergänze die Zahlenfolgen um drei weitere Zahlen. Formuliere eine Regel.

a) 17, 34, 51, 68, … b) 1, 3, 5, 7, 9, … c) 200, 195, 190, … d) 4, 9, 14, 19, 24, …
e) 1, 4, 9, 16, 25, … f) 1, 3, 6, 10, 15, … g) $\frac{1}{2}, \frac{1}{4}, \frac{1}{8}, \frac{1}{16}, \ldots$ h) $\frac{1}{4}, \frac{1}{2}, 1, 2, \ldots$

3 Setze eine geeignete Zahl ein.

a) $15 \cdot ■ = 105$ b) $14 + 2 \cdot ■ = 24$ c) $121 - ■ = 89$ d) $5 \cdot ■ - 12 = 13$
e) $125 = 75 + 10 \cdot ■$ f) $63 : ■ = 7$ g) $47 - 3 \cdot ■ = 41$ h) $12 + ■ : 6 = 21$

4 Berechne.

a) $\frac{2}{3} + \frac{4}{5}$ b) $3 - \frac{2}{7}$ c) $-\frac{3}{5} - \frac{5}{6}$ d) $\frac{5}{6} \cdot \frac{18}{25}$
e) $\frac{3}{4} \cdot \left(-\frac{5}{6}\right)$ f) $\frac{12}{7} : \frac{36}{77}$ g) $\frac{8}{5} : \frac{12}{15}$ h) $\frac{2}{3} + \frac{4}{7} \cdot \frac{14}{8}$
i) $\frac{9}{8} - \frac{3}{4} : \frac{1}{2}$ j) $\frac{1}{3} : \frac{1}{4} \cdot \frac{4}{6}$ k) $\frac{4}{3} - \frac{2}{3} \cdot \frac{7}{4}$ l) $\frac{7}{5} : \frac{2}{3} \cdot \frac{1}{4}$
m) $93{,}365 + 14{,}21$ n) $93{,}365 - 14{,}21$ o) $93{,}365 \cdot 14{,}21$ p) $93{,}365 : 14$

5 Übertrage die Tabelle in dein Heft und ergänze sie.

Länge *a*	Breite *b*	Umfang des Rechtecks	Flächeninhalt des Rechtecks
4 cm	3,5 cm		
7,5 dm	1,5 dm		
1,2 m	3,4 m		
7 cm		22 cm	
	6 cm		102 cm^2

6 Bestimme die Länge des Streckenzugs.

a)

b)

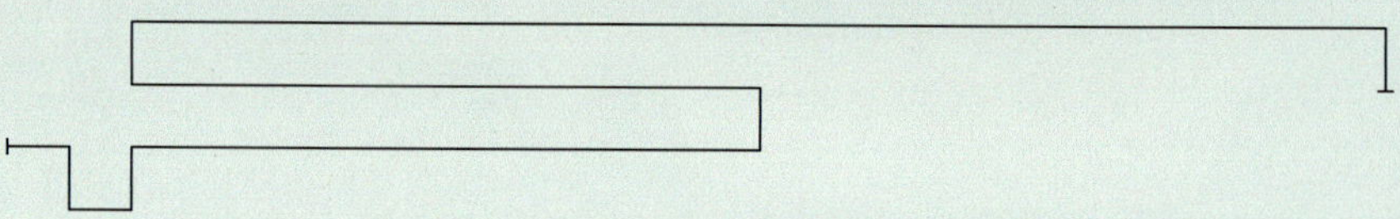

Bunt gemischt

1. Welche beiden Winkel bilden der große und der kleine Zeiger auf einer Uhr um 8 Uhr?
2. Rechne vorteilhaft im Kopf: 1 +2 + 3 + 4 + 5 + … + 50
3. Das Produkt aus der Summe und der Differenz zweier einstelliger Zahlen ist 24. Bestimme die Zahlen durch sinnvolles Probieren.
4. 75 % von 360 € sind ■.
5. Der Preis für eine Jeans wird um 12 € gesenkt. Das entspricht einer Preissenkung von 25 %. Wie teuer war die Jeans vor der Preissenkung?
6. Zum Pflastern eines Platzes benötigen 5 Arbeiter 12 Stunden. Wie lange brauchen 4 Arbeiter?

Terme aufstellen

Erforschen und Entdecken

1 *Material:*

- Strohhalme in den Farben Blau, Rot und Gelb
- dünne Paketschnur

Vorbereitung:
Schneide aus den blauen Strohhalmen möglichst viele Stücke der Länge $a = 6\,\text{cm}$, aus den roten Strohhalmen Stücke der Länge $b = 4\,\text{cm}$ und aus den gelben Strohhalmen Stücke der Länge $c = 2\,\text{cm}$.

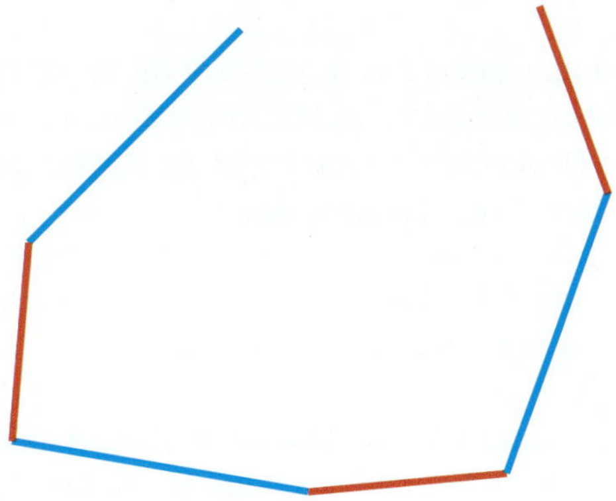

$a = 6$ cm $\qquad b = 4$ cm $\qquad c = 2$ cm

a) Fädle Strohhalmstücke auf die Paketschnur und zeichne sie in dein Heft.
BEISPIEL Der Rechenausdruck (Term) $a + b + a + b + a + b$ lässt sich wie oben im Bild zusammenlegen.

b) Baue die Terme durch Auffädeln von Strohhalmstücken nach:
① $b + a + b + a + b + a$ ② $a + a + a + b + b + b$ ③ $b + b + a + b + a + a$
Finde mit den gleichen Strohhalmstücken weitere Anordnungen.
Skizziere die Anordnungen farbig in dein Heft.
Schreibe jeweils den dazugehörigen Term auf.

c) Bestimme jeweils durch Messen oder Rechnen die Länge der ganzen Strohhalmkette ①, der Kette ②, und der Kette ③. Vergleiche die Ergebnisse.

d) Finde möglichst viele Anordnungen zu dem Term der Länge $a + a + a + b + b + b + b + c$.

e) Finde Terme für 6 rote Strohhalmstücke, 7 blaue Strohhalmstücke und 2 gelbe Strohhalmstücke. Gib auch die Gesamtlänge an.

2 Du benötigst etwa 20 abgebrannte Streichhölzer.
(Oder du skizzierst die Streichhölzer in deinem Heft.)

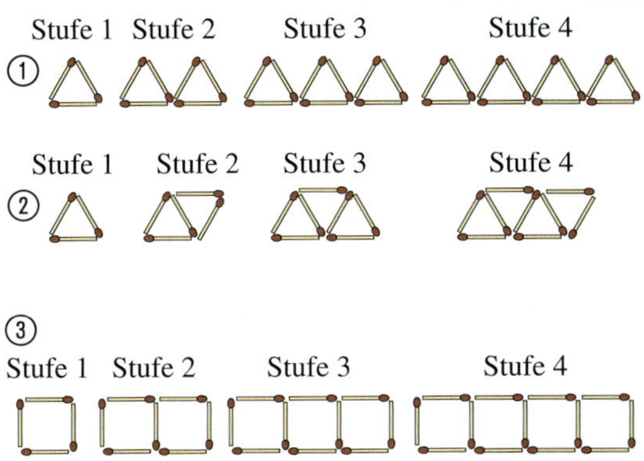

a) Lege die Streichholzmuster ① und ② nach.

b) Bestimme die Anzahl der Streichhölzer, die man jeweils für die 1., 2., 3., 4.und 5. Stufe der Kette benötigt.

c) Kannst du eine Gesetzmäßigkeit erkennen, wie sich die Anzahl der benötigten Hölzchen entwickelt?

d) Bestimme jeweils die Anzahl der Hölzchen für die 10. und 20. Stufe der Kette.

e) In einem Knobelbuch findet man als Lösung für die Berechnung der benötigten Hölzchen für die x-te Stufe der Kette ③ den Term $3x + 1$. Das bedeutet, dass man z. B. für die 2. Stufe $3 \cdot 2 + 1 = 7$ Hölzchen braucht.
Überprüfe, ob man mit dem Term die Hölzchen der 4. und 5. Stufe richtig berechnen kann.
Wie viele Hölzchen enthält die 10. Stufe der Kette?

f) Erkläre mit Hilfe der Zeichnung, warum die Zahlen 3 und 1 im Term $3x + 1$ vorkommen.

g) Bestimme für die Streichholzketten ① und ② ebenfalls einen Term, wobei x die Anzahl der Stufen angeben soll. Überprüfe, ob dein Term für alle Stufen der Streichholzkette die richtigen Lösungen angibt.

Lesen und Verstehen

Julian kennt einen Zahlen-Rate-Trick. Er kann aus dem genannten Ergebnis der folgenden Aufgabe die gedachte Zahl sofort erkennen:
„Denke dir eine Zahl, addiere 6. Multipliziere das Ergebnis mit 3, subtrahiere davon 18. Nenne nur das Ergebnis.“

Eine Zahl, die man sucht, nennt man Variable. Für Variable benutzt man Kleinbuchstaben wie zum Beispiel x, y oder a.

BEACHTE
Der Malpunkt zwischen einer Zahl und einer Variablen wird häufig weggelassen:
$3 \cdot a = 3a$
$(-6) \cdot a = -6a$
Außerdem vereinfacht man
$1 \cdot z = z$
$-1 \cdot z = -z$

Ausdrücke mit Variablen, Zahlen und deren Verbindungen mit Rechenzeichen nennt man **Terme**.
Wenn man in den Termen die Variablen durch Zahlen ersetzt, kann man den **Wert des Terms** bestimmen.

BEISPIELE
$4 + 17$ $\quad 3 \cdot x \quad$ $r - 9x$
$4x + 5$ (Summe) $\quad 12 - 3y$ (Differenz)
$7 \cdot (4 - a)$ (Produkt) $\quad (z + 6) : 3$ (Quotient)
Der Wert des Terms $(z + 6) : 3$ für $z = 9$ ist $(9 + 6) : 3 = 15 : 3 = 5$.

Text	Denke dir eine Zahl, …	addiere 6.	Multipliziere das Ergebnis mit 3, …	subtrahiere davon 18.
Term	x	$x + 6$	$(x + 6) \cdot 3$	$(x + 6) \cdot 3 - 18$
Variable x (durch $x = 4$) ersetzen	4	$4 + 6$	$(4 + 6) \cdot 3$	$(4 + 6) \cdot 3 - 18$
Wert des Terms	4	10	$10 \cdot 3 = 30$	$10 \cdot 3 - 18 =$ $30 - 18 = 12$

Julian hat festgestellt, dass sich als Ergebnis immer das Dreifache der gedachten Zahl ergibt. Nun bekommt er als Ergebnis die Zahl 12 genannt. Er wendet den Trick an und dividiert das Ergebnis durch 3. Die gedachte Zahl war die 4.

Basisaufgaben

1 Gib die Gesamtlänge der Strohhalmkette als Term und als Rechnung an.

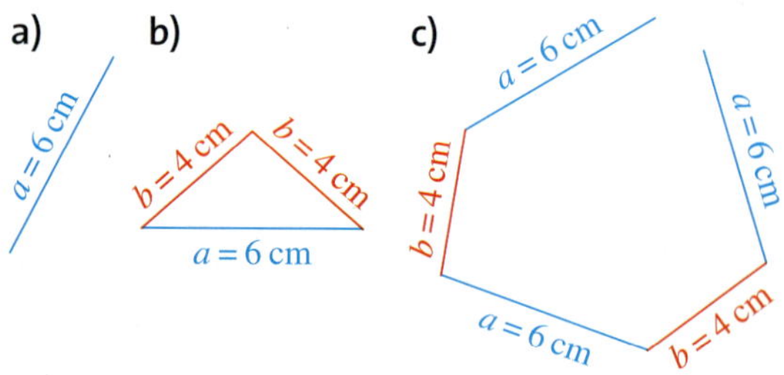

2 Erkennst du die Formeln? Wofür stehen die Variablen?
a) $A = a \cdot b$
b) $u = a + b + c$
c) $u = 2a + 2b$
d) $\alpha + \beta + \gamma = 180°$
e) $V = a \cdot b \cdot c$
f) $O = 6a^2$

3 Ordne die Kärtchen im Heft einander zu.

das Doppelte einer Zahl | eine Zahl | $5 + x \cdot 4$ | subtrahieren | vermehren um | addieren | Das Dreifache einer Zahl | $-$ | vergrößern (um) | vermindern (um) | 5 addiert zum Vierfachen einer Zahl | vervielfachen | $3 \cdot x$ | halbieren | $: 2$ | $+$ | $2x$ | x | $\cdot$

4 Wo darf der Malpunkt wegfallen?

a) $3 \cdot x$ b) $y \cdot 6$ c) $7 \cdot 10 \cdot x$
d) $7 \cdot x \cdot 10$ e) $a \cdot 6 \cdot 9$ f) $3 + 5 \cdot 6$

5 Welche Bedeutung hat die Variable x in den Termen? Was gibt der Term an?

a) Paul ist zwei Jahre jünger als Max. $x + 2$
b) Meine Katze ist 5 Jahre älter als mein Hund. $x + 5$
c) Evas Fahrrad kostet doppelt so viel wie das Fahrrad von Sandra. $x : 2$
d) Tina hat zu den Aussagen a) bis c) die Terme $y - 2$; $y - 5$; $y \cdot 2$ notiert. Passen auch diese Terme? Begründe. Wofür steht jeweils die Variable y?

6 Finn erhielt im letzten Jahr jeden Monat von seinen Eltern 14 € Taschengeld. Von seinem Opa bekam er zum Geburtstag 20 €. Wie viel Geld hat Finn im letzten Jahr insgesamt erhalten? Begründe.

① $14 + 12 \cdot 20$ ② $20 + 12 \cdot 14$
③ $12 \cdot (14 + 20)$ ④ $12 \cdot 14 + 12 \cdot 20$

7 Welcher Term passt zu welcher Figur?

a) $2x + 2y$ b) $3x$
c) $2x + y$ d) $4x$

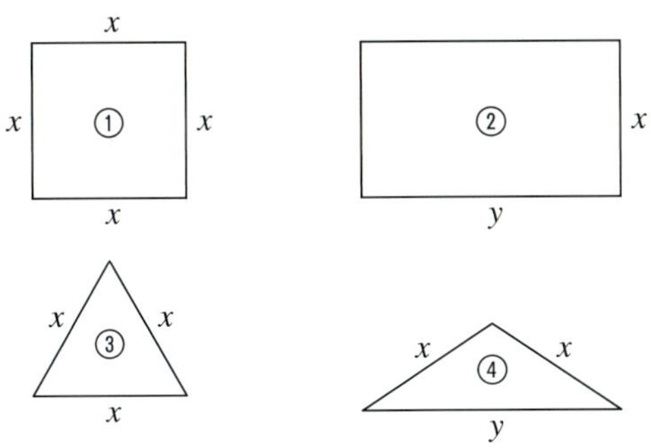

8 Finde eine Zuordnungsvorschrift mit Term.

BEISPIEL Jeder Zahl wird ihr Doppeltes zugeordnet: $x \rightarrow 2x$

a) Jeder Zahl wird ihr Vierfaches zugeordnet.
b) Jeder Zahl wird ihre um 6 vermehrte Zahl zugeordnet.
c) Jeder natürlichen Zahl wird ihr Nachfolger zugeordnet.
d) Jeder Zahl wird das Fünffache ihrer um 2 vergrößerten Zahl zugeordnet.

9 Welcher ist der richtige Term?
Denke dir eine Zahl. Vermehre die Zahl um 7 und dividiere die Summe durch 3.

$x + 7 \cdot 3$ $7 + x : 3$ $(x + 7) : 3$

10 Übersetze in einen Term:
Denke dir eine Zahl …

a) Multipliziere die Zahl mit 3, subtrahiere 5.
b) Verdopple die Zahl und addiere 75.
c) Dividiere die Zahl durch 7 und multipliziere den Quotienten mit 11.
d) Addiere 17 zu der Zahl und dividiere die Summe durch 15.
e) Multipliziere die Zahl mit 4. Addiere zum Produkt 6, multipliziere das Ergebnis mit 2.
f) Addiere zu der Zahl 12. Multipliziere die Summe mit 5 und subtrahiere 60.
g) Multipliziere die Zahl mit sich selbst, subtrahiere 27 und addiere −11.

11 Übersetze die Terme in einen Text.

a) $2a + 2b$ b) $\frac{y}{2} - \frac{y}{3}$ c) $a^2 - b^2$
d) $(x + 6) \cdot 5$ e) $(5x - 20) \cdot 3$
f) Erfinde selbst einen Term und übersetze ihn in einen Text.

12 Jan bastelt Figuren aus drei verschiedenen Arten von Hölzchen (Randspalte).

a) Gib jeweils einen Term für die Gesamtlänge der verwendeten Hölzchen an.
b) Vergleicht eure Terme. Welche Vereinbarungen muss man treffen, damit es jeweils nur einen Term für jede Figur gibt?
c) Zeichne selbst Figuren zu den Termen.
① $4 \cdot l + 4 \cdot k$ ② $6 \cdot k + 2 \cdot m + 2 \cdot l$
③ $4 \cdot m + 2 \cdot k$ ④ $2 \cdot l + 4 \cdot k + 2 \cdot m$

13 Der Eintritt in einen Freizeitpark kostet 5 €. Für jede Karussellfahrt zahlt man zusätzlich 1,20 €.

a) Gib einen Term an: Wie viel zahlt man insgesamt für x Karussellfahrten?
b) Berechne mit deinem Term die Kosten …
für Aileen (6 Fahrten);
für Moritz (12 Fahrten);
für Nicole (8 Fahrten);
für Sabine (10 Fahrten).

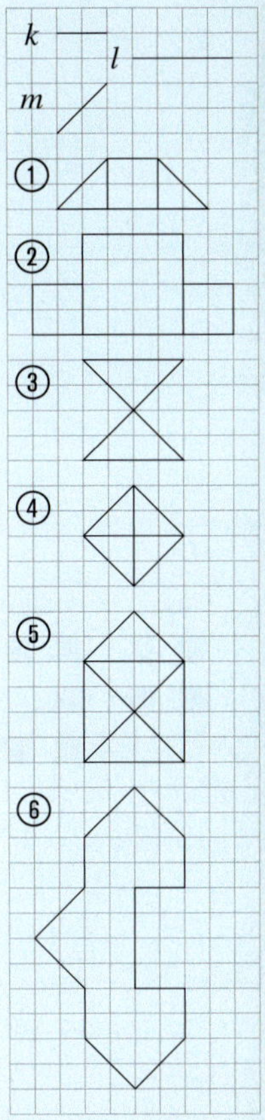

Weiterführende Aufgaben

14 Gib einen Term mit x an, der zu allen drei Rechenausdrücken passt.

BEISPIEL $4 \cdot 3 + 6$ und $12 \cdot 3 + 6$ und $17 \cdot 3 + 6$; Term $x \cdot 3 + 6$

a) $7 : 6 + 8$ und $16 : 6 + 8$ und $22 : 6 + 8$

b) $14 \cdot 14 - 9$ und $88 \cdot 88 - 9$ und $144 \cdot 144 - 9$

c) $\frac{1}{3} \cdot \left(12 - \frac{1}{3}\right)$ und $\frac{1}{3} \cdot \left(102 - \frac{1}{3}\right)$ und $\frac{1}{3} \cdot \left(112 - \frac{1}{3}\right)$

15 Frau Knobel liebt es, über ihre Familie in Rätseln zu sprechen. Für ihr eigenes Alter benutzt sie die Variable x.

a) Übersetze ihre Aussagen in Terme:
① Mein Mann ist 6 Jahre älter als ich.
② Meine Mutter ist doppelt so alt wie ich.
③ Meine Tochter ist halb so alt wie ich.
④ Mein Sohn ist 26 Jahre jünger als ich.
⑤ Das Alter meines Hundes ist nur ein Zehntel meines Alters.
⑥ Wenn ich mein Alter verdoppele und 5 addiere, erhalte ich das Alter meines Vaters.

b) Finde ein sinnvolles Alter für Frau Knobel und ihre Familienangehörigen.

16 Lars druckt Texte für die Schülerzeitung. Der Drucker schafft 28 Seiten pro Minute.

a) Wie viele Seiten werden in 3 Minuten, 7 Minuten und in n Minuten ausgedruckt? Gib jeweils einen Term an.

b) Wie lange benötigt er für 364 Seiten?

17 Betrachte die Musterfolgen.

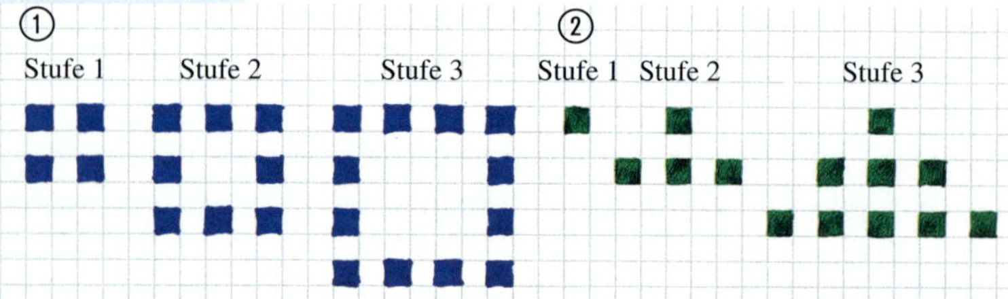

a) Zeichne jeweils die nächsten drei Figuren.

b) Gib jeweils einen Term an, mit dem man die Zahl der kleinen Quadrate in jeder Stufe berechnen kann.

c) Überprüfe jeweils, ob es eine Stufe mit 36, 60 oder 100 Quadraten gibt.

18 Erfinde passende Sachzusammenhänge:

$2{,}2 + 0{,}39 \cdot x$ | $12 \cdot a$ | $3{,}5 \cdot x + 2{,}5$ | $1{,}4x + 2{,}2 \cdot y$ | $1{,}4 \cdot a + 2{,}2$ | $0{,}19x + 0{,}39y$ | $x - 100$

BEISPIEL Die Grundgebühr für ein Taxi beträgt 2,20 €. Man zahlt 1,40 € pro Kilometer.

19 Ein Baum ist 2,20 m hoch. Er wächst jedes Jahr um weitere 5 cm.

a) Gib einen Term an, mit dem man die Höhe des Baums nach n Jahren berechnen kann.

b) Berechne mit deinem Term, wie hoch der Baum nach 3, 7, 12, und 15 Jahren ist.

c) Nach wie vielen Jahren ist der Baum 3,50 m hoch?

d) Nach wie vielen Jahren ist der Baum 98,65 m hoch?

20 In einem kleinen Zirkus hat die erste Reihe 10 Plätze, die zweite Reihe hat 12 Plätze, die dritte Reihe hat 14 Plätze usw.

a) Wie viele Plätze befinden sich in Reihe 7?

b) Jana und ihre 27 Klassenkameraden passen genau in eine Sitzreihe. In welche?

c) Mit welchem Term kann man die Anzahl der Plätze in der Reihe x bestimmen?
① $10x + 2$ ② $2x + 8$
③ $2x + 10$ ④ $10x + 8$

d) Gibt es eine Reihe mit genau 35 Plätzen? Begründe.

21 Das Taschengeld von Sandy wird mit x, das von Tim mit y und das von Lea mit z bezeichnet. Formuliere als Text:
① $2x = y$ ② $y + 2 = z$
③ $x + y + z = 24$ ④ $\frac{1}{2}z = x$
⑤ $x + y = z$ ⑥ $x = y - 3$

Finde heraus, wie viel Taschengeld die drei Geschwister jeweils erhalten, wenn ①, ③, ⑤ bzw. ②, ④, ⑥ gelten.

Terme vereinfachen

Erforschen und Entdecken

1 Falte ein DIN-A4-Blatt einmal längs und dreimal quer.

a) Gib die Gesamtlänge der Faltlinien mit der Länge l und der Breite b in einem Term an.

b) Miss die Länge von l und von b.

c) Gib die Gesamtlänge aller Faltlinien an. Notiere und beschreibe deinen Rechenweg.

2 Die Firma Hell stellt Leuchtschläuche für Weihnachtsbeleuchtungen her.

a) Beschreibe mit eigenen Worten, in welchem Größenverhältnis die anderen Längen zur Dicke des Stamms x stehen.

b) Gib einen Term für die Länge eines Leuchtschlauchs an, der am Umriss des Baumes verläuft.

c) Rechne mit deinem Term aus, wie lang der Leuchtschlauch insgesamt sein muss, wenn der Stamm $x = 10$ cm dick ist.

d) Welche Stammdicke muss der Baum haben, wenn man den Baum aus genau 4,55 m Leuchtschlauch herstellen möchte?

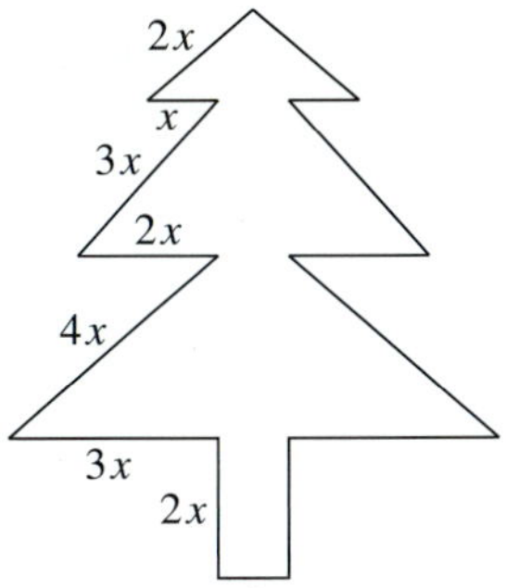

3 Übertrage die Tabelle in dein Heft.

a	b	$2 \cdot a + 3 \cdot b$	$5 \cdot a + 3$	$b + 2 \cdot a + 2 \cdot b$	$2 \cdot a + 3 + 3 \cdot a$	$7 \cdot b + 2 \cdot a - 4 \cdot b$
6	12					
−4	5					
−3	−2					
1,5	2,5					

a) In der Tabelle sind Werte für die Variablen a und b angegeben. Setze sie in die Terme ein und berechne den Wert des Terms.

b) Was stellt ihr fest, wenn ihr die einzelnen Spalten miteinander vergleicht?

c) Vereinfache zusammen mit deinem Nachbarn die folgenden vier Terme und berechne ihre Werte für die gegebenen Zahlen.
Setze die Zahlen auch in die ursprünglich gegebenen Terme ein und kontrolliere so, ob du die Terme richtig zusammengefasst hast.

① $7x + 13x - 12x + 17x - 5x$
② $15a + 3b - 7a + 10b - 3a - 12b$
③ $20m - 5n - 12n - 12{,}5m + 21n$
④ $26k - 5 + 3{,}5k - 3l - 8 - 4l$

für $m = 4$ und $n = -2$

für $a = 3$ und $b = 2$

für $x = 3$

für $k = 2$ und $l = 1{,}5$

d) Finde jeweils geeignete Zahlen für die Variablen in Teilaufgabe c), sodass der Wert des Terms 100 ergibt.

Lesen und Verstehen

Patrick und Velat legen Streckenzüge mit Strohhalmen.
Sie haben rote Strohhalmstücke der Länge x und blaue Strohhalmstücke der Länge y.
Es gilt $x = 6\,\text{cm}$ und $y = 3\,\text{cm}$.
Für die Gesamtlänge der benötigten Strohhalmstücke sollen sie jeweils einen möglichst einfachen Term finden. Erst dann setzen sie die genauen Maße der Figuren ein.

BEISPIELE 1

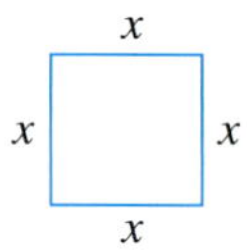

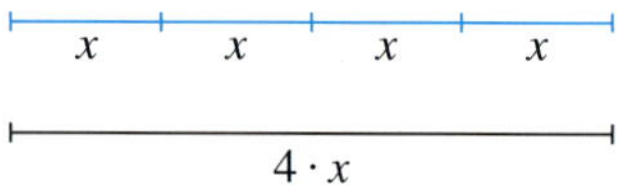

$x + x + x + x$
$= 4 \cdot x$
$= 4 \cdot 6$
$= 24\ [\text{cm}]$

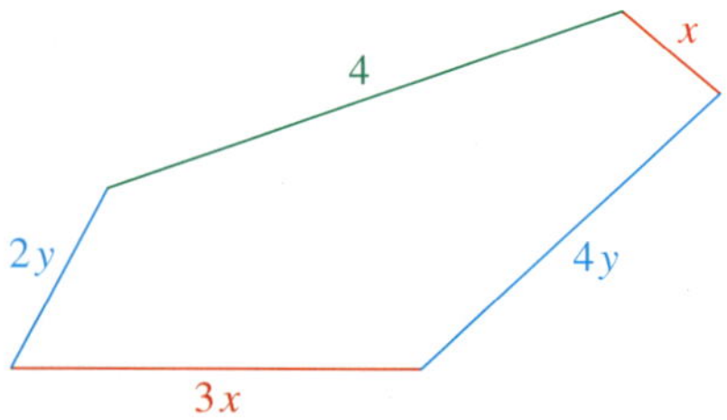

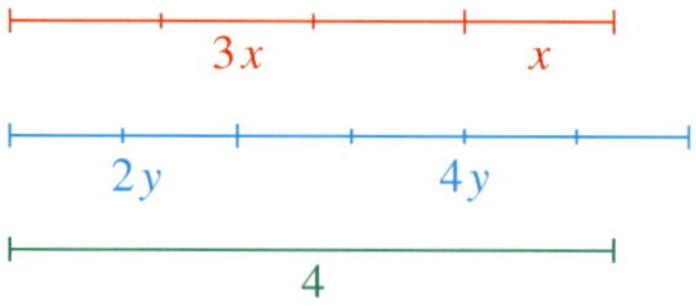

$2y + 3x + 4y + x + 4$
$= 3x + x + 2y + 4y + 4$
$= 4x + 6y + 4$
$= 4 \cdot 6 + 6 \cdot 3 + 4$
$= 24 + 18 + 4$
$= 46\ [\text{cm}]$

ERINNERE DICH
Den „Malpunkt“ vor der Variable kann man weglassen
$1 \cdot x = 1x = x$
$-1 \cdot x = -1x = -x$

Einen Faktor vor einer Variable nennt man **Koeffizient**.

Unterscheiden sich Terme nur in ihrem Koeffizienten, nennt man sie **gleichartig**. Man addiert (subtrahiert) gleichartige Terme, indem man die Koeffizienten addiert (subtrahiert).

Verschiedenartige Terme lassen sich nicht zusammenfassen.

BEISPIELE 2
In den Termen $3 \cdot x$ bzw. $2 \cdot y$ sind 3 bzw. 2 die Koeffizienten.

$3 \cdot x$, $5 \cdot x$ oder $102 \cdot x$ sind gleichartige Terme.

$3x + 5x = 8x$

Die Koeffizienten 3 und 5 werden addiert.

Der Term $7x + 5a$ kann nicht weiter zusammengefasst werden.

Basisaufgaben

1 Stelle jeweils einen Term für den Umfang der Figur auf.

a)
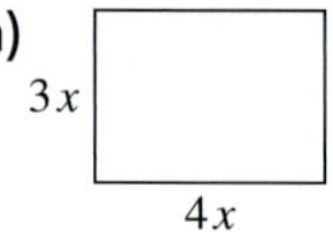

b)
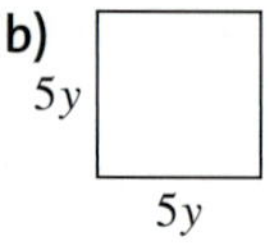

c)
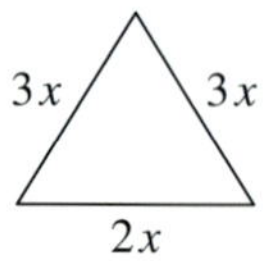

d)
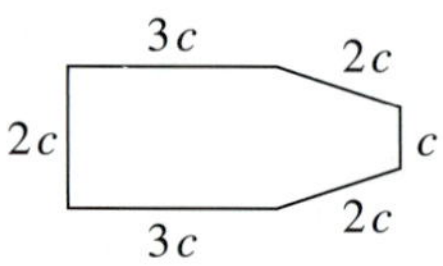

e)
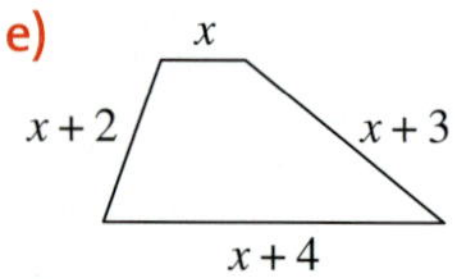

2 Zeichne Figuren, deren Umfang zu diesen Termen passt. Wähle $r = 3\,\text{cm}$ und $s = 5\,\text{cm}$.
a) r b) $6r$ c) $2r + s$
d) $2r + 2s$ e) $3r + 2s$ f) $4r + 3s$

3 Fasse zusammen.
a) $m + m + m + m + m + m + m$
b) $s + s + s + s + s + s + s + s + s + s + s$
c) $y + y + y + y - y - y$
d) $-a + a + a + a - a + a - a$
e) $b - b - b - b - b$

4 Ordne die Variablen. Fasse dann zusammen.

a) $a+b+b+a+a+b+b+a$
b) $x+y+y+x+y+y+x+x$
c) $m+k+k+m-k-m+k$
d) $x+y+z+x+z+y+z+z+x$
e) $r+s+t+r+s+t+r-s-s$
f) $a+a+b+c-a-b-c-b+a$

5 Fasse zusammen, wenn möglich.

a) $4x+4x$ b) $8a+6a$
c) $25y-5y$ d) $48r-19r$
e) $16a+34b$ f) $123w+56w$
g) $66x-29x$ h) $17a-45b$

6 Vereinfache die Terme.

a) $6x+5x+4y+3y$
b) $6x+5x+4y-3y$
c) $6x+5x-4y-3y$
d) $6x-5x-4y-3y$

7 Fasse zusammen. Beachte, dass $a=1a$.

a) $8a+a$ b) $x+x+5x$
c) $z+7z$ d) $b+b+b$
e) $y-3y$ f) $9c-4c-c$
g) $3n-n-8n$ h) $k-k-2k-k$

8 Übertrage die Tabelle ins Heft und fasse soweit wie möglich zusammen.

+	a	$4a$	b	$3b$	$7b$
$3a+2b$					
$5a-b$					
$4b-a$					
$\frac{1}{2}b$					
$5{,}5a$					
$-b$					

9 Vereinfache die Terme.

a) $4{,}5a+2{,}5a$ b) $7{,}4x+2{,}6x$
c) $2{,}8c+8{,}02c$ d) $-8{,}4y+5{,}9y$
e) $-6{,}3a-a$ f) $-12{,}8a+12{,}98a$

10 Fasse zusammen.

a) $\frac{1}{5}a+\frac{1}{5}a$ b) $\frac{1}{3}y+\frac{4}{3}y$
c) $\frac{3}{8}b+\frac{5}{8}b$ d) $\frac{6}{9}x-\frac{8}{9}x$
e) $-\frac{7}{13}a-\frac{5}{13}a$ f) $-x-\frac{3}{4}x$

11 Berechne jeweils den Wert des Terms.

BEISPIEL Für $x=0$ ist $3+x=3+0=3$.

x	$3+x$	$3-x$	$3x$	$-3x$	$10-(2x+3)$
0	3				
1					
3					
12					
−3					
−12					
$\frac{1}{3}$					

12 Vereinfache die Terme. Setze dann für die Variable die Zahl 5 (0; −2) ein.

a) $6a+13a+12a$ b) $7b+25b+4b$
c) $23x-16x+2x$ d) $12x+45x-28x$
e) $15a+7a-a$ f) $x+19x+27x-50x$
g) $10y-25y-12y$ h) $3+4z-8z+1$

13 Vereinfache die Terme, falls möglich.

a) $3x+4y+2x+19y+13x$
b) $4x+17x+5+18x+9$
c) $7a+12b+10{,}9a+13b-4{,}5b$
d) $17a+19b+26c+4$
e) $225m-45n-190m-55n+7$

14 Berechne den Wert des Terms für $x=13$.

a) $3x$ b) $2x+5$
c) $7x-3x-12+14$ d) $5x+4x+6+12+x$
e) $2{,}5x+\frac{1}{2}x-5x+x$
f) $15x+7\cdot18+11x-8x$

BEACHTE
Die Lösungen zu Aufgabe 14 ergeben in der richtigen Reihenfolge den Namen einer europäischen Hauptstadt. Zu welchem Land gehört die Stadt?
−13 (SI); 31 (I); 39 (N); 54 (K); 148 (O); 360 (A)

15 Erkläre die Fehler und berichtige sie.

a) $13x+18x=21x$
b) $6y+5=11y$
c) $9b-7=2b$
d) $m+7m+5=7m+5$
e) $20a+20b=20ab$
f) $-12x-13x=25x$
g) $30x+6y=36y$

16 Ergänze die Termmauern, indem du jeweils zwei benachbarten Terme addierst.

a)

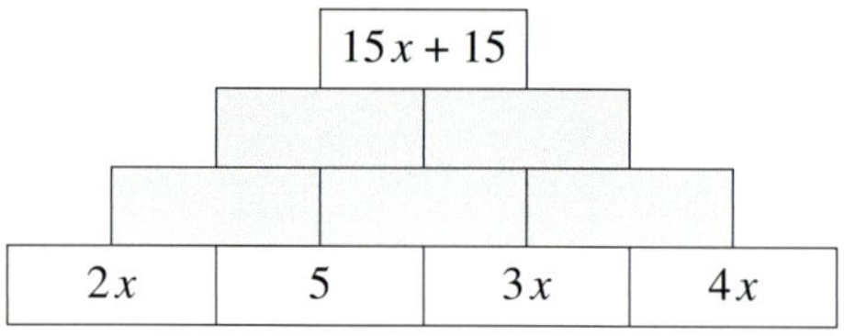

b)

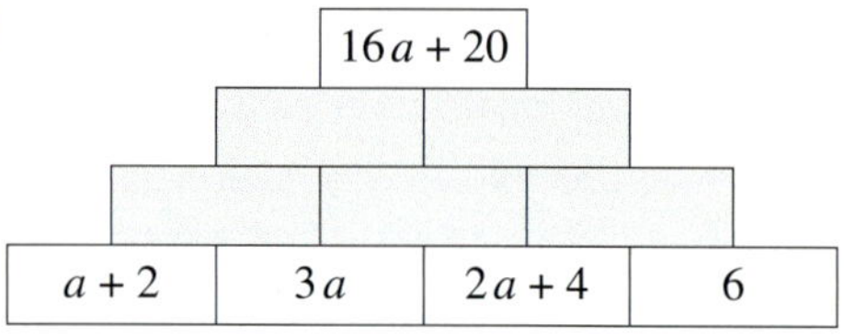

17 Ergänze die Termmauer durch Addition.

a)

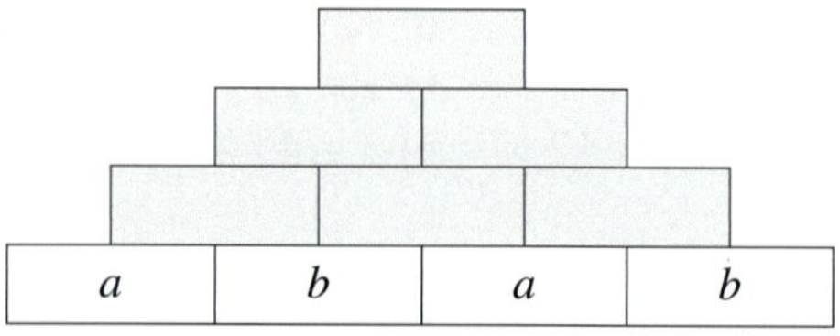

b) Welche Zahl ergibt sich an der Spitze, wenn man für $a = 5$ und $b = 7$ einsetzt?

c) Sebastian behauptet, dass die Zahl an der Spitze immer durch 4 teilbar ist. Überprüfe seine Behauptung.

18 Am Abend von Adrianas Geburtstag dürfen alle Gäste Pizza bestellen:

Italienische Pizza	klein 26 cm	groß 29 cm
Alle Pizzen mit Tomatensauce, Käse und Oregano		
Margherita mit Käse	3,00	4,90
Funghi mit Champignons	3,50	5,50
Funghi / Prosciutto mit Champignons und Vorderschinken	4,50	6,70
Salame mit Salami	4,00	6,00
Prosciutto mit Vorderschinken	4,00	6,00
Hawaii mit Vorderschinken und Ananas	4,50	6,50
Jede Lieferung: Anfahrt 1 €		

So lautet ihre Bestellung: 1 Margherita klein; 1 Funghi groß; 2 Funghi/Prosciutto groß; 3 Salame groß; 5 Hawaii klein.
Stelle einen Term für die Bestellung auf und gib den Gesamtpreis an.
Reichen 60 €?

19 Ordne die Terme für den Umfang den passenden Figuren zu.

$3x + 11$ $2x + 16$ $3x + 3$ $10x$ $3x + 13$

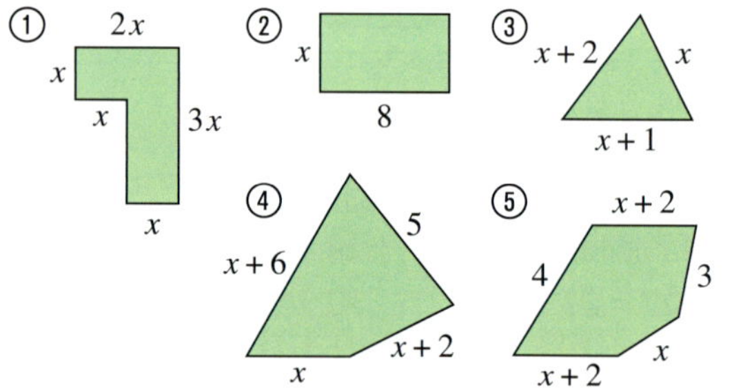

Gib jeweils den Umfang der Figuren an, wenn $x = 5$ ist.

20 Welcher Term wurde benutzt, um die Tabelle zu erstellen? Ergänze die fehlenden Werte des Terms im Heft.

a)

x	3	5	9	12	15	20
?	10	16	28			

b)

x	1	2	3	10	50	100
?	2	6	10			

21 Erstellt in der Gruppe ein Plakat mit Wertetabellen wie in Aufgabe 20. Denkt euch dazu selbst Terme aus, berechnet ihre Werte und tragt diese in der zweiten Zeile der Tabelle ein. Anschließend müssen die anderen Gruppen herausfinden, welcher Term für die Tabelle benutzt wurde.

22 Zahlenspielereien

Christina: „Ich denke mir eine Zahl x aus. Dann addiere ich zu dieser Zahl das Doppelte der Zahl und ziehe anschließend 5 ab."
Angela: „Ich ziehe vom Vierfachen meiner Zahl 15 ab und addiere dann die Zahl."
Dennis: „Ich addiere zum Fünffachen meiner Zahl x das Achtfache der Zahl. Anschließend subtrahiere ich 14."

a) Gib jeweils einen Term für die Rätsel an.

b) Welche Ergebnisse erhält man für $x = 6$?

c) Welche Zahlen haben sie sich jeweils ausgedacht, wenn sie als Ergebnis 25 erhalten?

Weiterführende Aufgaben

23 Der Termwettlauf

a) Welcher der beiden Terme aus der Tabelle wird wohl schneller größer? Begründe.
b) Berechne nun die Werte der Terme im Heft.
c) Wann holt der 2. Term den 1. Term ein?
d) Finde einen 3. Term, der von Anfang an den höchsten Wert hat.
e) Finde einen 4. Term, der anfangs einen niedrigeren Wert hat als die ersten beiden Terme und anschließend beide überholt.

x	1. Term $2x + 4$	2. Term $3x - 1$	3. Term	4. Term
1				
2				
3				
4				
5				
6				

24 Bei magischen Quadraten ist die Summe in den Zeilen, Spalten und Diagonalen stets gleich. Wenn man ein magisches Quadrat mit Variablen erstellt, kann man durch Einsetzen verschiedener Zahlen beliebig viele magische Quadrate erhalten.

a) Überprüfe, ob es sich hier um magische Quadrate handelt.
b) Denke dir Zahlen für a, b und c aus und setze sie in ein magisches Quadrat ein. Lass deine Klassenkameraden raten, welche Zahlen du eingesetzt hast.

$a + b$	$a - b - c$	$a + c$
$a - b + c$	a	$a + b - c$
$a - c$	$a + b + c$	$a - b$

$c + a$	$c - 2 \cdot a$	$c + b + a$
$c + b$	c	$c - b$
$c - b - a$	$c + 2 \cdot b$	$c - a$

25 Erstellt ein Dominospiel aus Paaren von gleichwertigen Termen. Der 1. Term muss auf der rechten Seite des ersten Steins stehen und der gleichwertige Term auf der linken Seite des nächsten Steins. Spielt euer Spiel.

26 Finde Terme für diesen Körper.

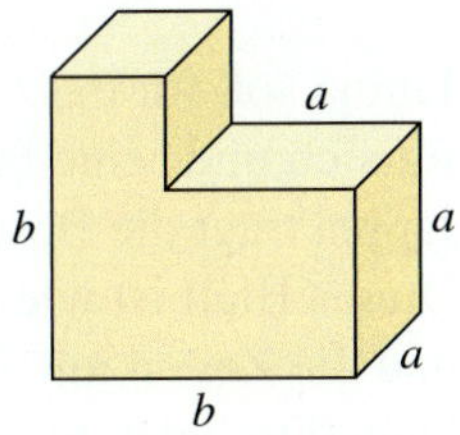

a) Gib einen Term für die Summe aller Kantenlängen an.
b) Gib die Summe aller Kantenlängen an, wenn die Seite b doppelt so lang ist wie die Seite a ($b = 2a$).
c) Wo befinden sich jeweils die beiden Flächen, deren Flächeninhalte durch die folgenden Terme berechnet werden können?
① $a \cdot b$ ② $a \cdot a$
③ $(b - a) \cdot a$ ④ $a^2 + b \cdot (b - a)$

27 Beim Triathlon der Junioren ist die Schwimmstrecke 4,25 km kürzer als die Laufstrecke. Die Radfahrstrecke ist viermal so lang wie die Laufstrecke.

a) Mit welchem Term berechnet man die Länge der Gesamtstrecke, wenn die Laufstrecke mit x bezeichnet wird?
b) Wie lang ist die gesamte Strecke, die zurückgelegt werden muss, wenn die Laufstrecke 5 km misst?
c) Bei der olympischen Distanz ist die Radfahrstrecke auch viermal so lang wie die Laufstrecke.
Die Länge der Schwimmstrecke beträgt $\frac{3}{20}$ der Laufstrecke. Wie lang sind die einzelnen Streckenabschnitte, wenn die Gesamtstrecke 51,5 km beträgt?

28 Das Term-Mobile ist im Gleichgewicht, wenn an beiden Enden eines Balkens insgesamt wertgleiche Terme vorhanden sind.

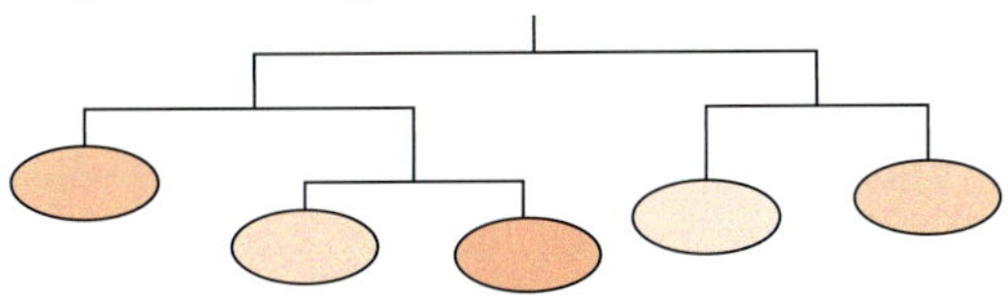

a) Bringe das Mobile mit den vorhandenen Termen ins Gleichgewicht.
$5x + 8 - x$ $4x + 16 + 10x - 6x$
$10x + 20 - 2x - 4$
$5x + 16 + 3x$ $2x + x + 8 + x$
b) Denkt euch selbst Terme aus, die das Mobile im Gleichgewicht halten.

Methode: Tabellenkalkulation – Terme berechnen

Janina soll für das Grillfest ihres Vereins den Einkauf erledigen. Jedes Vereinsmitglied bestellt für sich und seine Familie Getränke in 0,5-ℓ-Flaschen und Bratwurst oder Fleisch.
Janina trägt die Bestellungen in ein **Tabellenblatt** eines Tabellenkalkulationsprogramms ein. Dieses Blatt ist wie ein Koordinatensystem aufgebaut. Die Spalten werden mit Großbuchstaben und die Zeilen mit Zahlen bezeichnet. Jedes einzelne Feld der Tabelle, man sagt auch **Zelle**, kann durch den Spaltennamen und die Zeilennummer genau angegeben werden.

Microsoft Excel - Tabellenkalkulation.xls

Bearbeitungsleiste: Eingabe oder Bearbeitung von Inhalten der aktiven Zelle

Spaltenbezeichnung

	A	B	C	D	E	F
1		Bratwurst	Steak	Cola	Limo	Wasser
2	Carina	3	3	2	1	1
3	Natalie	2	2	1	1	0
4	Linda	5	1	4	2	0
5	Eva	0	4	0	3	1
6	Janina	2	3	1	1	4
7	Daniela	3	3	0	2	4
8	Christina	4	1	3	2	0
9	Jana	0	3	1	0	2
10	**Summe**					
11						

Zeilenbezeichnung

Aktive Zelle mit der Adresse **D9**

1 Anlegen einer Tabelle

a) Lege in einem Tabellenkalkulationsprogramm eine neue Datei an und speichere sie unter dem Namen „Grillfest".

b) Übertrage die Bestellungen genau in die entsprechenden Zellen.
Dazu musst du die entsprechende Zelle mit der linken Maustaste anklicken.
Dann kannst du in der Eingabezeile das Wort oder die Zahl eingeben.

2 Rechnen in der Tabelle

Janina möchte nun ausrechnen, wie viele Getränke und Fleisch insgesamt eingekauft werden müssen. Dazu klickt sie die Zelle **B10** an und gibt in der Eingabezeile die Formel „**=B2+B3+B4+B5+B6+B7+B8+B9**" ein.

a) Gib die Formel in die Zelle **B10** ein. Sobald du die Enter-Taste gedrückt hast, berechnet das Programm die Summe der bestellten Bratwürste.

b) Um die Summe der anderen Spalten zu berechnen, kannst du genauso vorgehen (du musst aber beachten, dass die Zellen anders heißen).
Es geht aber auch einfacher:
Klicke auf die Zelle **B10**. Es zeigt einen Rahmen mit einer „Ecke" unten rechts. Wenn man diese „Ecke" mit der linken Maustaste anfasst und nach rechts in die Zellen **C10** bis **F10** zieht, werden diese Zellen automatisch mit der zugehörigen Formel ausgefüllt.
Überprüfe, ob du alles richtig gemacht hast, indem du selbst die Spaltensumme einer Spalte berechnest.

c) Christina möchte ihre Bestellung ändern, weil ihr Bruder krank ist. Sie bestellt nur noch 2 Bratwürste, 1 Steak, 1 Cola und 2 Limos.
Ändere ihre Bestellung in der Tabelle. Was passiert in Zeile 10?

BEACHTE
Noch schneller lässt sich die Summe wie folgt bestimmen: Klicke die Zelle B10 an und klicke dann auf das Summenzeichen Σ, das du in der Symbolleiste findest.

3 Erstellen einer Abrechnung

Janina möchte für jeden eine eigene Kostenabrechnung erstellen. Dazu legt sie ein neues Tabellenblatt an, in das sie die Bestellungen und die Preise eingibt.

	A	B	C	D	E
1	**Abrechnung für**	**Carina**			
2					
3	Fleisch u. a.	Anzahl	Stückpreis in €	Preis in €	
4	Bratwurst	3	0,8	=B4*C4	
5	Steak	3	1,65		
6	Cola	2	0,75		
7	Limo	1	0,7		
8	Wasser	1	0,35		
9					
10			Gesamtkosten:		
11					

BEACHTE
Ein neues Tabellenblatt erhältst du über den Befehl:
Datei: Neu
→ Leere Arbeitsmappe
oder du wählst am unteren Rand des Fensters Tabelle 2 aus.

a) Lege das Tabellenblatt an und fülle es wie oben aus.
b) Gib in die Zelle **D5** eine Formel ein, mit der man den Preis für die 3 Steaks berechnen kann.
c) Ergänze auch die Formeln für die Zellen **D6**, **D7** und **D8**.
d) Mit welcher Formel lassen sich die Gesamtkosten in Zelle **D10** berechnen?
e) Erstelle nun eine Abrechnung für Claus (7 Bratwürste, 2 Steaks, 4 Cola), indem du Veränderungen in Spalte B vornimmst.

BEACHTE
Formeln müssen in der Eingabezeile mit einem „=“ beginnen.

4 Formatieren der Abrechnung

Wenn man die Abrechnung schöner gestalten möchte, kann man die einzelnen Zellen formatieren. Dazu markiert man eine oder mehrere Zellen. Nun kann man den Zellen eine bestimmte Schriftart, Schriftfarbe, eine Füllfarbe oder einen Rahmen zuweisen. Wenn man die Gitterlinien nicht sehen möchte, wählt man im Menüpunkt Rahmen die Einstellung „keine“.

a) Verschönere die Abrechnung, indem du die Überschrift und einzelne Zellen farbig hinterlegst und die Schrift und die Schriftgröße änderst.
b) Markiere mit der linken Maustaste alle Zellen, die auf der Rechnung zu sehen sein sollen, und lege den Druckbereich fest (siehe Randspalte).
Unter „Datei → Datei drucken“ kann man die fertige Abrechnung vor dem Druck ansehen.

BEACHTE
Seitenlayout
→ Druckbereich
→ Druckbereich festlegen

5 Veränderungen der Abrechnung

a) Wie muss die Formel in Zelle **D10** von Aufgabe 3 verändert werden, wenn neben den Getränken und dem Fleisch noch 2,50 € für Brot, Grillsoßen und Salate bezahlt werden müssen?
b) Was wird berechnet, wenn man die Formel „**=B4*C4+B5*C5**“ eingibt?
c) Was wird berechnet, wenn man die Formel „**=B6*C6+B7*C7+B8*C8**“ eingibt?
d) Eva hat diese Tabelle erstellt. Erläutere sie. Welche Formeln stehen in den Zellen **C7** bis **K7**?

	A	B	C	D	E	F	G	H	I	J	K
1	Fleisch	Stückpreis	Carina	Natalie	Linda	Eva	Janina	Daniela	Christina	Jana	Anzahl gesamt
2	Bratwurst	0,80 €	3	2	5	0	2	3	4	0	19
3	Steak	1,65 €	3	2	1	4	3	3	1	3	20
4	Cola	0,75 €	2	1	4	0	1	0	3	1	12
5	Limo	0,70 €	1	1	2	3	1	2	2	0	12
6	Wasser	0,35 €	1	1	0	1	4	4	0	2	13
7		Preis gesamt:	9,90 €	6,70 €	10,05 €	9,05 €	9,40 €	10,15 €	8,50 €	6,40 €	70,15 €

Aufgaben zur Termberechnung mit Tabellenkalkulation

1 Timo benutzt eine Tabellenkalkulation, um seine Aufgaben zur Volumen- und Oberflächenberechnung des Quaders zu erledigen.

a) Welchen Term muss er in die Zelle **D2** eingeben?

b) Welchen Term schreibt er in die Zelle **E2**?

c) Wie kann er vorgehen, um die anderen Zellen zu füllen?

d) Timo gibt folgende Formel ein: „**=4*A2+4*B2+4*C2**". Was berechnet er damit?

	A	B	C	D	E
1	a	b	c	Volumen	Oberfläche
2	4	6	7		
3	2	3	4		
4	12	15	7		
5					

2 Die Klasse 7c erhält für ihre Klassenfete eine Rechnung vom Getränkehändler.

a) Welche Formel steht in Zelle **D4**?

b) Welcher Zahlenwert steht in Zelle **D4**?

c) Gib eine Formel zur Berechnung der Mehrwertsteuer in **D9** an und berechne damit den Betrag in €.

d) Gib zwei verschiedene Formeln zur Ermittlung des Gesamtpreises in Zelle **D10** an.

	A	B	C	D
1	**Artikel**	**Einzelpreis in €**	**Anzahl/Menge**	**Gesamtpreis in €**
2	Kiste Cola (12 Fl)	8,50	3	25,50
3	Fl. Apfelschorle	0,65	7	4,55
4	Kiste Wasser	2,98	4	
5	Fl. Limonade	0,55	9	4,95
6	Leihgebühr pro Tisch	1,50	5	7,50
7	Leihgebühr pro Bank	0,75	10	7,50
8			Summe:	61,92
9			+ 19 % MWST	
10			Gesamtpreis:	

BEACHTE
So kannst du Formeln kopieren: Markiere dazu Zelle B15, führe die Maus an den rechten unteren Zellrand und ziehe die Markierung mit gedrückter Maustaste bis zur Zelle F15. Durch Betätigen der F4-Taste erzeugst du Dollarzeichen zum Fixieren einer Zelle.
Spalte fixieren: **\$D8**
Zeile fixieren: **D\$8**
Zelle fixieren: **\$D\$8**

3 Carina hat vom Vereinsgrillfest Fotos gemacht, die die Vereinsmitglieder nun bestellen können. Dazu hat sie sich eine Tabelle angelegt.

a) Carina muss wissen, wie oft sie jedes Bild bestellen muss. Bestimme die Anzahl in Zeile 15 (Formel kopieren).

b) Berechne in Zelle **G15**, wie viele Fotos insgesamt bestellt werden. Gib die Formel an.

c) Ein Foto kostet 0,07 €. Berechne in Spalte H den Geldbetrag, den jeder zu bezahlen hat.

	A	B	C	D	E	F	G	H
1								
2	1 Foto kostet	0,07 €						
3								
4		1	2	3	4	5	Anzahl der Bilder pro Person	Insgesamt zu bezahlen
5	Carina	2	3	1		3	9	=PRODUKT(\$B\$2;G5)
6	Natalie	1	1	1	1			
7	Linda		1	2	1	1		
8	Eva	4	2	1	1	2		
9	Janina	1			4			
10	Daniela	3	4	3	2	4		
11	Christina	4	1	2	1	1		
12	Jana	1	1	2	1	1		
13								
14								
15	Anzahl insgesamt	16						
16								

d) Wie viel muss Carina insgesamt im Geschäft zahlen? Gib die Zelle und die Formel an.

e) Warum hat Carina in der Zelle H5 nicht einfach die Formel **=B2*G5** eingegeben? Probiere selbst aus, was passiert, wenn du diese Formel in die Zellen daneben kopierst. Was ändert sich beim Ausfüllen/Kopieren, wenn du in die Zelle **H5** die Formel **=\$B\$2*G5** eingibst?

f) Ändere den Einzelpreis für ein Foto. Beobachte die Veränderungen in der Tabelle.

g) Gib eine Formel für die Berechnung des zu zahlenden Betrags von Daniela an.

Gleichungen aufstellen und lösen

Erforschen und Entdecken

1 **Hölzchen-Schachtel-Spiel** (Gruppenarbeit)

Spielregeln:
1. Links und rechts vom Gleichheitszeichen liegen insgesamt gleich viele Hölzchen.
2. Bei jeder Gleichung liegen in den Schachtel immer gleich viele Hölzchen.

a) Findet für jede der sechs Gleichungen heraus, wie viele Hölzchen in den Schachteln sind.
b) Überlegt euch selbst solche Knobelaufgaben. Zeichnet sie auf Karteikarten. Gebt auf der Rückseite die Lösung an.
c) Tauscht eure Karten mit den Karten von anderen Gruppen und löst die Aufgaben.
d) Man kann die Knobelaufgaben auch in Form einer Gleichung aufschreiben. Dafür schreibt man für die Anzahl der Hölzer in einer Schachtel x und gibt die Anzahl der frei liegenden Streichhölzer auf jeder Seite an, z. B. ergibt □□□ || = □ |||| die Gleichung: $3x + 2 = x + 4$.
Ergänzt auf euren Karteikarten jeweils die Gleichung.

2 Auf den Balkenwaagen liegen mehrere gleiche Dosen und graue Gewichtsstücke.

①

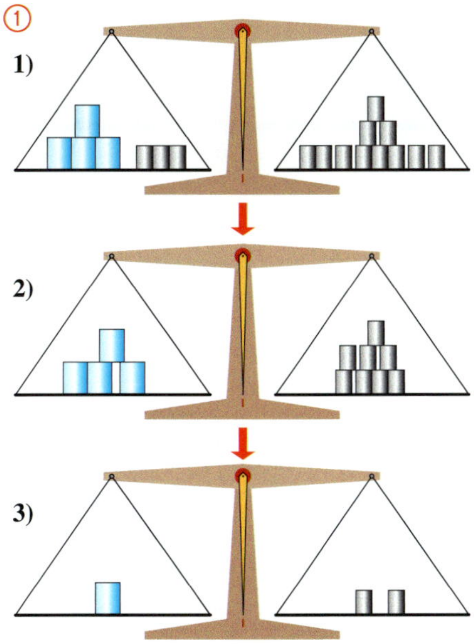

②

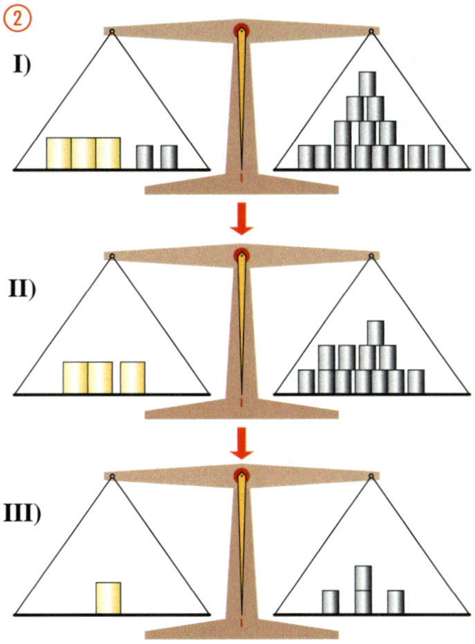

a) Ein Gewichtsstück wiegt 1 kg. Kilian möchte jeweils herausfinden, wie viel eine Dose wiegt. Erkläre, wie er das macht.
b) Zeichne selbst ein Waagemodell: Rechts liegen 8 Gewichte. Links liegen 2 Dosen und 2 Gewichte.
Zeichne die Lösungsschritte, mit denen man das Gewicht einer Dose herausfinden kann.

Lesen und Verstehen

Beim Hölzchen-Schachtel-Spiel hat Inga die Schachteln so gefüllt, dass sich in jeder Schachtel gleich viele Hölzer befinden. Links und rechts vom Gleichheitszeichen liegen insgesamt gleich viele Hölzchen.
Elias soll herausfinden, wie viele Hölzchen sich in jeder Schachtel befinden.
Dazu legt er Hölzchen und Schachteln geschickt um und stellt passende Gleichungen auf.
Darin steht x für die Anzahl der Hölzchen in jeder Schachtel.

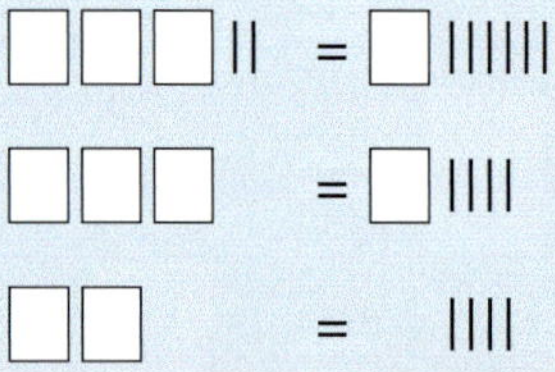

Ich nehme auf jeder Seite 2 Hölzchen weg.	$3x + 2 = x + 6$	$\mid -2$
Ich nehme auf jeder Seite 1 Schachtel weg.	$3x = x + 4$	$\mid -x$
Verteile ich 4 Hölzer auf 2 Schachteln, dann befinden sich in einer Schachtel 2 Hölzer.	$2x = 4$ $x = 2$	$\mid :2$

In jeder Schachtel befinden sich 2 Hölzchen. Zur Sicherheit rechnet Elias noch eine Probe: Die Gleichung lautete $3x + 2 = x + 6$. Dort setzt er für x seine Lösung 2 ein. Es ergibt sich: $3 \cdot 2 + 2 = 2 + 6$, also richtigerweise $8 = 8$.

> Beim Lösen einer Gleichung geht man schrittweise vor, sodass sich zum Schluss die Variable einzeln auf einer Seite befindet.
> Die Lösung der Gleichung ändert sich bei folgenden Umformungen nicht:
> 1) Auf beiden Seiten wird dieselbe Zahl addiert oder subtrahiert.
> 2) Auf beiden Seiten wird mit derselben Zahl multipliziert oder durch dieselbe Zahl dividiert. Diese Zahl darf nicht null sein.
> Die Umformungsschritte nennt man **Äquivalenzumformungen**.
> Zwei Gleichungen sind **äquivalent**, wenn sie die gleiche Lösung haben.

Basisaufgaben

1 Ordne jeder „Schachtel-Aufgabe" die passende Gleichung zu.

① $4x + 5 = 13$
② $3x = 12$
③ $2x = 0$

a) 

b) 

c) 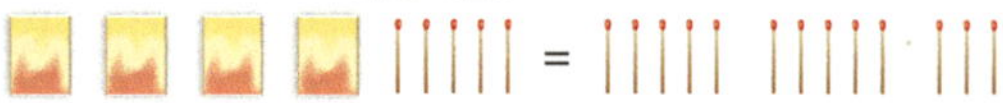

2 Notiere jeweils die passende Gleichung.

a) 

b) 

c) 

3 Zeichne eine „Schachtel-Aufgabe", die zur Gleichung passt, und löse sie.

a) $x + 4 = 5$
b) $4x = 12$
c) $3x + 7 = 16$
d) $2x + 1 = 7$

4 Löse die Gleichungen schrittweise:

a) Ordne den Gleichungen die passende Umformung zu. Schreibe jeweils untereinander.
① $x + 2 = 6$
② $2 \cdot x = -6$
③ $6 \cdot x + 5 = 35$

$6x = 30$ | $x = 4$ | $x = -3$ | $x = 5$

b) Gib für jede Gleichung die Umformungsschritte in Worten an.

5 Erkläre, was hier passiert.

a)

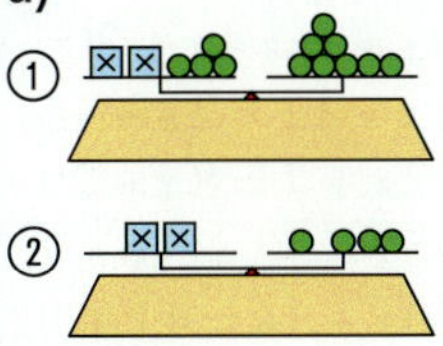

b)

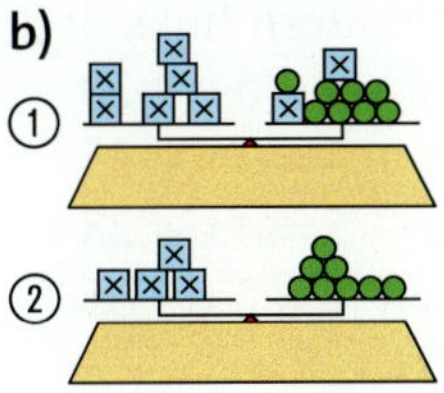

6 Welche Gleichungen werden durch die Waagemodelle dargestellt? Gib mögliche Lösungsschritte an (s. Seite 195).

a)

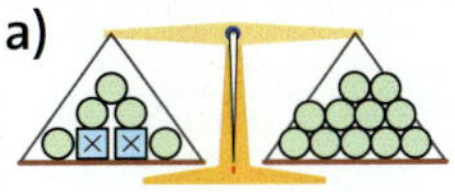

b)

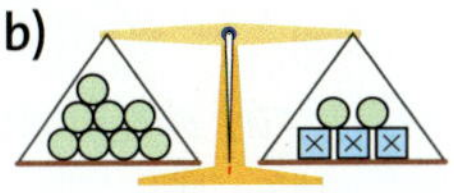

c)

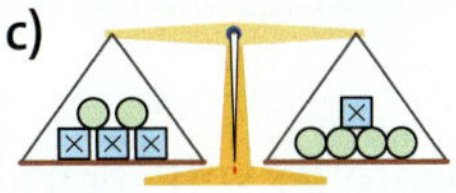

d)

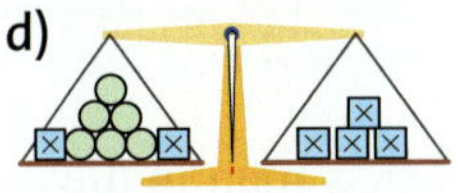

7 Gib an, durch welche Äquivalenzumformung man die 2. Gleichung erhält.

a) $x + 5 = 17 \quad |$
$x \quad = 12$

b) $2x - 4 = 12 \quad |$
$2x \quad = 16$

c) $3x = 15 \quad |$
$x = 5$

d) $0{,}5x = 8 \quad |$
$x = 16$

e) $-7x + 5 = -30 \quad |$
$-7x \quad = -35$

f) $13 = 3x + 7 \quad |$
$6 = 3x$

8 Löse die Gleichungen. Welche Äquivalenzumformung hast du vorgenommen?

a) $x + 9 = 17$ b) $x + 14 = 38$
c) $x + 19 = -44$ d) $x - 12 = 25$

9 Finde jeweils die äquivalente Gleichung, aus der man die Lösung ablesen kann.

a) $4x = 24$ b) $5x = 75$ c) $3x = 102$
d) $6x = 84$ e) $8x = -136$ f) $13x = -39$

10 Die Grundgebühr für ein Handy beträgt 5 €. Eine SMS kostet 0,09 €. Tina erhält eine Monatsabrechnung über 22,55 €. Sie hat nicht telefoniert. Wie viele SMS hat sie verschickt? Stelle die Gleichung auf und löse sie mit folgenden Umformungsschritten:

- Man subtrahiert auf beiden Seiten 5.
- Auf beiden Seiten wird durch 0,09 dividiert.

11 Löse die Gleichungen.

a) $x + 6 = -39$ b) $x + 57 = -45$
c) $x - 15 = 91$ d) $x + 0{,}01 = 2$
e) $x - 27 = -4$ f) $x - 3{,}25 = -1{,}8$
g) $x + 32 = -45$ h) $3{,}84 + x = 2{,}75$
i) $x - 48 = 56$ j) $x + 0{,}75 = -4{,}25$
k) $x - 38 = -89$ l) $61{,}3 + x = -9{,}3$

12 Für welche Zahl steht x?

a) $2x = 0{,}8$ b) $4x = -48$
c) $3x = 1{,}8$ d) $7x = -112$
e) $12x = 7{,}2$ f) $21x = -252$
g) $0{,}7x = -42$ h) $17x = -221$
i) $0{,}3x = -27$ j) $14x = 35$
k) $1{,}5x = 12$ l) $6x = 10{,}5$

13 Welche Äquivalenzumformung wurde vorgenommen?

a) $-4x = 16$
$x = -4$

b) $-5x = -75$
$x = 15$

14 Welche Zahl muss für x eingesetzt werden?

a) $-6x = 36$ b) $-8x = 72$
c) $-7x = 112$ d) $-9x = -135$
e) $-11x = 242$ f) $-12x = -156$

15 Welche der Gleichungen sind äquivalent zueinander? Gib die Lösungen an.

$4x = 12$ | $4x - 2 = 10$ | $4x + 4 = 12$
$2x = 4$ | $4x + 2 = 10$ | $8x = 24$

16 Löse die Gleichungen. Mache die Probe.

a) $2x + 5 = 7$ b) $3x + 7 = 1$
c) $4b + 2 = 14$ d) $7r + 5 = -16$
e) $5y + 1 = 26$ f) $9 + 8c = -7$
g) $2 + 3m = 23$ h) $4 = 28 + 6x$
i) $56 = 6a + 8$ j) $-6 = 48 + 9k$

17 Löse. Überprüfe durch eine Probe.

a) $4x - 5 = 11$ b) $3x - 7 = -13$
c) $6b - 12 = 24$ d) $5r - 8 = -43$
e) $-8 + 12y = 28$ f) $-11 + 7c = -74$
g) $65 = 25m - 10$ h) $63 = 2x - 7$
i) $-5 + 4a = 55$ j) $105 - 8k = -15$

18 Welche Zahl steht für x?

a) $-2x - 1 = 3$ b) $-10x - 5 = -25$
c) $-3x - 3 = -12$ d) $-7x - 5 = 2$
e) $-4x - 3 = -7$ f) $-8x - 2 = 2$
g) $-6x - 4 = 8$ h) $-12x - 5 = -53$

19 David hat noch Probleme beim Umformen von Gleichungen mit negativen Zahlen. Welche Fehler hat er gemacht?

a) $-12x = 30$
$x = 42$

b) $-5x + 6 = 30$
$x + 6 = -6$
$x = -12$

c) $-2x - 4 = 8$
$x - 4 = 10$
$x = 14$

20 Lisa und Dana haben unterschiedlich gerechnet. Welchen Lösungsweg hältst du für einfacher? Begründe.

Lisa
$20 - 4x = 8 \quad | -20$
$-4x = -12 \quad | :(-4)$
$x = 3$

Dana
$20 - 4x = 8 \quad | -8$
$12 - 4x = 0 \quad | +4x$
$12 = 4x \quad | :4$
$3 = x$

21 Bestimme x.

a) $25 - 3x = 7$ b) $62 - 9x = 17$
c) $5 - 2x = 27$ d) $17 - 4x = -13$
e) $13 - 5x = -32$ f) $80 - 18x = 17$
g) $25 - 8x = 9$ h) $15 - 6x = 3$
i) $-37 - 7x = 12$ j) $-80 - 11x = -14$

22 Finde und erkläre den Fehler.

a) $a + 30 = 7$, $a = 37$ b) $x - 1 = 0$, $x = -1$ c) $8y = 8$, $y = 0$

d) $4x = 8$, $x = \frac{1}{2}$ e) $8 + 4b = 12$, $12b = 12$ f) $3x = 13$, $x = 10$

g) $2d + 0 = 0$, $d = -2$ h) $3x = 0$, $x = 3$ i) $0x = 7{,}2$, $x = 0$

23 Drei Schüler lösen die Gleichung $4x + 6 = 8$ unterschiedlich. Wer hat richtig umgeformt? Begründe.

Janine	Marvin	Leonie
$4x + 6 = 8 \quad \| -6$	$4x + 6 = 8 \quad \| :4$	$4x + 6 = 8 \quad \| :4$
$4x = 2$	$x + 1{,}5 = 2$	$x + 6 = 2$
$x = 0{,}5$	$x = 0{,}5$	$x = -4$

24 Löse. Die Ergebnisse stehen in den Kleeblättern links in der Randspalte.

a) $7x + 2 = 5x + 20$ b) $9x + 5 = 4x + 20$
c) $6x + 4 = 3x + 25$ d) $4x + 12 = 2x - 16$
e) $7x - 5 = 4x + 28$ f) $12x + 7 = 8x - 29$
g) $9x + 7 = 5x - 65$ h) $15x - 12 = 5x - 72$
i) $16x - 5 = 3x + 34$ j) $20x - 14 = 4x + 82$

25 Eva hat im Lerntagebuch eine Regel für das Lösen von Gleichungen notiert.

1. Alle Zahlen ohne x auf eine Seite der Gleichung bringen.
2. Alle x auf die andere Seite der Gleichung bringen.
3. Wenn vor x eine Zahl steht, muss man durch diese Zahl teilen.

a) Muss man in dieser Reihenfolge vorgehen?
b) Welche Schritte kann man tauschen?
c) Finde Beispiele, wo man auf einen der Schritte verzichten kann.

26 Löse die Gleichungen.

a) $3x + 5 = -6x + 32$
b) $5x + 9 = -3x + 65$
c) $4x + 7 = -2x - 17$
d) $2x - 13 = -4x - 14$
e) $9x - 2 = -5x - 23$

27 Löse die Gleichungen.

a) $-8y - 7 = 4y + 29$
b) $-5y - 16 = 9y + 12$
c) $-2y - 5 = 5y + 9$
d) $-3y + 5 = 2y + 4$
e) $-17y + 4 = 3y - 66$

28 Eine Zahl ist Lösung einer Gleichung, wenn man beim Einsetzen der Zahl auf beiden Seiten der Gleichung denselben Wert erhält. Man sagt: Es liegt eine **wahre Aussage** vor. Setze in die Gleichungen nacheinander die Zahlen 2, 3, 4 und 5 ein. Überprüfe, für welche Zahlen sich wahre Aussagen ergeben.

a) $52x - 18 = 44x + 14$
b) $100 - 72x = -22x$
c) $5 \cdot (x + 3) = 30$
d) $2 \cdot (x - 4) = 4x - 12$
e) $3 \cdot (x + 2) = 4 \cdot (x + 1)$

Weiterführende Aufgaben

29 Manche Gleichungen lassen sich einfach lösen, indem man geschickt Werte für die Variable einsetzt und probiert, ob die Gleichung stimmt.

BEISPIEL Gleichung $2x - 7 = 3$
Für $x = 2$ ist $2 \cdot 2 - 7 = -3$ (zu klein).
Für $x = 6$ ist $2 \cdot 6 - 7 = 5$ (zu groß).
Für $x = 5$ ist $2 \cdot 5 - 7 = 3$. $x = 5$ ist Lösung.

a) $5x - 4 = 11$ b) $-15 + 3a = -15$
c) $7b = 91$ d) $-18 = 6y - 6$
e) $20 - 3x = x + 4$ f) $12k - 7 = 13k - 6$

30 Forme um und löse die Gleichung.

a) $x + \frac{1}{2} = \frac{3}{2}$ b) $x - \frac{3}{4} = \frac{1}{2}$
c) $x - \frac{1}{2} = \frac{3}{2}$ d) $x - \frac{1}{5} = \frac{2}{25}$
e) $x - \frac{1}{8} = \frac{1}{2}$ f) $-\frac{5}{2} + x = \frac{3}{2}$

31 Forme durch Multiplikation in eine äquivalente Gleichung um und gib die Lösung an.

BEISPIEL $\frac{x}{5} = 3 \quad | \cdot 5 \qquad x = 15$

a) $\frac{x}{4} = 5$ b) $\frac{x}{3} = 9$ c) $\frac{x}{7} = -1$
d) $\frac{x}{9} = 11$ e) $\frac{x}{7} = 5$ f) $\frac{x}{3} = 5$
g) $\frac{1}{2}a = 8$ h) $\frac{1}{4}y = 5$ i) $\frac{1}{3}g = 20$
j) $-\frac{x}{100} = -14$ k) $-\frac{1}{8}c = 13$ l) $-\frac{x}{25} = -7$

32 Löse wie im Beispiel. Mache eine Probe.

BEISPIEL
$\frac{2}{3}x + 7 = 15 \quad | -7$
$\frac{2}{3}x = 8 \quad | \cdot 3$
$2x = 24 \quad | : 2$
$x = 12$

a) $\frac{3}{4}x - 8 = 25$
b) $\frac{1}{12}x - 1 = 4$
c) $-42 + \frac{5}{6}s = 13$
d) $-8 - \frac{1}{12}v = -4$

33 Kai hat einige komplizierte Gleichungen gelöst. Überprüfe durch Einsetzen, ob er richtig gerechnet hat. Korrigiere, wenn nötig.

a) $100x - 300 = 0{,}5x - 1{,}5$ $x = 2$
b) $-45x - 15 = 45x - 60 - 15x$ $x = \frac{3}{5}$
c) $\frac{1}{2} - \frac{3}{5}x = 2 - \frac{1}{2}x$ $x = -15$
d) $\frac{1}{2}x - 4 = 3x + 1$ $x = -4$
e) $\frac{2}{3}x - 2 = -\frac{5}{3}$ $x = \frac{1}{2}$

34 Bestimme die Lösung.

a) $\frac{x}{2} + 4 = 12$ b) $\frac{x}{3} - 6 = 35$
c) $\frac{x}{4} + 2 = 4$ d) $\frac{x}{5} + 3 = -27$
e) $\frac{x}{7} + 7 = 14$ f) $\frac{x}{9} + 14 = -2$
g) $\frac{x}{8} - 5 = -4$ h) $\frac{x}{13} - 31 = -31$

35 Vervollständige jeweils die Lösungswege und vergleiche sie. Welcher ist am günstigsten?

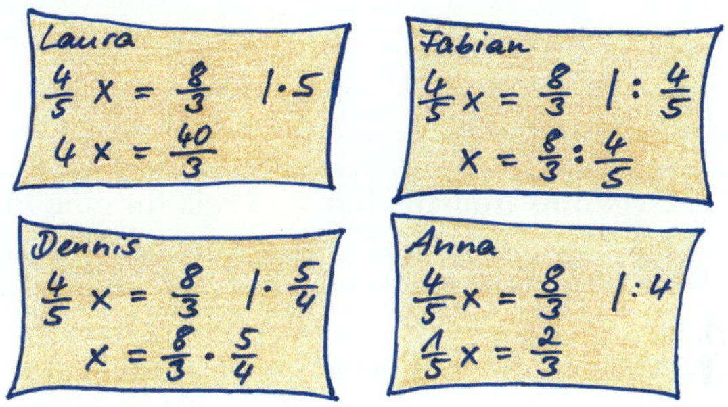

36 Löse die Gleichungen.

a) $\frac{2}{3}x = \frac{4}{9}$ b) $\frac{4}{5}x = 8$ c) $\frac{3}{5}x = \frac{9}{20}$
d) $\frac{6}{7}x = 42$ e) $\frac{1}{7}x = \frac{3}{5}$ f) $\frac{1}{3}x + 2 = 3$
g) $\frac{5}{6}x = \frac{15}{24}$ h) $\frac{4}{9}x = \frac{2}{9}$ i) $\frac{3}{4}x + \frac{3}{4} = 1$

37 Bestimme die Lösung der Gleichungen.

a) $\frac{x}{2} + 5 = 8$ b) $\frac{1}{3}x + \frac{1}{3} = 10$
c) $\frac{x}{3} - 2 = 13$ d) $-\frac{1}{5}x + \frac{1}{5} = 9$
e) $\frac{z}{9} + 7 = 11$ f) $\frac{a}{5} + \frac{1}{5} = 10$

38 Gib drei verschiedene Gleichungen an, deren Lösung $\frac{3}{4}$ ist.

39 Stelle eine Gleichung auf, in der Größen vorkommen, und löse sie durch Umformen.

a) Von einem Rechteck ist der Flächeninhalt $A = 14{,}7\,\text{cm}^2$ und die Seitenlänge $a = 4{,}2\,\text{cm}$ bekannt. Wie lang ist die Seite b?
b) Ein Auto legt eine Strecke von $s = 60\,\text{km}$ mit einer durchschnittlichen Geschwindigkeit $v = 80\,\frac{\text{km}}{\text{h}}$ zurück. Wie lange ist das Auto unterwegs?
c) Welchen Weg legt ein Radfahrer mit einer Geschwindigkeit von $15\,\frac{\text{km}}{\text{h}}$ in 2,5 h zurück?

BEACHTE
$\frac{1}{2}x = \frac{x}{2}$

BEACHTE
Die Lösungen zu Aufgabe 37 ergeben in der richtigen Reihenfolge den Namen einer europäischen Hauptstadt. Zu welchem Land gehört die Stadt?
−44 (D); 6 (L); 29 (O); 36 (O); 45 (N); 49 (N)

Methode: Lösen von Sachaufgaben mit Gleichungen

Manuel kauft 12 Flaschen Apfelsaft und 1 Flasche Orangensaft und zahlt dafür 9,80 €.
Der Orangensaft ist 5 Cent teurer als der Apfelsaft.
Wie viel kostet eine Flasche Apfelsaft? Wie viel kostet eine Flasche Orangensaft?
Diese Aufgabe kann im Sechs-Schritte-Verfahren gelöst werden.

1. Variable festlegen Preis für eine Flasche Apfelsaft in €: x

2. Terme bilden Preis für 12 Flaschen Apfelsaft: $12x$
Preis für eine Flasche Orangensaft: $x + 0{,}05$

3. Gleichung aufstellen $12x + (x + 0{,}05) = 9{,}80$

4. Gleichung lösen

$$\begin{aligned} 13x + 0{,}05 &= 9{,}80 \quad | -0{,}05 \\ 13x &= 9{,}75 \quad | :13 \\ x &= 0{,}75 \end{aligned}$$

5. Ergebnis überprüfen

Preis für eine Flasche Orangensaft:	0,75 € + 0,05 €	= 0,80 €
Preis für 12 Flaschen Apfelsaft:	12 · 0,75 €	= 9,00 €
Gesamtpreis:		9,80 €

6. Antwort formulieren Der Apfelsaft kostet 0,75 € und der Orangensaft kostet 0,80 €.

Altersrätsel

40 Vater Hans ist viermal so alt wie sein Sohn. Der Altersunterschied beträgt 39 Jahre. Wie alt ist der Vater? Wie alt ist der Sohn?
Lars hat seine Lösungsschritte notiert.
① Alter des Sohnes: x
② Alter des Vaters: $4x$
③ $4x - x = 39$
Ergänze die Schritte ④ bis ⑥.

41 Faruk hat zwei Schwestern. Die eine ist 2 Jahre jünger als er, die andere ist 5 Jahre jünger als er. Zusammen sind die drei Geschwister 80 Jahre alt. Wie alt ist Faruk?

42 Franziska hat zwei Brüder. Einer ist 2 Jahre jünger, der andere 4 Jahre älter als sie. Zusammen sind die drei 98 Jahre alt.
Wie alt ist jeder?

43 Marisa hat eine Schwester, die doppelt so alt ist wie sie. Ihre Mutter ist 30 Jahre älter als Marisa. Zusammen sind Marisa, ihre Schwester und die Mutter 54 Jahre alt.
Wie alt ist Marisa?

Zahlenrätsel

44 Von welcher Zahl ist das Dreifache um 10 größer als die Hälfte der Zahl?
Saras erste Lösungsschritte lauten:
① gesuchte Zahl: x
② das Dreifache dieser Zahl: $3x$
die Hälfte dieser Zahl: $\frac{x}{2}$
③ $3x - 10 = \frac{x}{2}$
Ergänze die Schritte ④ bis ⑥.

45 Lisa denkt sich eine Zahl, multipliziert diese mit 3 und addiert 28. Das Ergebnis ist 409. Bestimme Lisas ausgedachte Zahl.

46 Multipliziere eine Zahl mit 5 und subtrahiere 87. Das Ergebnis ist −12.
Wie heißt die Zahl?

47 Löse mit Hilfe einer Gleichung.
a) Subtrahiert man 17 vom Fünffachen einer Zahl, so erhält man 43.
b) Addiert man 5 zum Dreifachen einer Zahl, so erhält man das Doppelte der Zahl.
c) Subtrahiert man das Dreifache einer Zahl von 37, so ergibt sich 19.

Rätsel aus der Geometrie

48 Der Umfang eines gleichschenkligen Dreiecks beträgt 38 cm. Die Grundseite (Basis) ist 17 cm lang.
Berechne die Länge der Schenkel.
Die ersten drei Lösungsschritte lauten:
① Schenkellänge x
② zwei gleich lange Schenkel: $2x$
③ Gleichung: $2x + 17 = 38$
Ergänze die Schritte ④ bis ⑥.

49 In einem Viereck ist β doppelt so groß wie α. Der Winkel γ ist 50° größer als α und δ ist 20° kleiner als α.
Bestimme die Größe der Winkel.

50 Für die Herstellung des Kantenmodells des abgebildeten Quaders benötigt man 72 cm Draht.

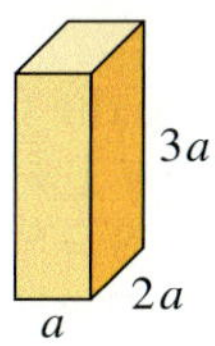

a) Bestimme die Kantenlängen des Quaders.
b) Berechne das Volumen des Quaders.
c) Was kann mit den Termen ① bis ③ berechnet werden?
① $a \cdot 2a$ ② $2 \cdot (a + 2a)$
③ $2 \cdot (a + 2a) \cdot 3a$

51 In einem gleichschenkligen Dreieck ist die Basis um 5 cm kürzer als die beiden Schenkel.
Wie lang sind die Schenkel, wenn der Umfang des Dreiecks 35 cm beträgt?
Überprüfe deine Lösung durch eine Probe.

52 In einem Rechteck ist die Seite b doppelt so lang wie die Seite a.
Der Umfang des Rechtecks beträgt 90 cm.
Wie lang sind die Seiten a und b?

53 Ein Rechteck hat einen Flächeninhalt von 44 cm². Seite a ist um 7 cm länger als Seite b.
Wie lang sind die beiden Seiten?
a) Begründe: Die Gleichung $a \cdot (a - 7) = 44$ passt genauso wie $(b + 7) \cdot b = 44$.
b) Löse die Gleichungen durch Probieren.

Verschiedenes

54 Drei Freunde haben zusammen 49 € gespart. Leonie hat 9 € mehr gespart als Lisa, Jule hat doppelt so viel wie Lisa.
Wie viel Geld sparte Lisa?
Die ersten drei Lösungsschritte lauten:
① gespartes Geld von Lisa: x
② gespartes Geld von Leonie: $x + 9$
gespartes Geld von Jule: $2x$
③ $x + x + 9 + 2x = 49$
a) Ergänze die Schritte ④ bis ⑥.
b) Anna stellt die Gleichung auf:
$y + (y - 9) + 2\,(y - 9) = 49$
Begründe, dass auch diese Gleichung stimmt.

55 In einem Schwimmbecken beträgt die Wasserhöhe am Morgen 60 cm. Wird die Wasserleitung voll aufgedreht, dann erhöht sich der Wasserstand um 8 cm pro Stunde.
Wie lange dauert es, bis die Wasserhöhe 1,80 m beträgt?

56 Eine Bohnenpflanze ist 15 cm hoch.
Sie wächst jeden Tag um 2,5 cm.
Wie lange dauert es, bis sie eine Höhe von 80 cm hat?

57 Frau Heine benutzt im Urlaub einen Mietwagen. Sie zahlt 55 € Miete pro Tag und pro gefahrenem Kilometer zusätzlich 0,25 €.
a) Als sie den Wagen nach einem Tag zurückgibt, zahlt sie 167 €. Wie weit ist sie damit gefahren?
b) Eine Woche später leiht sie das Auto noch einmal für zwei Tage und muss 222,50 € zahlen. Wie weit ist sie diesmal gefahren?

58 Sarah besitzt einige DVDs. Zum Geburtstag bekommt sie 6 DVDs geschenkt. Nun hat sie dreimal so viele DVDs wie vorher. Wie viele DVDs hatte sie vorher?

59 Ein Geschicklichkeitsspiel in einem Beutel wird für 2,20 € verkauft. Das Spiel ist um 2 € teurer als der Beutel. Wie viel kostet das Spiel? Wie viel kostet der Beutel?

Vermischte Übungen

1 Vereinfache die Terme.

a) $a + a + b + b + a + a + b$
b) $23b - b$
c) $45x - 26y - 32x - 24y$
d) $100 - 25a + 36b - 72b - 40a$

2 Berechne den Wert des Terms für $x = 3$. Beachte die Rechenregeln.

a) $8x + 4 \cdot 2$
$8(x + 4) \cdot 2$
$8 + x - 4 \cdot 2$
$(8 + x) \cdot 4 + 2$

b) $8x \cdot 4 - 2$
$8x : 4 - 2$
$8 : 4 \cdot x - 2$
$(8x) : 4 - 2$

c) $6 \cdot 12 : 4 - x \cdot 2$
$6 \cdot (12 : 4) - (x \cdot 2)$
$6 \cdot (12 - 4) - (x + 2)$
$6 \cdot 12 - 4 - x + 2$
$6 + 12 : (4 - x) : 2$

3 Bestimme den Wert der Terme.

a) $3x + 4y$ für $x = 4$ und $y = -2$
b) $120 - 3z + 4w$ für $z = 6$ und $w = 23$
c) $15a - 12 + 13b - 25$ für $a = 5$ und $b = -4$

4 Ergänze die Platzhalter.

a) $15x + 27x + 39x = \square$
b) $27b - \square - 5b = 11b$
c) $23x - 26y - 45x - \square = -22x - 50y$
d) $98a - 27b - a + 59b - 4b = \square$

5 Elif hat Terme zusammengefasst. Finde und begründe seine Fehler. Korrigiere dann die Fehler in deinem Heft.

a) $3x + 7 = 10x$
b) $a + a = a^2$
c) $4a + 3a + 2b = 9ab$
d) $13f - f = 13$
e) $p - 7p = 6p$
f) $3x + 7 = 10x$
g) $a + a^2 = a^3$
h) $a \cdot a = 2a$

6 Ergänze die Termmauern.

a)
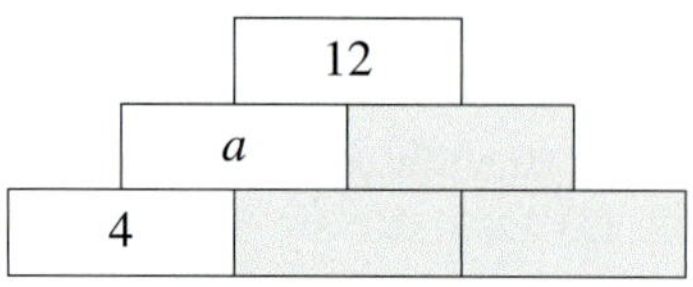

b)
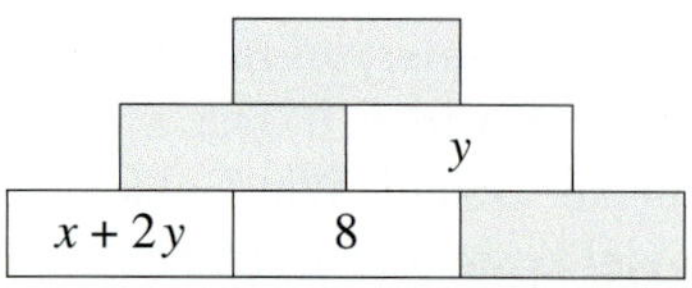

7 In jeder Schachtel sind gleich viele Hölzer. Übersetze die Knobelaufgaben in die Gleichungsschreibweise und löse sie.

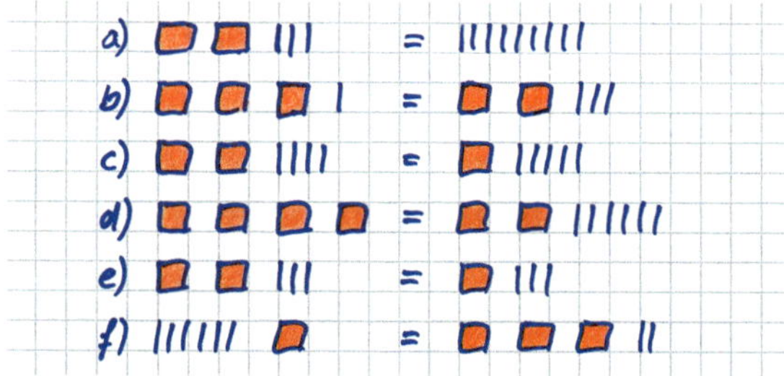

8 Löse die Gleichung, rechne die Probe.

a) $x + 18 = 49$
b) $x - 9 = -23$
c) $2x + 12 = 50$
d) $-8x + 16 = 40$
e) $100 - 4x = 48$
f) $9x + 6 = 6x + 42$

9 Löse die Gleichung, rechne die Probe.

a) $27{,}5 + x = -12{,}5$
b) $3 - x = 5$
c) $4x + 8 = 50$
d) $15 - 6x = -75$
e) $\frac{1}{2}x + 5 = 12$
f) $\frac{2}{5}x - \frac{1}{3} = \frac{3}{5}$

10 Elisa hat eine Gleichung richtig, aber etwas umständlich gelöst. Gib einen geschickteren Lösungsweg an.

$$5x - 2 - 3x - 4 = 6x - 3 - 5x$$
$$5x - 2 - 3x = 6x - 3 - 5x + 4$$
$$5x - 3x = 6x - 3 - 5x + 4 + 2$$
$$5x - 3x + 5x = 6x - 3 + 4 + 2$$
$$5x - 3x + 5x - 6x = -3 + 4 + 2$$
$$x = 3$$

11 Bestimme die Lösung.

a) $\frac{3}{4}x + \frac{2}{12} = \frac{11}{12}$
b) $\frac{1}{12} + \frac{3}{8}x = \frac{5}{12}$
c) $\frac{3}{8}x - \frac{1}{4} = \frac{1}{2}$
d) $\frac{3}{4}x - \frac{4}{5} = \frac{7}{10}$
e) $\frac{1}{4}x + \frac{1}{6} = \frac{2}{5}$
f) $-\frac{1}{2} + \frac{1}{3}x = \frac{2}{5}$

12 Gleichungen mit zwei Unbekannten

a) Wie groß muss a sein, damit die Gleichung $a \cdot x = 25{,}2$ die Lösung $x = 2$ hat?
b) Wie groß muss b sein, damit die Gleichung $6{,}5 \cdot x = b$ die Lösung $x = 4$ hat?

13 Löse die Zahlenrätsel.

a) Addiert man drei aufeinanderfolgende Zahlen, so erhält man 147.

b) Addiert man drei aufeinanderfolgende gerade Zahlen, so erhält man 180.

c) Addiert man drei aufeinanderfolgende ungerade Zahlen, so erhält man 207.

d) Addiert man den vierten, fünften und achten Teil einer Zahl, so erhält man 46.

14 Gib zu jeder Gleichung ein Zahlenrätsel an und bestimme die gesuchte Zahl.

a) $3x + 5 = -4$ b) $11 - 2x = 5$

c) $8x + 4 = 36$ d) $100 - 7x = 16$

15 Bestimme die Zahl.

a) Die Summe aus dem Sechsfachen einer Zahl und 13 ist −161.

b) Wenn du 15 zum Produkt aus einer Zahl und 4 addierst, erhältst du 363.

c) Die Differenz aus 12 und dem Fünffachen einer Zahl ergibt −18.

16 So kannst du abschätzen, wie weit ein Gewitter entfernt ist: Genau wenn du einen Blitz siehst, beginnst du die Sekunden zu zählen, bis du den Donner hörst. Diese Zahl wird mit 340 multipliziert. Das Ergebnis ist die Entfernung in Meter.

BEISPIEL Es blitzt. Nach 5 Sekunden ist der Donner zu hören: $5 \cdot 340 = 1700$
Das Gewitter ist also 1,7 Kilometer entfernt.

a) Gib einen Term für die Entfernung an.

b) Erstelle eine Tabelle und berechne die Entfernung für 2 s, 3 s, 4 s, …, 10 s.

17 Eine Kerze ist 30 cm hoch. Wenn sie brennt, wird sie jede Stunde 0,6 cm kürzer.

a) Wie lange dauert es, bis sie abgebrannt ist?

b) Nach welcher Zeit ist sie nur noch halb so hoch wie am Anfang?

18 Beim letzten Basketballspiel hat Peter x Körbe geworfen. Marius hat doppelt so viele Körbe geworfen wie Peter. André erzielte 3 Körbe mehr als Peter. Zusammen warfen die drei Spieler 31 Körbe.
Wie viele Körbe erzielte Peter, wie viele erzielte Marius und wie viele André?

19 Ein Quadrat hat die Seitenlänge a.

a) Gib einen Term für die Umfangsberechnung sowie für die Flächeninhaltsberechnung des Quadrats an.

b) Berechne mit Hilfe der Terme den Umfang und den Flächeninhalt für ein Quadrat mit der Seitenlänge $a = 4$ cm.

c) Wie lang sind die Seiten eines Quadrats mit einem Umfang von 21,2 cm?

d) Wie lang sind die Seiten eines Quadrats mit einem Flächeninhalt von 2,56 cm²?

20 Jannik spart für ein Rennrad, das 498 € kostet. Jeden Monat legt er 20 € zurück. Seine Eltern geben ihm den Rest von 178 € dazu. Wie viele Monate muss Jannik sparen, damit er sich mit Hilfe seiner Eltern das Fahrrad kaufen kann?

21 Simone hat für eine Jeans, ein T-Shirt und eine Kappe zusammen 129,70 € ausgegeben. Dabei war das T-Shirt 60 € billiger als die Jeans und die Kappe 10 € teurer als das T-Shirt.
Wie viel Euro haben die Kleidungsstücke im Einzelnen gekostet?

22 Frau Müller zog nach einem Viertel ihres Lebens von Berlin nach Bochum.
Wie alt wurde sie, wenn sie 66 Jahre nach dem Umzug starb?

Pakete packen

Pakete lassen sich je nach Anlass und Gewicht des Pakets unterschiedlich mit Paketschnur verschnüren.
Alle Pakete auf dem Bild sind gleich groß.

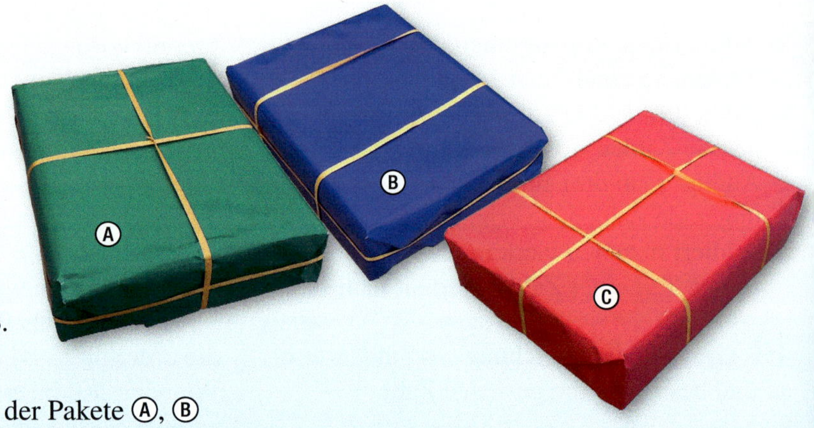

a) Schätze, für welches der Pakete Ⓐ, Ⓑ oder Ⓒ die kürzeste Schnur verwendet wurde.

b) Gib die Schnurlängen für die obigen Pakete als Term mit der Länge l, der Breite b und der Höhe h an.

c) Ein Paket mit der Länge l cm, der Breite b cm und der Höhe 12 cm wird verschnürt. Für die rote Schleife werden 80 cm extra berechnet.
Mit welchem Term lässt sich die Länge des benötigten Schleifenbandes in Zentimetern berechnen?
① $l + b + 12 + 4$ ② $2 \cdot (l + b + 12) + 80$
③ $2l + 2b + 4 \cdot 12 + 80$ ④ $2 \cdot (l + 12) + b + 80$

---

d) Gib für beide Pakete einen Term an, mit dem man die Länge der Paketschnur (ohne Knoten) berechnen kann.
Berechne die Länge der Schnur, wenn $l = 20$ cm, $b = 40$ cm und $h = 15$ cm ist.

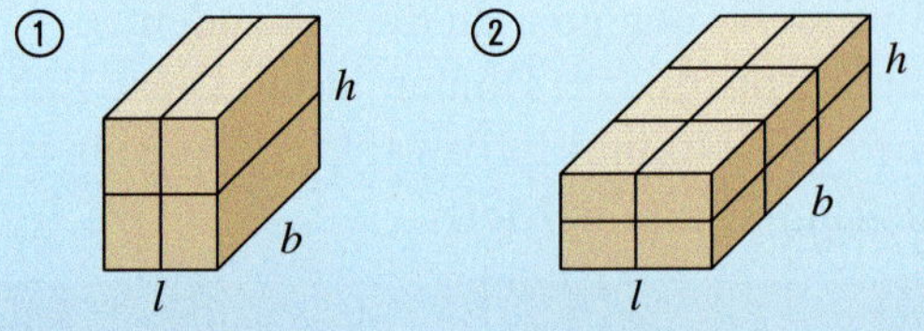

e) Für ein Paket lässt sich die Länge der Paketschnur (mit Knoten und Schlaufen) mit dem Term $6l + 4b + 6h + 20$ berechnen.
Welche Abmessungen darf das Paket haben, wenn die Paketschnur 5,50 m lang ist?

f) Zeichne je eine mögliche Verschnürung zu:
① $4l + 2b + 2h$ und ② $4l + 4b + 8h$

---

g) Überlege dir eine andere Möglichkeit ein Paket zu verschnüren. Skizziere deine Idee und berechne die gesamte Länge der benötigten Schnur.

h) Eine Paketschnürung $4l + 4b + 4h + 15$ hat eine Gesamtlänge von 135 cm.
Welche Länge l, Breite b und Höhe h könnte das Paket haben? Finde drei Möglichkeiten.

i) Pakete bei der Post haben ähnliche Abmessungen. Die Länge ist das Doppelte der Höhe. Die Breite ist 10 cm länger als die Hälfte der Länge. Für die Schleife brauchst du 20 cm. Du hast noch 2,40 m Schleifenband zu Hause. Welche Abmessungen kann ein Paket haben, um es wie das pinkfarbene Paket Ⓒ oben zu verschnüren?

$\frac{x+y}{2}$

Alles klar?

Entscheide, ob die Aussagen richtig oder falsch sind.
Begründe deine Entscheidung im Heft und korrigiere gegebenenfalls.

1 Terme aufstellen

a) Ein Term ist ein Rechenausdruck mit Zahlen.

b) Die Ausdrücke $45ab$ und $3b + 3ab$ und $3 = 7$ sind Terme.

c) Die Beschreibung „Addiere zum Doppelten einer Zahl die Zahl 12" passt zum Term $2x + 12$.

d) Der Term $x + 4y - 7$ kann in Worten beschrieben werden durch: „Addiere zu einer Zahl das Vierfache dieser Zahl und subtrahiere 7."

e) Der Term $14x$ steht für den Umfang der Figur rechts.

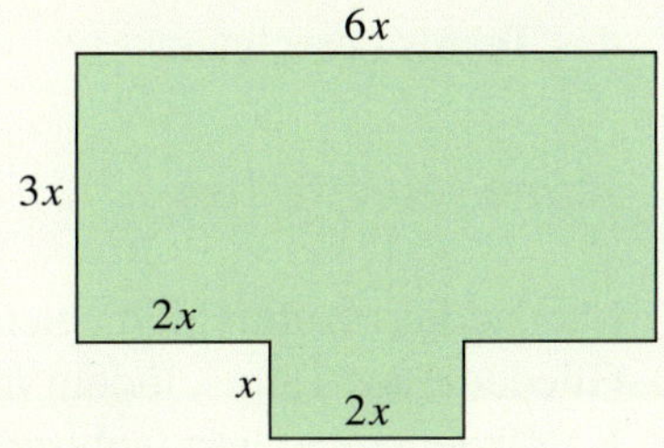

2 Terme vereinfachen

a) Setzt man $x = 2$ in den Term $2x + 3(x + 5)$ ein, so erhält man den Wert 25.

b) Setzt man $x = -5$ und $y = \frac{1}{2}$ in den Term $10y - 3x$ ein, so erhält man den Wert -10.

c) Von den folgenden drei Umformungen ist nur eine richtig:
① $13x - 13 = x$ ② $13x - 13 = 0$ ③ $13x - 13 = -1$

d) Von den folgenden drei Umformungen sind zwei richtig:
① $5a - 7b - 2a = -4ab$ ② $5a - 7b - 2a = 3a - 7b$
③ $5a - (-7b) - 2a = 10ab$ ④ $5a - (-7b) - 2a = 3a + 7b$

3 Gleichungen aufstellen und lösen

a) Die beiden Gleichungen $3x + 4 = 10$ und $3x = 2$ sind zueinander äquivalent.

b) Die beiden Gleichungen $3z = -10z + 8$ und $13z = 8$ sind zueinander äquivalent.

c) Die Lösung der Gleichung $-7z + 4 = -15z - 12$ ist $z = -2$.

d) Die Gleichung $4x + 7 = 35$ lässt sich in Worten beschreiben durch: „Das Vierfache von x um 7 erhöht ergibt 35."

e) Ein Rechteck hat die Länge x cm. Die Breite ist um 8 cm größer als die Länge. Der Umfang beträgt 36 cm. Dann wird die Länge x mit der Gleichung $2x + 2x + 8 = 36$ berechnet.

f) Zum Lösen der Gleichung $x + 3 = 2x - 2$ werden die Umformungsschritte $|+x$ und $|-2$ genutzt. Die Lösung beträgt $x = 5$.

4 Lösen von Sachaufgaben

a) Lara bekommt doppelt so viel Taschengeld wie Daria und dreimal so viel wie Nico. Zusammen bekommen sie 28 €. Wenn x dem Geld von Lara entspricht, dann lautet die Gleichung $x + 2x + 3x = 28$.

b) Die Lösung der Gleichung mit einer Probe am Text zu überprüfen, ist unnötige Arbeit. Besser man überprüft seine Rechnung.

BEACHTE
Die Lösungen zu den Aufgaben auf dieser Seite sowie dazu passende Trainingsaufgaben findest du ab Seite 238.

Zusammenfassung

→ Seite 184

Terme aufstellen

Terme sind Ausdrücke, in denen Variablen, Zahlen und deren Verbindungen durch Rechenzeichen vorkommen.

$\frac{1}{2}a + \frac{1}{2}b$
$3x - 5$
$3z + 4w + 7$

Ersetzt man in einem Term die Variablen durch Zahlen, so kann man den **Wert des Terms** berechnen.

Der Wert des Terms $2a + 2b$ für $a = 3$ und $b = 5$ ist
$2 \cdot 3 + 2 \cdot 5 = 6 + 10 = 16$.

→ Seite 188

Terme vereinfachen

Man addiert (subtrahiert) gleichartige Glieder eines Terms, indem man die Koeffizienten addiert (subtrahiert).

$2b + 3b = 5b$
(2 und 3 sind die Koeffizienten)
$100y - 9y - 12y = 79y$
$3a + 7b$ kann nicht zusammengefasst werden.

→ Seite 196

Gleichungen aufstellen und lösen

Eine **Gleichung** besteht aus zwei Termen, zwischen denen ein Gleichheitszeichen steht.

$2x + 5 = 7$
$3a + 4 = 2a - 7$

Lösen einer Gleichung
1. Möglichkeit
Man findet durch Probieren eine Zahl, die man für die Variable einsetzen kann, sodass eine wahre Aussage entsteht.

	$3x + 9 = 99$	
$x = 5$:	$3 \cdot 5 + 9 = 24$	$24 < 99$
$x = 15$:	$3 \cdot 15 + 9 = 54$	$54 < 99$
$\boldsymbol{x = 30}$:	$3 \cdot 30 + 9 = 99$	(wahre Aussage)

2. Möglichkeit
Die Gleichung wird schrittweise durch Äquivalenzumformungen so umgeformt, dass die Lösung direkt ablesbar ist.
Man sagt, dass zwei Gleichungen **äquivalent** sind, wenn sie die gleiche Lösung haben.

$$\begin{aligned} 3x + 9 &= 99 \quad &|-9 \\ 3x &= 90 \quad &|:3 \\ x &= 30 \end{aligned}$$

Alle drei Gleichungen sind äquivalent.

Äquivalenzumformungen
Man ändert die Lösung der Gleichung nicht, wenn man auf beiden Seiten dieselbe Zahl addiert oder subtrahiert bzw. mit derselben Zahl (außer Null) multipliziert oder durch dieselbe Zahl (außer Null) dividiert.

$$\begin{aligned} 4x - 25 &= 95 \quad &|+25 \\ 4x - 25 + 25 &= 95 + 25 \\ 4x &= 120 \quad &|:4 \\ 4x : 4 &= 120 : 4 \\ x &= 30 \end{aligned}$$

Mit der **Probe** überprüft man seine Rechnung. Erhält man beim Einsetzen der ermittelten Lösung in die Gleichung eine wahre Aussage, so ist die Gleichung richtig gelöst.

$$\begin{aligned} 4 \cdot x - 25 &= 95 \quad x = 30 \\ 4 \cdot 30 - 25 &= 95 \\ 120 - 25 &= 95 \\ 95 &= 95 \quad \text{(wahre Aussage)} \end{aligned}$$

Daten

Krankenhäuser dokumentieren unter anderem die Daten neugeborener Babys. Notiert werden neben dem Namen, Geschlecht und Geburtsdatum auch das Gewicht, die Körpergröße und der Kopfumfang.

In diesem Kapitel lernst du, wie man Daten anhand verschiedener Größen auswertet, wie man sie übersichtlich darstellt und wie man eine eigene Datenerhebung durchführt.

Noch fit?

1 In einem Zoo leben acht Elefanten.

a) Bestimme den größten und den kleinsten Wert für das Gewicht und für das Alter der Elefanten. Wie groß ist jeweils der Unterschied dieser Werte?

b) Bilde für das Gewicht und das Alter jeweils drei Klassen und erstelle zwei Strichlisten mit Häufigkeitstabelle.

c) Erstelle auf der Basis von Aufgabenteil b) zwei Säulendiagramme, die Gewicht und Alter der Elefanten darstellen. Beschreibe, wie schwer ein erwachsener Elefant ist.

Name	Gewicht	Alter
Jenny	4200 kg	44
Ganesh	4900 kg	24
Bala	450 kg	2
Tuffi	3400 kg	13
Calvin	4500 kg	20
Indra	3800 kg	33
Dunja	3600 kg	25
Farina	470 kg	2

2 Miss die Größe der Winkel und gib an, ob es sich um einen spitzen, stumpfen oder überstumpfen Winkel handelt.

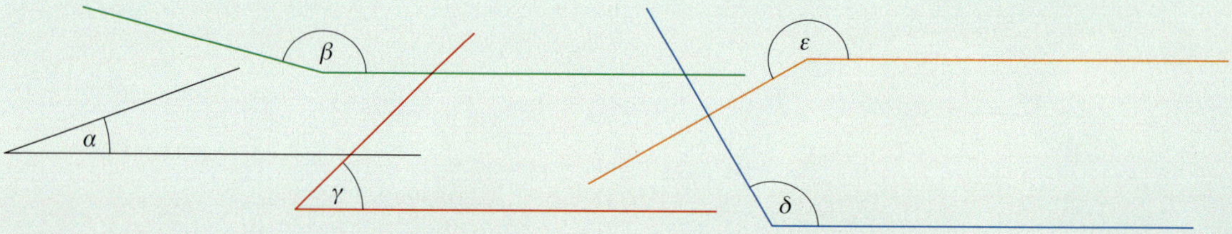

3 Kennst du dich mit Winkeln aus?

a) Erkläre: Scheitelpunkt, Schenkel, rechter Winkel, Vollwinkel, gestreckter Winkel.

b) Zeichne Winkel mit den Größen: 35°, 72°, 90°, 108°, 145°, 180°, 215°, 252°.

4 Gib die Anteile in Bruch-, Dezimalbruch- und Prozentschreibweise an.

		Bruch	Bruch mit Nenner 100	Dezimalbruch	Anteil in Prozent
	17 von 20	$\frac{17}{20}$	$\frac{85}{100}$	0,85	85 %
a)	3 von 10				
b)	23 von 50				
c)	320 von 400				
d)	5 von 250				

5 Welcher Bruchteil ist orange eingefärbt? Gib in Bruch- und Prozentschreibweise an.

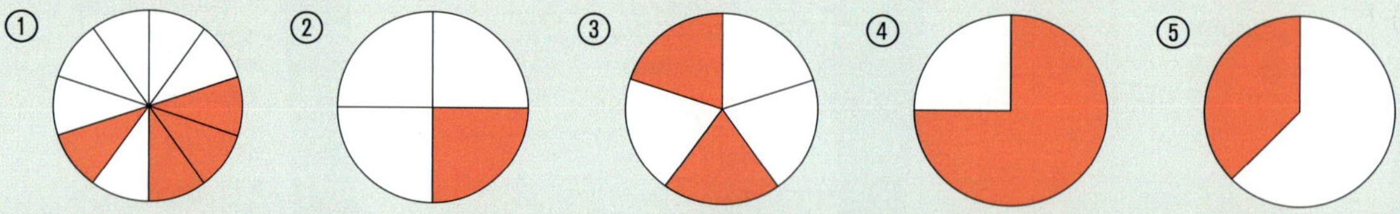

Bunt gemischt

1. Berechne vorteilhaft im Kopf: $38 + 57 + 243 + 46 + 62$
2. Begründe, ob richtig oder falsch: Wird ein Kreis in fünf gleich große Kreisteile unterteilt, so hat jedes Kreisteil eine Winkelgröße von 75°.
3. Berechne: $6 \cdot 2 + 7 \cdot 3 + 8 \cdot 4$
4. Welches Rechengesetz lässt sich bei der Lösung von $7 \cdot 12 + 13 \cdot 12$ nutzen? Berechne.

Arithmetisches Mittel und Median

Erforschen und Entdecken

1 Du findest hier die Ergebnisse von drei unterschiedlichen Klassenarbeiten.
a) Welche Darstellungsform findest du am übersichtlichsten?
b) Handelt es sich bei der Benotung von Klassenarbeiten um eine Zuordnung? Begründe.
c) Stelle die Ergebnisse aller Klassenarbeiten als Strichliste mit Häufigkeitstabelle und als Säulendiagramm dar.
d) Welche Klassenarbeit ist am besten ausgefallen? Begründe.

1. Klassenarbeit (Eintrag im Notenbuch)

Klasse: 6a Kl.-Arbeit		1	2	11	Littmann, Michael	5	
Nr.	Name			12	Mencük, Mehmet	4	
1	Albrecht, Tanja	4		13	Niessen, Lisa	3	
2	Bülbül, Reham	3		14	Özyurt, Adi	2	
3	Cipollo, Daniela	2		15	Paglino, Vita	4	
4	Dammer, Tim	4		16	Reimers, Sebastian	2	
5	Ehlers, Jessica	3		17	Schuster, Jens	4	
6	Faber, Denis	3		18	Sentürk, Yüksel	3	
7	Grabitzky, Anna	4		19	Starowicz, Claudia	3	
8	Hansen, Katharina	1		20	Theißen, Florian	3	
9	Hartmann, Moritz	3		21	Wynhoff, Simone	5	
10	Kamps, Tobias	4		22	Ziegler, Jan	2	

2. Klassenarbeit (Klassenspiegel)

1	2	3	4	5	6
1	4	9	9	6	0

3. Klassenarbeit (Säulendiagramm)

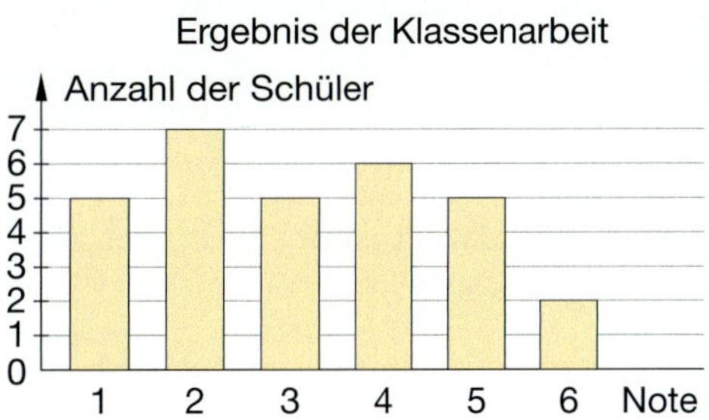

2 Bei den Bundesjugendspielen erreichten die Jungen der Klasse 7 a folgende Punktzahlen:
784, 698, 790, 812, 770, 724, 956, 756, 708, 732, 911, 925, 992

Die Jungen der Parallelklasse 7 b erzielten folgende Ergebnisse:
678, 753, 761, 965, 1044, 997, 623, 1010, 644, 872, 673

a) Sortiere die Punktzahlen der Klassen aufsteigend nach ihrer Größe.
b) Bestimme für beide Klassen getrennt die Anzahl der Schüler, die keine Urkunde, eine Siegerurkunde und eine Ehrenurkunde erhalten.
c) Bestimme für die beiden sortierten Datenreihen jeweils den Wert, der in der Mitte steht.
d) Felix aus der 7 a meint, dass seine Klasse besser war. Moritz aus der 7 b sagt dasselbe für seine Klasse. Finde Argumente für beide Ansichten. Nutze deine Ergebnisse aus b) und c).

NACHGEDACHT
Informiere dich bei einem Sportlehrer oder im Internet, wie viele Punkte du für eine Urkunde benötigst.

Lesen und Verstehen

Tina möchte die Durchschnittsnote ihrer Klassenarbeiten berechnen.
Sie hat bisher folgende Noten geschrieben: 2, 5, 3, 1 und 2.

Den größten Wert der erhobenen Daten nennt man das **Maximum**.
Der kleinste Wert heißt **Minimum**.
Die **Spannweite** bezeichnet die Differenz zwischen Maximum und Minimum.

BEISPIEL 1
2, 5, 3, 1, 2 (Datenreihe)
5 ist das Maximum,
1 ist das Minimum.
Spannweite: $5 - 1 = 4$

Vergleicht man Datenreihen, sind Mittelwerte von großer Bedeutung, insbesondere, wenn die Anzahl der Daten unterschiedlich groß ist. Es gibt zahlreiche verschiedene Mittelwerte.

Ein Mittelwert ist das **arithmetische Mittel (Durchschnitt)**. So berechnet man es:
- Alle Werte der Datenreihe werden addiert.
- Die Summe wird durch die Anzahl der Werte dividiert.

Der **Modalwert** ist der Wert, der am häufigsten auftritt.

Ein weiterer Mittelwert ist der **Median (Zentralwert)**. Er liegt in der Mitte der sortierten Datenreihe.
Bei einer **geraden** Anzahl von Daten wird der Median als arithmetisches Mittel der beiden mittleren Werte berechnet.

BEISPIEL 2
$2 + 5 + 3 + 1 + 2 = 13$
$13 : 5 = 2{,}6$

oder $\frac{2+5+3+1+2}{5} = \frac{13}{5} = 2{,}6$

Das arithmetisches Mittel ist 2,6.

zweimal: 2; einmal: 1, 3, 5
Der Modalwert ist 2.

1, 2, **2**, 3, 5 (sortierte Datenreihe)
Der Median ist 2.

Tina bekommt noch eine 3.
1, 2, **2**, **3**, 3, 5 (sortierte Datenreihe)
Median: $\frac{2+3}{2} = 2{,}5$

Basisaufgaben

1 Berechne das arithmetische Mittel und den Median der Datenreihen.
a) 8, 7, 3, 3, 4
b) 5, 3, 6, 10
c) 42, 66, 15, 74, 38
d) 26, 48, 39, 77, 52, 70

2 Bei einer Klassenarbeit erhielten die Schülerinnen und Schüler folgende Noten:
3, 2, 1, 4, 5, 4, 3, 4, 4, 1, 4, 3, 2, 5, 3, 3, 5, 4, 4, 2, 2, 3, 5, 3, 3, 1.
Bestimme das arithmetische Mittel, den Modalwert und den Median der Datenreihe.

3 Dies ist das Ergebnis einer Klassenarbeit.

1	2	3	4	5	6
3	5	9	10	2	1

a) Wie viele Zweien gab es?
b) Wie viele Schüler haben mitgeschrieben?
c) Lässt sich der Notendurchschnitt der Klasse mit Rechnung ① oder ② berechnen? Begründe.
① $(3 + 5 + 9 + 10 + 2 + 1) : 6 = 30 : 6 = 5$
② $(3 \cdot 1 + 5 \cdot 2 + 9 \cdot 3 + 10 \cdot 4 + 2 \cdot 5 + 1 \cdot 6) : 30 = 96 : 30 = 3{,}2$

4 Berechne den Notendurchschnitt.

Note	1	2	3	4	5	6
Anzahl	2	7	9	9	3	0

5 Auf Ayshes Zeugnis steht zweimal die Note „sehr gut“, viermal „gut“, dreimal „befriedigend“ und einmal „ausreichend“. Berechne Ayshes Notendurchschnitt.

6 Familie Martinez macht mit ihren Kindern in den Ferien eine viertägige Fahrradtour. Katrin Martinez liest jeden Abend auf ihrem Tachometer die gefahrene Streckenlänge ab:
1. Tag: 48 km 2. Tag: 52 km
3. Tag: 40 km 4. Tag: 36 km
Wie viele Kilometer ist Familie Martinez im Durchschnitt täglich gefahren?

7 Bestimme die Spannweite der Daten.
a) 14,3 ℓ; 7,8 ℓ; 21,4 ℓ; 33,6 ℓ; 17,9 ℓ; 32,4 ℓ
b) 8,2 m; 4,6 m; 5,2 m; 7,5 m; 9,1 m; 6,4 m
c) 17,8 m; 20,4 m; 16,3 m; 20,8 m; 18,7 m

8 Am 13. Juni wurden in Teltow folgende Temperaturen gemessen:

Uhrzeit	0	6	12	18
Temperatur	13 °C	14 °C	16 °C	15 °C

Berechne das arithmetische Mittel und den Median. Zeichne ein Säulendiagramm.

9 Gib eine Datenreihe mit drei (vier) unterschiedlichen Werten an, die folgende Eigenschaft besitzt:
a) Das arithmetische Mittel ist 5.
b) Das arithmetische Mittel ist 6,5.
c) Das arithmetische Mittel ist 9 und der Median ist 10.

10 Berechne die Jahresdurchschnittstemperatur, also das arithmetische Mittel der Monatstemperaturen.

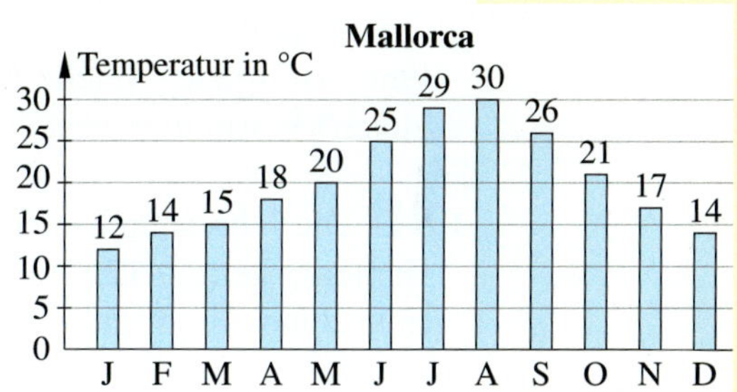

Weiterführende Aufgaben

11 Kira hat Niederschlagsmengen in Berlin und Acapulco (Mexiko) recherchiert.

Berlin-Tempelhof:

Januar	30 mm
Februar	9 mm
März	18 mm
April	21 mm
Mai	86 mm
Juni	40 mm

Juli	61 mm
August	32 mm
September	27 mm
Oktober	38 mm
November	6 mm
Dezember	53 mm

Acapulco:

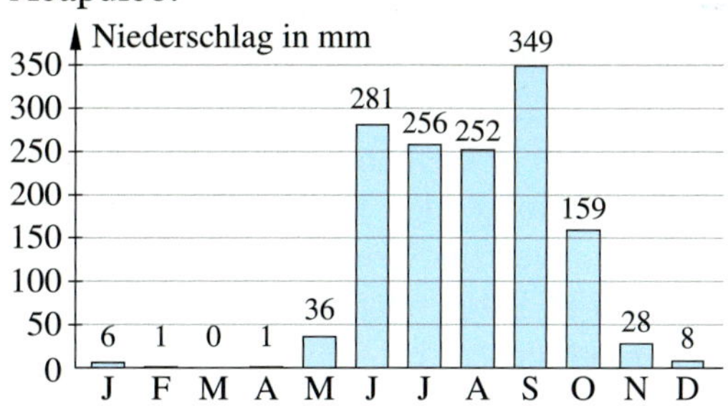

a) Bestimme jeweils die durchschnittliche Niederschlagsmenge pro Monat und den Median.
b) Welcher Mittelwert ist bei diesen Beispielen für Vergleichszwecke besser geeignet?

12 Jens und Clara spielen Bowling.

Runde	1	2	3	4
Jens	70	61	130	82
Clara	82	81	86	90

Wer hat deiner Meinung nach besser gespielt? Begründe.

13 Der Klassenspiegel ist unvollständig.

1	2	3	4	5	6
4	7	8			2

Der Notendurchschnitt lag genau bei 3,1 und 30 Schüler haben die Arbeit geschrieben. Wie viele Schüler hatten eine 4 bzw. eine 5?

14 Anna hat in den ersten beiden Mathematikarbeiten dieses Schuljahres eine 2 und eine 4 geschrieben.
Bis zum Halbjahreszeugnis wird noch eine Arbeit geschrieben.
Kann Anna für ihre schriftlichen Leistungen im Durchschnitt noch eine 2,0 erreichen?

15 Vergleiche die Aussagen.
① Marco Reus schoss an den vergangenen fünf Spieltagen fünf Tore.
② Marco Reus schoss in jedem der vergangenen fünf Spiele ein Tor.
③ Marco Reus schoss an den vergangenen fünf Spieltagen durchschnittlich ein Tor pro Spiel.
Finde Beispiele. Welche Aussagen sind gleich? Worin unterscheiden sie sich?

16 Die Jahresdurchschnittstemperatur in Hamburg beträgt 12,8°C. Am kältesten ist es im Januar und im Februar mit durchschnittlich 4°C. Die wärmsten Monate sind Juli und August mit 22°C.
a) Gib mögliche Durchschnittstemperaturen für die fehlenden Monate an.
Erkläre, wie du vorgegangen bist.
b) Vergleicht in kleinen Gruppen und einigt euch auf ein Ergebnis.
c) Recherchiert die realen Werte und vergleicht eure Lösung damit.

17 Erstellt in kleinen Gruppen ein Plakat zu einem der folgenden Themen: Durchschnittsberechnungen im Sport oder am Menschen oder bei Pflanzen oder bei Fahrzeugen oder in der Schule.

18 Gib je eine Datenreihe mit 10 (mit 15) Daten an, für die gilt:
a) Der Median ist 5.
b) Das arithmetische Mittel ist 10.
c) Der Median ist 5 und das arithmetische Mittel ist 10.

19 Dies ist der Klassenspiegel der letzten Deutscharbeit:

Anzahl	1	2	3	4	5	6
Note	3	7	9	7	3	–

Derya behauptet ohne zu rechnen, dass der Klassendurchschnitt 3,0 ist.
Ist Deryas Behauptung richtig?
Begründe. Wie ist Derya vorgegangen?

20 Dies sind die Ergebnisse der Mathearbeit von drei 7. Klassen.

①

1	**2**	**3**	**4**	**5**	**6**
0	0	15	15	0	0

②

1	**2**	**3**	**4**	**5**	**6**
3	4	7	8	7	1

③

1	**2**	**3**	**4**	**5**	**6**
2	11	1	5	8	3

a) Bestimme den Klassendurchschnitt für jede der drei Klassenarbeiten.
b) Gib zwei weitere Klassenspiegel für eine Klasse mit 30 Schülern an, die den gleichen Klassendurchschnitt haben.
c) Gib drei verschiedene Klassenspiegel mit einem Klassendurchschnitt von 3,0 an.
d) Welche Informationen werden durch die Angabe des Durchschnittswertes verschleiert?

21 Sind die Aussagen sinnvoll?
Begründe deine Antworten.
a) Der Durchschnitt der Hausnummern von Emil, Tino und Lena beträgt 8,5.
b) Mayas Klasse hat bei den Bundesjugendspielen durchschnittlich 834 Punkte pro Schülerin/Schüler erreicht.
c) Finde Beispiele, bei denen Durchschnittswerte nicht sinnvoll sind.

Absolute und relative Häufigkeit

Erforschen und Entdecken

1 Julian und Felipe spielen leidenschaftlich gerne Basketball. Beide trainieren Freiwürfe. Julian hat 25-mal geworfen und dabei 14-mal den Korb getroffen. Felipe hat nur 11-mal den Korb getroffen. Julian behauptet: „Dann bin ich wohl der bessere Freiwerfer!“
Felipe hingegen meint: „Nur weil du häufiger getroffen hast, heißt das noch lange nicht, dass du erfolgreicher warst als ich!“

a) Welche Information musst du besitzen, um die Leistung von Julian und Felipe gerecht miteinander vergleichen zu können?
b) Setze den Dialog zwischen Julian und Felipe so fort, dass Julian am Ende einsehen muss, dass Felipe der bessere Freiwerfer ist.

2 Die Polizei kontrolliert an den Schulen die Verkehrssicherheit von Fahrrädern.

	Sekundarschule	Berufsschule	Grundschule	Gymnasium
Gesamtanzahl der untersuchten Räder	120	120	60	90
Anzahl der Räder mit Mängeln	18	36	15	18

a) Begründe, dass die Sekundarschule bei der Kontrolle besser abschneidet als die Berufsschule und das Gymnasium.
b) Ordne die Aussagen den Schulen zu:
„Jeder vierte Schüler hatte Mängel am Rad.“ „15 % der Räder wiesen Mängel auf.“
„7 von 10 Fahrrädern waren ohne Mängel.“ „80 % der Räder hatten keine Mängel.“
c) Welche Schule hat bei der Kontrolle am besten, welche am schlechtesten abgeschnitten?

3 Die Klassen 7 a und 7 b haben jeweils ihren Klassensprecher gewählt.

Ergebnis in der Klasse 7 a:

Ergebnis in der Klasse 7 b:

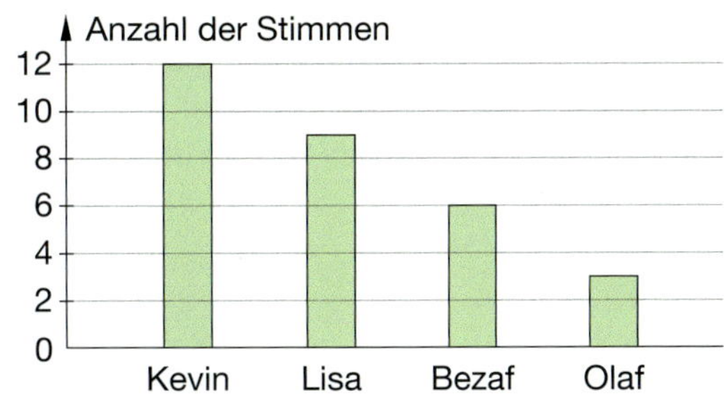

a) Wie viele Schülerinnen und Schüler haben in der 7 a gewählt?
b) Stelle die Ergebnisse der Klassensprecherwahl in der 7 a in einem Säulendiagramm dar.
c) Wie viele Schülerinnen und Schüler der 7 a haben Max gewählt?
Gib ihren Anteil in Prozent an.
d) Stelle die Ergebnisse der Wahl in der 7 b in einer Häufigkeitstabelle dar.
e) Gib den Anteil der Schülerinnen und Schüler der 7 b an, die Kevin gewählt haben.
f) Max aus der 7 a und Kevin aus der 7 b streiten sich, wer das bessere Wahlergebnis erzielt hat.
Beschreibe, wie die beiden argumentieren.

Lesen und Verstehen

Özil verwandelte 9 seiner letzten 12 Elfmeter, Schweinsteiger 7 der letzten 8.

Möchte man Ereignisse vergleichen, so sind dafür die Anzahlen (**absolute Häufigkeiten**) wegen der meist unterschiedlichen Gesamtzahlen ungeeignet.

Zum Vergleich von Ereignissen dividiert man die absoluten Häufigkeiten durch die Gesamtzahl aller Ereignisse und erhält so die **relativen Häufigkeiten**.

$$\text{relative Häufigkeit eines Ereignisses} = \frac{\text{absolute Häufigkeit des Ereignisses}}{\text{Gesamtzahl aller Ereignisse}}$$

Relative Häufigkeiten kann man als Bruch oder in Prozent angeben.

BEISPIEL

Özil: $\frac{9}{12} = \frac{3}{4} = \frac{75}{100} = 75\,\%$ Schweinsteiger: $\frac{7}{8} = 7 : 8 = 0{,}875 = 87{,}5\%$

Schweinsteiger ist in diesem Fall der erfolgreichere Elfmeterschütze.

Basisaufgaben

BEACHTE
Die Lösungen zu Aufgabe 4 ergeben in der richtigen Reihenfolge den Namen einer europäischen Hauptstadt. Zu welchem Land gehört die Stadt?
0,03 (U); 0,05 (A); 0,2 (H); 0,25 (C); 0,3 (S); 0,4 (R); 0,6 (W); 0,75 (A)

1 Berechne die relativen Häufigkeiten und vergleiche.

Schule	St. Georg	Marienschule	Liebfrauen
Räder mit Mängeln	24	15	12
untersuchte Räder	100	50	60

2 Vergleiche jeweils beide relativen Häufigkeiten.

a) 5 Gewinne auf 20 Lose – 7 Gewinne auf 25 Lose
b) 4 Körbe von 8 Würfen – 6 Körbe von 15 Würfen
c) 9 von 30 Schülern – 16 von 50 Schülern
d) 12 von 15 Stimmen – 15 von 20 Stimmen

3 Piet und Lukas sind Torhüter. Piet hat drei der letzten zehn Elfmeter gehalten, Lukas zwei von acht Elfmetern.

a) Gib für Piet und Lukas die relativen Häufigkeiten der gehaltenen Elfmeter an.
b) Für welchen Torwart sollte sich der Trainer beim Elfmeterschießen entscheiden?

4 Berechne die relative Häufigkeit.

a) 3 von 5 **b)** 15 von 20
c) 30 von 75 **d)** 60 von 200
e) 51 von 204 **f)** 42 von 210
g) 9 von 180 **h)** 21 von 700

5 Welche Aussagen gehören zusammen?

4 %	20 von 500	4 von 20
25 %	jeder Vierte	20 %
jeder 25.	20 von 80	jeder Fünfte

6 Finde zu den Beispielen andere Zahlenangaben mit der gleichen relativen Häufigkeit.

BEISPIEL 5 von 15 Kindern sind Jungen.
$\frac{5}{15} = \frac{1}{3} = \frac{3}{9}$ 3 von 9 Kindern sind Jungen.

a) 16 Lose von 64 gewinnen.
b) Es sind unter 125 Menschen 3 Rothaarige.
c) 5 von 120 Schrauben sind defekt.
d) 7 von 25 Bäumen sind krank.
e) Von 10 T-Shirts sind 6 rot.

Weiterführende Aufgaben

7 Arbeitet zu zweit. Einer würfelt 20-mal und notiert die Anzahl der geworfenen Sechsen. Der andere würfelt 25-mal und notiert ebenfalls die Sechsen.

a) Berechnet die relative Häufigkeit, mit der jeder von euch eine „Sechs" geworfen hat. Vergleicht eure Ergebnisse.

b) Ändert nun die Anzahl der Würfe auf 12 und 15. Vergleicht erneut eure Ergebnisse. Was fällt euch auf?

c) Bei welcher Anzahl von Würfen ist die Angabe der relativen Häufigkeit besonders einfach? Begründe.

8 Untersuche verschiedene Texte.

a) Wähle einen kurzen deutschsprachigen Text mit mindestens 30 Wörtern.

b) Zähle zunächst alle Buchstaben insgesamt. Erstelle eine Häufigkeitstabelle für die Buchstaben E, N, R, A und Y.

c) Bestimme die relative Häufigkeit, mit der jeder der Buchstaben E, N, R, A und Y im Text vorkommt.

d) Präsentiere und vergleiche dein Ergebnis.

e) Untersuche nun die relative Häufigkeit der Buchstaben E, N, R, A und Y in einem kurzen englischsprachigen Text mit mindestens 30 Wörtern.

f) Sucht im Internet nach Angaben über relative Häufigkeiten für Buchstaben in der deutschen sowie der englischen Sprache und vergleicht die Resultate mit euren Ergebnissen.

9 Auf der Fahrt in den Urlaub haben Sina und Eileen Langeweile. Daher zählen sie Autos. Eileen hat 6 blaue, 8 schwarze, 6 weiße, 2 rote und 10 andersfarbige Autos gezählt. Sina hat 5 Mercedes, 8 VWs, 3 Fiats, 2 BMWs und 6 andere Automarken gezählt. Überprüfe die Behauptungen:

a) Auf der Autobahn sind mehr blaue Autos als VWs unterwegs.

b) Die relative Häufigkeit für einen Fiat ist größer als für ein rotes Auto.

c) Überlege dir ähnliche Aufgaben und lasse sie von deinem Tischnachbarn lösen.

10 Die Polizei kontrolliert häufig die Geschwindigkeit der Kraftfahrzeuge in der Nähe von Schulen und Kindergärten. Diese Daten wurden bisher gesammelt:

Straße	Gesamtzahl der kontrollierten Fahrzeuge	Zahl der Fahrzeuge mit überhöhter Geschwindigkeit
Boxgraben	550	11
Lindenstr.	800	20
Kiefernweg	600	30
Tulpenweg	900	54
Jahnstr.	520	26
Südring	1300	39
Berliner W.	500	35

In welchen vier Straßen sollte die Polizei ihre Kontrollen verstärkt durchführen?

11 Die Zusammensetzung von Nahrungsmitteln wird in Eiweiß, Fett und Kohlenhydraten angegeben. Die Energie eines Nahrungsmittels wird häufig noch in Kilokalorie angeführt.

	Eiweiß in g	Fett in g	Kohlenhydrate in g	Energie in kcal
125 g Butter	1,25	100	1,25	955
200 g Bananen	2	–	36	162
60 g Chips	3	24	28	318
100 g Würstchen	15	26	–	296
20 g Schnittkäse	5	6	1	79
250 g Brötchen	23	5	125	657

a) Welches der Lebensmittel enthält relativ gesehen am meisten (am wenigsten) Eiweiß, Fett und Kohlenhydrate?

b) Sortiere die Nahrungsmittel nach ihrem Energiegehalt (pro 100 g) und erstelle dazu ein Diagramm.

c) Suche zu Hause oder im Supermarkt nach den Zusammensetzungen weiterer Lebensmittel und vergleiche die Angaben. Musst du die relative Häufigkeit berechnen? Begründe.

BEACHTE
1 Kilokalorie (1 kcal) ist die Energiemenge, die nötig ist, um einen Liter Wasser um ein Grad zu erwärmen.

Methode: Boxplots

BEACHTE
monatliche Handykosten:
Stefan: 13 €
Bezaf: 20 €
Claudius: 40 €
Andre: 7 €
Florian: 30 €
Chantal: 30 €
Annabel: 15 €
Gracia: 10 €
Marco: 5 €
Vladimir: 25 €
Annina: 12 €
Isabelle: 15 €
Marvin: 35 €

Eine Möglichkeit, die Verteilung der Daten und die Kenngrößen Maximum, Minimum und Median in einer Grafik darzustellen, bietet der Boxplot. Rechts ist der Boxplot zum Thema „monatliche Handykosten" von Schülerinnen und Schülern eines 7. Jahrgangs abgebildet (Datengrundlage siehe Randspalte).
Um einen Boxplot zu erstellen, benötigt man fünf Werte: Minimum, Maximum und Median sowie noch zusätzlich die beiden **Viertelwerte (Quartile)**. Die Viertelwerte werden nach dem gleichen Verfahren bestimmt wie der Median, nur eben auf die untere bzw. obere Hälfte der Daten bezogen. Bei ungerader Anzahl von Daten wird der Median zu beiden Hälften mitgezählt.

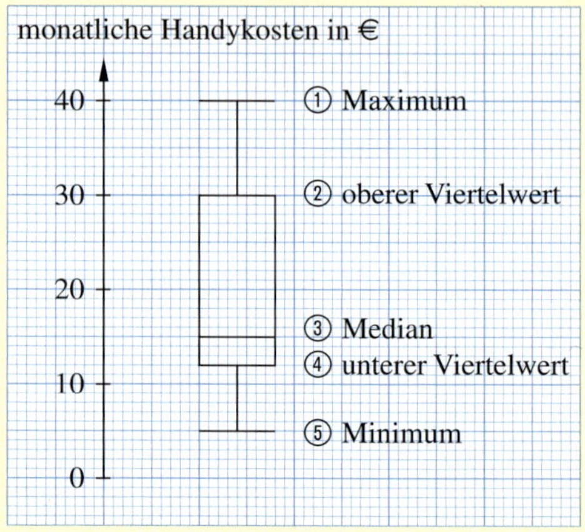

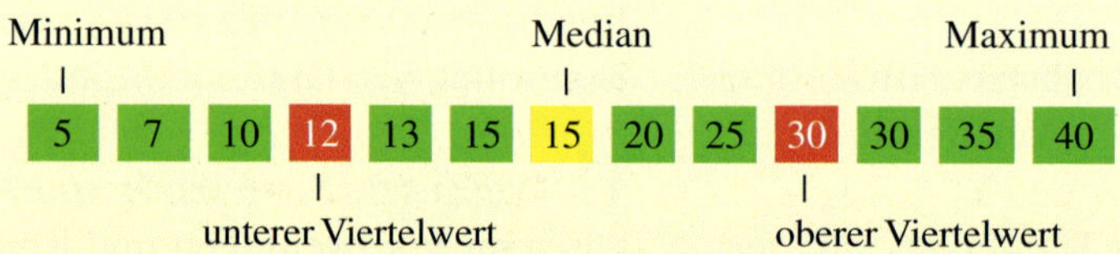

Die beiden Viertelwerte bilden jeweils die Begrenzungen der Box. In der Box befinden sich auf diese Weise die mittleren 50 % der Daten. Durch die Begrenzungen der beiden von der Box ausgehenden Antennen wird die gesamte Spannweite, d. h. die Differenz zwischen Maximum und Minimum, dargestellt.

BEACHTE
zu Aufgabe 1:
30 min
40 min
50 min
60 min
65 min
70 min
90 min
120 min
120 min
140 min
145 min
180 min
180 min

1 In der Randspalte siehst du Zeitangaben zum täglichen Fernsehkonsum von Schülerinnen und Schülern einer 7. Klasse. Zeichne den zugehörigen Boxplot.

2 Denise, Jacqueline und Kai testen ihre Reaktionszeit. Das Messgerät zeigt die Werte in Zehntelsekunden an.
Denise: 16; 12; 17; 2; 13; 6; 10; 10; 11; 10
Jacqueline: 11; 10; 6; 15; 7; 5; 7; 20; 14; 9
Kai: 14; 11; 18; 12; 16; 15; 15; 19; 17; 18
Zeichne die drei dazugehörigen Boxplots.

3 Simone und Henning nehmen an einem Reaktionstest teil. Die Ergebnisse ihrer zehn Versuche sind in den rechts abgebildeten Boxplots dargestellt.
Was kannst du aus den Boxplots über die Reaktionszeiten von Simone und Henning ablesen? Begründe.

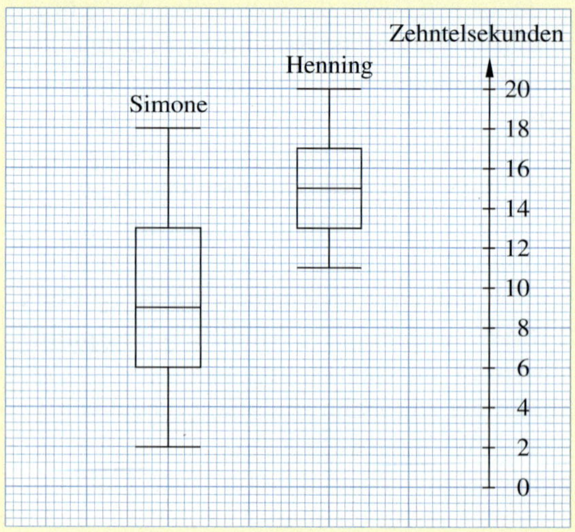

Methode: Kreisdiagramme mit dem Computer erstellen

Kreisdiagramme lassen sich auch mit dem Computer erstellen. Dazu kannst du z. B. ein **Tabellenkalkulationsprogramm** nutzen.

Name des Spielers	Stimmen
Ronaldo	26
Neuer	19
Robben	9

Hier wird das Ergebnis der Wahl zu Europas Fußballer des Jahres 2014 mit Hilfe des Programms Excel dargestellt.

Die Tabelle wird in das Tabellenkalkulationsprogramm übertragen und markiert.
Zum Markieren klickt man das linke obere Feld der Tabelle (**A1**, Eintrag „Name des Spielers") mit der linken Maustaste an und zieht die Maus bei gedrückter linker Maustaste bis zur unteren rechten Ecke der Tabelle.

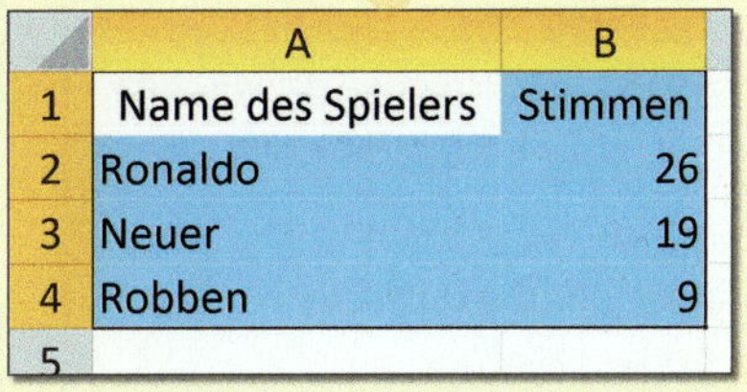

Über der Tabelle befindet sich die Menüleiste.
Klickst du auf „Einfügen", öffnet sich ein Menüband.

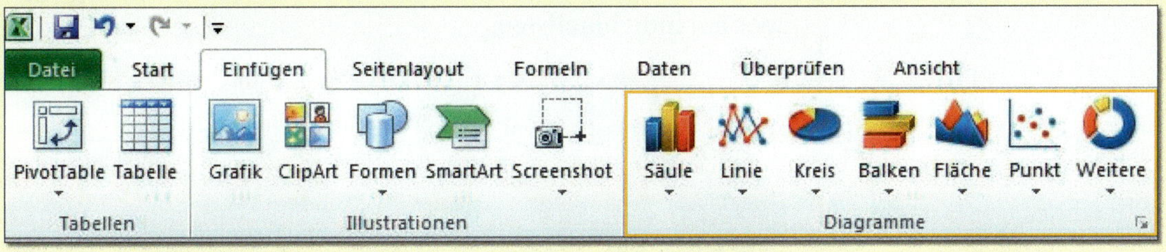

Im Bereich Diagramme (siehe gelbe Umrandung) kann man nun zwischen verschiedenen Diagrammtypen wählen.
Wenn du ein Kreisdiagramm zeichnen möchtest, klickst du auf den Button  .

Dann öffnet sich die Auswahl der verfügbaren Kreisdiagramme.

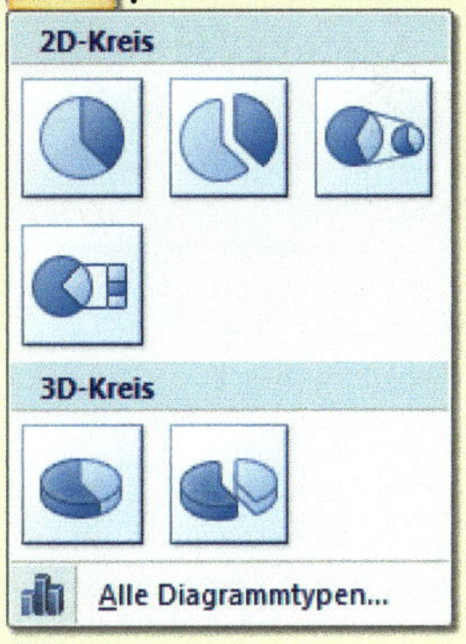

Wählt man die erste Kreisdiagrammart aus, so sieht das Diagramm wie rechts abgebildet aus.

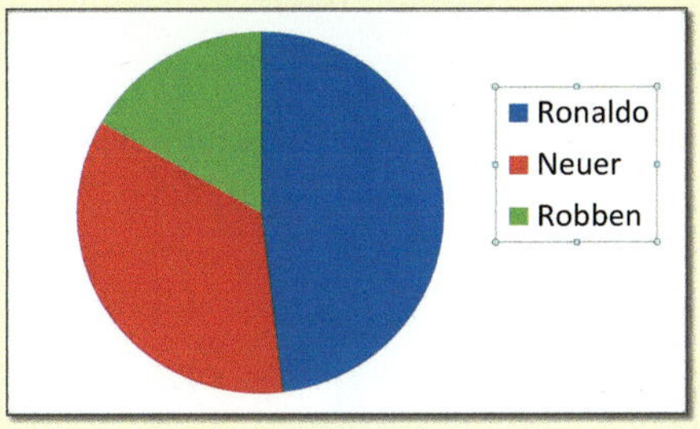

Nun kann man noch beliebige Anpassungen vornehmen. Du kannst beispielsweise die Überschrift oder die Farbe der Kreisteile ändern. Außerdem können Beschriftungen hinzugefügt werden.

Das fertige Diagramm könnte dann z. B. auch wie in der Abbildung rechts aussehen.

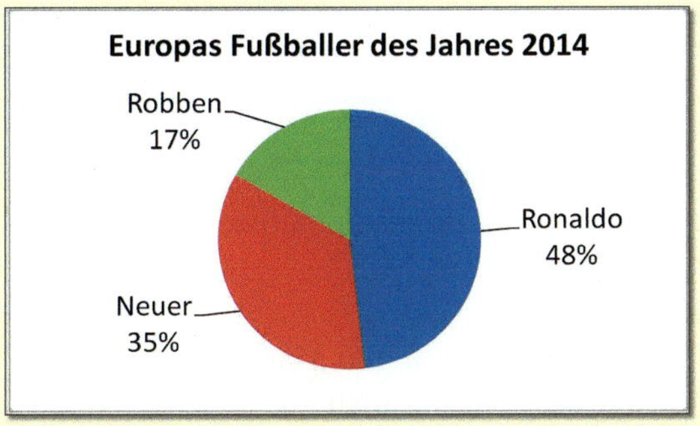

Eigene Umfragen

Anna und Tim haben einen Fragebogen zum Thema „ Gefühle“ entwickelt.

Fragebogen ❑ w ❑ m

1. Ist es schwer für dich Gefühle zu zeigen?
   ❑ Ja ❑ Nein
2. Du siehst, wie sich zwei Leute ernsthaft prügeln. Wie reagierst du?
   ❑ Ich fühle mich hilflos. ❑ Ich gehe dazwischen.
   ❑ Ich habe Angst. ❑ Ich mache mit.
   ❑ Ich feure sie an.
3. Was war das stärkste Gefühl, das du je erlebt hast?
   Positives: ______________________
   Negatives: ______________________
4. Fühlst du dich mit Figuren eines Films verbunden oder hast du Abstand dazu?
   ❑ Ich fühle sehr mit.
   ❑ Ich habe Abstand.
   ❑ unterschiedlich
5. Lässt du dich schnell provozieren?
   ❑ Ja ❑ Nein
6. Was ist mehr an deinen Entscheidungen beteiligt? Kreuze an.
   Kopf <--------------------> Bauch

Zunächst haben sie überlegt, was abgefragt werden soll:
- Mit welchem Thema befasst sich der Fragebogen?
- Erfassen die Fragen auch das, was wir erfahren möchten?

Das ist deswegen so wichtig, weil die Datenerhebung die Grundlage für die Auswertung und die Darstellung der Ergebnisse bildet.

Ein Fragebogen sollte folgende Kriterien erfüllen:

Er sollte gut verständlich und in seinen Fragen eindeutig sein.
Er sollte möglichst gut auszuwerten sein.
Das ist der Fall, wenn man Antworten oder eine Skala zum Ankreuzen vorgibt.
Am schwersten auszuwerten sind offene Fragen. Diese sind aber am individuellsten.

Anschließend haben Anna und Tim mit ihrem Kurs den Fragebogen ausgewertet.
In den drei Diagrammen haben sie das Ergebnis zur Frage 4 „Fühlst du dich mit den Figuren eines Films verbunden oder hast du Abstand dazu?“ anschaulich dargestellt.

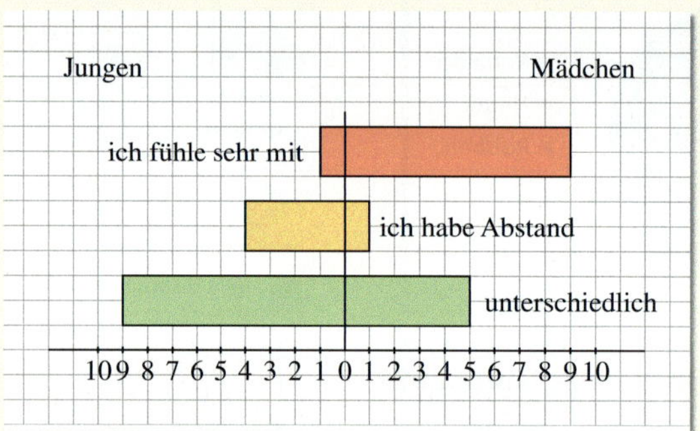

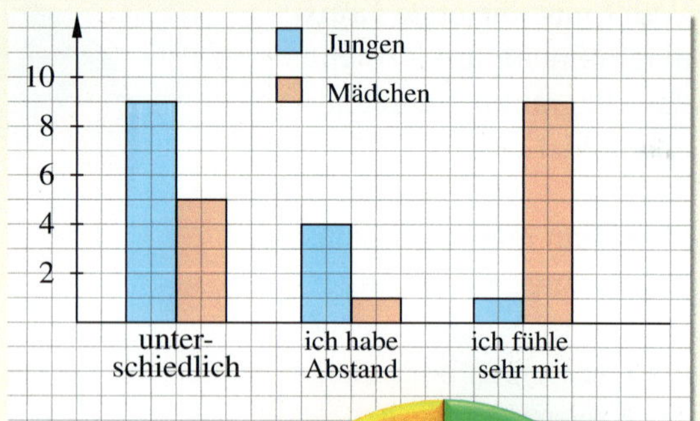

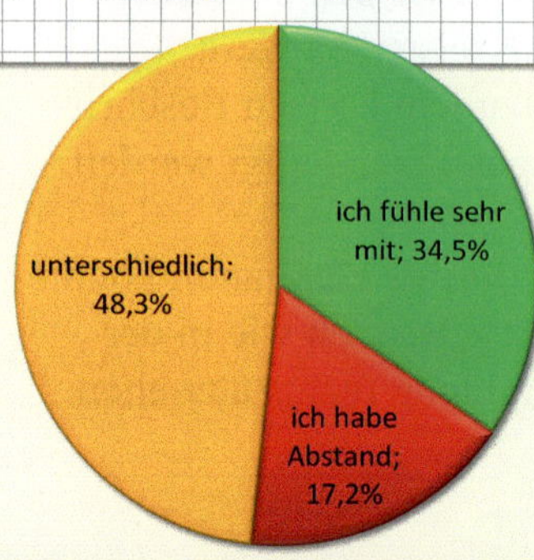

1 Untersuche die drei Diagramme.
Bei welchem Diagramm kann man am einfachsten
a) die absoluten Häufigkeiten ablesen?
b) die relativen Häufigkeiten ablesen?
c) die Unterschiede zwischen Jungen und Mädchen ablesen?
d) Kann man auch Mittelwerte bestimmen?

Wenn man bei der Auswertung einer Umfrage auch Mittelwerte angeben will, müssen die Antworten Zahlen oder Werte einer Skala sein.

Form der Antwort	**Antwort auf die Frage ist eine Zahl**	**Vorgabe mehrerer Antwortmöglichkeiten**	**Vorgabe einer Skala zum Ankreuzen**
Beispielfrage	Wie viel Zeit verbringst du täglich in sozialen Netzwerken?	Wie oft essen deine Eltern und du gemeinsam Abendbrot?	Welche Bedeutung hat die Nutzung von E-Mails für dich?
Antwort	1,5 h	❑ immer ↓ 3 ☒ oft ↓ 2 ❑ selten ↓ 1 ❑ nie ↓ 0	wichtig ↓ 5 — ✗ — unwichtig ↓ 0
Zahl der Datenreihe	90	2	3,5

Die Antworten zu den verschiedenen Fragen können nach einer Umfrage als Datenreihe dargestellt und Mittelwerte berechnet werden. Dadurch ist die Auswertung in der Regel genauer.

2 Bei der Frage „Wie oft essen deine Eltern und du gemeinsam Abendbrot?“ mit den Zahlwerten 3 für immer, 2 für oft, 1 für selten und 0 für nie, ist das arithmetische Mittel der Antworten 1,2. Was bedeutet das?

3 Beurteilt die vier Fragebögen unten auf der Seite.
a) Mit welchem Thema beschäftigt sich der Fragebogen?
b) Was ist gut, was müsste verbessert oder verändert werden? Was fehlt?

4 Arbeitet in kleinen Gruppen. Wählt gemeinsam ein Thema für eine Umfrage aus.
a) Erstellt einen Fragebogen zu eurem Thema, der mindestens 4 Fragen enthält. Verwendet dabei Fragen mit vorgegebenen Antwortmöglichkeiten und Skalen zum Ankreuzen. Führt die Umfrage durch.
b) Wertet die erhaltenen Daten aus, berechnet dabei auch Mittelwerte und stellt die Ergebnisse in Diagrammen dar.

Fragebogen 1

Lieblingsserie

____

Lieblingssendung

____

Fernsehzeit pro Tag:
❑ bis 1 Stunde
❑ 1,5 bis 2 Stunden
❑ 2,5 bis 3 Stunden
❑ mehr als 3 Stunden

Fragebogen 2

Meine Mutter ist …
locker <––––––––––> streng

Mein Vater ist …
locker <––––––––––> streng

Wer hat mehr Einfluss auf mich?
Mutter <––––––––––> Vater

Fragebogen 3

Taschengeld

Ich bin ❑ w ❑ m

Pro Woche bekomme ich
________ €.

Ausgaben pro Woche für …
Süßigkeiten ________ €
Freizeit/Kino ________ €
Klamotten ________ €
Sonstiges ________ €

Fragebogen 4

Kleidung ist für mich …
❑ wichtig ❑ unwichtig

Make-up finde ich …
❑ gut ❑ egal
❑ überflüssig

Markenkleidung sagt mir über den, der sie trägt:
❑ Er hat Stil.
❑ Er hat Geld.
❑ Er will angeben.
❑ Er hat keinen Mut.
❑ Er sieht gut aus.

Vermischte Übungen

1 360 Schülerinnen und Schüler einer Schule beteiligten sich an einer Umfrage zur Qualität des Essenangebots:

sehr gut	160	schlecht	45
gut	80	weiß nicht	15
mittelmäßig	60		

a) Gib die relative Häufigkeit der Stimmen für die Wertungen als Bruch und in Prozent an. Runde auf die erste Nachkommastelle.
b) Zeichne zu den Werten ein Kreisdiagramm.
c) Mattis meint: „Um das Kreisdiagramm zu zeichnen, musste ich gar nicht rechnen!“ Was meint Mattis damit?

2 Bei Wahlen ist es üblich die Gewinne und Verluste zur jeweils letzten Wahl in einem Säulendiagramm mit zwei Datenreihen darzustellen. Im Diagramm abgebildet sind die Gewinne und Verluste einiger Parteien bei der Europawahl 2014 in Prozent.

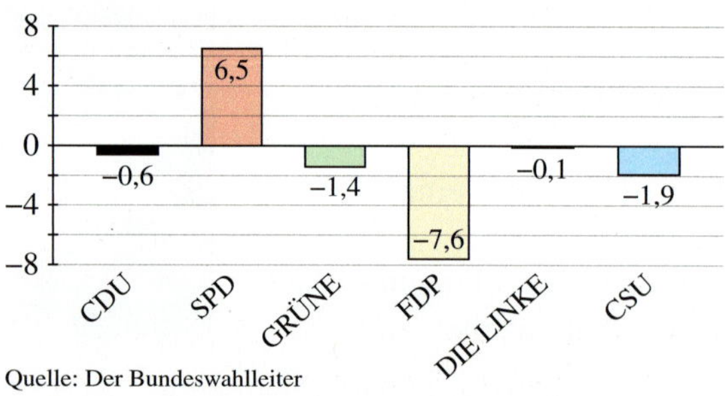

Quelle: Der Bundeswahlleiter

a) Berechne die Gewinne und Verluste der Bundestagswahl 2013 und stelle sie in einem ähnlichen Diagramm dar.

Endgültiges Ergebnis der Bundestagswahl 2013 (Angaben in Prozent)

Partei	CDU/CSU	SPD	Die Linke	Bündnis 90/Die Grünen	FDP	AfD	Sonstige
Ergebnis 2013	41,5	25,7	8,6	8,4	4,8	4,7	6,3
Ergebnis 2009	33,8	23	11,9	10,7	14,6	–	6,0

b) Berechne das arithmetische Mittel der Gewinne und Verluste.
Was fällt dir auf? Begründe, warum es so sein muss.
c) Bestimme die Partei, die den Median der Gewinne und Verluste erreicht hat.

3 Die 7. Klassen haben eine Umfrage zum Thema Taschengeld durchgeführt.
Bestimme die durchschnittliche Taschengeldhöhe pro Monat für alle Klassen zusammen.

Klasse	Anzahl der Schüler	durchschnittliche Taschengeldhöhe pro Monat
7 a	30	16 €
7 b	25	13 €
7 c	26	12 €
7 d	30	15 €

4 Lies den Artikel in der Randspalte.
a) Berechne den Anteil aller genannten Reiseländer zusammen.
b) Erstelle zu dem Zeitungsbericht ein passendes Kreisdiagramm.

5 Arbeitet in kleinen Gruppen. Bereitet eine Befragung in der Klasse oder an der Schule zu einem der folgenden Themen vor: Freizeitverhalten, Fernsehkonsum, Politik, Urlaub, Taschengeld.
Erstellt dazu einen Fragebogen, der Fragen zum Ankreuzen und mit einer Skala enthält.
Führt dann die Befragung durch.
Präsentiert die Ergebnisse mit Hilfe von geeigneten Diagrammen auf einem Plakat.

6 Die Tabelle zeigt die Anzahl der verwandelten und verschossenen Elfmeter einiger ehemaliger Bundesligaspieler.

Spieler	verwandelt	verschossen
M. Kaltz	53	7
G. Müller	51	12
S. Kuntz	30	5
L. Matthäus	30	3
G. Netzer	29	6
R. Bonhof	20	1

a) Bestimme für jeden Spieler die relative Häufigkeit für ein Elfmetertor.
b) Recherchiere die erfolgreichsten Elfmeterschützen der letzten Bundesligasaison. Vergleiche die relativen Häufigkeiten mit denen aus Teilaufgabe a).

Ab in die Ferien
Das beliebteste Urlaubsziel der Deutschen ist weiterhin Deutschland selbst. 40 Prozent aller Reisen über fünf Tage wurden im eigenen Land unternommen. Die beliebtesten ausländischen Reiseziele sind Spanien mit 17 % vor Italien mit 15 % und der Türkei mit 10 %.

BEACHTE
Die Lösungen zu Aufgabe 6 a) ergeben in der richtigen Reihenfolge den Namen einer europäischen Hauptstadt. Zu welchem Land gehört die Stadt?
0,81 (U); 0,829 (I); 0,857 (B); 0,883 (D); 0,909 (L); 0,952 (N)

7 Das Diagramm zeigt die Marktanteile einiger Fernsehsender im Jahresdurchschnitt des Jahres 2012.

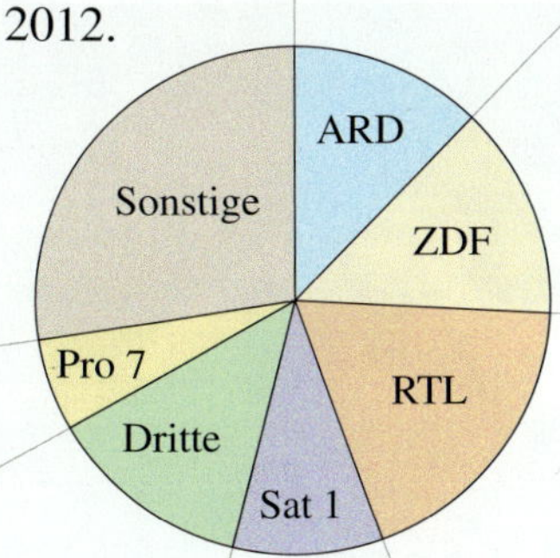

a) Berechne die Marktanteile der einzelnen Fernsehsender.

b) Arbeitet in Gruppen: Schätzt, wie viele Minuten ein „durchschnittlicher“ Zuschauer 2012 vor dem Fernseher verbrachte. Wie viele Stunden sah er dann in etwa die Programme der öffentlich-rechtlichen Sender (ARD, ZDF, Dritte)? Erstellt eine Präsentation und führt sie euren Mitschülern vor. Vergleicht eure Ergebnisse.

c) Erkläre, warum dieses Diagramm die Anteile verfälscht wiedergibt.

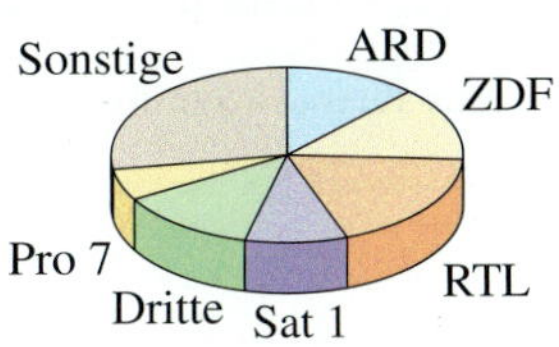

8 An einer Schule gibt es fünf siebte Klassen:

Klasse	7a	7b	7c	7d	7e
Schüleranzahl	30	28	29	28	30

a) Wie viele Schüler sind durchschnittlich in einer Klasse?

b) Untersuche, wie viele Schülerinnen und Schüler an deiner Schule die siebte Klasse besuchen.

c) David hat herausgefunden, dass an seiner Schule durchschnittlich 28 Schülerinnen und Schüler die fünfte Klasse besuchen. Jeweils 29 Schülerinnen und Schüler besuchen die Klassen 6, 7 und 9 und jeweils 29,5 Schülerinnen und Schüler die Klassen 8 und 10.
Lässt sich mit diesen Angaben die durchschnittliche Klassengröße an Davids Schule berechnen? Berechne oder begründe.

9 Magdalena Neuner gilt als erfolgreichste Biathletin aller Zeiten, obwohl sie im Liegen durchschnittlich bei jedem 9. Schuss das Ziel verfehlte. Beim Stehendschießen traf sie im Durchschnitt zwei von drei Malen.
Berechne das arithmetische Mittel für einen Treffer beim Liegend- und Stehendschießen.

10 Wie viel Zeit Schülerinnen und Schüler außerhalb der Schule mit Lernen beschäftigt sind, ist sehr unterschiedlich.
Eine Klasse wurde gefragt, wie viel Zeit pro Woche sie außerhalb des Unterrichts mit Lernen verbringt.
Die Antworten dazu stehen in der Randspalte.
Nutze sie für die weiteren Berechnungen.

a) Bestimme das Minimum und das Maximum der Lernzeiten.

b) Wie groß ist die Spannweite?
Nenne Gründe warum die Spannweite so groß ist.

c) Bestimme den Modalwert.

d) Berechne das arithmetische Mittel und den Median der Lernzeiten für alle Lernenden.
Vergleiche beide mit dem Modalwert.

e) Berechne das arithmetische Mittel und den Median der Lernzeiten getrennt nach Jungen und Mädchen.

f) Welche Unterschiede zwischen Jungen und Mädchen kannst du feststellen?

g) Zeichne einen passenden Boxplot für alle Lernenden (nur für die Jungen, nur für die Mädchen).

BEACHTE
zu Aufgabe 10:
durchschnittliche Lernzeit pro Woche
60 min
50 min
90 min
120 min
90 min
60 min
10 min
20 min
30 min
30 min
60 min
50 min
60 min
60 min
20 min
0 min
100 min
100 min
90 min
60 min
50 min
20 min
50 min
50 min
20 min
(blau: Jungen; rot: Mädchen)

11 Gegeben sind verschiedene Anteile der in Berlin lebenden Bevölkerung (bezogen auf das Jahr 2010).

Männer	49 %
in Singlehaushalt lebend	37 %
Schülerinnen und Schüler	9 %
in Neukölln wohnend	10 %

Lassen sich diese Angaben in einem Kreisdiagramm darstellen?
Zeichne das Kreisdiagramm in dein Heft oder begründe, warum es sich nicht darstellen lässt.

Gewichtsveränderungen und Body-Mass-Index

Der Body-Mass-Index (BMI) berechnet sich aus dem Körpergewicht dividiert durch das Produkt aus Körpergröße mal Körpergröße. Mit Hilfe des BMI kann man grob beurteilen, ob eine Person Untergewicht, Normalgewicht oder Übergewicht hat.

Bei neun übergewichtigen Patientinnen wurde in einer Reha-Klinik der BMI bestimmt: 35,7 / 33,9 / 34,8 / 30,3 / 35,3 / 33,2 / 36,6 / 32,5 und 33,7.
Nach sechs Wochen hatte sich der BMI bei drei Patientinnen deutlich verringert, bei vier Patientinnen geringfügig verringert und bei zwei Patientinnen war er unverändert.

In der gleichen Klinik wurden auch sechs Männer behandelt. Ihre BMI wurden in einer geordneten Datenreihe gesammelt: 31,8 / 32,6 / … / 34,7 / 35,1 / …

a) Bestimme Median und arithmetisches Mittel der Datenreihe für die neun Frauen.

b) Berechne bei den Frauen die relative Häufigkeit für einen unveränderten BMI.

c) Stelle die Veränderungen bei den Frauen in einem Kreisdiagramm dar.

d) Der Median der Datenreihe bei den Männern ist 34,3 und das arithmetische Mittel 34,5. Bestimme die beiden fehlenden Werte in der Datenreihe.

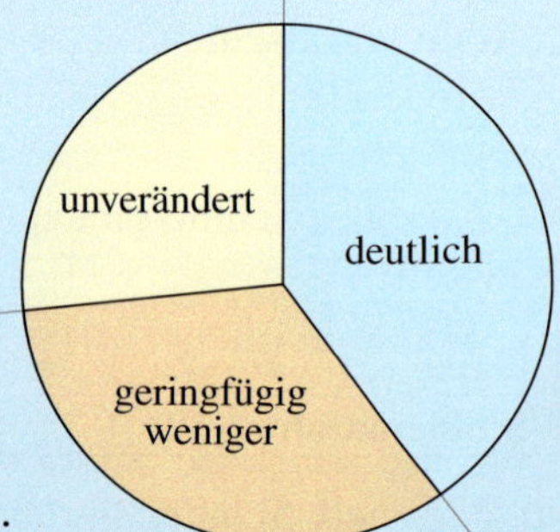

e) Das Kreisdiagramm zeigt die Veränderung des BMI nach dem Klinikaufenthalt bei allen 15 Patientinnen und Patienten.
Bestimme den Anteil und die Anzahl an Personen, bei denen sich deutliche, geringfügige und keine Veränderungen zeigten.

f) Dennis behauptet: „Wenn ich das arithmetische Mittel des BMI der Frauen und das arithmetische Mittel des BMI der Männer addiere und das Ergebnis durch 2 teile, dann erhalte ich das arithmetische Mittel des BMI für alle Patientinnen und Patienten."
Nimm Stellung zur Aussage von Dennis.

g) Gib eine Datenreihe mit den BMI von fünf Frauen und sechs Männern an, die folgende Eigenschaften besitzen: Bei den Frauen kommt der Median in der Datenreihe zweimal vor. Das Maximum liegt bei 38,1, das Minimum bei 32, der Median bei 33,6 und das arithmetische Mittel bei 34,7.
Bei den Männern kommt kein BMI zweimal vor. Das Maximum liegt bei 35,6, das Minimum bei 34,8. Median und arithmetisches Mittel sind gleich.
Das arithmetische Mittel der gesamten Datenreihe beträgt 35, der Median ist 35,1.

Alles klar?

Entscheide, ob die Aussagen richtig oder falsch sind.
Begründe deine Entscheidung im Heft und korrigiere gegebenenfalls.

1 Arithmetisches Mittel und Median

Die Tabelle zeigt die monatlichen Durchschnittstemperaturen auf Mallorca.

	J	F	M	A	M	J	J	A	S	O	N	D
Temp. (in °C)	9,3	9,7	10,8	12,9	16,9	21,0	24,0	24,6	21,8	17,7	13,2	10,6

a) Der Median der Temperaturen für das ganze Jahr liegt bei ca. 15 °C.

b) Das arithmetische Mittel der Temperatur liegt bei ca. 16 °C.

c) Das Maximum der Temperatur wurde im Juli erreicht.

Die Tabelle zeigt die Anzahl der Messages, die Schülerinnen und Schüler des 10. Jahrgangs im Monat schreiben.

Juliana	Nicolas	Raimi	Jenny	Luisa	Max	Selin	Linh
210	35	22	178	86	79	138	324

d) Die Spannweite der Daten beträgt 289.

e) Der Median der Anzahl der geschriebenen Messages beträgt 86.

f) Durchschnittlich verschicken die Schülerinnen und Schüler 134 Mitteilungen.

g) Linh schreibt mehr als dreimal so viele Messages wie ein durchschnittlicher Schüler.

h) Gibt es in einer Datenreihe 12 Werte, müssen immer 6 Werte über und 6 Werte unter dem arithmetischen Mittel liegen.

i) Gibt es in einer Datenreihe 11 Werte, müssen immer 5 Werte über und 5 Werte unter dem Median liegen.

j) Der Median muss immer kleiner als das arithmetische Mittel sein.

2 Absolute und relative Häufigkeit

a) Bei Losbude A gewinnen 3 von 10 Losen, bei Losbude B gewinnt jedes dritte Los, also sind die Gewinnchancen bei Losbude A besser.

b) Will man die relative Häufigkeit eines Ereignisses berechnen, so muss man den Quotienten aus der Gesamtzahl aller Ereignisse und der absoluten Häufigkeit des Ereignisses berechnen.

c) Haben 7 von 210 Autos eine Panne, so liegt die relative Häufigkeit bei 30 %.

d) Wenn Jan jeden dritten Elfmeter hält und Jakob jeden vierten Elfmeter, so sollte Jakob beim Elfmeterschießen ins Tor gehen.

e) In Bayern gibt es 11 offizielle Feiertage. Das sind rund 3 % aller Tage.

f) Die relative Häufigkeit ist immer kleiner oder gleich 1.

g) Die Mensa der Schule hat von 256 Salaten 176 verkauft, von den 152 gekochten Suppen sind noch 19 übrig. Somit war die Verkaufsquote bei den Suppen höher, besser verkauft haben sich aber die Salate.

h) Durch eine bundesweite Umfrage wurde ermittelt, dass mit einer relativen Häufigkeit von 0,85 Jugendliche gerne Sport treiben. In der Waldschule gibt es 420 Schülerinnen und Schüler. Daher betätigen sich genau 357 von ihnen gerne sportlich.

BEACHTE
Die Lösungen zu den Aufgaben auf dieser Seite sowie dazu passende Trainingsaufgaben findest du ab Seite 240.

Zusammenfassung

→ Seite 210

Arithmetisches Mittel und Median

Den größten Wert der erhobenen Daten nennt man das **Maximum**.
Der kleinste Wert heißt **Minimum**.
Die **Spannweite** bezeichnet die Differenz zwischen Maximum und Minimum.

Tageshöchsttemperaturen

Mo	Di	Mi	Do	Fr	Sa	So
18 °C	18 °C	16 °C	18 °C	21 °C	23 °C	26 °C

Minimum; 16 °C, Maximum: 26 °C
Spannweite: 26 °C – 16 °C = 10 °C

Bei der Untersuchung von Daten ist die Berechnung von Mittelwerten hilfreich. Ein Mittelwert ist der Durchschnitt. Er wird auch als **arithmetisches Mittel** bezeichnet.

$$\text{arithmetisches Mittel} = \frac{\text{Summe aller Werte}}{\text{Anzahl der Werte}}$$

arithmetisches Mittel:

$$\frac{16 + 3 \cdot 18 + 21 + 23 + 26}{7} = 20$$

Der Wochendurchschnitt beträgt 20 °C.

Ein weiterer Mittelwert ist der **Median (Zentralwert)**. Er liegt in der Mitte der geordneten Datenreihe.
Bei einer **geraden** Anzahl von Daten wird der Median als arithmetisches Mittel der beiden mittleren Werte berechnet.

sortierte Datenreihe:
16 °C, 18 °C, 18 °C, 18 °C, 21 °C, 23 °C, 26 °C

Median: 18 °C

Der **Modalwert** ist der Wert, der am häufigsten auftritt.

Modalwert: 18 °C, da dies dreimal auftritt (alle anderen Temperaturen nur einmal)

→ Seite 214

Absolute und relative Häufigkeit

Die Anzahl mit der ein Ereignis auftritt nennt man die **absolute Häufigkeit** des Ereignisses.

	7 a	7 b	7 c
Anzahl der Mädchen (absolute Häufigkeit)	14	11	11
Schüler insgesamt	28	25	20

Um Ereignisse besser vergleichen und bewerten zu können, ermittelt man die **relative Häufigkeit** eines Ereignisses.

relative Häufigkeit

$$= \frac{\text{absolute Häufigkeit des Ereignisses}}{\text{Gesamtzahl aller Ereignisse}}$$

Relative Häufigkeit der Mädchen:

Klasse 7 a: $\frac{14}{28} = \frac{1}{2} = 50\,\%$

Klasse 7 b: $\frac{11}{25} = \frac{44}{100} = 44\,\%$

Klasse 7 c: $\frac{11}{20} = \frac{55}{100} = 55\,\%$

In der 7 c sind relativ die meisten Mädchen.

Anhang

Lösungen zu *Alles klar?*
mit passenden
Trainingsaufgaben
Lösungen zum Training
Stichwortverzeichnis
Bildverzeichnis

Rationale Zahlen

1 Negative Zahlen veranschaulichen und vergleichen

a) Falsch, es gilt $-1 > -4$, weil der Betrag von 4 größer ist und beide Zahlen negativ sind.
b) Falsch, es gilt $A = -7$ und $B = -3$, denn A steht links von der -5 und B rechts davon.
c) Falsch, zwar ist $C = -260$, aber $D = -80$.
d) Falsch, wenn $a > b$ ist, dann gilt $-a < -b$. Zum Beispiel ist $4 > 2$, aber $-4 < -2$.
► Lies bei Schwierigkeiten auf Seite 18 nach.
Bearbeite im Training die Aufgaben 1 und 2.

2 Das Koordinatensystem

a) Falsch, E und I liegen im 4. Quadranten.
b) Richtig, die Punkte B, S, N, R, W und H haben eine negative x-Koordinate.
c) Falsch, die Strecke zwischen E und O geht durch den Punkt $(1|0)$.
► Lies bei Schwierigkeiten auf Seite 22 nach.
Bearbeite im Training die Aufgaben 3 und 4.

3 Rationale Zahlen addieren und subtrahieren

a) Falsch, denn $(-12) + (-4) = -12 - 4 = -16$.
b) Falsch, zum Beispiel ist $(+8) - (-8) = 8 + 8 = 16$ oder $(-4) - 4 = -8$. Die Differenz ist doppelt so groß wie die Zahl. Die Summe einer Zahl und ihrer Gegenzahl ergibt stets null.
c) Richtig, denn „Unterschied“ meint „Differenz“, also $5 - (-3) = 5 + 3 = 8$.
d) Falsch, denn in der ersten Zeile wäre zu rechnen $4 - 6 = -2$ und in der dritten Zeile $-6 + 5 = -1$. Die zweite Zeile ist korrekt.
► Lies bei Schwierigkeiten auf Seite 26 nach.
Bearbeite im Training die Aufgaben 5 bis 8.

4 Rationale Zahlen multiplizieren und dividieren

a) Richtig, denn $2 \cdot 4 = 8$ und das Produkt zweier negativer Zahlen ist stets positiv.
b) Falsch, denn es wurde zwar richtig Zähler mit Zähler und Nenner mit Nenner multipliziert, aber das Vorzeichen des Produkts muss negativ sein, da die Faktoren unterschiedliche Vorzeichen haben.
c) Richtig, denn $3 \cdot 3 = 9$ und auch $(-3) \cdot (-3) = 9$.
d) Falsch, denn zum Beispiel sind 3 und -8 Zahlen, deren Betrag größer als 1 ist, für deren Produkt gilt aber $3 \cdot (-8) = -24$ und es ist $-24 < 3$ und $-24 < -8$.
► Lies bei Schwierigkeiten auf Seite 32 nach.
Bearbeite im Training die Aufgaben 9 bis 11.

5 Rechengesetze vorteilhaft nutzen

a) Richtig, denn $12 \cdot (-8) \cdot 12{,}5 \cdot 25 \cdot (-4) = 12 \cdot (-100) \cdot (-100) = 12 \cdot 10000 = 120000$.
b) Falsch, denn das Distributivgesetz wurde nicht richtig angewendet. Richtig wäre $17 \cdot 19 - 23 \cdot 19 = (17 - 23) \cdot 19 = -6 \cdot 9 = -54$.
c) Richtig, denn in beiden Divisionen ist der Divisor 2, es kann also das Distributivgesetz angewendet werden.
d) Falsch, im Beispiel ergeben sich unterschiedliche Ergebnisse, denn $18 : 2 + 18 : 3 = 9 + 6 = 15$ und $18 : (2 + 3) = 18 : 5 = 3{,}6$
► Lies bei Schwierigkeiten auf Seite 36 nach.
Bearbeite im Training die Aufgaben 12 und 13.

Training

Aufgabe 1: Welche Zahlen müssen anstelle der Buchstaben stehen?

a)

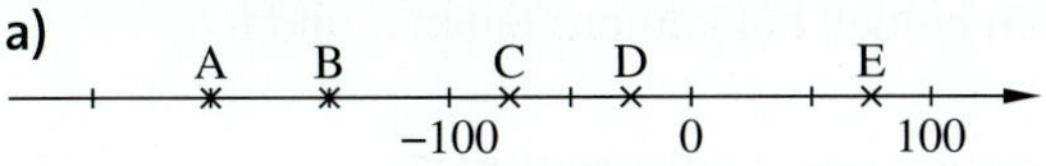

b)

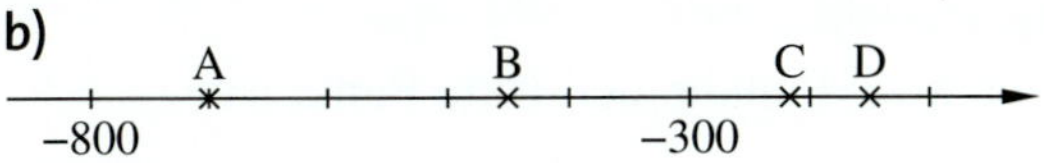

Aufgabe 2: Ordne die Zahlen ihrer Größe nach. Beginne mit der größten Zahl.

a) 2; −2; 12; −12; 21; −21; 0; −1; 1

b) −135; −153; −531; −351; −513; −315

c) −0,7; $-\frac{2}{7}$; −2,7; −7,2; $-\frac{7}{2}$; −0,2

Aufgabe 3: Trage die Punkte $A(-1{,}5|-2)$; $B(3{,}5|-2)$; $C(3{,}5|3)$ in ein Koordinatensystem ein. Verbinde $A-B-C-A$. Was für eine Figur entsteht?

Aufgabe 4: Lies die Koordinaten der Punkte ab. Ändere das Vorzeichen der x-Werte. In welchem Quadranten liegen die Punkte nun?

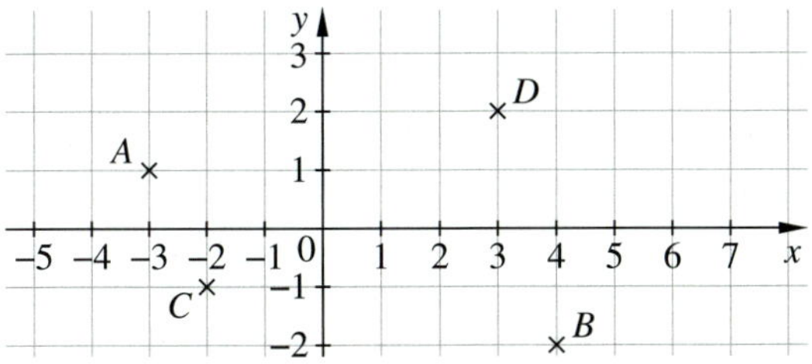

Aufgabe 5: Beachte die Rechengesetze.

a) −35 + (−18)
b) −147 − (−123)
c) 7 − (+18)
d) 189 + (−163)
e) −193 − (+193)
f) 193 − (−193)

Aufgabe 6: Fasse zusammen.

a) 27 + 41 − 30
b) −84 + 76 − 18
c) −31 − 57 + 19
d) 73 − 34 − 66
e) −17 − 86 − 14
f) 39 − 50 + 11

Aufgabe 7: Berechne.

a) $-\frac{1}{3} - \frac{2}{5}$
b) $3\frac{1}{8} - 6\frac{2}{3}$
c) $-\frac{3}{10} + \frac{3}{4}$
d) $1{,}6 - 3\frac{3}{8} + \frac{2}{5}$
e) $-\frac{1}{2} + 3{,}25 - 0{,}5 - \frac{3}{4}$
f) 3,4 − (1,7 − 6)

Aufgabe 8: Frau Meier hat auf ihrem Konto 368 €. Sie kauft Schuhe für 59 € und einen Laptop für 799 €.

a) Welchen Kontostand hat sie jetzt?

b) Frau Meier darf ihr Konto um 1200 € überziehen. Kann sie sich noch eine Kette für 749 € kaufen?

Aufgabe 9: Multipliziere.

a) 6 · (−3)
b) 16 · 5
c) 23 · (−4)
d) 3 · (−4) · (−25)
e) −2 · (−43) · (−5)
f) −0,25 · (−9) · 0,8
g) −2 · (−8) · 5 · (−59) · (−125)

Aufgabe 10: Dividiere.

a) −72 : 6
b) −75 : (−15)
c) −105 : 35
d) 4,9 : (−0,7)
e) $-\frac{8}{9} : \left(-\frac{2}{3}\right)$
f) $\frac{5}{7} : \left(-\frac{15}{26}\right)$

Aufgabe 11: Welche Zahl steht in der Mitte dieser Rechenschlange?

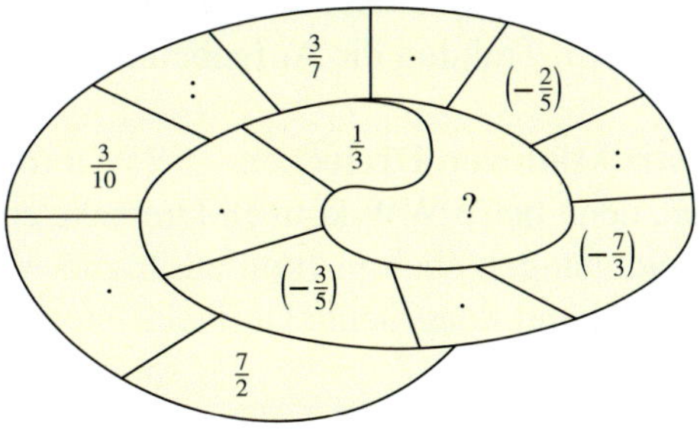

Aufgabe 12: Rechne vorteilhaft. Verwende das Kommutativgesetz.

a) 74 + (−49) + 26

b) (−25) + 32 + (−75)

c) −235 + (−12) + 35 − 28

d) 17 − 179 + (−27) − 21

Aufgabe 13: Beachte die Vorrangregeln.

a) 12 − 7 · 4

b) 12 − (8 − 25)

c) $(98 - 120) : \left(-\frac{1}{2}\right)$

d) 63 − 13 · 5 + 5 : (−2)

e) 17 · 19 − 23 · 19

f) 18 − (26 + 23) − 18 − (23 − 26)

g) $\left(-\frac{3}{4} - \frac{7}{8}\right) : \left(-\frac{1}{8}\right)$

Dreiecke

1 Konstruktion von Dreiecken – SWS und WSW

a) Falsch, eine Planfigur ist lediglich eine Skizze.
b) Richtig, denn der bekannte Winkel γ wird von den beiden bekannten Seiten a und b eingeschlossen.
c) Falsch, denn der Winkel α wird nicht von den Seiten a und b eingeschlossen. Hier wäre eine Konstruktion des Typs SSW nötig.
d) Richtig, denn die bekannte Seite ist begrenzt durch zwei Punkte, der dritte Punkt ist der Schnittpunkt der freien Schenkel.
e) Richtig, denn es sind zwei Streckenlängen und der von ihnen eingeschlossene Winkel bekannt.
f) Falsch, denn die Winkelsumme übersteigt 180° ($\alpha + \beta = 185°$).

► Lies bei Schwierigkeiten auf Seite 54 nach.
Bearbeite im Training die Aufgaben 1, 2 und 7 bis 9.

2 Konstruktion von Dreiecken – SSS

a) Richtig, denn da die Winkelgrößen unbekannt sind, können nur Längen abgetragen werden und das passiert am genauesten mit dem Zirkel.
b) Falsch, die Seiten b und c treffen sich nicht, weil $b + c = 4{,}3\,\text{cm} < 6\,\text{cm} = a$ (Dreiecksungleichung nicht erfüllt).
c) Falsch, der Punkt C liegt nicht richtig, so stimmt der Umlaufsinn des Dreiecks nicht.
d) Richtig, denn anhand einer Zeichnung erkennt man, dass $\gamma = 90°$ ist.

► Lies bei Schwierigkeiten auf Seite 60 nach.
Bearbeite im Training die Aufgaben 3 und 4.

3 Konstruktion von Dreiecken – SSW und WWW

a) Falsch, denn bei WWW können Dreiecke entstehen, die zwar in der Form, aber nicht in den Seitenlängen übereinstimmen. In diesem Fall wird mindestens eine Seitenangabe benötigt, damit kongruente Dreiecke entstehen. Auch bei SSW können zwei verschiedene Dreiecke entstehen.
b) Falsch, denn der Winkel ist nicht korrekt eingetragen. Im Text gegeben ist der Winkel γ (bei C). Außerdem liegt γ der kürzeren Seite gegenüber, die Konstruktion wäre also nicht eindeutig.
c) Richtig, denn es handelt sich um ein Konstruktion nach SSW und die kürzere gegebene Seite liegt dem gegebenen Winkel gegenüber.
d) Falsch, es muss heißen: Liegt die längere Seite dem gegebenen Winkel gegenüber, so …
e) Falsch, denn es können auch nur Winkelangaben vorgegeben sein, so dass ähnliche Dreiecke entstehen.

► Lies bei Schwierigkeiten auf Seite 64 nach.
Bearbeite im Training die Aufgaben 5 und 6.

Training

Aufgabe 1: Betrachte die sechs Planfiguren.

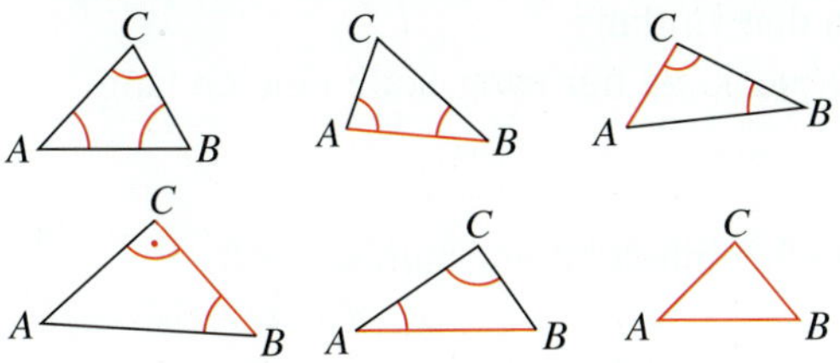

a) Ordne die folgenden Angaben den Planfiguren zu:
① $a = 7\,\text{cm}$; $b = 4\,\text{cm}$; $c = 8\,\text{cm}$
② $a = 7\,\text{cm}$; $\beta = 30°$; $\gamma = 90°$
③ $\alpha = 40°$; $\beta = 65°$; $\gamma = 85°$
④ $c = 4{,}6\,\text{cm}$; $\alpha = 36°$; $\gamma = 86°$
⑤ $b = 5{,}3\,\text{cm}$; $\beta = 74°$; $\gamma = 50°$

b) Ergänze eigene mögliche Maße für die Planfigur, die noch übrig ist.

c) Gib jeweils an, zu welchem Konstruktionstyp diese Dreiecke gehören.

Aufgabe 2: Konstruiere die Dreiecke. Beginne jeweils mit einer Planfigur.

a) $a = 5\,\text{cm}$; $\beta = 35°$; $\gamma = 90°$

b) $c = 4{,}6\,\text{cm}$; $\alpha = 36°$; $\gamma = 86°$

c) $c = 3{,}6\,\text{cm}$; $\alpha = 45°$; $\beta = 38°$

d) $b = 5{,}3\,\text{cm}$; $\beta = 70°$; $\gamma = 42°$

Aufgabe 3: Konstruiere die Dreiecke. Beginne jeweils mit einer Planfigur.

a) $a = 6{,}2\,\text{cm}$; $b = 4\,\text{cm}$; $c = 5{,}4\,\text{cm}$

b) $a = 4\,\text{cm}$; $b = 3{,}4\,\text{cm}$; $c = 2{,}8\,\text{cm}$

c) $a = 5{,}2\,\text{cm}$; $b = 2{,}9\,\text{cm}$; $c = 6{,}7\,\text{cm}$

Aufgabe 4: Zeichne die beiden Figuren in dein Heft.

a)

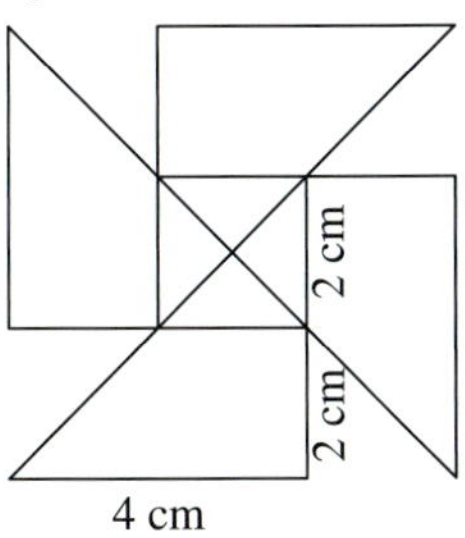

b)

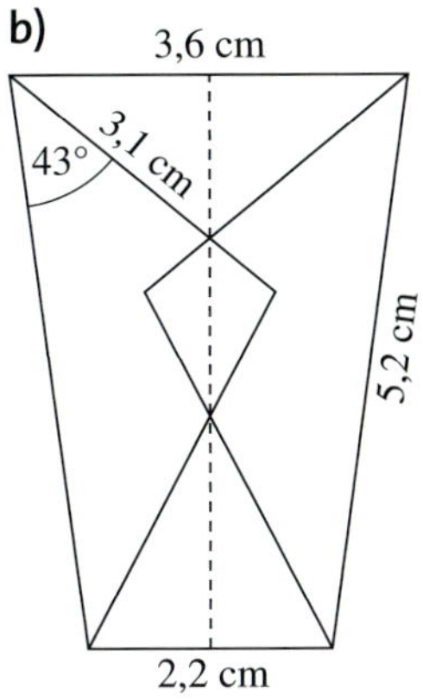

Aufgabe 5: Erstelle Planfiguren und konstruiere die zugehörigen Dreiecke.

a) $a = 5\,\text{cm}$; $b = 4{,}5\,\text{cm}$; $\beta = 35°$

b) $a = 6{,}7\,\text{cm}$; $b = 5\,\text{cm}$; $\beta = 45°$

c) $b = 5{,}6\,\text{cm}$; $c = 3\,\text{cm}$; $\beta = 50°$

d) $a = 6\,\text{cm}$; $c = 4{,}5\,\text{cm}$; $\gamma = 42°$

Aufgabe 6: Vervollständige die Sätze, die für die Konstruktion SSW gelten.
– „Es entsteht genau ein Dreieck, wenn …"
– „Es entstehen zwei Dreiecke, wenn …"

Aufgabe 7: Eine Sprossenstehleiter hat folgende Maße:
Die Länge ihrer Schenkel beträgt jeweils 1,70 m, der Öffnungswinkel zwischen ihren Schenkeln beträgt 55°.
Fertige jeweils eine maßstabsgerechte Zeichnung an, um die Fragen beantworten zu können:

a) Wie hoch reicht die Leiter, wenn sie ausgeklappt steht?

b) Wie lang müssten ihre Schenkel sein, damit sie ein Höhe von 1,80 m erreicht?

c) Wie groß wäre der Winkel, wenn ihre Schenkel 1,45 m lang wären und die Leiter eine Höhe von 1,40 m erreicht?

Aufgabe 8: Eine sehr steile Piste hat eine Steigung von 55 %.

a) Welchen Höhenunterschied überwindet sie bei 100 m Horizontalunterschied?

b) Wie groß ist der Steigungswinkel α?

c) Wie lang ist der Pistenabschnitt bei 150 m Horizontalunterschied?

Aufgabe 9: Der Sendemast „Mast 17" in Königs Wusterhausen wurde angepeilt. Er ist etwa 210 m hoch. Fertige maßstabsgerechte Zeichnungen an, um die folgenden Fragen beantworten zu können:

a) Der Mast wurde unter einem Winkel von $\alpha = 40°$ angepeilt. Wie weit stand der Theodolit vom Mast entfernt?

b) Der Mast wird aus einer Entfernung von 150 m angepeilt.
Wie groß ist der Peilwinkel α?

Umfang und Flächeninhalt von ebenen Figuren

1 Umfang und Flächeninhalt von Dreiecken

a) Richtig, denn alle Seitenlängen zusammen ergeben den Umfang.
b) Falsch, es handelt sich um ein gleichschenkliges Dreieck, da nur zwei Seiten gleich lang sind.
c) Richtig, denn $2 \cdot 13\,\text{cm} + 10\,\text{cm} = 36\,\text{cm}$.
d) Falsch, denn es wurde nicht durch 2 geteilt. Der Flächeninhalt ist nur halb so groß, also $9\,\text{cm}^2$.
e) Falsch, denn die Höhe gehört zu der Seite mit 7 cm Länge; A beträgt also $14\,\text{cm}^2$.
f) Richtig, denn $\frac{10\,\text{cm} \cdot 6\,\text{cm}}{2} = 30\,\text{cm}^2$.

► Lies bei Schwierigkeiten auf Seite 76 nach.
Bearbeite im Training die Aufgaben 1 bis 4 und 12.

2 Besondere Vierecke

a) Falsch, denn es gibt sechs Trapeze (Figuren ①, ②, ④, ⑤, ⑥ und ⑧).
b) Falsch, denn eine Raute hat ebenfalls vier gleich lange Seiten.
c) Richtig, denn auch im Rechteck sind gegenüberliegende Seiten gleich lang und gegenüberliegende Winkel gleich groß.
d) Falsch, anhand einer Zeichnung erkennt man, dass die Diagonalen nicht senkrecht aufeinander stehen.

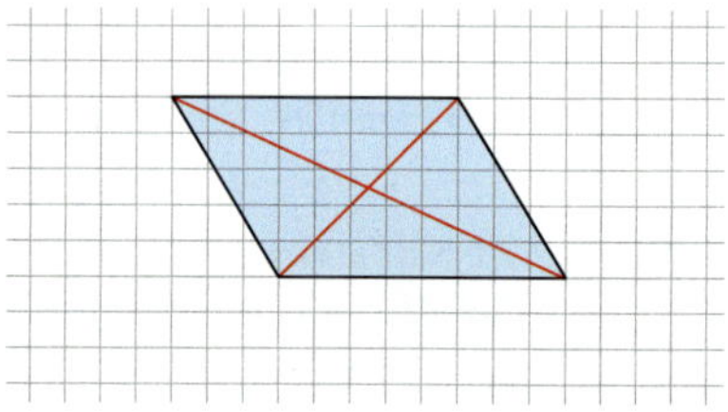

e) Richtig, denn e und f halbieren sich gegenseitig und stehen senkrecht aufeinander; so lässt sich die Raute eindeutig zeichnen.
f) Falsch, für die Konstruktion eines Trapezes werden vier Angaben benötigt.

► Lies bei Schwierigkeiten auf den Seiten 80 und 82 bis 84 nach.
Bearbeite im Training die Aufgaben 5 und 6.

3 Umfang und Flächeninhalt von Vierecken

a) Richtig, denn $2 \cdot 8\,\text{cm} + 2 \cdot 4{,}5\,\text{cm} = 25\,\text{cm}$.
b) Falsch, denn es muss die Länge einer Seite und die dazugehörige Höhe multipliziert werden. (Das wäre hier $A = 8 \cdot 4{,}1\,\text{cm}^2 = 32{,}8\,\text{cm}^2$.)
c) Richtig, denn $4{,}6 \cdot 5\,\text{cm}^2 = 23\,\text{cm}^2$.
d) Falsch, das funktioniert bei einem Drachen, aber bei einem Trapez benötigt man die Seitenlängen a und c und die Höhe h_a.
e) Richtig, denn eine Raute ist auch ein Parallelogramm.
f) Falsch, denn das Produkt aus e und f muss noch durch 2 dividiert werden, es ist $A = 1500\,\text{cm}^2$.
g) Falsch, die Fensterfläche ist doppelt so groß, also $7{,}35\,\text{m}^2$, denn sie besteht aus zwei rechtwinkligen Trapezen (oder einem gleichschenkligen Trapez mit $a = 6\,\text{m}$ und $c = 3{,}8\,\text{m}$).

► Lies bei Schwierigkeiten auf Seite 86 nach.
Bearbeite im Training die Aufgaben 7 bis 12.

Training

Aufgabe 1: Berechne den Umfang.
a) Dreieck mit $a = 4\,\text{m}$, $b = 7\,\text{m}$, $c = 6\,\text{m}$
b) gleichseitiges Dreieck mit $a = 5{,}5\,\text{cm}$
c) Dreieck mit $a = 36\,\text{cm}$, $b = 5{,}6\,\text{dm}$, $c = 0{,}44\,\text{m}$
d) gleichschenkliges Dreieck mit $a = 9\,\text{cm}$, $b = c = 62\,\text{mm}$

Aufgabe 2: Ergänze die Tabelle für Dreiecke.

	g	h_g	A
a)	8 cm	4,5 cm	
b)	5,5 cm	4 cm	
c)	9 cm	3,6 cm	
d)	4,2 dm	25 cm	
e)	0,83 m	30 cm	
f)	6 cm		$9\,\text{cm}^2$
g)		5 cm	$15\,\text{cm}^2$

Aufgabe 3: Gib Grundseite und Höhe von zwei verschiedenen Dreiecken mit $A = 8\,\text{cm}^2$ an.

Aufgabe 4: Berechne die fehlende Seitenlänge und Höhe des Dreiecks.
a) $b = 4{,}8\,\text{cm}$, $c = 6\,\text{cm}$, $h_a = 3{,}2\,\text{cm}$, $h_c = 4\,\text{cm}$
b) $a = 10{,}8\,\text{cm}$, $c = 6\,\text{cm}$, $h_a = 2{,}5\,\text{cm}$, $h_b = 2\,\text{cm}$
c) $a = 5\,\text{cm}$, $c = 2{,}5\,\text{cm}$, $h_b = 2\,\text{cm}$, $h_c = 80\,\text{mm}$
d) $a = 4\,\text{cm}$, $b = 3{,}5\,\text{cm}$, $h_b = 0{,}5\,\text{dm}$ und $h_c = 38\,\text{mm}$

Aufgabe 5: Zeichne die Figuren.
a) Quadrat, Rechteck, Parallelogramm, Drachen, Trapez und Raute
b) Formuliere Sätze und begründe diese.
BEISPIEL Jedes Quadrat ist auch eine Raute, denn alle Seiten sind gleich lang.
c) Zeichne in den Figuren sämtliche Symmetrieachsen ein.

Aufgabe 6: Gib jeweils die Vierecksart an, wenn sich ein Viereck zusammensetzt aus zwei kongruenten …
a) gleichseitigen Dreiecken.
b) gleichschenkligen Dreiecken.
c) kongruenten Dreiecken.

Aufgabe 7: Berechne jeweils den Umfang.
a) Parallelogramm mit den Seitenlängen $a = 5\,\text{cm}$, $b = 3{,}3\,\text{cm}$
b) Trapez mit $a = 2{,}7\,\text{cm}$, $b = 4\,\text{cm}$, $c = 3{,}8\,\text{cm}$ und $d = 4{,}4\,\text{cm}$
c) Raute mit der Seitenlänge $a = 44\,\text{cm}$
d) Drachen mit $a = 0{,}8\,\text{dm}$, $b = 9{,}6\,\text{cm}$

Aufgabe 8: Berechne den Flächeninhalt.
a) Drachen: $e = 4\,\text{cm}$, $f = 7\,\text{cm}$
b) Parallelogramm: $g = 40\,\text{cm}$, $h_g = 48\,\text{cm}$
c) Trapez: $a = 8{,}9\,\text{cm}$, $c = 5{,}7\,\text{cm}$, $h = 6\,\text{cm}$
d) Raute: $e = 4{,}2\,\text{cm}$, $f = 0{,}37\,\text{dm}$

Aufgabe 9: Welche Figur hat den größeren Flächeninhalt: ein Rechteck mit den Seitenlängen $a = 4\,\text{cm}$ und $b = 5\,\text{cm}$ oder ein Parallelogramm mit $a = 4\,\text{cm}$ und $h_a = 5\,\text{cm}$?

Aufgabe 10: Übertrage die Figuren ins Heft und berechne ihre Flächeninhalte.

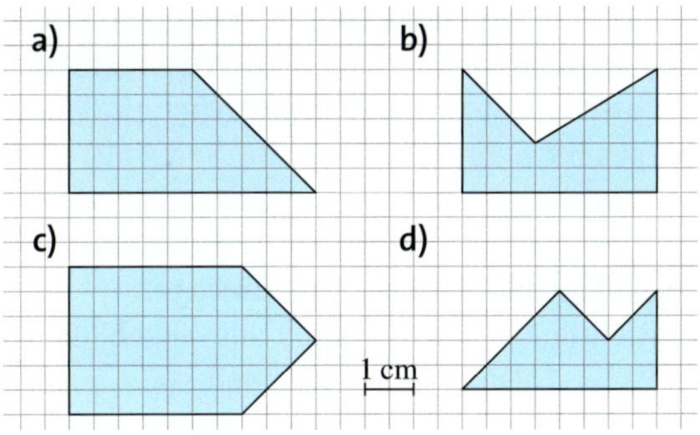

Aufgabe 11: Welchen Flächeninhalt hat ein rechtwinkliges Trapez, dessen parallele Seiten 4,9 cm und 3,5 cm lang sind? Der kürzere Schenkel ist 4 cm lang.
Skizziere zuerst und berechne dann.

Aufgabe 12: Bestimme den Umfang und den Flächeninhalt der Figuren.

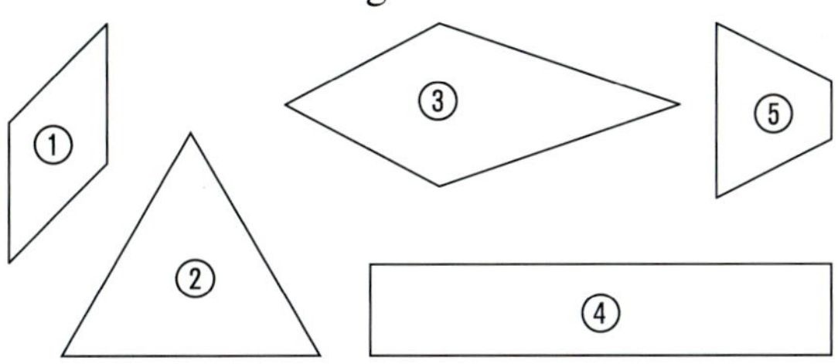

Zuordnungen

1 Steigende und fallende Zuordnungen

a) Richtig, da eine Vergrößerung des x-Wertes zu einer Vergrößerung des y-Wertes führt.
b) Richtig, da eine Vergrößerung des x-Wertes zu einer Verkleinerung des y-Wertes führt.
c) Falsch, denn auch bei abnehmendem Tempo nimmt die Länge der zurückgelegten Wegstrecke zu (nur langsamer als vorher). Die Zuordnung ist also steigend.

► Lies bei Schwierigkeiten auf Seite 102 nach.
Bearbeite im Training die Aufgabe 3.

2 Proportionale Zuordnungen

a) Falsch, da der Strahl nicht durch den Ursprung verläuft.
b) Richtig, denn durch die gleichbleibende Geschwindigkeit führt eine Verdopplung der Zeit zur Verdopplung der Wegstrecke.
c) Falsch, das Porto ist nicht allein vom Gewicht abhängig. Ein Standardbrief kann beispielsweise 10 g oder 20 g wiegen – das Porto beträgt 0,58 ct, ist also gleich.
d) Falsch, die **Halbierung** der x-Werte muss zu einer Halbierung der y-Werte führen.

► Lies bei Schwierigkeiten auf Seite 106 nach.
Bearbeite im Training die Aufgaben 1 und 2 a).

3 Dreisatz bei proportionalen Zuordnungen

a) Falsch, denn wenn z. B. die gesuchte Größe ein Vielfaches des gegebenen Wertes ist, kann der Schluss auf die Einheit entfallen.
b) Richtig, denn der Läufer legt in einer Minute 200 m zurück und somit in vier Minuten 800 m. Oder: $600 : 3 = 800 : 4 = 200$ (Quotientengleichheit).
c) Falsch, denn die Zuordnung *Alter* → *Größe* ist nicht proportional.

► Lies bei Schwierigkeiten auf Seite 110 nach.
Bearbeite im Training die Aufgaben 4 bis 10.

4 Antiproportionale Zuordnungen

a) Richtig, denn das Produkt aus Anzahl der Stufen und Stufenhöhe ist die Treppenhöhe. Es liegt also Produktgleichheit vor.
b) Richtig, denn eine Verdopplung der x-Werte führt zu einer Halbierung der y-Werte. Oder: Das Produkt aus x- und y-Wert ergibt immer 2.
c) Richtig, denn eine Verdopplung (Verdreifachung) der x-Werte führt zu einer Halbierung (Drittelung) der y-Werte. Oder: Das Produkt aus x- und y-Wert ergibt immer 6.
d) Falsch, antiproportionale Zuordnungen sind produktgleich.

► Lies bei Schwierigkeiten auf Seite 116 nach.
Bearbeite im Training die Aufgaben 1 und 2b)

5 Dreisatz bei antiproportionalen Zuordnungen

a) Falsch, denn 6 Arbeiter benötigen 3 h 20 min.
b) Richtig, denn $6 \cdot 10 = 5 \cdot 12 = 60$ (Produktgleichheit).

► Lies bei Schwierigkeiten auf Seite 120 nach.
Bearbeite im Training die Aufgaben 4 bis 10.

Training

Aufgabe 1: Handelt es sich um proportionale, antiproportionale oder andere Zuordnungen? Begründe und gib gegebenenfalls Bedingungen an.

a) *Gewicht Kartoffeln → Preis*
b) *Körpergröße → Gewicht*
c) *Anzahl Gärtner → Zeit für Parkpflege*
d) *Grundstücksgröße → Preis*

Aufgabe 2: Übertrage die Tabellen in dein Heft und vervollständige sie.

a) Proportionale Zuordnungen

x	1	2	4	12
y	6			

x	2	6	8	30
y		21		

b) Antiproportionale Zuordnungen

x	1	2	3	6
y	18			

x	$\frac{1}{2}$	1	4	12
y			6	

Aufgabe 3: Richtig oder falsch? Begründe.

a) Jede antiproportionale Zuordnung ist eine fallende Zuordnung.
b) Jede steigende Zuordnung ist eine proportionale Zuordnung.
c) Der Graph einer proportionalen Zuordnung verläuft durch den Ursprung.
d) Bei einer antiproportionalen Zuordnung ist die Gerade fallend.

Aufgabe 4: Entscheide zuerst, ob Proportionalität oder Antiproportionalität vorliegt, und löse dann die Aufgabe.

a) 3 Lkws müssen je viermal fahren, um Erde abzutransportieren.
Wie oft müssen 2 Lkws fahren?
b) 2,5 m Stoff kosten 12,50 €.
Wie viel kostet 1 m Stoff?
c) 5 Autos brauchen für eine Strecke 3 Stunden. Wie lange brauchen 8 Autos mit gleicher Durchschnittsgeschwindigkeit?

Aufgabe 5: Tina kauft 5 Schulhefte für 3,20 €. Daniel kauft zum gleichen Stückpreis 12 Hefte. Berechne den Preis, den Daniel zu zahlen hat.

Aufgabe 6: Der Parkplatz einer Baufirma soll gepflastert werden. Der Meister des Unternehmens hat ausgerechnet, dass er dafür mit den eingeplanten 6 Arbeitskräften 18 Stunden benötigt. Wegen Krankheit fallen 2 Mitarbeiter aus. Mit wie viel Zeit muss der Unternehmer nun für die Arbeit rechnen?

Aufgabe 7: Ein Zug fährt die Strecke von Berlin nach Frankfurt/Oder mit durchschnittlich 100 $\frac{\text{km}}{\text{h}}$ in 1 h 6 min. Wie schnell muss der Zug auf dieser Strecke fahren, um eine Verspätung von 6 Minuten aufzuholen?

Aufgabe 8: Auf der Verpackung einer Tiefkühlpizza steht, dass sie im Backofen 20 Minuten bei 180 °C erwärmt werden muss. Auf wie viel Grad muss der Backofen eingestellt werden, wenn drei Pizzen erwärmt werden sollen?

Aufgabe 9: Aus 2,4 kg Orangen können 600 ml Orangensaft gepresst werden.

a) Wie viele Orangen benötigt man für 1 ℓ Orangensaft?
b) Wie viel Orangensaft kann man aus 2 Orangen pressen, die zusammen 500 g wiegen?

Aufgabe 10: In 2 min 30 s macht ein Pendel 225 Schwingungen.

a) Wie lange braucht das Pendel für 100 Schwingungen?
b) Wie viele Schwingungen macht es in einer Stunde?

Prozentrechnung

1 Anteile

a) Falsch, denn 5 % = $\frac{5}{100} = \frac{1}{20}$, beziehungsweise $\frac{1}{5}$ sind 20 %.

b) Richtig, denn 0,19 = $\frac{19}{100}$ = 19 %.

c) Richtig, der Bruch $\frac{5}{4}$ wurde mit 25 erweitert und richtig umgerechnet.

d) Falsch, denn 6 von 8 Kästchen sind orange. Das ist ein Anteil von $\frac{6}{8}$ = 75 %.

► Lies bei Schwierigkeiten auf Seite 134 nach.
Bearbeite dann im Training Aufgabe 1 und 2.

2 Prozentsatz und Prozentwert

a) Richtig, denn diese Zahl ist der Grundwert. (Das erkennt man an dem „davon".)

b) Falsch, denn es ist der Prozentwert. (Der Prozentsatz ist – normalerweise – in % angegeben, hier also 49,9 %.)

c) Falsch, es sind 25 %.

d) Falsch, es sind 15 Personen, denn 25 · 0,6 = 15.

e) Richtig; wenn 120 cm 100 % entsprechen, dann entsprechen 78 cm 65 %.

f) Richtig, denn 812 : 100 = 8,12 und 8,12 · 40 = 324,80.

► Lies bei Schwierigkeiten auf Seite 138 nach.
Bearbeite dann im Training Aufgabe 3 bis 5.

3 Grundwert

a) Richtig, von unten nach oben geschrieben ergibt sich die Tabelle rechts. Dann kann man rechnen: 324,80 : 40 = 8,12 und 8,12 · 100 = 812.

Anteil	Betrag (in €)
40 %	324,80
1 %	8,12
100 %	812

b) Falsch, die 500 Autos sind schon der Grundwert, es wird nach dem Prozentwert gefragt.

c) Richtig, denn 25 % · 4 = 100 %.

d) Falsch, der Grundwert ist 110 kg, denn 10 % entsprechen 11 kg und 100 % entsprechen 110 kg.

e) Falsch, denn 10 % sind 2,5 km und 100 % sind 25 km..

f) Falsch, der dunkle Teil entspricht 500 Schülerinnen und Schüler ($\frac{4}{5}$ des Kreises, also 80 %; das sind die nicht teilnehmenden Schüler), insgesamt sind es 625 Schülerinnen und Schüler.

► Lies bei Schwierigkeiten auf Seite 144 nach.
Bearbeite dann im Training Aufgabe 6 bis 8.

4 Vermehrter und verminderter Grundwert

a) Richtig, denn 70 % sind 100 % – 30 %.

b) Falsch, der Bruttopreis mit Mehrwertsteuer entspricht 119 % und der Nettopreis ohne Mehrwertsteuer entspricht 100 %.

c) Richtig, der ursprüngliche Preis entspricht 100 %, der neue Preis entspricht 80 %. Es wurde richtig gerechnet, denn 45,60 : 80 = 0,57 und 0,57 · 100 = 57.

d) Richtig, 165 entsprechen 110 %, also sind 150 mit 100 % gleichzusetzen.

► Lies bei Schwierigkeiten auf Seite 148 nach.
Bearbeite dann im Training Aufgabe 9 bis 12.

Training

Aufgabe 1: Welcher Wert ist größer?

a) $\frac{3}{25}$ oder 11 %?

b) 1,06 oder 7 %?

c) $\frac{79}{158}$ oder 49 %?

d) 0,99 oder 101 %

Aufgabe 2: Von den 250 Tieren in einem Terrarium haben 220 genau sechs Beine. Gib den Anteil in Prozent an.

Aufgabe 3: Ordne die Begriffe Prozentwert, Prozentsatz und Grundwert richtig zu.

a) Von Berlin bis München sind es 575 km. Nach 230 km wurden also 40 % des Weges zurückgelegt.

b) 60 % von 500 Euro sind 300 Euro.

c) 70 % aller Schüler besitzen ein Smartphone. Das sind in einer Schule mit 1200 Schülern insgesamt 840 Schüler.

Aufgabe 4: Ergänze die Tabelle.

	Prozentsatz	Prozentwert	Grundwert
a)	5 %		1200 km
b)		120 €	800 €
c)	63 %		900 Schüler
d)		9 Stunden	36 Stunden

Aufgabe 5: Eine Wohnung hat 112 m^2 Wohnfläche.

a) Das Kinderzimmer hat einen Anteil von 10 %. Wie groß ist es?

b) Das Wohnzimmer ist 28 m^2 groß. Welchen Anteil hat es?

c) Das Gäste-WC ist der kleinste Raum. Es hat gerade mal 1,68 m^2. Welchem Prozentsatz entspricht das?

d) Die Schlafzimmergröße entspricht 25 % der restlichen Fläche. Wie groß ist es?

Aufgabe 6: Ergänze die Tabelle im Heft.

	Prozentsatz	Prozentwert	Grundwert
a)	12 %	90 m	
b)	35 %	249,2 km	
c)	4,5 %	5,40 €	

Aufgabe 7: Steffen hat 64 € gespart. Das sind 20 % des Preises für ein Smartphone. Seine Oma schenkt ihm 100 € dazu. Steffen meint, dass er nun schon 60 % des Preises hat. Freut er sich zu Recht?

Aufgabe 8: Das Kreisdiagramm zeigt für eine Buchhandlung, wie groß der Anteil an verkauften Schulbüchern im letzten Monat ist. Der orangefarbene Teil entspricht 340 Büchern und damit 17 % des gesamten Verkaufs.

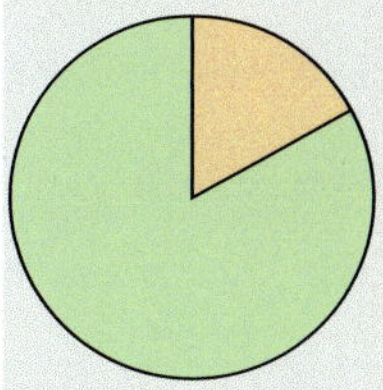

a) Wie viele Bücher wurden insgesamt verkauft?

b) Im Vormonat lag dieser Anteil noch bei 6 % und 132 verkauften Büchern. Wurden in diesem Monat insgesamt mehr oder weniger Bücher verkauft?

c) Zeichne ein Kreisdiagramm zu b).

Aufgabe 9: Berechne die Preise mit bzw. ohne 19 % Mehrwertsteuer. Runde auf Cent.

	ohne Mehrwertsteuer	mit Mehrwertsteuer
a)	17,88 €	
b)	1647 €	
c)		84 €
d)		2,46 €

Aufgabe 10: Ein Laden für Fahrradzubehör reduziert seine Preise um 35 %. Berechne die neuen bzw. alten Preise.

Zubehör	alter Preis	neuer Preis
Pumpe	9,99 €	
Kettenschloss	39,95 €	
Trinkflasche		3,22 €
Beleuchtung		21,42 €

Aufgabe 11: Nach einer Reduzierung um 40 % kostet eine Jacke nur noch 23,40 €. Wie viel kostete sie vorher?

Aufgabe 12: Die Einwohnerzahl eines Ortes stieg in den letzten 10 Jahren von 6293 auf 6419 Einwohner. Wie viel Prozent hatte der Ort an Zuwachs zu verzeichnen?

Kreise

1 Kreisumfang

a) Richtig, denn für den Umfang eines Kreises gilt: $u = \pi \cdot d$ oder $u = 2 \cdot \pi \cdot r$.

b) Richtig, denn der Durchmesser beträgt 2 cm und der Umfang ist $u = \pi \cdot 2\,\text{cm} \approx 6{,}3\,\text{cm}$.

c) Richtig, der Kreis hat einen Umfang von $2 \cdot \pi \cdot r$. Verdoppelt man den Radius bekommt man $u = 2 \cdot \pi \cdot (2r) = 4 \cdot \pi \cdot r$, also den doppelten Umfang.

d) Falsch, die Bogenlänge des Halbkreises ist die Hälfte des Kreisumfangs und somit doppelt so groß wie die eines Viertelkreises, welche nur ein Viertel des Kreisumfangs ist.

e) Richtig, denn 60° sind ein Sechstel von 360°. Somit beträgt die Bogenlänge des Stücks ein Sechstel des Kreisumfangs.

► Lies bei Schwierigkeiten auf Seite 162 nach. Bearbeite im Training die Aufgaben 1, 2, 6, 8.

2 Flächeninhalt des Kreises

a) Richtig, für den Flächeninhalt eines Kreises gilt: $A = \pi \cdot r^2$ oder $A = \pi \cdot \left(\frac{d}{2}\right)^2$

b) Falsch, denn der Flächeninhalt berechnet sich aus $A = \pi \cdot (1\,\text{cm})^2 \approx 3{,}14\,\text{cm}^2$.

c) Falsch, verdoppelt man den Radius, dann vervierfacht sich der Flächeninhalt. Der Kreis hat einen Flächeninhalt von $\pi \cdot r^2$. Verdoppelt man den Radius, erhält man $A = \pi \cdot (2r)^2 = 4 \cdot \pi \cdot r^2$, also den vierfachen Flächeninhalt.

d) Richtig, denn ein Halbkreis hat die Hälfte und ein Viertelkreis ein Viertel des Flächeninhalts des kompletten Kreises. Die Hälfte ist das Doppelte eines Viertels.

e) Richtig, denn der Flächeninhalt des Kreisrings berechnet sich aus $A = \pi \cdot (4\,\text{cm})^2 - \pi \cdot (3\,\text{cm})^2$ oder $A = \pi \cdot ((4\,\text{cm})^2 - (3\,\text{cm})^2)$

f) Falsch, 120° sind ein Drittel von 360°. Somit hat das Stück ein Drittel des Flächeninhalts des Kreises, also $2\,\text{cm}^2$.

► Lies bei Schwierigkeiten auf Seite 166 nach. Bearbeite im Training die Aufgaben 3 bis 10.

3 Lagebeziehung von Kreis und Gerade

a) Richtig, denn der Durchmesser liegt im Kreis und auf einer Geraden.

b) Falsch, eine Sekante ist keine Strecke sondern eine Gerade, die den Kreis in zwei Punkten schneidet.

c) Richtig, da eine Passante den Kreis nirgends berührt, liegt kein Punkt der Passante im Kreis. Daher ist der Abstand größer als der Radius.

d) Falsch, liegt der Punkt außerhalb des Kreises, dann kann man zwei Tangenten an den Kreis zeichnen.

e) Richtig, zeichnet man die Senkrechte der Tangente im Berührungspunkt mit dem Kreis, dann schneidet diese den Mittelpunkt. So erhält man den Berührungsradius.

► Lies bei Schwierigkeiten auf Seite 170 nach. Bearbeite im Training die Aufgaben 11 und 12.

4 Satz des Thales

a) Richtig, liegen zwei Punkte auf einem Durchmesser des Kreises und der dritte Punkt auf dem Kreis, dann bilden sie ein rechtwinkliges Dreieck.

b) Falsch, der Durchmesser des Thaleskreises ist 4 cm lang. Der Radius ist 2 cm.

c) Falsch, das Dreieck ist nicht rechtwinklig (Winkel ca. 108°). Das liegt daran, dass keine der Seiten der Durchmesser ist und man somit nicht den Satz des Thales anwenden kann.

d) Richtig, denn alle Punkte auf dem Bogen des Thaleskreises sind ja Eckpunkte von rechtwinkligen Dreiecken.

► Lies bei Schwierigkeiten auf Seite 173 nach. Bearbeite im Training die Aufgaben 13 und 14.

Training

Aufgabe 1: Berechne den Kreisumfang.

a) $d = 8\,\text{cm}$ b) $d = 13\,\text{mm}$
c) $d = 3{,}9\,\text{dm}$ d) $r = 1\,\text{mm}$
e) $r = 5{,}2\,\text{m}$ f) $r = 6{,}7\,\text{dm}$

Aufgabe 2: Berechne den Durchmesser und den Radius des Kreises.

a) $u = 12\,\text{cm}$ b) $u = 1\,\text{m}$ c) $u = 1{,}2\,\text{dm}$
d) $u = 0{,}3\,\text{km}$ e) $u = 0{,}015\,\text{km}$

Aufgabe 3: Bestimme den Flächeninhalt des Kreises.

a) $r = 4{,}7\,\text{mm}$ b) $r = 2{,}5\,\text{m}$
c) $d = 4\,\text{cm}$ d) $d = 6{,}1\,\text{km}$

Aufgabe 4: Welchen Radius hat der Kreis?

a) $A = 7{,}34\,\text{m}^2$ b) $A = 82\,\text{cm}^2$
c) $A = 7\,\text{ha}$ d) $A = 155\,\text{m}^2$

Aufgabe 5: Gib die fehlenden Größen des Kreises an.

	r	d	u	A
a)	8 cm			
b)		17 mm		
c)			2,3 dm	
d)				5 km²

Aufgabe 6: Ein Urlauber auf der Insel Farokolhu Fushi (Malediven) läuft in ungefähr 15 Minuten um die Insel herum. Die Länge des fast kreisförmigen Wegs beträgt 1,57 km.
Welcher Flächeninhalt kann für die Insel ungefähr angegeben werden?

Aufgabe 7: Berechne den Flächeninhalt.

a) $r_a = 9\,\text{cm}$; $r_i = 6\,\text{cm}$
b) $r_a = 5\,\text{cm}$; $r_i = 40\,\text{mm}$
c) $r_a = 10\,\text{m}$; $r_i = 70{,}5\,\text{dm}$

Aufgabe 8: Familie Sagorski möchte einen neuen runden Tisch anschaffen, an dem sechs Personen Platz haben sollen.
Welchen Durchmesser muss der Tisch haben, wenn man pro Person beim Essen 70 cm Platzbedarf an der Tischkante rechnet?

Aufgabe 9: Eine Pizzeria verkauft Pizzen in zwei verschiedenen Größen:
Mini: 20 cm Durchmesser für 4 €,
Maxi: 30 cm Durchmesser für 8 €

a) Berechne jeweils den Flächeninhalt.
b) Bei welcher Pizza erhält man verhältnismäßig mehr für den Preis?

Aufgabe 10: Ein Rechteck ist 7 m breit und 2,5 m lang. Welchen Radius hat ein Kreis mit dem gleichen Flächeninhalt?

Aufgabe 11: Zeichne einen Kreis mit Radius $r = 2{,}5\,\text{cm}$. Trage Folgendes ein:

a) eine Passante
b) eine Sehne, die 5 cm lang ist
c) eine Sehne, die 4 cm lang ist
d) eine Tangente und eine Sekante, die senkrecht aufeinander stehen

Aufgabe 12: Ein altes kreisförmiges Karussell wird fotografiert. Das Karussell hat einen Durchmesser von 15 m und die Kamera steht 10 m von ihm entfernt.

a) Zeichne die Situation maßstabsgetreu.
b) Konstruiere die Tangenten vom Punkt der Kamera an den Kreis.
c) In welchem Winkel sieht der Kameramann das Karussell?

Aufgabe 13: Betrachte den Kreis. Begründe jeweils deine Antwort.

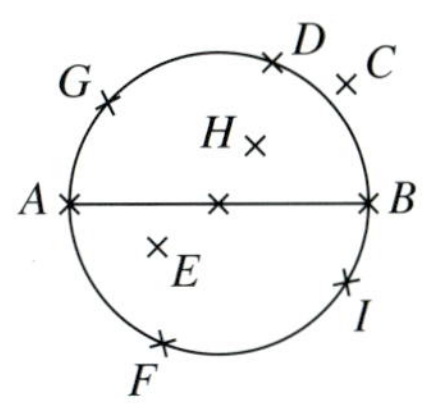

a) Mit welchen Punkten bilden A und B ein rechtwinkliges Dreieck?
b) Welches Dreieck ist rechtwinklig: AIG oder FBD?
c) Wessen Thaleskreis hat den größeren Flächeninhalt: der von $\overline{AB}$ oder der von $\overline{DF}$?

Aufgabe 14: Konstruiere zwei rechtwinklige Dreiecke mit den Seitenlängen 13 cm, 5 cm und 12 cm.
Beschreibe, wie du vorgehst.

Terme und Gleichungen

1 Terme aufstellen

a) Falsch, ein Term ist ein Ausdruck mit Variablen, Zahlen und deren Verbindungen mit Rechenzeichen.
b) Falsch, die ersten beiden Ausdrücke sind Terme, der dritte ist eine (falsche) Gleichung.
c) Richtig, denn das Doppelte einer Zahl x wird mit $2x$ dargestellt, dazu wird 12 addiert.
d) Falsch, denn im Term wird zu einer Zahl das Vierfache **einer anderen** Zahl addiert und dann 7 subtrahiert.
e) Falsch, der Term $20x$ gibt den Umfang der gegebenen Figur an.

► Lies bei Schwierigkeiten auf Seite 184 nach.
Bearbeite im Training die Aufgabe 1.

2 Terme berechnen und vereinfachen

a) Richtig, denn der Wert des Terms beträgt $2 \cdot 2 + 3 \cdot 7 = 4 + 21 = 25$.
b) Falsch, der Wert des Terms beträgt $10 \cdot \frac{1}{2} - 3 \cdot (-5) = 5 + 15 = 20$.
c) Falsch, es ist keine richtig, denn $13x - 13$ kann nicht weiter zusammengefasst werden.
d) Richtig, denn die erste und dritte Umformung sind falsch, richtig sind die zweite und vierte, denn die Koeffizienten von unterschiedlichen Variablen können nicht zusammengefasst werden.

► Lies bei Schwierigkeiten auf Seite 188 nach.
Bearbeite im Training die Aufgaben 2 bis 4.

3 Gleichungen aufstellen und lösen

a) Falsch, denn die erste Gleichung hat die Lösung $x = 2$, die zweite die Lösung $\frac{2}{3}$.
b) Richtig, denn wenn man bei der ersten Gleichung auf beiden Seiten $10z$ addiert, ergibt sich die zweite Gleichung.
c) Richtig, denn setzt man $z = -2$ auf beiden Seiten der Gleichung ein, so erhält man eine wahre Aussage: $-7 \cdot (-2) + 4 = -15 \cdot (-2) - 12$, also $14 + 4 = 30 - 12$, also $18 = 18$
d) Richtig, denn das Vierfache von x sind $4x$, das Erhöhen um 7 wird durch Addition von 7 dargestellt, auf der anderen Seite des Gleichheitszeichens steht das Ergebnis 35.
e) Falsch, die Gleichung muss $2x + 2\,(x + 8) = 36$ lauten, denn die Breite des Rechtecks ist $x + 8$ und tritt in der Umfangsberechnung zweimal auf.
f) Falsch, die Umformungsschritte lauten $\mid -x$ und $\mid +2$ (die Lösung $x = 5$ stimmt).

► Lies bei Schwierigkeiten auf Seite 196 nach.
Bearbeite im Training die Aufgaben 5 bis 10.

4 Lösen von Sachaufgaben

a) Falsch, denn die Gleichung muss dann $x + \frac{1}{2}x + \frac{1}{3}x = 28$ lauten.
b) Falsch, denn wenn man schon beim Aufstellen der Gleichung einen Fehler gemacht hat, findet man das durch Überprüfen der Rechnung nicht heraus.

► Lies bei Schwierigkeiten auf Seite 200 nach.
Bearbeite im Training die Aufgaben 11 bis 13.

Training

Aufgabe 1: Gib jeweils einen Term an, mit dem man den Umfang der Figur berechnen kann.
Vereinfache soweit wie möglich.

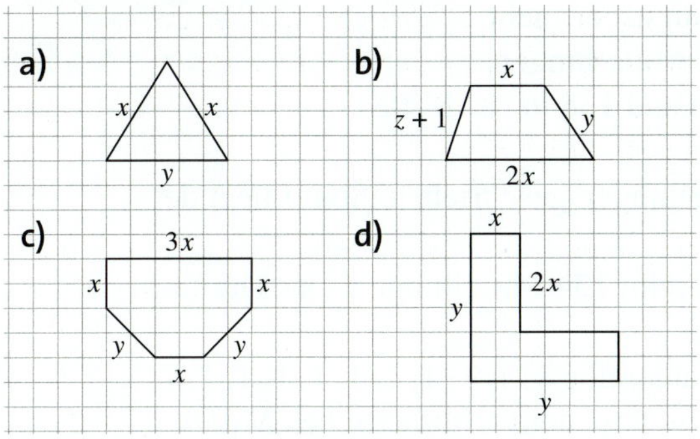

Aufgabe 2: Fasse zusammen.

a) $x + x + x$ b) $n + n + n + n$
c) $x + 17x + 3x$ d) $3a - 5a - 7a$
e) $2n + 100n + n$ f) $5y - 8y - 12y + 7y$
g) $9r - r + 3r$ h) $12{,}5m - 7{,}5m + 4m$

Aufgabe 3: Vereinfache die Terme.

a) $3a + 9b + 25a + 6b - 4a$
b) $11x - 2y - 3x - 9y - 15x$
c) $25ax - 13ax + 12a - 7ax - 5a$
d) $60 - 13m + 21a + 27m - 5$

Aufgabe 4: Berechne den Wert der Terme.

a) $3x + 7y - 5$ $x = 4;\ y = 5$
b) $4a - 3b - 2$ $a = 0{,}5;\ b = -2$
c) $10 - 6m + 3p$ $m = 2{,}5;\ p = -3$
d) $a \cdot b - 3a$ $a = -3;\ b = -2$
e) $x : y - y + 2x$ $x = 24;\ y = -3$

Aufgabe 5: Löse die Gleichungen.

a) $x + 46 = 95$ b) $x - 5 = 18$
c) $x + 6{,}4 = 13{,}5$ d) $x + 12{,}7 = -8{,}9$
e) $17 - x = 11$ f) $9{,}8 - x = 5{,}7$
g) $x + \frac{3}{4} = 1\frac{1}{2}$ h) $x - \frac{2}{5} = \frac{1}{3}$

Aufgabe 6: Löse die Gleichungen.
Prüfe deine Lösungen durch eine Probe.

a) $4x = 48$ b) $1{,}5x = 7{,}5$
c) $0{,}2x = 800$ d) $0{,}6 = 2x$
e) $\frac{x}{9} = 3$ f) $\frac{x}{5} = -4$
g) $\frac{2}{3}x = \frac{1}{6}$ h) $\frac{x}{10} = \frac{9}{15}$

Aufgabe 7: Bestimme jeweils die Variable.

a) $2u - 5 = 11$ b) $3 + 5v = 18$
c) $5x - 2 = 8$ d) $7x - 2 = 26$
e) $-4y + 5 = -27$ f) $3a + 17 = -1$
g) $4b + 6 = -50$ h) $8 - 6x = 14$
i) $-13 + 5x = 12$ j) $10 + 6y = -110$

Aufgabe 8: Bestimme die Lösung der Gleichung.

a) $3x + 4{,}2 = 8{,}1$ b) $2x - 0{,}7 = 0{,}1$
c) $5x + 5{,}5 = -2{,}5$ d) $21{,}1 - 6x = 37{,}9$
e) $4y - \frac{11}{6} = \frac{5}{6}$ f) $5\frac{2}{3}y - \frac{10}{3} = -\frac{1}{2}$
g) $3 - 2y = \frac{13}{4}$ h) $\frac{4}{15} + 2z = \frac{28}{15}$

Aufgabe 9: Löse die Gleichungen.

a) $5x + 11 = 3x + 17$
b) $9x - 23 = 25 - 3x$
c) $35x + 25 = 47x - 155$
d) $17x + 35 = 90 - 5x$
e) $4x - 3 + 2x = 33 + 3x$
f) $5x - 4 + 3x = 6x - 9$

Aufgabe 10: Erfinde zu den Termen eine Rechengeschichte.

a) $4x + 2y$
b) $2x + 4$
c) $25x - 5y$

Aufgabe 11: Melina hat eine Schwester, die doppelt so alt wie sie ist. Ihr Bruder ist 3 Jahre jünger. Zusammen sind die drei Geschwister 41 Jahre alt. Wie alt ist jeder der drei?

Aufgabe 12: Eine Bohnenpflanze ist jetzt 20 cm hoch und wächst wöchentlich um 8 cm. Eine zweite Bohnenpflanze von einer anderen Sorte ist 40 cm hoch und wächst wöchentlich um 6 cm. Nach wie vielen Wochen sind beide Pflanzen gleich hoch?

Aufgabe 13: In einem Bus sitzen Kinder und Erwachsene. Die Erwachsenen nehmen $\frac{2}{5}$ der Plätze ein. Die Kinder besetzen 5 Plätze mehr als die Erwachsenen. Es bleiben 6 Plätze leer. Wie viele Sitzplätze hat der Bus?

Daten

1 Arithmetisches Mittel und Median

a) Richtig, in der geordneten Datenreihe stehen 13,2 °C und 16,9 °C in der Mitte, daraus ergibt sich ein Median von $\frac{30{,}1\,°C}{2} = 15{,}05\,°C$.

b) Richtig, das arithmetische Mittel ergibt sich aus der Rechnung $\frac{192{,}5\,°C}{12} \approx 16\,°C$.

c) Falsch, das Maximum von 24,6 °C wurde im August erreicht.

d) Falsch, die Spannweite beträgt 324 – 22 = 302 Mitteilungen.

e) Falsch, in der geordneten Datenreihe stehen 86 und 138 in der Mitte.
Der Median beträgt also $\frac{224}{2} = 112$ Mitteilungen.

f) Richtig, insgesamt wurden nämlich 1072 Mitteilungen geschrieben. Somit liegt der Durchschnitt bei $\frac{1072}{8} = 134$ Mitteilungen.

g) Falsch, denn ein durchschnittlicher Schüler schreibt 134 Mitteilungen. Das Dreifache davon ist 402 und damit mehr als Linhs Anzahl.

h) Falsch, z.B. hat das arithmetische Mittel der Datenreihe 1, 1, 1, 1, 1, 1, 1, 1, 1, 1, 7, 7 den Wert 2, es liegen 10 Werte unter und 2 Werte über dem arithmetischen Mittel.

i) Falsch, denn z.B. in einer Datenreihe mit lauter gleichen Werten sind Median und alle Werte gleich groß.

j) Falsch, der Median kann sowohl kleiner als auch größer oder auch genauso groß wie das arithmetische Mittel sein, z.B. bei der Datenreihe 1, 2, 3, 100, 100, 100, 100 (Median 100 > arithmetisches Mittel 58) oder einer Datenreihe mit lauter gleichen Werten (Gleichheit).

► Lies bei Schwierigkeiten auf Seite 210 nach.
Bearbeite dann im Training die Aufgaben 1 bis 4.

2 Absolute und relative Häufigkeit

a) Falsch, bei Losbude A gewinnen 9 von 30 Losen und bei Losbude B gewinnen 10 von 30 Losen.

b) Falsch, denn Dividend und Divisor wurden vertauscht. Es muss der Quotient aus der absoluten Häufigkeit des Ereignisse und der Gesamtzahl aller Ereignisse berechnet werden.

c) Falsch, denn $\frac{7}{210} = \frac{1}{30} = 3{,}\overline{3}\,\%$.

d) Falsch, denn Jan hielt $\frac{1}{3}$ aller Elfmeter, das sind etwa 33,3 %, Jakob hielt nur $\frac{1}{4} = 25\,\%$.

e) Richtig, denn es gibt 365 Tage, wovon $\frac{11}{365} \approx 3\,\%$ Feiertage sind.

f) Richtig, denn die relative Häufigkeit ist ein Bruch. Da es zum Ereignis nie mehr Ergebnisse geben kann als insgesamt möglich sind, ist der Zähler kleiner oder gleich dem Nenner und der Bruch daher kleiner oder gleich 1.

g) Richtig, absolut wurde 176 Salate und 152 – 19 = 133 Suppen verkauft, also mehr Salate. Die relative Häufigkeit der verkauften Suppen ist aber $\frac{133}{152} = 87{,}5\,\%$ und somit größer als die der Salate mit $\frac{176}{256} = 68{,}75\,\%$.

h) Falsch, denn eine bundesweite Umfrage sagt nichts über den Anteil in einzelnen Schulen aus, sondern wie es durchschnittlich aussieht.

► Lies bei Schwierigkeiten auf Seite 214 nach.
Bearbeite dann im Training die Aufgaben 5 bis 8.

Training

Aufgabe 1: Während eines Frühlingstages wurde alle vier Stunden die Lufttemperatur gemessen und notiert:
4 °C, 6 °C, 8 °C, 12 °C, 11 °C, 7 °C.

a) Berechne die Durchschnittstemperatur.
b) Bestimme den Median.

Aufgabe 2: Bei einer Klassenarbeit erhielten die Schülerinnen und Schüler folgende Noten:
3, 2, 3, 2, 5, 4, 3, 5, 4, 2, 2, 1, 5, 3, 4, 2, 2, 3, 5, 4, 3, 4, 2, 3, 1, 2, 3, 5, 4, 2.

a) Fertige eine Häufigkeitstabelle an.
b) Wie groß ist der Modalwert?
c) Stelle die Ergebnisse der Klassenarbeit in einem Säulendiagramm dar.
d) Berechne das arithmetische Mittel und bestimme den Median der Datenreihe.
e) Jette sagt: „Mehr als die Hälfte meiner Mitschüler haben eine schlechtere Note erhalten als ich.“
Welche Noten kann Jette bekommen haben?

Aufgabe 3: Jascha hat den Zensurenspiegel der letzten Klassenarbeit nicht vollständig abgeschrieben.

1	2	3	4	5	6
5	8			2	0

Er kann sich daran erinnern, dass der Klassendurchschnitt genau bei 2,6 lag und dass 25 Schüler die Arbeit mitgeschrieben haben. Finde heraus, wie viele Schüler eine 3 bzw. eine 4 geschrieben haben.

Aufgabe 4: Bei einem Teppich-Ausverkauf sind noch sechs Teppiche übrig. Sie kosten 138 €, 145 €, 195 €, 99 €, 108 €, 149 €.
Bestimme das arithmetische Mittel

a) aller Preise.
b) der fünf günstigsten Preise.
c) der vier höchsten Preise.
d) aller Preise (der fünf günstigsten, der vier höchsten Preise), nachdem man 5 % Rabatt auf alle Teppiche bekommen hat. Wie hängt die Lösung mit a) bis c) zusammen?

Aufgabe 5: Bestimme die relativen Häufigkeiten und vergleiche.

a) 4 Treffer bei 5 Elfmetern – 9 Treffer bei 10 Elfmetern.
b) 3 Fehler bei 50 Aufgaben – 4 Fehler bei 80 Aufgaben.
c) 18 von 30 Stimmen – 27 von 50 Stimmen.

Aufgabe 6: Nach einer Untersuchung aus dem Jahre 2015 sehen drei Viertel der Deutschen Peter Kloeppel gerne im Fernsehen. Für Günther Jauch stimmten 9 von 10 Zuschauern, für Oliver Welke 60 % der Deutschen.
Bestimme für jeden Moderator den Anteil in Bruch- und Prozentschreibweise und stelle eine Beliebtheitsskala auf.

Aufgabe 7: Welche der Aussagen gehören zusammen?

50 % | jeder Fünfzigste | 20 %
7 von 35 | jeder Zweite | 5 %
jeder Fünfte | 8 von 160 | 27 von 54
3 von 150 | 2 % | jeder Zwanzigste

Aufgabe 8: Die „Pizzeria Luisa“ befragt ihre Kunden nach deren Lieblingsgericht:

Lieblingsgericht	Anzahl Gäste
Pizza Bolognese	6
Pizza Salami	8
Lasagne	12
Tortellini a la Casa	9
sonstiges	15

Berechne die relativen Häufigkeiten.
Gib sie als Bruch, als Dezimalbruch und in Prozentschreibweise an.

Lösungen zum Training

▶ Seite 227 Rationale Zahlen

1 a) A = −200; B = −150; C = −75; D = −25; E = 75
b) A = −700; B = −450; C = −220; D = −150

2 a) 21 > 12 > 2 > 1 > 0 > −1 > −2 > −12 > −21
b) −135 > −153 > −315 > −351 > −513 > −531
c) $-0{,}2 > -\frac{2}{7} > -0{,}7 > -2{,}7 > -\frac{7}{2} > -7{,}2$

3 Es entsteht ein rechtwinkliges Dreieck

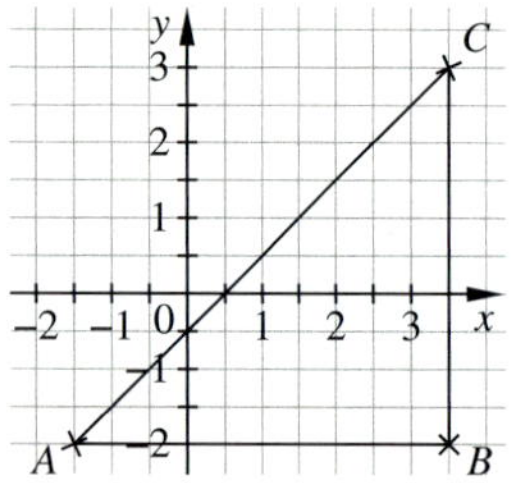

4 $A(-3|1)$, $B(4|-2)$, $C(-2|-1)$, $D(3|2)$
Quadranten: $A'(3|1)$ im 1.;
$B'(-4|-2)$ im 3.;
$C'(2|-1)$ im 4.;
$D'(-3|2)$ im 2.

5 a) −53 **b)** −24 **c)** −11
d) 26 **e)** −386 **f)** 386

6 a) 38 **b)** −26 **c)** −69
d) −27 **e)** −117 **f)** 0

7 a) $-\frac{11}{15}$ **b)** $-3\frac{13}{24}$ **c)** $\frac{9}{20}$
d) $-1{,}375 = -1\frac{3}{8}$ **e)** 1,5 **f)** 7,7

8 a) neuer Kontostand −490 €
b) Nein, denn sonst würde ihr Konto einen Schuldenstand von 1239 € aufweisen.

9 a) −18 **b)** 80 **c)** −92 **d)** 300
e) −430 **f)** 1,8 **g)** 590 000

10 a) −12 **b)** 5 **c)** −3 **d)** −7
e) $\frac{4}{3}$ **f)** $-\frac{26}{21} = -1\frac{5}{21}$

11 $-\frac{21}{250}$

12 a) 51 **b)** −68 **c)** −240 **d)** −210

13 a) −16 **b)** 29 **c)** 44 **d)** −4,5
e) −114 **f)** −46 **g)** 13

▶ Seite 229 Dreiecke

1 a) ③; –; ⑤; ②; ④; ①

b) individuell, Maße für c; α und β

c) ③ WWW; (neue Maße) WSW; ⑤ SWW (dann WSW); ② WSW; ④ SWW (dann WSW); ① SSS

2 Konstruktionen nach:
a) WSW **b)** SWW/WSW
c) WSW **d)** SWW/WSW

a)

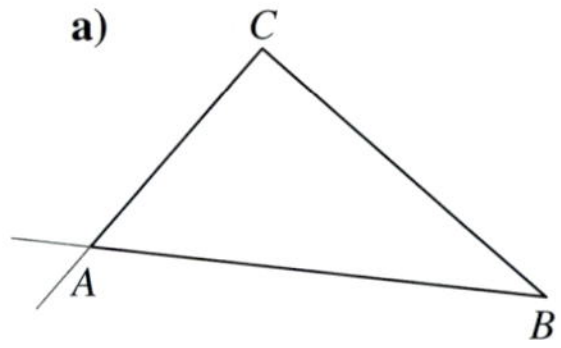

b)

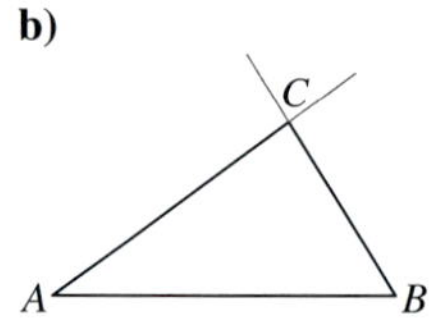

c)

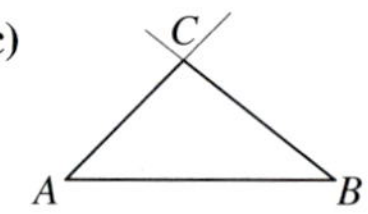

d)

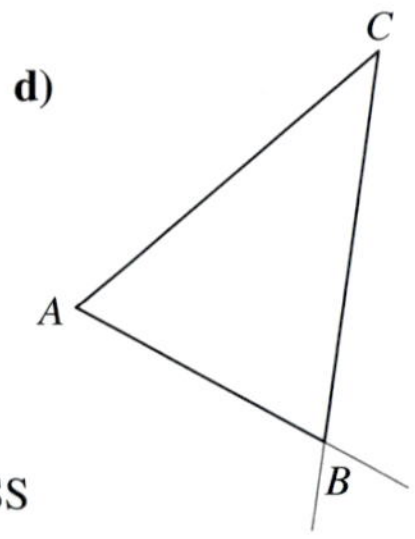

3 Alle Konstruktionen nach SSS

a)

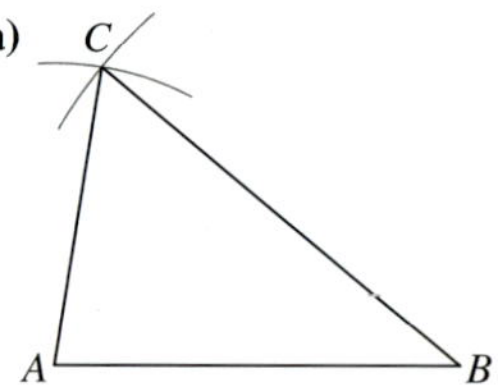

b)

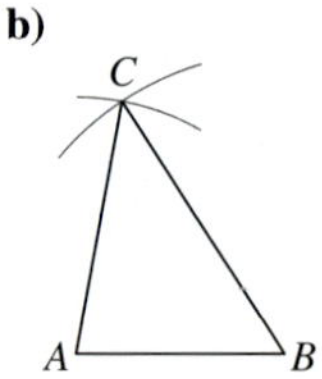

c)

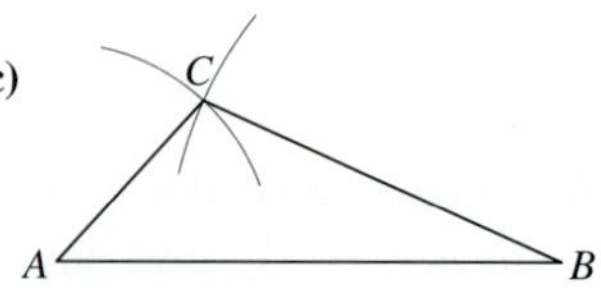

4 Zeichenübung

5 a)

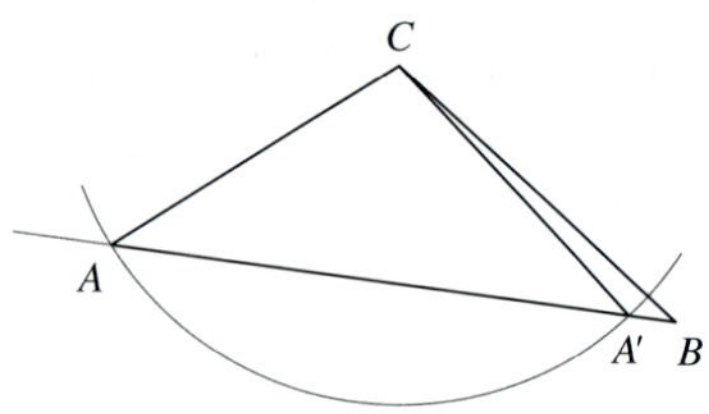

b)

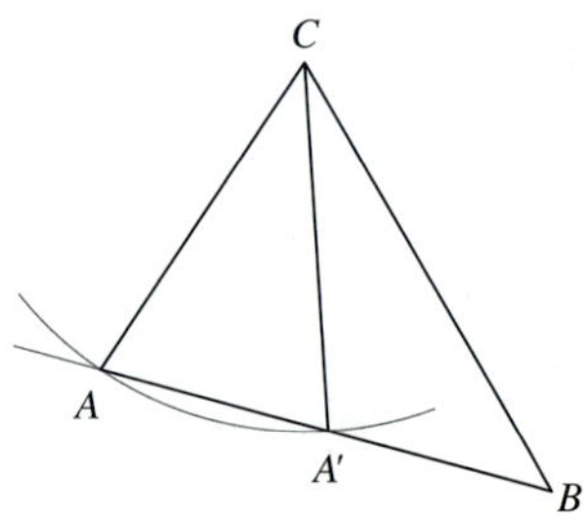

c)

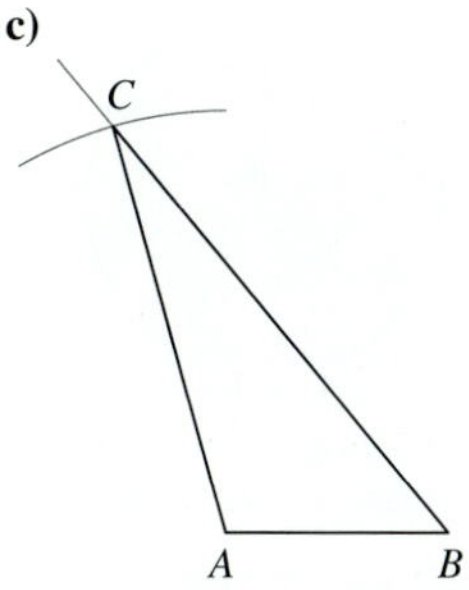

d)

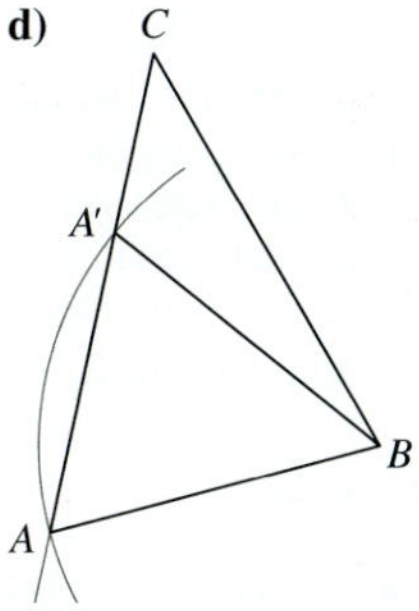

6 – „…, wenn die längere der beiden gegebenen Seiten dem gegebenen Winkel gegenüberliegt.“
– „…, wenn die kürzere der beiden gegebenen Seiten dem gegebenen Winkel gegenüberliegt.“

7 (Es bietet sich ein Maßstab von 1 : 20 an.)
a) ≈ 1,50 m **b)** ≈ 2 m (2,03 m) **c)** $\alpha = 30°$

8 **a)** 55 m **b)** $\alpha = 29°$ **c)** ca. 273 m

9 (Es bietet sich ein Maßstab von 1 : 3000 an.)
a) ≈ 250 m **b)** $\alpha = 54°$

▶ Seite 231 Umfang und Flächeninhalt ebener Figuren

1 **a)** 17 m **b)** 16,5 cm
c) 136 cm **d)** 21,4 cm

2 **a)** $A = 18\,\text{cm}^2$ **b)** $A = 11\,\text{cm}^2$
c) $A = 16{,}2\,\text{cm}^2$ **d)** $A = 525\,\text{cm}^2$
e) $A = 1245\,\text{cm}^2$ **f)** $h_g = 3\,\text{cm}$
g) $g = 6\,\text{cm}$

3 Beispiel: 1. $g = 4\,\text{cm}$, $h_g = 4\,\text{cm}$,
2. $g = 8\,\text{cm}$, $h_g = 2\,\text{cm}$

4 **a)** $a = 7{,}5\,\text{cm}$, $h_b = 5\,\text{cm}$
b) $b = 13{,}5\,\text{cm}$, $h_c = 4{,}5\,\text{cm}$
c) $b = 10\,\text{cm}$, $h_a = 4\,\text{cm}$
d) $c \approx 4{,}6\,\text{cm}$, $h_a \approx 4{,}4\,\text{cm}$

5 **a)** Zeichenübung
b) z. B. Jedes Quadrat ist auch ein Rechteck, denn gegenüberliegende Seiten sind gleich lang und parallel zueinander, alle Winkel sind rechte Winkel.
Jedes Quadrat ist auch ein Parallelogramm, denn gegenüberliegende Seiten sind gleich lang und gegenüberliegende Winkel sind gleich groß.
Jedes Quadrat ist auch ein Trapez, denn es hat zwei zueinander parallele Seiten.
Jedes Quadrat ist auch ein Drachen, denn es hat zwei Paar gleich langer Nachbarseiten usw.
c) Zeichenübung; Anzahl der Symmetrieachsen: Quadrat 4, Raute 2; Rechteck 2; Drachen 1

6 **a)** Raute
b) Parallelogramm (Sonderfälle: Quadrat, Raute)
c) Quadrat, Rechteck, Parallelogramm, Raute, Drachen

7 **a)** $u = 16{,}6\,\text{cm}$ **b)** $u = 14{,}9\,\text{cm}$
c) $u = 176\,\text{cm}$ **d)** $u = 35{,}2\,\text{cm}$

8 **a)** $A = 14\,\text{cm}^2$ **b)** $A = 1920\,\text{cm}^2$
c) $A = 43{,}8\,\text{cm}^2$ **d)** $A = 7{,}77\,\text{cm}^2$

9 Für beide Figuren ist $A = 20\,\text{cm}^2$.

10 **a)** $9{,}375\,\text{cm}^2$ **b)** $7\,\text{cm}^2$
c) $12{,}75\,\text{cm}^2$ **d)** $5\,\text{cm}^2$

11 $A = 16{,}8\,\text{cm}^2$ (Der kürzere Schenkel ist in einem rechtwinkligen Trapez gleichzeitig die Höhe.)

12 ① $u = 4{,}8\,\text{cm}$, $A = 1{,}02\,\text{cm}^2$
② $u = 6{,}6\,\text{cm}$, $A = 2{,}09\,\text{cm}^2$
③ $u = 7{,}4\,\text{cm}$, $A = 2{,}38\,\text{cm}^2$
④ $u = 9{,}6\,\text{cm}$, $A = 3{,}2\,\text{cm}^2$
⑤ $u = 4{,}2\,\text{cm}$, $A = 1\,\text{cm}^2$

▶ Seite 233 Zuordnungen

1 **a)** proportional, bei gleicher Sorte und ohne Mengenrabatt
b) weder proportional noch antiproportional
c) antiproportional, bei gleichem Arbeitstempo
d) proportional, bei gleichem Quadratmeterpreis

2 **a)** Proportionale Zuordnungen

x	1	2	4	12
y	6	12	24	72

x	2	6	8	30
y	7	21	28	105

b) Antiproportionale Zuordnungen

x	1	2	3	6
y	18	9	6	3

x	$\frac{1}{2}$	1	4	12
y	48	24	6	2

3 **a)** Richtig, denn eine Vergrößerung der x-Werte führt zu einer Verkleinerung der y-Werte.
b) Falsch, Gegenbeispiel (steigend, aber nicht proportional):

x	0	1	2	3
y	5	6	7	8

c) Richtig, denn das Wertepaar $(0|0)$ gehört zu jeder proportionalen Zuordnung.
d) Falsch, der Graph einer antiproportionalen Zuordnung ist eine Kurve, keine Gerade.

4 **a)** antiproportional; sechsmal
b) proportional; 5 Euro
c) weder proportional noch antiproportional; acht Autos brauchen genauso lange

5 Die Zuordnung ist proportional.

Anzahl Hefte	Preis (in €)
5	3,20
1	0,64
12	7,68

Daniel muss für die zwölf Hefte 7,68 € bezahlen.

6 Die Zuordnung ist antiproportional.

Arbeitskräfte	Zeit (in h)
6	18
1	108
4	27

4 Arbeitskräfte benötigen 27 Stunden.

7 Die Zuordnung ist antiproportional.

Zeit (in min)	Geschwindigkeit (in km/h)
66	100
6	1100
60	110

Der Zug muss die Strecke mit durchschnittlich $110\,\frac{\text{km}}{\text{h}}$ fahren.

8 Die Zuordnung ist weder proportional noch antiproportional. Auch bei drei Pizzen muss der Ofen auf 180°C eingestellt werden.

9 Die Zuordnung ist proportional.

Gewicht der Orangen (in g)	Menge Saft (in ml)
2400	600
400	100
4000	1000
100	25
500	125

a) Um 1 ℓ Orangensaft zu pressen benötigt man 4 kg Orangen.
b) Aus 2 Orangen lassen sich etwa 125 ml Orangensaft pressen.

10 **a)** 66,7 s **b)** 5400

► Seite 235 Prozentrechnung

1 $\frac{3}{25}$ = 12 % ist größer. **b)** 1,06 = 106 % ist größer.
$\frac{79}{158}$ = 50 % ist größer. **c)** 0,99 = 99 % ist kleiner.

2 $\frac{220}{250}$ = 88 % der Tiere haben genau sechs Beine.

3 **a)** Grundwert 575 km; Prozentwert 230 km; Prozentsatz 40 %
b) Grundwert 500 Euro; Prozentwert 300 Euro; Prozentsatz 60 %
c) Grundwert 1200; Prozentwert 840; Prozentsatz 70 %

4 **a)** 60 km **b)** 15 %
c) 567 Schüler **d)** 25 %

5 **a)** 11,2 m² **b)** 25 % **c)** 1,5 %
d) 25 % von 71,12 m² sind 17,78 m².

6 **a)** 750 m **b)** 712 km **c)** 120 €

7 Nein, denn das Smartphone kostet 320 €. 60 % von 320 € sind 192 € und nicht 164 €. (Er hat nur 51,25 %.)

8 **a)** Insgesamt wurden 2000 Bücher verkauft.
b) Es wurden mehr Bücher verkauft, nämlich 2200.
c) Der orangefarbene Anteil beträgt 21,6°.

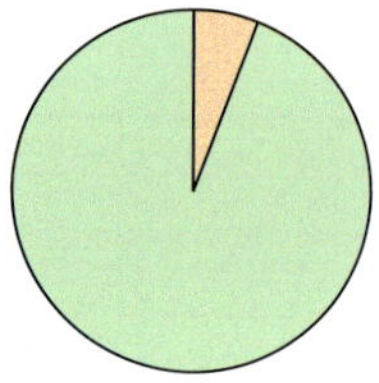

9 **a)** 21,28 € **b)** 1959,93 €
c) 70,59 € **d)** 2,07 €

10 Pumpe neu 6,49 €; Kettenschloss neu 25,97 €; Trinkflasche alt 4,95 €; Beleuchtung alt 32,95 €

11 Vorher kostete die Jacke 39 €.

12 Die Einwohnerzahl stieg um etwa 2 %.

► Seite 237 Kreise

1 **a)** 25,13 cm **b)** 40,84 mm **c)** 12,25 dm
d) 6,28 mm **e)** 32,67 m **f)** 40,10 dm

2 **a)** $d \approx 3{,}82$ cm; $r \approx 1{,}91$ cm
b) $d \approx 0{,}32$ m; $r \approx 0{,}16$ m
c) $d \approx 0{,}38$ dm; $r \approx 0{,}19$ dm
d) $d \approx 0{,}095$ km; $r \approx 0{,}048$ km
e) $u = 15$ m; $d \approx 4{,}77$ m; $r \approx 2{,}39$ m

3 **a)** 69,40 mm² **b)** 19,63 m²
c) 12,57 cm² **d)** 29,22 km²

4 **a)** 1,53 m **b)** 5,11 cm **c)** 149,27 m **d)** 7,02 m

5

	r	d	u	A
a)	8 cm	16 cm	50,27 cm	201,06 cm²
b)	8,5 mm	17 mm	53,41 mm	226,98 mm²
c)	0,37 dm	0,73 dm	2,3 dm	0,42 dm²
d)	1,26 km	2,52 km	7,93 km	5 km²

6 $r \approx 250$ m; $A \approx 196\,151$ m²

7 **a)** $A \approx 141{,}37$ cm2
b) $r_i = 4$ cm; $A \approx 28{,}27$ cm²
c) $r_i = 7{,}05$ m; $A \approx 158{,}01$ m²

8 $d \approx 133{,}7$ cm, denn $u = 420$ cm

9 **a)** Mini: A ≈ 314,16 cm²; Maxi: $A \approx 706{,}86$ cm²
b) Bei der Maxi bekommt man für den doppelten Preis mehr als die doppelte Menge. Sie ist verhältnismäßig besser.

10 $r \approx 2{,}36$ m, denn $A = 17{,}5$ m²

11

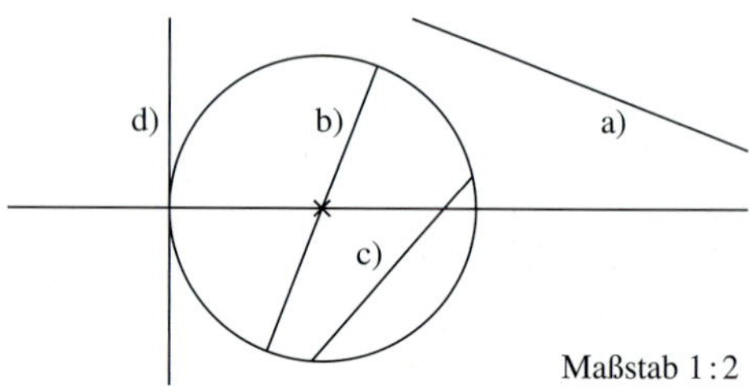

Maßstab 1 : 2

12

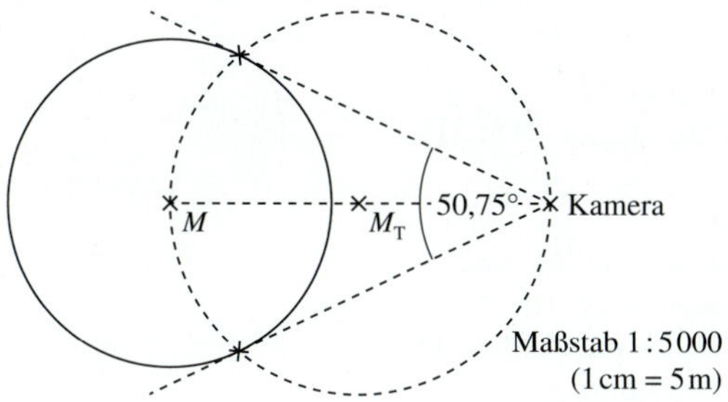

13 a) mit allen Punkten auf dem Kreis: *D*, *F*, *G*, *I*
b) nur *FBD*, denn *D* und *F* liegen auf dem Durchmesser und $\overline{IG}$ nicht
c) Beide sind gleich (sie sind der Kreis).

14 Da die längste Seite 13 cm lang sein soll, zeichnet man einen Thaleskreis mit 13 cm Durchmesser. Dann trägt man 5 cm oder 12 cm auf den Kreis ab und verbindet die Punkte.

▶ Seite 239 Terme und Gleichungen

1 a) $u = 2x + y$ **b)** $u = 3x + y + z + 1$
c) $u = 6x + 2y$ **d)** $u = 4y$

2 a) $3x$ **b)** $4n$ **c)** $21x$ **d)** $-9a$
e) $103n$ **f)** $-8y$ **g)** $11r$ **h)** $9m$

3 a) $24a + 15b$ **b)** $-7x - 11y$
c) $5ax + 7a$ **d)** $55 + 14m + 21a$

4 a) 42 **b)** 6 **c)** −14 **d)** 15 **e)** 43

5 a) $x = 49$ **b)** $x = 23$ **c)** $x = 7{,}1$ **d)** $x = -21{,}6$
e) $x = 6$ **f)** $x = 4{,}1$ **g)** $x = \frac{3}{4}$ **h)** $x = \frac{11}{15}$

6 a) $x = 12$ **b)** $x = 5$ **c)** $x = 4000$ **d)** $x = 0{,}3$
e) $x = 27$ **f)** $x = -20$ **g)** $x = \frac{1}{4}$ **h)** $x = 6$

7 a) $u = 8$ **b)** $v = 3$ **c)** $x = 2$ **d)** $x = 4$
e) $y = 8$ **f)** $a = -6$ **g)** $b = -14$ **h)** $x = -1$
i) $x = 5$ **j)** $y = -20$

8 a) $x = 1{,}3$ **b)** $x = 0{,}4$ **c)** $x = -1{,}6$ **d)** $x = -2{,}8$
e) $y = \frac{2}{3}$ **f)** $y = \frac{1}{2}$ **g)** $y = -\frac{1}{8}$ **h)** $z = \frac{4}{5}$

9 a) $x = 3$ **b)** $x = 4$ **c)** $x = 15$ **d)** $x = 2{,}5$
e) $x = 12$ **f)** $x = -2{,}5$

10 individuell verschieden

11 Alter von Melina: *x*; $x + 2x + x - 3 = 41$; $x = 11$
Melina ist 11, ihre Schwester ist 22
und der Bruder ist 8 Jahre alt.

12 Anzahl der Wochen: *x*; $20 + 8x = 40 + 6x$; $x = 10$
Nach 10 Wochen sind die Pflanzen gleich hoch.

13 Anzahl der Sitzplätze im Bus: *x*
$x = \frac{2}{5}x + \frac{2}{5}x + 5 + 6$; $x = 55$
Der Bus hat 55 Sitzplätze.

▶ Seite 241 Daten

1 a) Die Durchschnittstemperatur beträgt
$(4 + 6 + 8 + 12 + 11 + 7) : 6 = 8$ [°C].
b) Der Median beträgt 7,5 °C.

2 a)

1	2	3	4	5	6
2	9	8	6	5	0

b) Der Modalwert beträgt 2.

c)

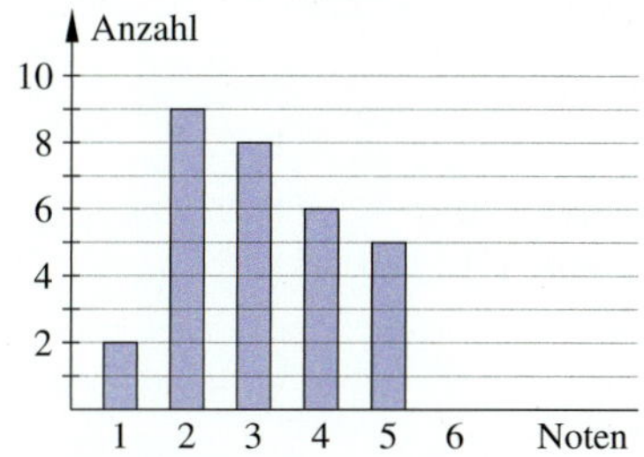

d) $\frac{93}{30} = 3{,}1$ (arithmetisches Mittel)
Der Median beträgt 3.
e) Jette kann eine 1 oder eine 2 erhalten haben.

3 Es müssen sechs Schüler eine Drei und vier Schüler eine Vier geschrieben haben.

1	2	3	4	5	6
5	8	6	4	2	0

4 a) 139 € **b)** 127,80 € **c)** 156,75 €
d) alle: 132,05 €, günstigste: 121,41 €,
höchste: ≈ 148,91 €
Das arithmetische Mittel ist jetzt jeweils 95 % von dem aus a) bis c).

5 a) Trefferhäufigkeiten $\frac{4}{5} = 80\,\% < \frac{9}{10} = 90\,\%$
b) Anteil der fehlerhaften Aufgaben
$\frac{3}{50} = 6\,\% > \frac{4}{80} = \frac{1}{20} = 5\,\%$
c) Anteil der Stimmen $\frac{18}{30} = \frac{6}{10} = 60\,\% > \frac{27}{50} = 54\,\%$

6 Jauch $\frac{9}{10} = 90\,\%$; Kloeppel $\frac{3}{4} = 75\,\%$; Welke $\frac{3}{5} = 60\,\%$

7

50 %	jeder Zweite	27 von 54
20 %	jeder Fünfte	7 von 35
5 %	jeder Zwanzigste	8 von 160
2 %	jeder Fünfzigste	3 von 150

8

Pizza Bolognese:	$\frac{3}{25} = 0{,}12 = 12\,\%$
Pizza Salami:	$\frac{4}{25} = 0{,}16 = 16\,\%$
Lasagne:	$\frac{6}{25} = 0{,}24 = 24\,\%$
Tortellini a la Casa:	$\frac{9}{50} = 0{,}18 = 18\,\%$
sonstiges:	$\frac{3}{10} = 0{,}3 = 30\,\%$

Stichwortverzeichnis

Bildverzeichnis

Titelbild Corbis/Harry Spurling
3/o. l. Fotolia/Kovalenko Inna
3/m. l. Fotolia/Iowsun
3/o. r. mauritius images/Alamy
3/m. r. Shutterstock/Gemenacom
4/o. l. Fotolia/pixarno
4/m. l. Shutterstock/ Aneese
4/o. r. mauritius images/Alamy
4/m. r. Corbis/Vladimir Godnik/fstop
7 Fotolia/Kovalenko Inna
10 Fotolia/Rony Zmiri
13 massive-grow
14 Torsten Feltes, Berlin
25/1–2 Udo Wenneckers, Goch
38 Infochart Peter Diehl, München
39 mauritius images/Alamy
40 Shutterstock/DeSerg
43 Fotolia/SUNchese
44 Fotolia/lunamarina
47 Fotolia/Iowsun
58/1 VISUM/Martin Zwick
58/2 Shutterstock/Matyas Rehak
59/1 Shutterstock/maximult
59/2 Ines Knospe, Goch
62/1 Fotolia/Jinna
62/2 Fotolia/Lukasz Panek
66/1 Fotolia/rrrob
66/2–4 Martina Verhoeven, Uedem
67/1 Shutterstock/christo mitkov christov
67/2 Fotolia/ArTo
73 mauritius images/Alamy
76 Fotolia/Phinicker
86 F1online
88 VISUM/The Image Works
90/1 VISUM/Wolfgang Steche
90/2 mauritius images/View Picture
91/1 mauritius images/Alamy
91/2 Corbis/ Chuck Choi/Arcaid
91/3 Corbis/Paul Hardy
91/4 Bildagentur Huber/Stadler
94 Fotolia/Dmytro Smaglov
97 Shutterstock/Gemenacom
102 Fotolia/RB-Pictures
104 Volker Döring, Hohen Neuendorf
105 Corbis/Harry Spurling
107 Fotolia/lebkuchen53
109/1–2 Torsten Feltes, Berlin
112 Jens Schacht, Düsseldorf
113/1 Fotolia/Smileus
113/2 Fotolia/inarik
114 Torsten Feltes, Berlin
118 Fotolia/RAW
119 Deutsche Bahn AG
122/1 Fotolia/ALCE
122/2 Fotolia/cook_inspire
123/1 Fotolia/photogoodwin
123/2 Fotolia/funkyfrogstock
126 Fotolia/v.poth
128 Shutterstock/Anton Balazh
131 Fotolia/pixarno
133 Fotolia/contrastwerkstatt
141 Fotolia/Anke van Wyk
142 Fotolia/juefraphoto
145/1 Fotolia/Bjoern Wylezich
145/2 Fotolia/FedeCandoniPhoto
147 Fotolia/Daniel Ernst
153 Nintendo
159 Shutterstock/Aneese
161 Torsten Feltes, Berlin
162 Fotolia/vvoe
163/1 Fotolia/janez volmajer
163/2 Fotolia/photlook
167/1 Fotolia/Teteline
167/2 Fotolia/Taffi
168 Shutterstock/Henryk Sadura
172 picture-allianz/dpa
173 bpk
174 Volker Döring, Hohen Neuendorf
175 Stefan Ruhmke, Berlin
176/1 Deutsche Postbank AG/Pressebild
176/2 Shutterstock/Stocksnapper
177 Fotolia/dimakp
180 Fotolia/Glenn Young
181 mauritius images/Alamy
187/1 Ines Knospe, Goch
187/2 Shutterstock/Maryna Pleshkun
195 Heike Schulz, Berlin
203 Fotolia/photomarc_za
204 Ines Knospe, Goch
207 Corbis/Vladimir Godnik/fstop
210 Katja Fibig, Berlin
213 Katja Fibig, Berlin
218/1 Fotolia/JackF
218/2 Shutterstock/Matej Kastelic
219 Shutterstock/wavebreakmedia
222 Fotolia/javy
229 Fotolia/desginz
233 Fotolia/wsf-f

Der Screenshot auf der Seite **115** wurden mit Microsoft® Word® erstellt.
Die Screenshots auf den Seiten **152**, **153**, **192**, **193**, **194**, **217** und **218** wurden mit Microsoft® Excel® erstellt.
Microsoft® Word® und Microsoft® Excel® sind eingetragene Warenzeichen der Microsoft Corporation.